Frank M. Ruff

Ökologische Krise und Risikobewußtse...

Zur psychischen Verarbeitung von Umweltbelastungen

Frank M. Ruff

Ökologische Krise und Risikobewußtsein

Zu psychischen Verarbeitung von Umweltbelastungen

DUV Deutscher Universitäts Verlag

GABLER · VIEWEG · WESTDEUTSCHER VERLAG

CIP-Titelaufnahme der Deutschen Bibliothek

Ruff, Frank M.:
Ökologische Krise und Risikobewußtsein : zur psychischen
Verarbeitung von Umweltbelastungen / Frank M. Ruff. —
Wiesbaden : Dt. Univ.-Verl., 1990
(DUV : Psychologie)
Zugl.: Berlin, Techn. Univ., Diss., 1990
ISBN 3-8244-4058-X

D 83

Der Deutsche Universitäts-Verlag ist ein Unternehmen der
Verlagsgruppe Bertelsmann International.

© Deutscher Universitäts-Verlag GmbH, Wiesbaden 1990

Druck und Buchbinder: difo-druck Bamberg
Printed in Germany

ISBN 3-8244-4058-X

Danksagung

Teile der vorliegenden Arbeit sind im Rahmen des von der Technischen Universität Berlin geförderten Forschungsinitiativprojektes "Umweltbelastungen und gesundheitliches Risiko" (FIP 2/024) entstanden. Mein besonderer Dank gilt den beiden Hauptbetreuern der Arbeit, Prof. Dr. Dr. Heiner Legewie und Prof. Dr. Hans Joachim Harloff. Ihre hilfreichen Hinweise und Anregungen haben wesentlich dazu beigetragen, daß die Arbeit ihre jetzige Form erhalten konnte. Danken möchte ich auch den beiden studentischen Mitarbeiterinnen des Projektes - Maria Kolodziej und Christine Dickenhorst - für ihre praktische Unterstützung und ihre gesunde Skepsis gegenüber wissenschaftlichen Erkenntniswegen. Prof. Dr. Manfred Cramer (München) danke ich für seine hilfreichen Literaturhinweise.

Ich bedanke mich auch bei allen Menschen, die an den Interviews und der Fragebogenerhebung teilgenommen haben und mit ihrer Bereitschaft das Zustandekommen dieser Arbeit ermöglicht haben.

INHALTSVERZEICHNIS

9

Verzeichnis der Abbildungen

Verzeichnis der Tabellen

Die Bedrohungen der Zivilisation lassen eine Art neues "Schattenreich" entstehen, vergleichbar mit den Göttern und Dämonen der Frühzeit, das sich hinter der sichtbaren Welt verbirgt und das menschliche Leben auf dieser Erde gefährdet. Man korrespondiert heute nicht mehr mit den "Geistern", die in den Dingen stecken, sondern sieht sich "Strahlungen" ausgesetzt, schluckt "toxische Gehalte" und wird bis in die Träume hinein von den Ängsten eines "atomaren Holocaust" verfolgt. Überall kichern Schad- und Giftstoffe und treiben wie die Teufel im Mittelalter ihr Unwesen. Ähnlich dem Blick des Exorzisten ist der Blick des schadstoffgepeinigten Zeitgenossen auf die Welt jenseits von Auge und Ohr gerichtet.

Im Streit um hochindustrielle Risiken kündigt sich ein *neues Wirklichkeitsverständnis* an. Es geht nicht mehr um die Richtigkeit dessen, was uns in der Wahrnehmung erscheint. Vielmehr wird das, was wir *nicht* wahrnehmen können: die Radioaktivität, die Schadstoffe, die Zukunftsbedrohungen, in seinem Wirklichkeitsgehalt kontrovers. (...)

Die ökologischen und gesundheitlichen Folgen mögen so hypothetisch, so berechtigt, so verharmlost oder so dramatisiert sein, wie sie wollen. Wo sie *geglaubt* werden, haben sie die genannten Konsequenzen. Anders formuliert: Wenn Menschen Risiken als real erleben, *sind sie real.*(Beck, 1987, S.144f)

1. EINLEITUNG

1.1 Zielsetzung der Untersuchung

Die globale ökologische Krise, die Zerstörung natürlicher Lebensgrundlagen und die durch die industrielle Produktion bedingten Schadstoffverteilungen in der Umwelt und der Nahrungskette sind in den letzten beiden Jahrzehnten zu einer drängenden Gegenwarts- und Zukunftsfrage geworden. Galten Ende der sechziger Jahre die ersten Wissenschaftler, die vor den Auswirkungen planlosen technischen Fortschritts und der Verschwendung natürlicher Resourcen warnten (Meadows, Meadows, Zahn & Milling, 1973), noch als nicht ernst zu nehmende Außenseiter, so wandelte sich dieses Bild binnen eines Jahrzehntes. Das wachsende gesellschaftliche Problembewußtsein war schon wenige Jahre später Anlaß, politische Institutionen, Sachverständigen-kommissionen und Forschungseinrichtungen ins Leben zu rufen.

Das zunächst als Schlagwort eingeführte "Umweltbewußtsein" wurde bald zum Gegenstand politischer Erörterungen. Im Umweltgutachten von 1978 formulierte der Sachverständigenrat für Umweltfragen sein Verständnis von Umweltbewußtsein als "Einsicht in die Gefährdung der natürlichen Lebensgrundlagen des Menschen durch diesen selbst, verbunden mit der Bereitschaft zur Abhilfe" (Rat von Sachverständigen für Umweltfragen, 1978, S. 445). Obwohl auch im politisch administrativen Bereich die Notwendigkeit von Bewußtseinsveränderungen gesehen wird, führte die sozialwissenschaftliche Umweltforschung, die hierzu Beiträge leisten kann, von Anfang an ein Schattendasein. Beispielsweise setzte das Umweltbundesamt im Berichtsjahr 1981 nur 2,4% für "sozialwissenschaftliche Umweltfragen, Aus- und Fortbildung" ein (vgl. Fietkau, 1984). Die Lösung der ökologischen Probleme wird nach den herrschenden Grundüberzeugungen vor allem von den Naturwissenschaften, der Technik, der Ökonomie und der Rechtsprechung erwartet.

Die Umweltkrise wurde zu Anfang vor allem als Resourcenproblem (Energieverbrauch), ästhetisches Problem ("Umweltverschmutzung") und energiepolitisches Dissensthema in den gesellschaftlichen Diskurs hereingeholt (Streitfall: Kernenergie). Die globale Naturzerstörung (Klimakatastrophe durch Treibhauseffekt und Ozonloch, Waldsterben, Tiersterben) und die chronischen Auswirkungen der Umweltbelastungen auf die menschliche Gesundheit bilden neue Bedeutungsakzente, die erst in den letzten Jahren breitere Aufmerksamkeit gefunden haben.

Die gesundheitlichen Folgewirkungen von Umweltbelastungen rückten zunächst vor allem durch lokale Umweltkatastrophen in den Blick der Öffentlichkeit (z.B. die Smog-Katastrophe in London, 1952; die Reaktorunfälle von Three Mile Island (Harrisburg) 1979, Tschernobyl 1986). Im Zusammenhang mit dem Reaktorunfall von Three Mile Island (1979) wurde auf den Druck der betroffenen Bürger hin in nachfolgenden Rechtsklärungsverfahren erstmals die Frage verhandelt, ob psychische Beeinträchtigungen duch Umweltrisiken als wiedergutzumachendes Rechtsgut zu behandeln sind (vgl. Hartsough & Savitsky, 1984). Mit dem wachsenden Wohlstand in den Industriegesellschaften entwickelte sich in Teilen der Bevölkerung auch ein Gesundheitsbewußtsein, welches sich auf die "kleinen alltäglichen" Gesundheitsrisiken durch Fremd- und Schadstoffe in Gebrauchsgegenständen und Lebensmitteln richtet. Innerhalb der Medizin entstanden neue Forschungsdisziplinen, die Umweltmedizin und -epidemiologie, die gesundheitliche Gefährdungen durch Umweltfaktoren erforschen.

Sozialwissenschaftliche Untersuchungen zum Thema "Umwelt und Gesundheit" gibt es bislang kaum. Eine Ausnahme bildet lediglich der Bereich der Lärmforschung, der bereits wesentliche Erkenntnisse geliefert hat (vgl. z.B. Rohrmann, 1984; Guski, 1987). Der geringe Erkenntnisstand zum

Risikobewußtsein gegenüber der Gesundheitsgefährdung durch nicht wahrnehmbare, chronisch und langfristig wirkende Umweltbelastungen war für uns Anlaß, die vorliegende Untersuchung durchzuführen.

Ziel unserer Untersuchung ist, wesentliche Aspekte des Risikobewußtseins gegenüber gesundheitlichen Gefährdungspotentialen durch Umweltbelastungen zu erfassen und typische Formen der Auseinandersetzung zu beschreiben. Mit "Risikobewußtsein" meinen wir das Ausmaß und die Qualität der Auseinandersetzung mit den Umweltrisiken. Wir nehmen hier insbesondere die *subjektiven Bewertungen* und *Bewältigungsversuche* der Betroffenen in den Blick.

Wegen des geringen Erkenntnisstandes zum Thema und einer wenig entwickelten entsprechenden Praxis, beispielsweise in Form einer "umweltbezogenen Gesundheitsberatung", ist unsere Untersuchung vom Ansatzpunkt her eher der Grundlagenforschung zuzuordnen. Wir versuchen jedoch, in unserem Konzept verstärkt Auswertungsperspektiven zu berücksichtigen, die eine Nutzung unserer Ergebnisse zumindest als Orientierungswissen für mögliche Anwender erlauben. Wir denken hier insbesondere an Institutionen der Umwelt- und Gesundheitsberatung, Professionelle, Initiativen und Gruppen, die mit Betroffenen zu tun haben, um Informationen über Umweltrisiken nachgefragt oder um Stellungnahmen gebeten werden.

1.2 Überblick

Im folgenden *2. Kapitel* referieren wir in einem Exkurs kurz den gegenwärtigen Forschungsstand und wichtige Ergebnisse der Umweltmedizin und -epidemiologie. Diese um "objektive Evidenz" bemühten Forschungsrichtungen liefern einen interessanten Ausgangspunkt für unsere Exploration der subjektiven Bewertungen von Umweltgesundheitsrisiken durch "Laien".

In *Kapitel 3* erörtern wir für das Untersuchungsthema bedeutsame psychologische Theorie-und Forschungskonzeptionen, an die wir mit unserer Studie anknüpfen: sozialwissenschaftliche Untersuchungen zum Umweltbewußtsein, Streßbewältigungsmodelle, Konzepte der kognitiven Risikoforschung sowie alltagspsychologische Konzepte des Risikobewußtseins. In diesem Zusammenhang berichten wir auch wichtige Ergebnisse vorliegender empirischer Studien.

Den Untersuchungsansatz unserer Hauptuntersuchung stellen wir in *Kapitel 4* dar. In einer Verknüpfung der Erfahrungen einer Vorstudie und theoretischer Annahmen des Belastungs-Bewältigungs-Ansatzes und der psychologischen Risikoforschung entwickeln wir das theoretische Konzept für unsere Hauptuntersuchung. Diese besteht aus zwei Teilstudien, einer problemzentrierten Interviewbefragung mit 30 Personen und einer psychometrisch angelegten Fragebogenerhebung mit 180 Personen, in denen wir verschiedene Aspekte der Bewertung von Gesundheitsrisiken durch Umweltbelastungen und deren Verarbeitung erhoben.

Kapitel 5 enthält eine ausführliche Darstellung der methodischen Anlage und der Durchführung der verschiedenen Untersuchungsstufen. Ausgehend von den Erfahrungen der Vorstudie beschreiben wir die Entwicklung der methodischen Konzeption der beiden Teile der Hauptuntersuchung. Dieses Kapitel enthält auch eine kurze Darstellung der wichtigsten Ergebnisse der Vorstudie.

In *Kapitel 6* berichten wir über die Ergebnisse der beiden Teile unserer Hauptuntersuchung. Beide Teile lassen sich auch als eigenständige Untersuchungen lesen. Jeder Teil wird von einer Zusammenfassung der wichtigsten Ergebnisse abgeschlossen, die der eilige Leser auch zur Orientierung benutzen kann.

Das abschließende *7. Kapitel* enthält eine Gesamtdiskussion der Ergebnisse und einen Ausblick auf weiterführende Fragestellungen.

2. EXKURS: ERGEBNISSE UMWELTMEDIZINISCHER STUDIEN ÜBER DIE WIRKUNG VON UMWELT-BELASTUNGEN AUF DIE MENSCHLICHE GESUNDHEIT

Mit den Auswirkungen von Umweltfaktoren auf die menschliche Gesundheit beschäftigen sich die Umweltmedizin, die Arbeitsmedizin und Studien, die in der Folge einzelner Umweltkatastrophen durchgeführt wurden. In der Umweltmedizin geht es um gesundheitsgefährdende Potentiale der allgemeinen, nicht beruflich bedingten Umwelt. Alle drei Forschungsrichtungen liefern ihre Beiträge zum Thema.

Vom "Rat von Sachverständigen für Umweltfragen" wurde 1985 eine Arbeit in Auftrag gegeben, "die statistische Tragweite epidemiologischer Arbeiten über Zusammenhänge zwischen Umweltbelastung und Gesundheitszustand in der Bevölkerung herauszuarbeiten" (van Eimeren et al., 1987, S. 1). Die Autoren dieser ersten umfassenden deutschen Arbeit zu Ergebnissen der Umweltepidemiologie legen der Bewertung vorliegender Untersuchungen sehr strenge Kriterien zugrunde, sind in der Gesamtbewertung abstinent und vermitteln dadurch ein sehr einseitiges Bild. Um das Spektrum der umweltmedizinischen Diskussion angemessen wiederzugeben, ziehen wir hier weitere Studien heran, die andere Bewertungen vornehmen.

Wir orientieren uns an der von van Eimeren et al. vorgenommenen Gliederung der Studien in fünf Gruppen:

1. Luftverschmutzung,
2. Fremdstoffe in Nahrungsmitteln,
3. Trinkwasserinhaltsstoffe,
4. Lärm,
5. Ionisierende Strahlung.

2.1 Luftverschmutzung

Unter dem Begriff "Luftverschmutzung" werden gewöhnlich mehr als 100 Substanzen zusammengefaßt. Wiegand (1986) berichtet, daß in der Luft mancher Städte sogar mehr als 1000 Fremdstoffe gefunden wurden, allein der Schwebstaub enthält mehr als 500 verschiedene Substanzen (u.a. Bleiverbindungen, Silikate, polyzyklische aromatische Kohlenwasserstoffe). Umweltepidemiologische Studien zur Luftverschmutzung haben bislang nur einen kleinen Teil dieser Substanzen berücksichtigt, insbesondere die Schwefeldioxid-Konzentration und den Schwebstoffgehalt.
Deutlich belegt sind Kurzzeiteffekte von Perioden erhöhter Luftver-

schmutzung auf die Sterblichkeit (Mortalität) und die Erkrankungsrate (Morbidität) bei Atemwegserkrankungen (z.B. Bronchitis, Asthma, Emphysem). Ebenso wurden Langzeiteffekte nachgewiesen: bei akuten und chronischen Atemwegserkrankungen sind die Erkrankungsraten in Gebieten erhöhter Luftverschmutzung höher (vgl. van Eimeren et al., 1987).

Neben älteren Menschen gelten Kleinkinder als eine besondere Risikogruppe. Epidemiologische Untersuchungen zeigen, daß in belasteten Gebieten "Pseudokrupp" (Krupp-Syndrom, Entzündung und Verengung im Kehlkopfbereich) und (obstruktive) Bronchitis häufiger auftreten als in schwächer belasteten Gebieten. Wiegand (1986) referiert eine Studie, die im retrospektiven Vergleich zweier Areale in Duisburg feststellte, daß im stärker belasteten Gebiet Pseudokrupp etwa doppelt so häufig wie im schwächer belasteten Gebiet auftrat. Ähnliche Ergebnisse brachte eine in Berlin durchgeführte Studie (Fegeler, Moyzes, Wedler & Eberhard, 1985). Entgegen diesen auch durch amerikanische Studien erhärteten Zusammenhängen verweisen van Eimeren et al. auf methodische Mängel der Untersuchungen und ziehen die Schlußfolgerung, daß bislang keine ernstzunehmenden Hinweise für eine umweltbedingte Induktion des Pseudokrupps vorliegen.

Der Zusammenhang zwischen chronischer Belastung durch Luftverschmutzung und erhöhter Sterblichkeit sowie einer erhöhten Krebserkrankungsrate gilt als wahrscheinlich, aber noch nicht zweifelsfrei bewiesen. Eine provozierende Aussage wurde 1982 in einer Studie des Office of Technology Assessment (OTA) gemacht, in der geschätzt wurde, daß in den USA und Kanada im Mittel jährlich rund 50.000 Menschen zusätzlich durch Sauren Regen sterben (vgl. Wiegand, 1986). Wiegand vermutet, daß sich die Luftverunreinigung in der Bundesrepublik ungünstiger auswirkt als in den USA. "Vergleicht man die Bundesrepublik Deutschland mit den USA, so ist die Sulfatkonzentration etwa doppelt so hoch. Der Anteil alter Menschen, die als besonders gefährdet angesehen werden müssen, liegt ebenfalls höher und der Anteil von Lungenerkrankungen, wie Bronchitis, Emphysem und Asthma an der Mortalität etwa 3 mal so hoch" (Wiegand, 1986, S. 40). Die Schätzungen über den Anteil der Luftverschmutzung an den Lungenkrebserkrankungen gehen weit auseinander, je nach der Grundorientierung der Forscher, die entweder eher Faktoren der Lebensweise oder der Umwelt als schwerwiegender einschätzen. Lave & Seskin (1970) schätzen etwa 50% der Lungenkrebsrate als luftverschmutzungsbedingt ein. Doll & Peto (nach Borgers, 1985) geben Faktoren der Lebensweise, insbesondere dem Rauchen ein größeres Gewicht (30% der Lungenkrebsmortalität) und schätzen den Anteil der Luftverschmutzung auf nur 2%.

20

Ein weiterer bedeutsamer Luftschadstoff ist das Kohlenmonoxid. Kohlenmonoxid lagert sich an die roten Blutkörperchen und bewirkt so eine relative Sauerstoffverarmung im Gewebe. In einer Studie in Düsseldorf (vgl. Wiegand, 1986) wurden die Konzentrationen von im Blut gebundenem Kohlenmonoxid bei verschiedenen Postboten ermittelt. Hier zeigte sich, daß Postboten, die im Zentrum der Stadt unterwegs waren, einen deutlichen Anstieg des Kohlenmonoxidspiegels im Blut aufwiesen. Wiegand gibt zu bedenken, daß Personen mit bereits vorgeschädigtem Gewebe mit einem erhöhten Sauerstoffbedarf (z.b. Herzmuskel, Nervensystem) sehr empfindlich auf Sauerstoffverarmung reagieren. Risikogruppen sind deshalb insbesondere Patienten mit Herz-Kreislauferkrankungen und alte Menschen, deren Regulationsmechanismen nur noch teilweise funktionieren. Wiegand berichtet über eine in Los Angeles durchgeführte Untersuchung, die zeigte, daß die Todesrate bei Herzinfarktpatienten in höher belasteten Perioden deutlich höher liegt. Hervorzuheben ist jedoch, daß hier insbesondere für Raucher eine Gefahr besteht, die wesentlich höhere Kohlenmonoxidkonzentrationen auf sich nehmen.

Für die Luftverschmutzung und deren gesundheitliche Auswirkungen wurden auch erste volkswirtschaftliche Kostenschätzungen vorgelegt (Marburger, 1986; Wicke, 1986). Marburger schätzt die ökonomischen Folgen der luftverschmutzungsbedingten Atemwegserkrankungen (Resourcenausfallkosten durch Arbeitsunfähigkeit, Behandlungskosten). Er greift dabei auf amerikanische Studien zurück, die aus epidemiologischen Untersuchungen die Schätzung ableiten, daß etwa 20% bzw. 50% der Erkrankungsrate bei Atemwegserkrankungen auf die Luftverschmutzung zurückgehen. Marburger überträgt diese Schätzungen auf die Bundesrepublik und kommt zu dem Ergebnis, daß nach der Zugrundelegung dieser Annahmen etwa 2,3 bis 5,8 Milliarden DM pro Jahr krankheitsbedingte volkswirtschaftliche Kosten durch Luftverschmutzung entstehen.

Zusammenfassend festhalten können wir hier, daß einige gesundheitliche Folgewirkungen der Umweltverschmutzung gut gesichert sind (Kurz- und Langzeiteffekte bei Atemwegserkrankungen), andere jedoch noch kontrovers diskutiert werden (Langzeiteffekte auf die Sterblichkeit bzw. Lungenkrebs) und auch die Schätzungen über das Ausmaß der Wirkungen variieren. Van Eimeren et al. verweisen auf die methodischen Probleme umweltepidemologischer Untersuchungen. Hier seien nur einige erwähnt: Von der Vielzahl der Substanzen, die unter dem Begriff "Luftverschmutzung" zusammengefaßt werden, wird nur ein kleiner Teil gemessen (Schwebstaub, Schwefelverbindungen, Kohlenmonoxide, Stickoxide und selten Ozon). Es wird vom Konzept der "Leitsubstanz" ausgegangen, nach dem die leichter zu messenden Substanzen hoch mit den anderen

Substanzen korrelieren und demnach "stellvertretend" die Luftverschmutzung insgesamt erfassen können. Dieses Konzept ist meist weder theoretisch noch empirisch begründet. Ein weiteres Problem liegt darin, daß die Lokalisation der Meßstellen nicht Kriterien epidemiologischer Studien genügt. Die gemessene Immission kann deutlich von der individuellen Exposition abweichen (z.b. durch vorwiegenden Aufenthalt in Wohnräumen bei Alten und Kranken). Den Umweltdaten stehen auf der "Gesundheitsseite" Aggregatdaten gegenüber, die sich nach geographisch-administrativen Bedingungen gliedern (z.b. bezirkliche oder klinische Statistiken). "Die Luftverschmutzungs-Themen zeigen beispielhaft, daß Fragestellung und Design sorgfältigst ausgesucht werden müssen: Je seltener ein Gesundheitseffekt, je milder seine Ausprägung, je unsicherer seine Bestimmung, je unausgeprägter das zeitliche Intervall zwischen Verursachung und Effekt, je indirekter die Erfassung der Exposition und je unspezifischer sein Effekt (d.h. je eher auch andere Ursachen für ihn in Frage kommen), umso schwerer bis unmöglich wird der epidemiologische Nachweis" (van Eimeren et al., 1987, S. 4).

2.2 Umweltschadstoffe in Nahrungsmitteln

Unter umweltepidemiologischer Perspektive geht es ausschließlich um die Beurteilung der Verunreinigung von Nahrungsmitteln mit Umweltkontaminanten. "Primär nicht in Betracht gezogen werden so Zusatzstoffe oder Rückstände aus dem Produktionsprozeß. ... Oft sind Unterscheidungen, ob eine Kontaminante Verunreinigung oder Rückstand ist, nicht möglich" (van Eimeren et al., 1987, S. 6). Aus den vielen möglichen Themen im Bereich Nahrungsmittel wählen die Autoren drei aus:

- toxische Schwermetalle,
- Organohalogene,
- Nitrat, Nitrit, Nitrosamine.

Als toxische Schwermetalle kommen insbesondere Cadmium, Quecksilber und Blei in Frage. Aus arbeitsmedizinischen Untersuchungen ist bekannt, daß Cadmiumbelastung zu Nieren- und Lungenerkrankungen führen kann. Es gibt Belege für eine besondere Erkrankungsbereitschaft älterer Frauen. Modellrechnungen, die die Gesamtbelastung mit Cadmium zu schätzen versuchen und die genannten Erkenntnisse zugrunde legen, gehen für die Bundesrepublik von derzeit 20.000 bis 200.000 cadmiumbedingten Nierenfunktionsstörungen aus.

Die gesundheitlichen Folgen einer chronischen Quecksilberbelastung sind sowohl unspezifisch als auch nicht präzise zu fassen. Chronische Effekte werden vor allem im psycho-neuralen Bereich erwartet (v.a. geistige und emotionale Störungen, Konzentrationsverluste, Verlust der Sehkraft). Die wesentliche Quecksilberquelle in Nahrungsmitteln sind Fische. Besonders dramatische Fälle von Quecksilberintoxikation ereigneten sich 1956 in Japan (Minamata-Bucht), wo Anwohner einer Chemiefabrik mit Methylquecksilber kontaminierte Fische konsumierten. Bei den Betroffenen wurden verschiedene Symptome beobachtet: Störungen der Bewegungskoordination (Ataxie), emotionale Instabilität, Hör- und Sehstörungen. Aussagen über geringere Quecksilberkonzentrationen, wie sie hierzulande gewöhnlich über die Nahrung aufgenommen werden, können nach van Eimeren et al. bislang noch nicht gemacht werden. Sowohl die Exposition als auch die unspezifischen Wirkungen sind schwer zu erfassen. Zu diesem Problembereich - der Erfassung "subklinischer Toxizität" - entwickelt sich jedoch gegenwärtig ein neues Arbeitsfeld, an dem neben Medizinern und Toxikologen auch Psychologen beteiligt sind (vgl. Fein, Schwartz, Jacobson & Jacobson, 1983).

Die grundsätzlichen Gefahren einer chronischen Bleibelastung sind historisch bekannt (in einer Anekdote wird behauptet, die römische Kultur sei untergegangen, weil der Wein in Bleikrüge gefüllt wurde). In einer klassischen Studie untersuchte Tanquerel bereits im Jahr 1838 beruflich stark exponierte Arbeiter, die in der Herstellung von bleihaltigen Farben und Kosmetika tätig waren. Tanquerel beobachtete bei diesen Arbeitern Koliken des Magen-Darm-Traktes, Arthralgien (Gelenkschmerzen, Muskelkrämpfe), Lähmungen und Encephalopathien (Gehirnerkrankungen mit Delirien, Koma und Krampfanfällen als Folge) (vgl. Fein et al., 1983). Bei der nicht beruflich exponierten Allgemeinbevölkerung steht die Bleibelastung über die Nahrung im Vordergrund, jedoch auch über die Luft wird Blei aufgenommen (etwa die Hälfte des in Autoabgasen enthaltenen Bleis schlägt sich im Umkreis von etwa 30 m von einer Straße nieder). Untersuchungen von Knochenproben aus vorhistorischer und heutiger Zeit zeigen, daß die Grundbelastung durch Blei in den Industrieländern heute 5-10 mal höher liegt (Wiegand, 1986). Das vom Menschen durch die Nahrung oder die Atemluft aufgenommene Blei gelangt zunächst ins Blut und lagert sich an die roten Blutkörperchen. Ein großer Teil wird über den Urin wieder ausgeschieden, ein Teil kumuliert jedoch im Knochengewebe (Halbwertszeit ca. 10 Jahre). "Blei ist ein Enzymgift und in der Lage, die Bildung des roten Blutfarbstoffes an wichtigen Stellen zu stören. Hiervon sind alle Bevölkerungsgruppen betroffen, jedoch reagieren Frauen und Kinder empfindlicher" (Wiegand, 1986). Bevorzugte Gesundheitsrisiken durch chronische Bleibelastung bei Erwachsenen sind erhöhter Blutdruck (sowohl systolisch wie diastolisch) und bei Kindern neuropsychologische

Defizite (z.B. Störungen der Gestaltwahrnehmung). Beide Zusammenhänge sind durch mehrere Studien grundsätzlich bestätigt. Die methodischen Probleme sind ähnlich wie beim Quecksilber (Expositionsmessung, Unspezifität der Gesundheitseffekte). Aus Tierversuchen und arbeitsmedizinischen Erkenntnissen ist bekannt, daß persistente, d.h. nicht leicht abbaubare Organohalogene (z.B. DDT, PCB=polychlorierte Biphenyle) z.T. irreversible und schwerwiegende Gesundheitsstörungen hervorrufen (z.B. Krebs, Anämie). Diese Substanzen werden in den Industriegesellschaften in großen Mengen erzeugt und sind weit verbreitet in der Verwendung (z.B. in Farben, Transformatoren). Fein et al. (1983) berichten über Fälle starker PCB-Intoxikation in Japan und Taiwan, wo Erwachsene und Kinder "zufällig" mit PCB kontaminiertes Reisöl zu sich nahmen. Die betroffenen Personen litten unter Chlorakne, brauner Pigmentierung der Haut, Gesichtsschwellungen und sensorischen Neuropathien. Auch zeigten sich hier dramatische Mißbildungen und Entwicklungsstörungen bei Neugeborenen (Bewegungsstörungen, Apathie und Hypotonie, Störungen des autonomen Nervensystems). Über die "subklinischen Auswirkungen" dieser Substanzen auf die Allgemeinbevölkerung ist bislang nichts bekannt. "Obwohl halogenierte Kohlenwasserstoffe in praktisch allen Umweltmedien - und damit auch in Nahrungsmitteln - nachweisbar sind, gibt es keine systematischen Programme zur Aufklärung der möglichen Risiken für die Gesundheit der Bevölkerung" (van Eimeren et al.,1987, S. 8).

Erkenntnisse zu gesundheitsrelevanten Einflüssen von Nitraten, Nitriten und Nitrosaminen fassen Scherb & Weigelt (1987, S. 134) zusammen: "Die Nitratgehalte einer Reihe pflanzlicher Lebensmittel sind heute aufgrund der intensiven Anwendung von Kunstdüngern, Naturdüngern und Klärschlämmen deutlich erhöht. Die Nitratgehalte der Grund- und Trinkwässer haben vielerorts eine steigende Tendenz. Durch exogene und endogene chemische Umwandlungsvorgänge können innerhalb und außerhalb des menschlichen Körpers aus dem relativ harmlosen Nitrat Nitrit und Nitrosamine gebildet werden. Nitrit kann bei Säuglingen zu Methämoglobinämie (d.i. Beeinträchtigung der Sauerstoffbindungsfähigkeit des Blutes, Anm. d. Verf.) führen, was allerdings unter den heutigen Hygiene- und Ernährungsbedingungen unwahrscheinlich geworden ist. Darüber hinaus wird Nitrit aber verdächtigt, vermöge einer beständig erhöhten Methämoglobin-Konzentration im Blut Heranwachsender, Entwicklungsdefizite zu verursachen. Für das karzinogene Potential der meisten Nitrosamine gibt es eine starke biologische Evidenz. Mit Methoden der Epidemiologie ist es jedoch (derzeit) nicht nachweisbar, daß Nitrosamine auch beim Menschen Krebs induzieren können."

2.3 Umweltschadstoffe im Trinkwasser

"Nitrat, toxische Schwermetalle und Organohalogene gelangen u.a. durch den Produktionsprozeß in die Umwelt und von dort über das Grund- und Oberflächenwasser in das Trinkwasser" (Tritschler, 1987, S. 163). Vermutungen, daß die Trinkwasserhärte Herz-Kreislauferkrankungen begünstigt, konnten bislang nicht methodisch einwandfrei nachgewiesen aber auch nicht widerlegt werden. Die Cadmiumaufnahme über das Trinkwasser gilt im allgemeinen als vernachlässigbar. Bedeutsam sind jedoch die Nitrat- und die Bleibelastung des Trinkwassers. Die Annahme, daß Nitrate im Trinkwasser Krebsbildungen begünstigen, konnte bezogen allein auf die Trinkwasserbelastung nicht gesichert werden, müßte jedoch im Hinblick auf die Gesamtzufuhr von Nitraten untersucht werden. In Altbauten mit Bleiinstallationen kann die Bleiaufnahme die nach vorläufigen Erkenntnissen duldbare Aufnahmemenge überschreiten. Gefährdet sind vor allem Kinder (vgl. den Abschnitt über Blei in Nahrungsmitteln). Hinsichtlich der organischen Verunreinigungen des Trinkwassers (Trihalomethane u.a.) zeigte sich in verschiedenen Studien ein leicht erhöhtes Risiko bei bestimmten Krebserkrankungen (z.B. Blasenkrebs).

2.4 Lärm

"Lärm ist weit verbreitet. In der Bundesrepublik Deutschland fühlen sich derzeit ca. 16 Millionen Menschen durch Straßenverkehrslärm, ca. 4.5 Millionen durch Fluglärm und ca. 1 Million durch Schienenlärm gestört. Die Zahl der Lärmbelästigten nimmt zu" (Welzl & Rediske, 1987, S. 197). Als mögliche Schädigungen durch Umwelt-Lärm werden vor allem diskutiert:

- Hörschäden - verursacht durch starke berufsbedingte Exposition,
- Schlafstörungen,
- psychische Wirkungen,
- andere Wirkungen über das zentrale und/oder vegetative Nervensystem wie z.B. Auslösung irreversibel erhöhten Blutdrucks,
- Wirkungen auf den menschlichen Fötus.

Für irreversible Gesundheitsstörungen als Folge von Schlafstörungen durch Umweltlärm (Verringerung der Schlaftiefe) gibt es nur schwache Belege durch epidemiologische Untersuchungen. Dagegen ist der Einfluß des Lärms auf das zentrale und vegetative Nervensystem, insbesondere das Auslösen irreversibler Blutdruckerhöhungen epidemiologisch als gesichert anzusehen. "Dieses Ergebnis wird nicht beeinflußt durch Resultate, die eine stärkere Gefährdung bestimmter "Risikogruppen" - häufig definiert durch Lebensstile - bzw. keine schädigende Wirkung bei besonders "robusten" Teilkollektiven feststellen. Das Umweltgift "Lärm" verhält sich hier ähnlich wie andere Noxen: die Wirkung tritt zunächst am deutlichsten zu Tage bei vorgeschädigten, geschwächten oder sich noch in Entwicklung befindenden Menschen, die den Eingriff in einen Regelkreis noch nicht oder nicht mehr in vollem Umfang kompensieren können" (Welzl & Rediske, 1987, S. 198).

Als hinreichend gestützt gilt auch ein Zusammenhang zwischen chronisch erhöhtem Lärmpegel und erniedrigtem Geburtsgewicht bzw. einer erhöhten Frühgeburtsrate.

2.5 Radioaktive Strahlung

Die gesundheitsschädigende Wirkung ionisierender Strahlung (etwas unschärfer aber gebräuchlicher: radioaktive Strahlung) ist seit über 80 Jahren bekannt. Die radioaktive Strahlung ist das hinsichtlich seiner Wirkungen am umfangreichsten untersuchte Umweltagens[1]. Es liegen jedoch nur für den Bereich mittlerer und großer Strahlungdosen gesicherte Erkenntnisse vor, wie sie z.B. für die Atombombenopfer in Japan, Patienten, die aus medizinischen Gründen bestrahlt werden oder Beschäftigte mit beruflicher Exposition (z.B. Uranbergwerkarbeiter) bestanden. "Die Probleme liegen nicht so sehr im Nachweis, daß die Strahlung gesundheitliche Schäden verursacht, sondern vielmehr in der exakten Bestimmung der Größe des Schadens bei niedrigen Dosen und in der Übertragbarkeit der Ergebnisse auf andere Expositionsbedingungen" (König, 1987, S. 203).

Das am meisten untersuchte Gesundheitsrisiko in Folge von ionisierender Strahlung sind Krebserkrankungen. Zur Abschätzung des Krebsrisikos bei niedrigen Dosen werden die bei mittleren und hohen Dosen ermittelten Koeffizienten meist unter der Annahme einer linearen Dosis-Wirkungs-Beziehung mit der Wirkung Null bei der Dosis Null für den Bereich niedriger Dosen extrapoliert. Die aus verschiedenen epidemiologischen Studien gewonnenen Risikokoeffizienten variieren stark. Selbst die Wirkung der radioaktiven Strahlung wird von verschiedenen Institutionen unterschiedlich bewertet.

Es gibt jedoch einige überzeugende Belege für gesundheitsschädigende Wirkungen von Niedrigstrahlung, wie sie etwa im Umfeld von

Kernkraftwerken auftreten. Barnaby (1988) berichtet über eine von einem Sachverständigenrat in Großbritannien durchgeführte Untersuchung (COMARE=Committee on Medical Aspects of Radiation in the Environment) zum Auftreten von Leukämie bei jungen Menschen in der Nähe eines Reaktors (Dounreay, Schottland). In der Zeit von 1968 bis 1984 wurden im Umkreis von 25 Kilometern des Reaktors sechs Leukämiefälle in der Altersgruppe der bis zu 24-Jährigen registriert. Das ist doppelt soviel, wie die durchschnittliche Auftretenshäufigkeit (Inzidenzrate) in Schottland, dieser Unterschied ist jedoch statistisch nicht signifikant (p=.079). Bedeutsamer ist hier, daß alle diese Fälle in der Zeit zwischen 1979 und 1984 auftraten und damit das 6,5 fache des nationalen Durchschnittes ausmachen. Die Wahrscheinlichkeit, daß es sich hier um einen zufälligen Unterschied handelt, ist sehr gering (p=.00039). Bemerkenswert ist hier auch, daß fünf dieser sechs Fälle Kinder unter 14 Jahren waren, das 7.72 fache der in dieser Altersgruppe "durchschnittlichen Anzahl" (p=.00056). Fünf der sechs Leukämiefälle traten innerhalb eines Umkreises von 12,5 Kilometern des Reaktors auf. Das ist das 10,18 fache der vom nationalen Durschnitt her erwartbaren Rate (p=.00043). Ungeachtet der bemerkenswerten statistischen Evidenz dieser Untersuchung kommt COMARE in ihrem Bericht an den Gesundheitsminister zu dem Ergebnis, die erhöhte Leukämierate bei Kindern in der Nähe des Reaktors könne "zufällig" sein. Barnaby verweist auf ähnliche Ergebnisse von Untersuchungen im Umfeld des Reaktors bei Sellafield. Hier wurden in den vergangenen 22 Jahren acht Fälle mit Leukämie oder Lymphomen in der Altersgruppe bis zu 24 Jahren registriert. Das ist das achtfache des nationalen Durchschnitts. Drei Lymphome traten innerhalb von sechs Jahren auf, was einer zwanzigfachen Rate entspricht.

Weitere für den Bereich der Niedrigstrahlung aufschlußreiche Untersuchungen führte der Strahlenphysiker Sternglass durch (vgl. Sternglass & Bell, 1986). Schon in den sechziger Jahren brachte er den radioaktiven Fallout durch Kernwaffenversuche, die in den fünfziger und sechziger Jahren in den Vereinigten Staaten durchgeführt wurden, mit erhöhter Kindersterblichkeit, angeborenen Mißbildungen und Leukämie bei Kindern in Verbindung (vgl. auch Lyon et al., 1979). Nach seinen Berechnungen traten zwischen 1951 und 1966, also in der Hochzeit der überirdischen Kernwaffenversuche zwei bis drei Millionen fötale Todesfälle und 375 000 Todesfälle im ersten Lebensjahr mehr auf, als erwartet wurde. In seinen späteren Untersuchungen führte er den Nachweis, daß der nukleare Fallout zu einem Absinken der Ergebnisse der jährlich landesweit durchgeführten Studieneignungtests führte. Radioaktiver Fallout wirkt sich vor allem beim Ungeborenen während der vorgeburtlichen Entwicklung und beim Kleinkind auf die Schilddrüsenfunktion aus. Durch die radioaktive Strahlung entsteht eine Unterfunktion der Schilddrüse, die die Entwicklung der kognitiven Funktionen während der ersten Lebensjahre beeinträchtigen kann. Die Kurve der in den Studieneignungstests erzielten Ergebnisse folgte genau den Terminen der 17 bis 18 Jahre zuvor durchgeführten Atombombenversuche, als die Mehrzahl der getesten Schüler zur Welt gekommen war. Dies gilt sowohl für die Ergebnisse des sprachlichen als auch des mathematischen Teils. Sternglass konnte seine Hypothese durch weitere Analysen erhärten. Die Ergebnisse im Test korrelieren signifikant mit dem zur Zeit der Atombombentest gemessenen Konzentration an radioaktivem Jod 131 in der Trinkmilch. Auch zeigte sich, daß die Rückgänge der Punktzahlen im Test in den westlichen Bundesstaaten, die in der Nähe der Testgebiete liegen, am stärksten ausfielen.

Die Diskussion um die Wirkung von Niedrigstrahlung entflammte nach dem Reaktorunfall von Tschernobyl von neuem. Meinhold & Koppenhagen (1986, S. 4Of) schätzen mit Modellrechnungen das Krebsrisiko durch den Reaktorunfall von Tschernobyl: "Strahleninduziertes Krebsrisiko der Bevölkerung der Bundesrepublik Deutschland in den nächsten 5O Jahren durch die natürliche Strahlenbelastung: 76.OOO Krebstote und die gleiche Zahl nicht letaler Krebsfälle; durch den *Tschernobyl-Unfall*: 1.5OO-3.OOO Krebstote und die gleichen Zahlen für nicht tödlich verlaufende Krebserkrankungen." Obwohl diese Zahlen relativ gesehen als gering anzusehen sind, räumen die Autoren ein, daß damit keine Bagatellisierung der Auswirkungen des Reaktorunglücks begründet werden kann. Sie erwähnen insbesondere die Möglichkeit synergistischer Effekte, "die in Verbindung mit Immundefekten oder anderen z.B. umweltbedingten Gesundheitsschäden das Krebsrisiko im Einzelfall dramatisch steigern können...und schließlich läßt sich auch die hier durchgeführte Abschätzung statistischer Risikozahlen, die Durchschnittswerte für große Kollektive liefert und zwangsläufig den Individualfall ausklammert, als einseitige Betrachtungsweise kritisieren" (Meinhold & Koppenhagen, 1986, S. 4O).

Neider (1986), Mitglied der Strahlenschutzkommission, schätzt die über die Bundesrepublik gemittelte effektive Lebenszeitäquivalentdosis durch den Reaktorunfall von Tschernobyl auf ca. 1 Milli-Sievert, das entspricht etwa 50% der mittleren natürlichen Strahlung hierzulande. Bei Annahme linearer Dosis-Wirkungs-Beziehungen und der Berücksichtigung international diskutierter Risikospannen ergäbe sich ein ähnliches Ergebnis von ca. 6OO-3.OOO zusätzlichen Krebstoten. Da diese Folgen mit einer langen Latenzzeit von mehreren Jahrzehnten auftreten und jährlich ohnehin ca. 16O.OOO Bundesbürger an Krebs sterben, lassen sich diese Auswirkungen epidemiologisch nicht feststellen. Um von der Geringfügigkeit dieser Auswirkungen zu überzeugen, drückt Neider die Erhöhung der Erkrankungsrate an Krebs mit Todesfolge auch als Verkürzung der Lebenserwartung aus. Danach erniedrigt sich die durchschnittliche Lebenserwartung für die Bundesbürger durch den Reaktorunfall von Tschernobyl um ca. 2,5 Stunden (zum Vergleich: das Rauchen einer Zigarette verkürzt die Lebenserwartung um 10 Minuten, die Einnahme eines kalorienreichen Desserts um 50 Minuten, 10 km Autofahrt um 2,5 Minuten). Rein statistisch ist es gleichbedeutend, durch einen Reaktorunfall 2,5 Stunden kürzer zu leben oder zu den 600-3000 Menschen zu gehören, die an den Spätfolgen durch Krebs zusätzlich sterben.

Van Eimeren (1987, S. 11) zieht in seinem Gutachten für den "Rat von Sachverständigen für Umweltfragen" keine inhaltliche Schlußfolgerungen und faßt die gegenwärtige Situation umweltepidemiologischer Erkenntnisse über die Wirkungen von Niedrigstrahlung sehr zurückhaltend zusammen: "Die Bestimmung von Risikokoeffizienten für die Entstehung von Malignomen über epidemiologische Studien ist bei niedrigen Dosen illusorisch wegen des auch natürlichen Auftretens dieser Malignome mit beträchtlichen regionalen und zeitlichen Schwankungen der Inzidenz. ... Die einzelnen Studien lassen sich wegen unterschiedlicher Verwendung von Risikodefinitionen nicht direkt vergleichen."

2.6 Resümee

Kennzeichnend für den aktuellen Stand der Umweltepidemiologie ist, daß gesicherte Aussagen über die Auswirkung von Umweltkontaminanten auf die menschliche Gesundheit nur für wenige Teilbereiche gemacht werden können und derzeit überhaupt erst die Entwicklung geeigneter Forschungsprogramme und aussagekräftiger Methoden im Vordergrund steht. Die Schwierigkeiten liegen nicht so sehr im Nachweis, daß verschiedene Umweltbelastungen gesundheitliche Schäden verursachen, sondern vielmehr in der genauen Bestimmung der Art und der Umfänge der zu erwartenden Schäden. Auch werden vorliegende Befunde von verschiedenen Forschergruppen sehr unterschiedlich bewertet. Staatlich bestellte Gutachterkommissionen tendieren dazu, im Zweifelsfall keine inhaltlichen Aussagen zu machen oder vorliegende Befunde als "zufällig" oder statistisch unbedeutend zu dequalifizieren. Wesentliche inhaltliche Erkenntnisgewinne sind voraussichtlich erst für das nächste Jahrtausend zu erwarten. Die Bedeutung umweltepidemiologischer Studien für die Aufklärung umweltbedingter Gesundheitsrisiken ist bislang gering. Die meisten Erkenntnisse kommen aus der Arbeitsmedizin, aus Studien zu den Folgen singulärer Umweltkatastrophen und (tier)-experimentellen und toxikologischen Untersuchungen. Allein in tierexperimentellen Studien können kausale Nachweise erbracht werden.

Verschiedene Tierarten reagieren jedoch sehr unterschiedlich auf Umweltschadstoffe. Die Übertragbarkeit solcher Ergebnisse auf den Menschen wirft weitere ungelöste Probleme auf. Beim Vergleich verschiedener epidemiologischer Studien stellen sich zahlreiche weitere Probleme: die Exposition ist teilweise schwer zu bestimmen, einige Gesundheitsfolgen sind unspezifisch und schwer zu fassen, meist wirken mehrere Umweltschadstoffe zusammen.

Für die sozialwissenschaftliche Risikoforschung ergibt sich die Schlußfolgerung, daß beim gegenwärtigen Erkenntnisstand der Umweltmedizin die wissenschaftlichen Kontroversen um den Einfluß von Umweltbelastungen auf die menschliche Gesundheit und die damit verbundenen gesellschaftlichen Risikodebatten und individuellen Verunsicherungen voraussichtlich noch einige Zeit anhalten werden.

3. THEORETISCHE GRUNDLAGEN DER UNTERSUCHUNG

3.1 Umweltbewußtsein

3.1.1 Entwicklung und Stand der Forschung zum Umweltbewußtsein

Die Hinwendung der Öffentlichkeit zu Umweltfragen führte zu Beginn der siebziger Jahre dazu, daß sich auch die Sozialwissenschaften mit Fragen des Umweltbewußtseins zu beschäftigen begannen. Umweltbewußtsein war zunächst ein politisches Schlagwort. In dem Umweltgutachten von 1978 formulierte der Sachverständigenrat für Umweltfragen sein Verständnis von Umweltbewußtsein als "Einsicht in die Gefährdung der natürlichen Lebensgrundlagen des Menschen durch diesen selbst, verbunden mit der Bereitschaft zur Abhilfe." (Rat von Sachverständigen für Umweltfragen, 1978, S. 445).

Neben der empirisch orientierten Richtung der sozialwissenschaftlichen Umweltbewußtseinsforschung, deren Ziel es war, den jeweiligen Stand des Umweltbewußtseins der Bevölkerung empirisch zu erfassen und auf seine Komponenten hin zu analysieren, entwickelte sich auch eine Diskussion über gesellschaftliche und ökonomische Konzepte für nachindustrielle "umweltbewußte" Gesellschaftsmodelle; wegen der nur mittelbaren Bezüge zu unserer Fragestellung gehen wir auf diese Diskussion hier nicht weiter ein (vgl. dazu z.B. Harloff, 1978; Binswanger, Geissberger & Ginsburg, 1978; Lutz, 1981).

Eine sozialwissenschaftliche Bedeutung wurde dem Konzept des "Umweltbewußtseins" gegeben, indem darunter Einstellungen, Verhaltensintentionen, Kognitionen, Erwartungen und Interessen, welche die Umweltprobleme betreffen, zusammengefaßt wurden (vgl. z.B. Kley & Fietkau, 1979).

Ein erster Fragebogen zur Messung ökologischer Attitüden wurde in den USA von Maloney & Ward (1973) entwickelt. Dieser mehrdimensionale Fragebogen enthielt vier Subskalen:

1. Aktiver Beitrag zum Umweltschutz ("actual commitment"),
2. Verbale Bereitschaft ("verbal commitment"),
3. Affektive Einstellung ("affect"),
4. Wissen über Umweltprobleme ("knowledge").

Der Fragebogen von Maloney & Ward wurde von Amelang et al. (1976) ins Deutsche übersetzt und erprobt. Die faktorenanalytische Skalenbildung ergab eine Siebenfaktorenlösung. Die Faktoren wurden interpretiert als:

1. "Affektbetontes Reagieren" (z.B. "Das Vorhandensein von DDT in Speisefischen beunruhigt mich"),
2. "Umweltbetontes Verhalten" (z.B. "Bestimmte Produkte kaufe ich nicht mehr, weil sie umweltverschmutzend sind"),
3. "Wissen" (z.B. "Zu große Mengen Quecksilber wurden gefunden in a) Getränken, b) Gemüse, c) Fleisch, d) Früchten, e) Fischen"),
4. "Soziales Engagement" (z.B. "Ich bin Mitglied einer Organisation, die versucht, die Gesetzgebung auf dem Gebiet des Umweltschutzes voran zu treiben"),
5. "Umweltschutz versus Energiesicherung" (z.B. "Als Politiker würde ich mich auch für den Bau von Kernkraftwerken entscheiden, trotz der Gefahr für die Umwelt"),
6. "Opferbereitschaft" (z.B. "Ich würde einer Steuererhöhung zustimmen, wenn das Geld ausschließlich für den Umweltschutz verwandt würde") und
7. "Auto-Verzicht" (z.B. "Um zur Verminderung der Luftverschmutzung beizutragen, wäre ich bereit, statt eines Autos auch ein Nahverkehrsmittel zu benutzen")
(Amelang et al., 1976, S. 87).

In der Folgezeit der Forschung zum Umweltbewußtsein wurde die Dimension "tatsächliches umweltbezogenes Handeln" (actual commitment) als reine Handlungsdimension aus dem Einstellungskonstrukt "Umweltbewußtsein" ausgegliedert (vgl. Urban, 1986, S. 363). Mit dieser Trennung konnte eine neue Fragestellung konstruiert werden: Wie eng hängt Umweltbewußtsein mit *tatsächlichem Umweltverhalten* zusammen? Verschiedene Studien zeigten, daß umweltbezogene Einstellungen nur schwach bis mäßig mit verschiedenen Aspekten von Umweltverhalten korrelieren (vgl. die Übersicht bei Urban, 1986, S. 372).

Umfangreiche Untersuchungen zum Umweltbewußtsein wurden am Internationalen Institut für Umwelt und Gesellschaft (IIUG) des Wissenschaftszentrums Berlin durchgeführt (z.B. Kley & Fietkau, 1979; Fietkau, Kessel & Tischler, 1982; Kessel & Tischler, 1984). Kley & Fietkau (1979) entwickelten einen Fragebogen, der neben einstellungs- und wahrnehmungsbezogenen Skalen Fragen enthält, die sich direkter auf umweltrelevante Verhaltensweisen beziehen, um die Beziehung zwischen "Umweltbewußtsein" und "umweltbewußtem Verhalten" einer Klärung näherzubringen.

Der Fragebogen besteht aus fünf Subskalen: "Die *Skala "Wahrgenommene Ernsthaftigkeit"* (WE) mißt die kognitive Komponente der Attitüde und ist definiert als die subjektive Wahrscheinlichkeit, die der Proband dem Bestehen bedrohlicher Zustände und Entwicklungen zuschreibt.

Die *Skala "Persönliche Betroffenheit"* (PB), welche die affektive Dimension der Attitüde repräsentiert, gibt das Ausmaß an, in dem der Proband angibt, durch die angesprochenen bedrohlichen Zustände und Entwicklungen gefühlsmäßig bewegt zu sein.

Die *"Verantwortlichkeitsskala"* (V) erfragt... den Grad, in dem der Proband die Verantwortung für die Erhaltung und Wiederherstellung der Umwelt bei sich selbst ("intrapersonal") bzw. bei der Industrie, den Politikern und Parteien und/oder bei Experten und Wissenschaftlern ("extrapersonal") lokalisiert. (...)

Die *Skala "Verbales Commitment"* (VC) erfaßt die konative Komponente der Attitüde und gibt das Ausmaß an, in dem der Proband sich bereit erklärt, sich selbst für den Schutz bzw. die Wiederherstellung der Umwelt einzusetzen.

Die *Skala "Aktuales Commitment"* (AC) gibt das Ausmaß an, mit dem der Proband sich bereits für die Erhaltung bzw. Wiederherstellung der Umwelt engagiert hat" (Kley & Fietkau, 1979, S. 17).

Die aus der sozialpsychologischen Einstellungsforschung abgeleitete Annahme, daß die umweltbezogenen Einstellungsvariablen nur in schwachen Zusammenhang mit umweltbezogenem Verhalten besteht, wurde durch die Auswertung bestätigt (Korrelationswerte: 0.14 bis 0.45).

Im Mittelpunkt der groß angelegten Untersuchungen des IIUG stand die theoriegeleitete Beschreibung umweltrelevanter Wertvorstellungen und ihrer Beziehungen zu umweltbezogenen Einstellungen, Verhaltensweisen, Beurteilungen der Umweltpolitik und soziodemographischen Merkmalen. Auch hier interessierte zunächst die Frage, aus welchen Dimensionen sich ökologisches Bewußtsein zusammensetzt.

Kessel (1984) untersuchte die Frage, ob es einen *generellen Umweltoptimismus bzw. -pessimismus* bei der Bewertung der zukünftigen Entwicklung von verschiedenen Umweltproblemen gibt. Die Faktorenanalyse ergab vier Bewertungsmuster:

Umweltoptimismus bzw. -pessimismus in Bezug auf:

1. klassische Umweltprobleme (Lärm, Luftverschmutzung, Wasserverschmutzung),
2. ökologische Probleme (Zerstörung von Stadt und Land, Ausbeutung der Natur),
3. industrielle Probleme (giftige Industrieabfälle, Atommüll, Energie),
4. Probleme von Ballungsräumen (Bevölkerungswachstum, Hausmüll).

Im internationalen Vergleich zwischen der BRD, England und den USA fand Kessel eine hohe Übereinstimmung dieser Bewertungsmuster. Insgesamt wird in den drei Ländern die zukünftige Entwicklung der vier Bereiche eher pessimistisch eingeschätzt. Bei den klassischen Umweltproblemen und den industriellen Problemen haben die Deutschen den größten Grad an Pessimismus.

Fietkau et al. heben die Bedeutung des Wertewandels für die Entstehung des Umweltbewußtseins hervor und greifen hierzu auf die Überlegungen des amerikanischen Politologen Inglehart (1977) zurück. Inglehart geht davon aus, daß in der Nachkriegsgeneration durch eine weitgehende Absicherung materieller Bedürfnisse "postmaterielle Werte" entstanden (z.b. schönere Städte, mehr Mitbestimmung, eine Gesellschaft für die Geist und Ideen wichtiger sind als Geld), die sich von den materialistischen Werten der Elterngeneration absetzen (z.b. Ruhe und Ordnung, Wirtschaftswachstum, stärkere Landesverteidigung). Werte werden verstanden als objektunspezifische Kriterien oder Maßstäbe, an denen das eigene Handeln und die Dinge und Personen des sozialen Umfeldes beurteilt werden können (Engelmann, Radte & Sachs, 1981, n. Fietkau, 1984, S. 27). Fietkau et al. sehen *umweltbezogene gesellschaftliche Werte* als übergeordnete allgemeine Kriterien und Maßstäbe, denen *umweltbezogene Einstellungen* untergeordnet sind, die sich direkt auf die Umweltprobleme beziehen (vgl. Fietkau et al., 1982). Die umweltbezogenen gesellschaftlichen Werte werden mit Hilfe von Faktorenanalysen in drei Dimensionen aufgegliedert:

1. Materialismus/Postmaterialismus,
2. Leistungsbewertung in der Gesellschaft,
3. Beurteilung staatlicher Kontrolle.

Für die umweltbezogenen Einstellungen fanden die Forscher des IIUG in den drei Ländern übereinstimmend vier Kognitionsmuster:

1. Einstellung zu Wissenschaft und Technik,
2. Besorgnis um Rohstoff- und Energievorräte,
3. Einstellung zur Kernkraft,
4. Besorgnis um die Grenzen des Wachstums.

Die Frage nach der Dimensionalität des Umweltbewußtseins zieht sich auch durch die aktuellen sozialwissenschaftlichen Untersuchungen (Urban, 1986; Langeheine & Lehmann, 1986a, 1986b). Urban (1986) durchleuchtet kritisch die bisherige Forschung und entwickelt in Anschluß an die Unterscheidung zwischen umweltorientierten Wertorientierungen und Einstellungen selbst ein kognitives Strukturmodell. Er unterscheidet drei Dimensionen, die er als relativ eigenständige kognitive Instanzen begreift:

a) umweltrelevante Wertorientierungen,
b) umweltbezogene Einstellungen,
c) umweltorientierte Handlungsbereitschaften.

Die umweltbezogenen Einstellungen begreift Urban als Kernbereich des Umweltbewußtseins. Im Unterschied zu vorherigen Untersuchungen verknüpft Urban diese drei Dimensionen in einem kausalen Strukturmodell, welches er explorativ einer empirischen Prüfung unterzieht. Er postuliert Einflußbeziehungen zwischen diesen Variablen, die in der genannten Reihenfolge von der Wert- über die Einstellungshaltung bis hin zur Handlungsbereitschaft reichen. "Demnach führen Wertorientierungen allein dann zu entsprechenden Handlungsbereitschaften, wenn Individuen auch umweltorientierte Einstellungshaltungen entwickelt haben" (Urban, 1986, S. 367). Die Überprüfung des Modells über eine statistische Pfadanalyse ergibt eine mäßige bis mittlere Bestätigung für die postulierten theoretischen Beziehungen zwischen den drei Komponenten des Umweltbewußtseins (Pfadkoeffizienten .36/.34).

Langeheine & Lehmann (1986a, 1986b) verwenden wie Urban erstmals pfadanalytische Verfahren zur empirischen Analyse des Umweltbewußtseins, sind jedoch weniger an einer theoretischen Weiterentwicklung des Konstrukts "Umweltbewußtsein", sondern eher an den demographischen Prädiktoren interessiert. Das Konzept Umweltbewußtsein unterteilen sie in drei Komponenten:

1. Ökologisches Wissen,
2. Ökologische Einstellungen,
3. Ökologisches Handeln/Verhalten.

Zusammenfassend können wir hier festhalten, daß bei den bis heute durchgeführten Untersuchungen zum Umweltbewußtsein eine empirischstatistische Herangehensweise dominiert, die zwei Ziele verfolgt:

1. die Ermittlung der kognitiven Dimensionalität von Umweltbewußtsein,
2. die Ermittlung von soziodemographischen Prädiktoren für das Umweltbewußtsein.

3.1.2 Umweltbewußtsein - weitere empirische Befunde

Über einige Ergebnisse der Umweltbewußtseinsforschung haben wir im vorhergehenden Kapitel bereits berichtet. Wir ergänzen noch kurz und zusammenfassend weitere wichtige Ergebnisse. Ausführlichere Darstellungen findet man bei Van Liere & Dunlap (1980) und Fietkau (1984). Fietkau (1984) faßt die bisherigen Untersuchungen zusammen und kommt zu dem Ergebnis, daß der Versuch der insgesamt eher soziologisch orientierten Forschung, über soziodemographische Variaben ein Prognosemodell für Umweltbewußtsein aufzubauen, bislang als wenig erfolgreich angesehen werden kann. Als empirisch gesichert kann lediglich gelten, daß *jüngeres Alter* und *höhere schulische Bildung* relativ eindeutige Prädiktoren für Umweltbewußtsein sind. Eine persönlichkeitspsychologische Verankerung von Umweltbewußtsein erwies sich als schwierig. Arbuthnot (1977) ermittelte ein hohes Maß an internaler Kontrolle (Rotter-Skala) und eine geringe Neigung zu Rigidität (F-Skala von Adorno) als Determinanten für höheres Umweltbewußtsein. In der Studie von Langeheine & Lehmann (1986a) wiesen die untersuchten Persönlichkeitseigenschaften Neurotizismus, Extraversion und internale Kontrolle keinen Zusammenhang mit den Komponenten des Umweltbewußtseins auf. Sie untersuchten in ihrer Studie zahlreiche andere Variablen in ihrem Einfluß auf verschiedene Aspekte des Umweltbewußtseins und stellen die Ergebnisse in Pfadmodellen dar. Ein Beispiel ist in Abbildung 1 dargestellt. Der Vergleich der Berliner Stichprobe mit einer Stichprobe aus Schleswig-Holstein zeigte z.T. erhebliche Unterschiede in den ermittelten Strukturmodellen und damit eine starke Stichprobenabhängigkeit der Ergebnisse. Der Umfang der durch die verschiedenen Variablen aufgeklärten Varianz ist relativ gering. Auch hier ergibt sich die Schlußfolgerung, daß der Versuch, große gemischte Stichproben in *einem* allgemeinen Strukturmodell abzubilden, als nicht besonders erfolgreich und aussagekräftig bewertet werden muß.

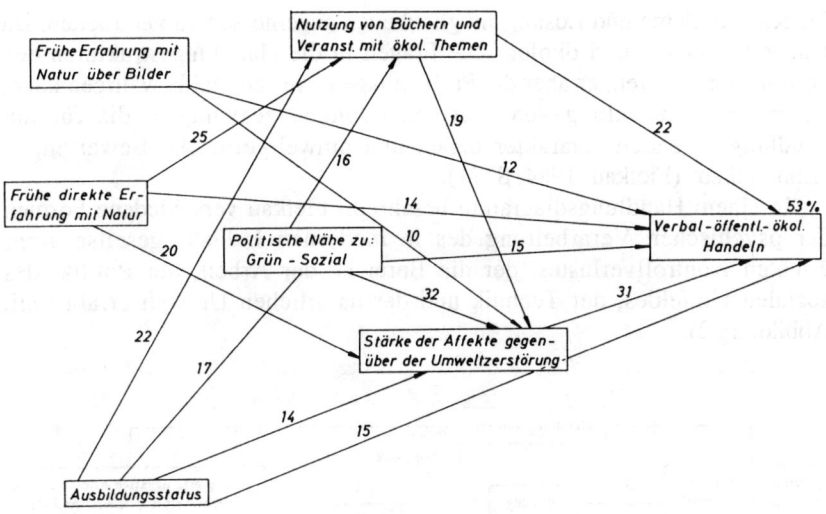

Abbildung 1: Einfluß verschiedener Variablen auf das ökologische Handeln im eigenen Haushalt (Berliner Stichprobe)
Quelle: Langeheine & Lehmann (1986a, S. 119)

3.1.3 Die Entstehung von Umweltbewußtsein - das Handlungsmodell von Fietkau

Außerhalb des Blickfeldes des Hauptstroms der Forschung zum Umweltbewußtsein liegen Fragestellungen, die sich mit psychischen Verarbeitungsweisen und interindividuellen Unterschieden in der Auseinandersetzung mit der Umweltkrise beschäftigen. Einen Versuch hierzu unternimmt Fietkau (1984). Im Anschluß an die referierten Studien des IIUG erörtert er die Frage, wie sich die Entstehung von Umweltbewußtsein psychologisch beschreiben und erklären läßt. Er kritisiert verschiedene psychologische Ansätze, die isoliert einzelne psychische Funktionen als Erklärungshintergrund heranziehen (Wahrnehmung, Kognition, Bedürfnis/Motiv, Symbolhandlung) und entwickelt selbst ein *Allgemeines Handlungsmodell*, welches verschiedene psychische Funktionen integriert. Er interpretiert die Entstehung ökologischer Wertvorstellungen als Folge eines *Kontrollverlustes* über die natürliche Lebensumwelt. "Die Umweltkrise und die ökologischen Probleme drängen sich den Menschen auf; der einzelne Mensch ist jedoch überfordert, die damit in Zusammenhang stehenden

Fragen, Probleme und Lösungsmöglichkeiten angemessen zu verarbeiten. Da Umweltprobleme und ökologische Fragen in die Handlungsstrukturen des einzelnen eingreifen, er aber die Problemlage nicht rational bewältigen kann, ist er zur Entwicklung von Wertvorstellungen gezwungen, die für ihn handlungsleitenden Charakter haben und umweltpolitische Bewertungen ermöglichen" (Fietkau, 1984, S. 71).

In einem Handlungsdiagramm beschreibt Fietkau verschiedene Formen der psychischen Verarbeitung des in modernen Industriegesellschaften erlebten Kontrollverlustes, der die Bereiche der Arbeit, der Politik, des sozialen Umfeldes, der Technik und der natürlichen Umwelt erfaßt (vgl. Abbildung 2).

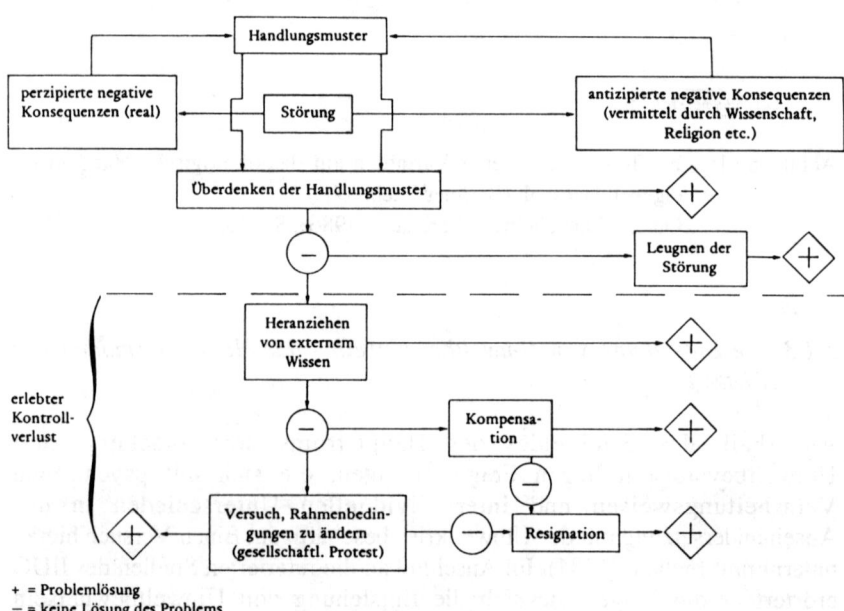

+ = Problemlösung
− = keine Lösung des Problems

Abbildung 2:   Allgemeines Handlungsmodell
Quelle: Fietkau (1984, S. 57)

Wenn wir dieses allgemeine Modell auf das von uns anvisierte Thema beziehen, ergeben sich theoretisch sechs verschiedene Möglichkeiten, auf gesundheitliche Gefährdungen durch Umweltbelastungen zu reagieren:

1. *Problemlösung* durch Überdenken der Handlungsmuster und Finden neuer Handlungsformen (z.b. Übersiedlung in ein wenig umweltbelastetes Gebiet),
2. *Leugnung* der Störung (z.b. Leugnung der Ernsthaftigkeit der Folgen von Umweltbelastungen),
3. *Information* über Umweltprobleme (z.b. Lesen von Büchern, Fachzeitschriften),
4. *Kompensation* (z.b. Urlaub und Freizeit in "unberührter" Natur, Hobbygärtnerei),
5. *Resignation*,
6. *Gesellschaftlicher Protest* (Ökologiebewegung, Umweltparteien).

Fietkau merkt selbst kritisch an, daß das Problem solcher Flußdiagramme darin besteht, daß sie selten falsch sind. Problematisch finden wir insbesondere den "Einwegcharakter" dieses Modells. Es erscheint plausibler, daß häufig mehrere der genannten Lösungsversuche. realisiert werden (z.b. Tendenz zur Leugnung der Umweltkrise, Kompensation durch Hobbygärtnerei, Überdenken von Schädlingsbekämpfungsmethoden im eigenen Garten). Es ist auch fraglich, ob Kontrollverlust wirklich erst dann erlebt wird, wenn ein Überdenken der gewohnten Handlungsformen nicht zum Erfolg führt und es auch nicht möglich ist, die Störung zu leugen. Leugnen könnte auch ein Versuch sein, bereits erlebten Kontrollverlust zu bewältigen.

3.1.4 Resümee

Die hier referierten Ansätze stellen das Konzept des "Umweltbewußtseins" in den Mittelpunkt einer Beschreibung und Erklärung psychologischer Aspekte der Umweltkrise. Die forschungsleitende Idee dieser Untersuchungen ist, über statistische Analysen von Meinungs- und Einstellungsbefragungen, bei denen die Bewertung von Umweltproblemen erfragt wurde, zu allgemeinen Komponenten des Umweltbewußtseins zu kommen und empirische Beziehungen mit soziodemographischen Prädiktoren zu ermitteln. In den frühen Untersuchungen (z.B. Maloney & Ward, 1973) wurden die klassischen Komponenten des Einstellungskonzepts - Kognition, Affekt und Verhalten - im Konstrukt des Umweltbewußtseins noch zusammengehalten. In späteren Untersuchungen wurde zunächst die Komponente umweltbezogenen Verhaltens und dann auch weitgehend die Affektkomponente herausgenommen. Umweltbewußtsein wurde weiterhin als Einstellungskonzept, jetzt jedoch reduziert auf die kognitiv-evaluative Dimension betrachtet und mit übergeordneten umweltrelevanten gesellschaftlichen Werten in Beziehung gebracht. Der Vergleich der verschiedenen empirischen Versuche, Umweltbewußtsein zu bestimmen, macht deutlich, daß je nach verwendetem Itempool z.T. ähnliche z.T. verschiedene Dimensionen gefunden wurden. Die Folgerungen für unseren Untersuchungsansatz ergeben sich in erster Linie aus den Fragestellungen und methodischen Ansätzen, die bei diesem Forschungsansatz bisher nicht umgesetzt bzw. vernachlässigt wurden, sind also komplementär angelegt:

1. Das Konzept "Umweltbewußtsein" wurde bislang als statisches allgemein-psychologisches Konzept gefaßt und nicht als Konzept zur Beschreibung und Erklärung der psychischen Verarbeitung der Umweltkrise in ihren *psychisch-prozeßhaften Aspekten* gesehen. Ein erster Ansatz sind die Überlegungen von Fietkau (1984), der sich zumindest theoretisch der Frage stellt, wie sich die Verarbeitung von Umweltproblemen psychologisch fassen läßt.

2. Die Beobachtung der Aufnahme der Umweltkrise in der Öffentlichkeit spricht dafür, daß sich die phänomenale Qualität des Umweltbewußtseins in den letzten Jahren gewandelt hat. Nach den technologischen Katastrophen der letzten Zeit (Harrisburg, Tschernobyl, Chemieunfälle) haben *Gefühle persönlicher Betroffenheit* gegenüber allgemeinen Problembewertungen an Bedeutung gewonnen. In der neueren Umweltbewußtseinsforschung wird jedoch überwiegend nach kognitiven Bewertungen von Umweltproblemen gefragt. Die Dimensionen "persönliche Betroffenheit" oder "Affekt", die in den frühen Untersuchungen noch auftauchten (z.B. Maloney & Ward, 1973; Amelang et al. 1976), finden kaum Berücksichtigung. Es dominiert also eine kognitive, auf äußere Problembewertungen zentrierte Sichtweise. Ergänzend zu dieser Einseitigkeit wollen wir in unserer Untersuchung eine *subjekt-zentrierte Forschungsperspektive* umsetzen, die es erlaubt, Aspekte individueller Betroffenheit durch die Umweltproblematik nachzuzeichnen.

3. Ein weiterer phänomenaler Wandel des Umweltbewußtseins liegt darin, daß die Umweltkrise zunehmend auch zum *Gesundheitsrisikothema* geworden ist. Die Umweltbewußtseinsforschung widmet sich den Bedeutungsakzenten, mit denen die Umweltkrise zu Beginn der siebziger Jahre in den gesellschaftlichen Diskurs hereingeholt wurde: als Naturzerstörung, Resourcenproblem ("die Grenzen des Wachstums"), ästhetisches Problem ("Umweltverschmutzung") und gesellschaftlich-politisches Dissensthema ("Kernenergie"). Die chronischen Auswirkungen der Umweltbelastungen auf den menschlichen

40

Organismus bilden einen neuen Bedeutungsakzent, welcher bislang kaum untersucht wurde.

4. Die Umweltbewußtseinsforschung bietet mit ihrer konzeptuellen und methodischen Einseitigkeit nicht nur Anstöße zu neuen ergänzenden Forschungsansätzen, sondern auch Beiträge, die direkt genutzt werden können. Die empirisch und theoretisch plausibilisierte hierarchische Anordnung von umweltbezogenen Wertvorstellungen und umweltbezogenen Einstellungen ist ein Baustein für eine noch umfänglicher zu konzipierende Theorie des Umweltbewußtseins. Die gründlich erprobten Skalen zum Umweltbewußtsein bieten eine Materialquelle für die Durchführung von standardisierten Fragebogenerhebungen an größeren Stichproben.

3.2 Das Belastungs-Bewältigungs-Paradigma: Umweltbelastungen als Streß

3.2.1 Das Belastungs-Bewältigungs-Paradigma und die Erforschung psychischer Auswirkungen von Umweltbelastungen

Ein früher, vor allem in den Vereinigten Staaten entwickelter Forschungsbereich, in dem Umweltbelastungen im weiteren Sinne unter der Perspektive ihrer (Streß-) Wirkungen untersucht wurden, ist die "Katastrophenforschung". Hier wurden die psychischen Auswirkungen und die Bewältigung von natürlichen und technologischen Katastrophen untersucht (z.B. Tornados, Erdbeben, Brüche von Staudämmen, Giftgaskatastrophen), also Umweltereignisse die relativ *akut* auftreten und *massive kollektive Folgen* haben (Melick, Logue & Frederick, 1982; Baum, Fleming & Davidson, 1983; Lebovits, Baum & Singer, 1986).

Etwa zeitgleich mit dem Beginn der Forschung zum "Umweltbewußtsein", bei der die kognitive Bewertung von Umweltproblemen in Mittelpunkt steht, wurde unter Anwendung des Leitkonzeptes *"Umweltstreß"* ("environmental stress") der Blickpunkt auf die *(Streß-) Auswirkungen von chronisch wirkenden Umweltbelastungen* gerichtet. Seit Anfang der siebziger Jahre fanden die "chronischen Umweltstressoren" stärkere Beachtung (z.B. Lärm, Klima, Luftverschmutzung, Autoverkehr). Charakteristisch für sie ist, daß sie chronisch wirken, daß sie durch individuelle Anstrengungen meist nicht beeinflußt werden können und daß sie als typisches "Hintergrundphänomen" oft gar nicht bewußt werden bzw. nicht fortwährend beachtet werden (Campbell, 1983).

Die Verwendung psychologischer Streßkonzepte zur Beschreibung und

Erklärung psychischer Auseinandersetzungsprozesse mit Umweltproblemen tritt in zwei Varianten auf:

1. als *allgemeines Streßmodell*, in dem die Streß*wirkungen* im Mittelpunkt des Interesses stehen. Persönliche Merkmale werden hier als Kodeterminanten aus dem eigentlichen Prozess der Streßverarbeitung ausgegliedert (vgl. Abbildung 3).

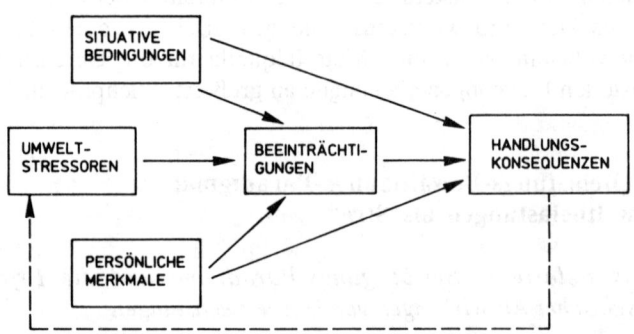

Abbildung 3: Grundstruktur der Wirkung von Umweltstressoren
Quelle: Rohrmann (1988, S. 177)

Dieser Denkansatz liegt den meisten Studien des umfangreich erforschten Umweltstressors Lärm zugrunde, in denen vor allem nach situativen und personalen Kodeterminanten der Streßwirkungen von Lärm gesucht wurde (z.B. Rohrmann, 1984; Guski, 1987).

2. Als spezifischeres theoretisches Modell gilt das Streß- und Streßbewältigungmodell von Lazarus (z.B. Lazarus & Launier, 1981; Lazarus & Folkman, 1984). Hier liegt ein stärkerer Akzent auf *kognitiven Bewertungen und der aktiven Auseinandersetzung mit belastenden Situationen*, intrapsychische Aspekte der Streßverarbeitung werden stärker beachtet (Semmer, 1988). Wegen der großen Bedeutung, die dem Ansatz von Lazarus innerhalb der Belastungsforschung zugesprochen wird und dessen häufiger Anwendung auf sozialwissenschaftliche Untersuchungen zur Umweltproblematik referieren wir diesen Ansatz im folgenden ausführlicher (vgl. Abbildung 4).

3.2.2 Das Streß- und Streßbewältigungsmodell von Lazarus

Streß ist nach Lazarus & Launier (1981, S. 226) jedes Ereignis "in dem äußere oder innere Anforderungen (oder beide) die Anpassungsfähigkeit eines Individuums, eines sozialen Systems oder eines organismischen Systems beanspruchen oder übersteigen". Anforderungen und (Bewältigungs-) Resourcen sind demnach die grundlegenden Komponenten der Streßverarbeitung. Der Grundgedanke ist, daß Streß "...in Abhängigkeit von der Art und Weise, wie Umweltereignisse vom Individuum interpretiert, d.h. in ihrer Bedeutung für das Wohlbefinden bewertet werden, und in Abhängigkeit von den verfügbaren und benutzten Bewältigungsfähigkeiten und -möglichkeiten zu definieren sei" (Lazarus & Launier, 1981, S. 228). Lazarus unterschiedet zwei Formen von Bewertungsprozessen: *primäre* und *sekundäre* Bewertung. Die primäre Bewertung bezieht sich auf die Bedeutung eines (Umwelt-) Ereignisses für das Wohlbefinden einer Person. Hier lassen sich drei Kategorien voneinander abheben: "Eine Person kann ein gegebenes Ereignis entweder als (1) irrelevant, (2) günstig/ positiv oder (3) stressend betrachten" (Lazarus & Launier, 1981, S. 233). Eine streßende Bewertung kann für eine Person eine *Schädigung/ einen Verlust* bedeuten, wenn das Ereignis bereits eingetreten ist, eine *Bedrohung*, wenn das Ereignis noch nicht eingetreten ist, aber antizipiert wird, oder kann sich auf eine *Herausforderung* beziehen, wenn die Person eine Meisterung der Situation und positive Folgen antizipiert. Die sekundäre Bewertung beschreibt kognitive Aktivitäten, die sich auf die verfügbaren Bewältigungsfähigkeiten und -möglichkeiten beziehen. "Der entscheidende Punkt ist, daß sekundäre Bewertung in ihrer Ausrichtung auf denkbare Bewältigungsfähigkeiten und -möglichkeiten nicht nur primäre Bewertungsprozesse selbst beeinflußt, indem sie Bedrohung oder das Erleben einer Schädigung mildert oder verstärkt, sondern auch die Bewältigungsmaßnahmen bestimmt. Die hier betrachteten Bewertungsprozesse sind nicht notwendigerweise bewußt oder willkürlich; sie können ohne das Bewußtsein ablaufen, obwohl wir häufig bewußt und willkürlich über Bewältigungsmöglichkeiten nachdenken, insbesondere in antizipatorischen Situationen, die allmählich entstehen und Reflexion erlauben" (Lazarus & Launier, 1981, S. 240). Bewertungsprozesse bestimmen also, ob ein Ereignis oder eine Situation als Bedrohung empfunden werden, wie stark diese Bedrohung ist, welche Handlungsimpulse folgen und welche emotionalen Begleiterscheinungen damit verbunden sind. Bewertungen von Situationen oder Ereignissen als streßreich führen zu negativ getönten Emotionen (Angst, Furcht, Schuld, Ärger, Traurigkeit/Depression, Neid, Eifersucht usw.).
Bewältigungsprozesse werden von Lazarus & Launier (1981, S. 244)

folgendermaßen definiert: "Bewältigung besteht sowohl aus verhaltensorientierten als auch intrapsychischen Anstrengungen, mit umweltbedingten und internen Anforderungen sowie den zwischen ihnen bestehenden Konflikten fertig zu werden (d.h. sie zu meistern, zu tolerieren, zu reduzieren, zu minimieren), die die Fähigkeiten einer Person beanspruchen oder übersteigen." Grundlegend für Lazarus ist die Unterscheidung zweier Funktionen von Bewältigungsprozessen, die zum einen die *Änderung der Situation* zum Ziel haben können (instrumentell, problemlösend), zum anderen die *Regulierung der Emotion* (palliativ, emotionszentriert).

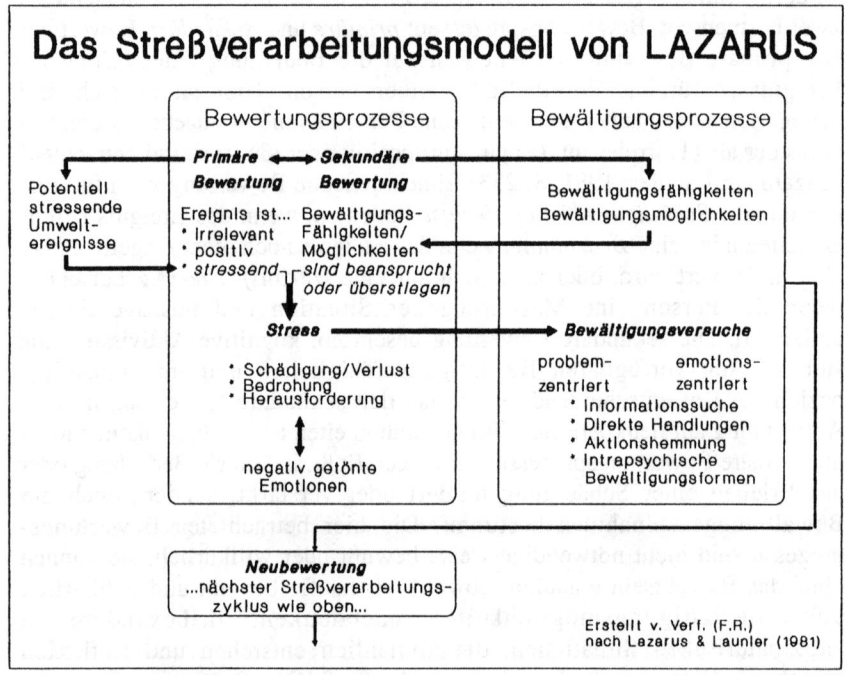

Abbildung 4

44

Unterhalb dieser beiden Funktionen unterscheiden Lazarus & Launier (1981) vier Klassen von Bewältigungsprozessen:

1. *Informationssuche:* Aktivitäten, die eine Person unternimmt, um herauszufinden, was in der Umwelt oder bei einem selbst verändert werden muß, um eine stressende Situation zu bewältigen,
2. *Direkte Aktionen:* alle Aktivitäten (außer den kognitiven), die zur Bewältigung einer Situation unternommen werden,
3. *Aktionshemmung:* Unterdrückung von Handlungsimpulsen, die der Situation nicht gerecht werden könnten,
4. *Intrapsychische Bewältigungsformen:* Dies sind alle kognitiven Prozesse, die durch Verbesserung des Wohlbefindens der Person Emotionen regulieren sollen (z.B. Vermeidung, Selbstberuhigung).

Lazarus & Launier (1981, S. 246) stellen diese vier Bewältigungsmodi, differenziert nach ihrer zeitlichen Orientierung (auf gegenwärtige, vergangene, zukünftige Ereignisse), ihrem instrumentellen Schwerpunkt (auf die Person, die Umwelt oder beide gerichtet) und ihrer Funktion (problemlösend, emotionsregulierend) in einem formal-deduktiven Klassifikationsschema von Bewältigungsprozessen zusammen.

Forschungspraktisch erfassen Lazarus und Mitarbeiter Bewältigungsprozesse mit Hilfe einer Coping-Skala, dem "Ways of Coping Inventory" (Folkman & Lazarus, 1980), mit der problembezogene und emotionszentrierte Bewältigungsprozesse differenziert werden können.

3.2.3 Weitere Ansätze in der Belastungsforschung

Als weitere wichtige Ansätze in der Belastungsforschung sind der neoanalytische Ansatz der Ich-Mechanismen von Haan (1977) und die biographisch-deskriptive Konzeption der Daseinstechniken von Thomae (1988) zu nennen (vgl. Brüderl, Halsig & Schröder, 1988).

Haan verbindet in ihrem Konzept der Ich-Mechanismen psychoanalytische Überlegungen zu Abwehrmechanismen mit Piagets Modell der Assimilation und Akkomodation. Sie versucht eine Systematisierung von Formen der Auseinandersetzung mit Lebensproblemen und unterscheidet dabei zehn Arten von Ich-Prozessen, die abhängig von Problemsituationen und Gewohnheiten jeweils in drei verschiedenen Formen auftreten: als *"Bewältigung"*, *"Abwehr"* und *"Fragmentierung"*. "Bewältigung" gilt als absichtsvolles, flexibles und situationsadäquates Verhalten, "Abwehr" als rigides, realitätsverzerrendes Verhalten und "Fragmentierung" als psychopathologische Form von Realitätsverzerrung. Die von Haan vorgestellte Taxonomie von Ich-Prozessen ist sehr differenziert und operational schwer zu fassen. Unserer Einschätzung nach ist ihre Anwendbarkeit auf klinische bzw. tiefenpsychologische Untersuchungskontexte beschränkt, wo Probleme mit einem hohen Ich-Bezug im Mittelpunkt stehen und die verfügbaren Daten eine entsprechende Auflösungsdichte aufweisen (z.b. qualitative Prozeßdaten zum Verlauf einer Psychotherapie). Um die bei dieser Einteilung notwendigen voraussetzungsreichen Bewertungen vornehmen zu können (z.b. zur Diagnose von "Fragmentierung") ist schließlich zusätzlich erforderlich, daß der interpretierende Forscher über tiefenpsychologische diagnostische Kompetenzen verfügt (vgl. auch die Kritik von Thomae (1988, S. 82f) an dem Vorgehen von Haan).

Thomae untersucht die Bewältigung von Lebensproblemen und Belastungen in einer biographischen und idiographischen (am einzelnen Individuum orientierten) Perspektive. Die empirische Basis zur Erforschung des Bewältigungsverhaltens besteht in der Analyse von Tagesabläufen sowie von größeren biographischen Abschnitten, aus denen Thomae sein Konzept der *"Daseinsthematiken"* und *"Daseinstechniken"* entwickelte. "Daseins-thematiken" meinen die situations-spezifische motivationale Strukturierung des Verhaltens, "der Bezug auf eine "Endqualität" oder auf ein Sinn stiftendes Moment" (Thomae, 1988, S. 80) (z.b. "Selbstverwirklichung", "soziale Integration"). Daseinstechniken stellen "mehr oder weniger chronisch gewordene Aktionssysteme dar, denen sich die Person bei der Verarbeitung und Bewältigung verschiedener Anforderungen des Lebens bedient" (Brüderl, Halsig & Schröder, 1988, S. 35). Unter "Daseinstechniken" versteht Thomae sowohl bewußt eingesetzte Formen der Auseinandersetzung (z.B. Akzeptieren, Anpassung an die Situation) als auch tiefenpsychologisch relevante unbewußte Mechanismen (z.B. Verdrängung, Identifikation). Daseinstechniken können zu Daseinsthematiken werden, wenn sie zu einem Thema der Lebensführung werden. Die Vielfalt einzelner Daseinstechniken faßt Thomae in fünf Klassen zusammen:

1. leistungsbezogene Techniken (z.B. kognitive Leistung),
2. Techniken der Anpassung (z.B. Akzeptieren),
3. defensive Techniken (z.B. Leugnung bzw. Ignorieren),
4. evasive Techniken (z.B. Unterbrechen oder Abbrechen von Handlungen) und
5. aggressive Techniken (z.B. Abwertung anderer).

In einer neueren Diskussion verschiedener Konzepte der Belastungs-Bewältigungs-Forschung (Thomae, 1988) bevorzugt Thomae den Begriff der

"Reaktionsform" gegenüber dem Begriff der "Daseinstechniken" als Oberbegriff für alle instrumentellen und expressiven Antworten auf Belastungen. Daseinstechniken entsprechen nach dieser Revision ungefähr dem Konzept der *Bewältigungsformen* in der Terminologie der Streßforschung, womit stärker *kognitiv* und *willentlich* gesteuerte Reaktionen auf Belastungen gemeint sind. Mit dem Begriff der "Reaktionsform" überwindet Thomae die aktivistische und rationalistische Einengung der Streßkonzeption von Lazarus, in der "passive" oder "emotionale" Antworten auf Belastungen (z.b. Akzeptieren einer Situation, resignativ-depressives Hinnehmen von Belastungen) keinen ausgezeichneten Platz haben bzw. nur als "Begleitphänomene" der "Bewältigungsstrategien" behandelt werden.

Kennzeichnend für das Vorgehen von Thomae ist, daß er im Unterschied zu den Ansätzen von Lazarus und Haan keine logisch-deduktive und als allgemeingültig konzipierte Einteilung von Bewältigungsverhalten vornimmt, sondern bereichsspezifisch (z.b. für eine bestimmte Phase im Lebenszyklus) deskriptive Systeme zur Klassifikation von Reaktionen auf Belastungen entwickelt. Solche Beschreibungssysteme variieren je nach Untersuchungs-gegenstand (vgl. Thomae, 1988). Diese gegenstandsorientierte empirisch-induktive Herangehensweise bringt u.E. eine ausgezeichnete methodologische Perspektive in die Belastungsforschung, die zu einer "ökologisch validen" Konzeptbildung eher beiträgt als die verbreitete logisch-deduktive Übertragung von Konzepten (z.b. des Ansatzes von Lazarus) auf neue Untersuchungsgegenstände.

Die Ansätze von Haan und Thomae wurden unseres Wissens im Bereich der sozialwissenschaftlichen Umweltforschung bisher nicht angewandt. Einen ersten systematischen Versuch, biographische und psychoanalytische Konzepte auf dieses Themenfeld anzuwenden, unternimmt die Forschungsgruppe um Legewie, die u.a. auch den Ansatz von Thomae aufgreift (vgl. hierzu Kap. 3.3.4).

3.2.4 Neuere Entwicklungen

Die kritischen Diskussionen zur Streßkonzeption von Lazarus und Mitarbeitern und zur "Life Event"-Forschung haben zu Weiterentwicklungen des allgemeinen Belastungs-Bewältigungs-Paradigmas geführt, welche bisher vernachlässigte Aspekte ins Auge fassen. Die primäre Konzentration auf eher akute und hervorstechende Streßereignisse hat sich etwas gelockert. Andere Arten von Belastungen wie Dauerbelastungen ("chronic stress") und *kleinere Alltagsbelastungen* ("daily hassles", vgl. Kanner, Coyne, Schaefer & Lazarus, 1981) sind in den Blickwinkel geraten. "Der Schwerpunkt verlagerte sich ...

uf die eher *längerfristigen Folgen* von Belastungserfahrungen und auf die *subjektiven* (verbalen) *Äußerungen von Belastungen*" (Faltermaier, 1988, S. 52). Faltermaier erörtert die Notwendigkeit einer subjekt- und alltagsbezogenen Reformulierung des Belastungskonzepts und gibt hierzu einige allgemeine Hinweise. Eine sozialwissenschaftliche Belastungsforschung sollte sich seiner Meinung nach auf die *lebensweltlichen Bedingungen von Belastung* konzentrieren. "Eine Belastung manifestiert sich nun darin, wie eine Person ihr eigenes Wohlbefinden im Verhältnis zu einem Aspekt ihrer Lebenswelt *wahrnimmt* und *bewertet*" (Faltermaier, 1988, S. 59). Ein weiterer wesentlicher Kritikpunkt an dem Streßkonzept von Lazarus ist der, daß die strikte Trennung zwischen kognitiven Stilen der Bewältigung und der Bewertung einer Belastungssituation als sehr künstlich erscheint und daß eher davon ausgegangen werden muß, daß sich das Belastungs- und das Bewältigungsgeschehen überlappen.

Ein weiterer Kritikpunkt an der bisherigen Belastungsforschung betrifft die uneinheitliche Verwendung der verschiedenen Begriffskombinationen: Bewältigungsprozess, Bewältigungsform usw. Filipp & Braukmann (1984, zit. n. Trautmann-Sponsel, 1988, S. 17) schlagen hierzu eine brauchbare Begriffsklärung vor: "Zu unterscheiden sind einzelne, ganz konkrete *Bewältigungsakte*, eine theoretische Zusammenfassung von solchen Bewältigungsakten aufgrund phänomenologischer oder funktionaler Ähnlichkeiten zu übergeordneten *Bewältigungsformen*, das aktuelle Zusammenwirken verschiedener Bewältigungsformen in Form eines *Bewältigungsmusters*, die Koordination des Einsatzes verschiedener Bewältigungsakte, -formen oder -muster über die Zeit mit Hilfe einer bestimmten *Bewältigungsstrategie*."

Eine weitere neuere Entwicklung der Streßforschung liegt in einer intensiveren Beschäftigung mit Konzepten zum defensiven Teil des Spektrums an Bewältigungsprozessen und damit auch einer Auseinandersetzung mit den lange Zeit als unwissenschaftlich geltenden psychoanalytischen Theorien der Abwehrmechanismen. Als hervorragendes Konzept wird hier insbesondere der Abwehrmechanismus *"Verleugnung"* ("denial") diskutiert (vgl. Lazarus, 1983; Breznitz, 1983).

3.2.5 Empirische Studien zu Streßwirkungen und zur Streßbewältigung von Umweltbelastungen

Für unsere Fragestellung sind vor allem jene Studien interessant, in denen der Belastungs-Bewältigungs-Ansatz auf chronisch wirkende Umweltbelastungen mit potentieller Gesundheitsgefährdung angewandt wurde.

Zu unterscheiden sind hier zunächst zwei Gruppen von Umweltbelastungen. Eine erste Gruppe bilden Stressoren, die *wahrnehmbar* sind und *direkt* auf den Organismus einwirken. Hierzu gehören insbesondere Lärm, klimatische Umweltbedingungen (z.b. Temperatur, Luftfeuchtigkeit) und soziale Umweltstressoren (z.b. Crowding, Verkehrsstau) (vgl. Fisher, Bell & Baum, 1984).

Eine zweite Gruppe von Umweltbelastungen bilden die Luftverschmutzung, die radioaktive Strahlung, die Schadstoffbelastung der Nahrung und des Trinkwassers. Dies sind "Stressoren", die im Unterschied zu der erstgenannten Gruppe gar nicht oder *kaum wahrnehmbar* sind und eher im Zusammenhang mit *längerfristigen* gesundheitlichen *Folgewirkungen* thematisch sind. Die Luftverschmutzung nimmt eine Zwischenstellung ein; einige ihrer Komponenten (Schwefeldioxid, Schwebstaub) können als Schwellenphänomen wahrnehmbar sein.

Unsere Untersuchung beschränkt sich auf die letztgenannte Gruppe von Umweltbelastungen. Wir referieren im folgenden deshalb nur Untersuchungen, die sich auf diesen Komplex von Umweltbelastungen beziehen. Auf die psychologische Forschung zum Lärm, dem am gründlichsten erforschten Umweltstressor, gehen wir hier nicht ein. Übersichtliche Darstellungen findet man bei Rohrmann (1984) und Guski (1987).

Die radioaktive Strahlung als chronische Umweltbelastung rückte erst durch die Reaktorunfälle von THREE MILE ISLAND (HARRISBURG) (1979) und TSCHERNOBYL (1986) in das Blickfeld der Belastungsforschung. Als prototypisch können hier die Untersuchungen von Baum und Kollegen gelten (Baum, Fleming & Singer, 1983; Baum, Gatchel & Schaeffer, 1983; Collins, Baum & Singer, 1983; Davidson, Baum & Collins, 1982; Fleming, Baum, Gisriel & Gatchel, 1982). Sie zeigten, daß die Anwohner des beschädigten Reaktors von Three Mile Island noch mehr als eineinhalb Jahre nach dem Reaktorunfall einem chronisch erhöhten Streßniveau ausgesetzt waren. Sie berichteten verglichen mit anderen Bevölkerungsgruppen etwa doppelt so häufig psychische und körperliche Symptome, insbesondere Angst, depressive Verstimmungen, Gefühle von Entfremdung, Kontrollverlust und Hilflosigkeit. Sie hatten häufiger Konzentrationsschwierigkeiten bei der Bewältigung von Testaufgaben und höhere psychophysiologische Streßwerte (vgl. Ruff, 1986). Im Fokus der Studien von Baum et al. steht der Nachweis *objektivierbarer Streßwirkungen* durch die radioaktive Gefährdung der Anwohner des Reaktors. Die Autoren beziehen sich theoretisch auf das Streßverarbeitungsmodell von Lazarus und interessieren sich auch dafür, wie unterschiedliche Bewältigungsstile und Coping-Variablen die Streßbelastung beeinflußen. Sie kommen zu dem Ergebnis, daß Anwohner des Reaktors mit einem oder mehreren der folgenden Merkmale höher belastet waren:

1. geringe soziale Unterstützung,
2. ausgeprägte Gefühle von Hilflosigkeit und geringe Selbsteinschätzung im Hinblick auf Möglichkeiten, die eigene Lebenssituation zu beeinflußen,
3. problemorientierter Bewältigungsstil,
4. Tendenz, die erlebten Schwierigkeiten und Beeinträchtigungen äußeren Umständen zuzuschreiben,
5. Tendenz der Verleugnung der Gefahr (vgl. Ruff, 1986, S. 505).

Die Mehrzahl der nach dem Reaktorunfall von TSCHERNOBYL durchgeführten und bisher publizierten Studien haben den Charakter von Meinungsumfragen (z.B. Peters, Albrecht, Hennen & Stegelmann, 1987) und sind ohne theoretischen Bezug auf psychologische Belastungs- und Bewältigungskonzepte. Die Arbeiten von Legewie und Mitarbeitern (Legewie & Faas, 1988; Böhm, 1988a) beziehen sich u.a. auch auf Bewältigungskonzepte, sind jedoch insgesamt in ein subjektwissenschaftliches Konzept des Risikobewußtseins (Legewie, 1989a) eingebettet und werden daher im Kapitel 3.3.4 unter dem Blickwinkel der Risikoforschung ausführlicher referiert.

Die Luftverschmutzung wurde, obwohl sie in Bevölkerungsbefragungen als wichtigstes Umweltproblem genannt wird, bisher kaum in ihren psychologischen Aspekten untersucht. Evans & Jacobs (1981) fassen die bisherigen Untersuchungen zusammen, die relativ theorielos und ohne Bezug auf psychische Verarbeitungsformen einfache verhaltensbezogene Wirkungen der Luftverschmutzung explorieren. Diese Studien zeigen, daß sich die Luftverschmutzung nicht nur auf physiologische Parameter sondern indirekt auch auf psychische Reaktionsvariablen auswirkt. Es zeigte sich beispielsweise, daß Luftverschmutzung zu negativen Gefühlszuständen führen kann, die unter bestimmten Bedingungen andere Verhaltensweisen beeinflussen (z.B. geringere Bereitschaft zu Hilfeverhalten, höhere Aggressionsbereitschaft). In ihren eigenen Untersuchungen (Evans, Jacobs & Frager, 1982) orientieren sie sich theoretisch an dem Streßmodell von Lazarus und der Adaptations-Niveau-Theorie von Helson. Im Mittelpunkt ihres Ansatzes stehen jedoch auch wieder Reaktionsvariablen (biochemische Sensitivität, Signalentdeckungsaufgabe, Freizeitverhalten). Als vermittelnde Coping-Variablen untersuchen sie den Bewältigungsstil "emotionszentriert vs. problemzentriert" und die generelle Kontrollüberzeugung (Rotter-Skala). Sie kommen zu dem Ergebnis, daß Langzeitbewohner in einem Smog-Belastungsgebiet (Los Angeles) im Vergleich mit neu Zugewanderten die Luftverschmutzung als Stadtproblem geringer bewerten, niedrige Smogkonzentrationen visuell weniger gut "entdecken" und die Luftverschmutzung stärker palliativ (=emotionsregulierend) bewältigen. Die neu Hinzugezogenen unternehmen eher instrumentelle Bewältigungsversuche (Informationssuche, individuelle Verhaltensänderungen). Hinsichtlich der Kontrollüberzeugung zeigte sich, daß Zuwanderer mit internaler Orientierung stärker präventiv aktiv sind als external orientierte.

Im deutschsprachigen Raum wurden außer zum Lärm bislang kaum Untersuchungen zu den psychischen (Streß-) Folgen von Umweltbelastungen durchgeführt. Gillwald (1983) untersuchte in einer explorativen empirischen Untersuchung den Einfluß verschiedener Umweltvariablen auf das Wohlbefinden. Sie legte ihren Befragten zu Zeitpunkten mit unterschiedlicher Smogbelastung Skalen zur Einschätzung der psychischen Befindlichkeit vor (Eigenschaftswörterliste von Janke & Debus). Die Ergebnisse zeigen einen deutlichen Zusammenhang zwischen der aktuellen Smogbelastung in den Wohnumgebungen und einem verminderten allgemeinen psychischen Wohlbefinden. Gillwald weist somit nach, daß die Smogbelastung der Luft bereits unterhalb der Schwelle manifester gesundheitlicher Beeinträchtigungen das aktuelle Wohlbefinden von Menschen beeinträchtigt. Dies spricht dafür, daß Untersuchungen zur Wirkung von Umweltschadstoffen neben manifesten körperlichen auch psychische Beeinträchtigungen und subklinische Wirkungen berücksichtigen sollten.

Die Durchsicht bisheriger empirischer Forschung zur Streßverarbeitung von Umweltbelastungen zeigt, daß ein differentieller Bewältigungsansatz auch hier einen Erkenntnisgewinn bringen kann. Das einfache deduktive Übertragen von Teilkonzepten, beispielsweise der von Lazarus global konzipierten Bewältigungsstile (problemzentrierte vs. emotionszentrierte Bewältigung), erscheint jedoch zu grob. Zum einen kann damit dem Anspruch eines transaktionalen Streßansatzes, der die Individualität von Person-Umwelt-Transaktionen hervorhebt, nicht einmal annähernd Rechnung getragen werden. Zum zweiten wird das Bewältigungskonzept damit vorschnell reduziert und entwertet, ohne daß vorher induktiv-empirisch überprüft worden wäre, ob sich die Bewältigung von Umweltbelastungen überhaupt sinnvoll in solch allgemeinen Konzepten verdichten läßt.

3.2.6 Resümee

1. In der Belastungs-Bewältigungs-Forschung sind in jüngerer Zeit auch chronische Umweltbelastungen in das Blickfeld gerückt. Für diese Fragestellungen wurde bisher fast ausschließlich das psychologische Streßkonzept von Lazarus herangezogen. Lazarus hebt die Bedeutung von Bewertungs- und Bewältigungsprozessen für das Streßgeschehen hervor und

stellt damit gegenüber früheren an medizinischen Modellen orientierten Vorstellungen neben den Stressoren ("Streß als Reiz") und den Streßwirkungen ("Streß als Reaktion") die *intrapsychische Verarbeitung* in den Mittelpunkt. Nach einem solchen psychologischen Denkansatz kann erwartet werden, daß Umweltbelastungen, die gelegentlich als akute Katastrophen meist jedoch als Hintergrundphänomene thematisch sind, subjektiv (bewußt und unbewußt) als Gefährdung/Bedrohung erlebt werden und entsprechende Prozesse der Belastungsverarbeitung in Gang setzen. Da Umweltbelastungen im Vergleich mit anderen belastenden Situationen oder Ereignissen kaum für Versuche individueller Beeinflussung zugänglich sind, kann erwartet werden, daß Aspekte der intrapsychischen Verarbeitung ein besonderes Gewicht bekommen.

2. In bisherigen empirischen Untersuchungen zum "Umweltstreß" wurden Konzepte der psychologischen Streßforschung, insbesondere des Ansatzes von Lazarus einfach logisch-deduktiv auf Fragestellungen zur psychischen Verarbeitung von Umweltproblemen übertragen. Bei einem solchen Vorgehen besteht die Gefahr, daß individuums- und gegenstandsspezifische Bewältigungsaspekte unbeachtet bleiben und die Vielfalt an Verarbeitungsformen unterschätzt wird. Gegenstandsangemessener erscheint uns hier das Vorgehen von Thomae, der seine allgemeinen Konzepte der Belastungsverarbeitung nur als Leitkategorien verwendet und bereichsspezifisch über die *empirische induktive Analyse von idiographischen Daten* Systeme der Belastungsbewältigung entwickelt.

3. Für die Formulierung unseres Untersuchungsansatzes ist eine Eingrenzung des Belastungs-Bewältigungs-Paradigmas notwendig. Die Vielzahl verschiedener Untersuchungsansätze und Konzeptbildungen kann in einer einzelnen Untersuchung nicht berücksichtigt werden. Das Belastungs-Bewältigungs-Paradigma kann für unsere Untersuchung jedoch als allgemeines Rahmenmodell dienen und Leitkonzepte bereitstellen. Es stellt eine Forschungsperspektive dar, in welche der Untersuchungsansatz und die Ergebnisse eingeordnet werden können.

4. Neuere Ansätze in der Belastungsforschung fordern, Belastungseinschätzungen über subjektive (verbale) Äußerungen zu erfassen und Belastungs- und Bewältigungskonzepte insgesamt stärker an alltäglichen Situationen zu entwickeln (phänomenologisch-lebensweltliche Perspektive). Der Differenzierung intrapsychischer Bewältigungsprozesse wird größere Aufmerksamkeit geschenkt, insbesondere auch den eher defensivabwehrenden Aspekten des Spektrums an Bewältigungsformen. Diese noch

relativ jungen Forschungsperspektiven sollen in der hier geplanten Untersuchung umgesetzt und erprobt werden.

3.3 Umweltbelastungen als Risiko

3.3.1 Zum Konzept des "Risikos" - von der Gefahr zum Risiko und zum Risikobewußtsein

Der Begriff des Risikos ist alt; er hat sich bereits im 13. Jahrhundert im Zusammenhang mit den ökonomischen Gefährdungen der Handelsschiffahrt entwickelt (zur Geschichte der Risikodebatte vgl. Evers & Nowotny, 1987). Mit der Entwicklung moderner Großtechnologien - insbesondere der Kernenergie - ist "Risiko" zum Thema wissenschaftlichen, gesellschaftlichen und politischen Interesses geworden. Mitte der 50er Jahre dieses Jahrhunderts wurde der Risikobegriff in betriebswirtschaftliche und technologiepolitische Überlegungen eingeführt, um unterschiedliche Planungsalternativen großtechnischer Anlagen (besonders im militärischen Bereich und der Raumfahrt) berechenbar zu machen. "Der Begriff "Risiko" - so wie er in Technik und Wissenschaft gebraucht wird - meint die Möglichkeit eines Schadens oder Verlustes als Folge eines Ereignisses (z.b. Erdbeben) oder einer Handlung (z.b. Rauchen). Etwas schärfer formuliert hat der Begriff also zwei Komponenten, nämlich (a) die Unsicherheit künftiger Zustände, meist definiert als Wahrscheinlichkeit, und (b) einen negativen Zustand als eine mögliche Konsequenz, oft definiert als Schadens- oder Todesfälle" (Jungermann & Slovic, 1988, S. 3).

In den siebziger Jahren entstand ein neues interdisziplinäres Arbeitsgebiet - "Risiko-Abschätzung" bzw. "risk assessment" - an dem auch die Sozialwissenschaften, insbesondere auch psychologische Ansätze beteiligt sind. Ziel dieser vom technischen Risikoverständnis ausgehenden Forschungsrichtung war zunächst, Risiken besser identifizieren, beschreiben und quantifizieren zu können.

Beck (1986) und Evers & Nowotny (1987) geben dem Risikokonzept soziologische und gesellschaftstheoretische Bedeutungen und haben mit ihren Arbeiten eine breitere Resonanz ausgelöst, die das Risikokonzept als ein neues sozialwissenschaftliches Schlüsselkonzept erscheinen läßt, welches gestattet, technische, ökonomische, soziale und psychologische Betrachtungsebenen miteinander zu verknüpfen. Damit standen auch die einseitigen Bedeutungsakzente des technischen Risikokonzepts im Feuer der Kritik. Für die Entwicklung unseres Untersuchungsansatzes sind einige begriffliche Klärungen und grundlegende Annahmen bedeutsam, die in dieser soziologischen Risikodiskussion entwickelt wurden.

Beck's Zentralthese ist, daß wir Augenzeugen eines Bruches innerhalb der Entwicklung der fortgeschrittenen Industriegesellschaften sind, aus dem heraus sich eine neue Gestalt entwickelt, die er "Risikogesellschaft" nennt (vgl. Beck, 1986, S. 13). Dieser Bruch resultiert daraus, daß die gesellschaftliche Produktion von Reichtum und eines hohen Lebensstandards einhergeht mit der gesellschaftlichen Erzeugung von Risiken. Besonders deutlich wird dies an den Risiken chemisch und atomar hochentwickelter Technologien. Es handelt sich dabei um Risiken, die sich von früheren Gefährdungen durch die *Globalität ihrer Bedrohung* und ihre *modernen Ursachen* unterscheiden. Beck (1986, 1987) verdichtet seine umfassende Erörterung in einer Reihe von Leitthesen, von denen drei unter psychologischem Blickwinkel besonders bedeutsam sind:

1. Eine These von Beck besagt, daß die besondere Qualität der aus den modernen Technologien resultierenden Risiken darin liegt, daß sie oft *irreversible Schädigungen zur Folge* haben, meist *unsichtbar* bleiben und ihre Gefährlichkeit sich erst im *Wissen* um sie enthüllt. Sie "können im Wissen verändert, verkleinert und vergrößert, dramatisiert oder verharmlost werden und sind insofern im besonderen Maße offen für soziale Definitionsprozesse." (Beck, 1986, S. 29).

2. Eine wesentliche psychologische Qualität von Modernisierungsrisiken liegt darin, daß wir sie nicht wahrnehmen können. "Unter diesen Bedingungen müssen die Menschen verlernen, was bisher selbstverständlich richtig war: ihren Augen zu trauen und lernen, was bisher als absurd galt: ihren Sinnen zu mißtrauen, um überleben zu können. Wo die eigene Erfahrung prinzipiell ins Leere greift, gewinnt der Glaube neue Macht im Alltag." (Beck, 1987, S. 143).

3. Gefährdung und Ungewißheit erzeugen Angst. Da traditionelle und institutionelle Formen der Angst- und Unsicherheitsbewältigung bei den neuen Risiken versagen, wird deren Bewältigung zunehmend den Subjekten selbst abverlangt. "In der Risikogesellschaft wird derart der Umgang mit Angst und Unsicherheit biographisch und politisch zu einer zivilisatorischen Schlüsselqualifikation und die damit angesprochenen Fähigkeiten werden zu einem wesentlichen Auftrag der pädagogischen Institutionen" (Beck, 1987, 143).

Evers & Nowotny (1987, S. 34f) kritisieren die undifferenzierte Verwendung des Risikobegriffs bei Beck und schlagen vor, zwischen *Gefahr* (oder

Gefährdung) und *Risiko* zu unterscheiden. "Für uns liegt das Besondere des Risikos darin, daß es aus der unbegrenzten Fülle von Handlungen, die mit Ungewißheit und möglichen Schäden verknüpft sein können - also aus dem Schattenbereich der Gefahr -, herausgeholt wurde, daß es durch gesellschaftliche Diskurse thematisiert und benennbar wurde, abgrenzbar und letztlich abwägbar. (...) Von *Gefahren* ist man betroffen, nicht von Risiken; *Gefahren* werden gleichsam zivilisatorisch zugewiesen - doch das mühsame Ringen, um sie in Risiken zu verwandeln, vor allem auf der Stufe der Globalität ihrer Auswirkungen hat eben erst eingesetzt."

Eine andere Unterscheidung schlägt Luhmann (1989) vor: "Als Gefahr kann man jede nicht allzu unwahrscheinliche negative Einwirkung auf den eigenen Lebenskreis bezeichnen, etwa die Gefahr, daß ein Blitz einschlägt und das Haus abbrennt. Von Risiko sollte man dagegen nur sprechen, wenn die Nachteile einer eigenen Entscheidung zugerechnet werden müssen."

Evers & Nowotny bezeichnen also Gefahren, die gesellschaftlich thematisch geworden sind, als Risiken. Für Luhmann sind Risiken jene Teilmenge von Gefahren, denen man sich freiwillig aussetzt. Da der von Luhmann eingeführte Aspekt der freiwilligen Entscheidung eine erhebliche Einengung des Risikobegriffs mit sich bringt und auch empirisch nicht leicht zu fassen ist, bevorzugen wir den Definitionsvorschlag von Evers & Nowotny.

Die technischen und soziologischen Risikokonzepte sind um psychologische zu ergänzen. Die innerhalb der "Risiko-Abschätzung" entstandene kognitive Risikoforschung stellte bislang den Begriff der *"Risiko-Wahrnehmung"* in den Mittelpunkt (vgl. Jungermann, 1989). In den Blick genommen wurde mit diesem Konzept vor allem die Beurteilung von verschiedenen Risiken und die diesen Risikourteilen zugrundeliegenden kognitiven Strukturen und Determinanten (vgl. dazu Kap. 3.3.2). Bei Beck (1986) und subjektwissenschaftlich orientierten psychologischen Forschern (Legewie, 1989) wird das Konzept des *"alltäglichen Risikobewußtseins"* in den Mittelpunkt gestellt. Beck charakterisiert es wie eingangs beschrieben idealtypisch, ihm geht es um eine Wissenssoziologie des alltäglichen Risikobewußtseins. Legewie entwirft Aufgaben für eine Psychologie des Risikobewußtseins, die andere Fragen in den Mittelpunkt stellen muß, "wie zum Beispiel:
- die biographische Entwicklung des Risikobewußtseins, seine kognitiven und emotionalen Aspekte, insbesondere auch unter dem Gesichtspunkt von Bewußtwerden und Verdrängung
- den Zusammenhang mit Entwicklungsaufgaben, mit Sinnfindung, Identität und Zukunftsplanung des Einzelnen
- den Zusammenhang zwischen Bewußtsein und Handeln

- die Auswirkungen auf die alltägliche Lebensbewältigung und die körperlich-seelische Gesundheit
- die gruppenspezifischen Unterschiede, zum Beispiel zwischen technischen, ökonomischen und politischen Machteliten, umweltpolitisch Engagierten und der "schweigenden Mehrheit" der Bürger (Legewie, 1989a, S. 24f).

Hier wird anders als in der kognitiven Risiko-Forschung nicht eine allgemein-psychologische Struktur des Beurteilens von Risiken sondern die *persönliche Risikobetroffenheit* als Leitkonzept verstanden. Ausgangspunkt ist hier die phänomenologisch begründete Prämisse, daß für "Laien" erst *erlebte*, d.h. *im individuellen Selbst- und Weltbezug thematisch gewordene* Gefahren und Risiken psychologisch bedeutsam sind. Eine psychische Verarbeitung von Gefährdungen setzt demnach erst dann ein, wenn die eigene Gesundheit, das eigene Wohlbefinden, die Zukunft, Wertvorstellungen usw. potentiell gefährdet erscheinen (evt. per Identifikation oder Perspektivenübernahme mit Anderen). In psychologischer Erweiterung des Definitionsvorschlags von Evers & Nowotny fokussiert das Konzept des *alltäglichen Risikobewußtseins* also auf die individuell-psychische Auseinandersetzung mit den über gesellschaftliche Definitions-und Lösungsversuche in *Risiken* übersetzten *Gefahren*.

3.3.2 Ansätze und Ergebnisse der kognitiven Risikoforschung

Das Interesse der kognitions- und entscheidungspsychologisch orientierten Forschung richtete sich zunächst auf die Frage, welche Merkmale die Wahrnehmung von Risiko charakterisieren und welche Faktoren diese Wahrnehmung beeinflußen (vgl. Jungermann & Slovic, 1988). Damit sind u.a. folgende Fragen angesprochen: Welche kognitiven Strukturen liegen Risikobeurteilungen und -bewertungen zugrunde? Welche Rolle spielen bei Beurteilungen von Laien diejenigen Faktoren, die für Techniker entscheidend sind, also Schadensausmaß- und Wahrscheinlichkeit? Wie wird die Risiko-Wahrnehmung durch emotionale Faktoren beeinflußt, etwa das Gefühl der persönlichen Kontrollierbarkeit eines Risikos?

Das Konzept der "Risiko-Wahrnehmung" wird innerhalb dieses Forschungsansatzes selbst als mißverständlich kritisiert. "Es gibt kein reales Objekt "Risiko", das mit den Sinnesorganen wahrzunehmen wäre. Wir nehmen eben Objekte, Aktivitäten oder Situationen wahr, und wir hören oder lesen etwas über die damit verbundenen Risiken; diese Wahrnehmungen führen zu einem Urteil oder Gefühl bezüglich des Risikos der Gefahrenquelle. "Risiko" ist ein Merkmal, das Objekten, Aktivitäten oder Situationen aufgrund von Wahrnehmungs-, Lern- und Denkprozessen zugeschrieben wird. Insofern gibt es auch kein "objektives" Risiko, das man "objektiv" wahrnehmen könnte;..." (Jungermann & Slovic, 1988, S. 5).

Der methodische Ansatz dieser Forschungsrichtung ist überwiegend psychometrisch orientiert (vgl. Slovic, Fischhoff & Lichtenstein, 1986). Die befragten Personen werden gebeten, eine Reihe von Objekten, Aktivitäten oder Situationen im Hinblick auf verschiedene Gesichtspunkte zu beurteilen (z.b. Autofahren, Bergsteigen, Kernenergie, Röntgenstrahlen, Medikamente, Pestizide im Hinblick auf die damit verbundene Todeswahrscheinlichkeit, Gefahr von Gesundheitsschäden o.ä.). Die Beurteilungsobjekte werden direkt auf Skalen eingeschätzt, in eine Rangordnung gebracht, man kann ihnen direkt Zahlen zuordnen lassen oder sie nach ihrer Ähnlichkeit miteinander vergleichen lassen. Die gewonnenen Daten werden im Hinblick auf Repräsentationen der kognitiven Risiko-Struktur dimensionsanalytisch ausgewertet (multidimensionale Skalierung, Faktorenanalyse). Offene Fragen und Antwortformate werden zwar von einigen Risikoforschern als notwendige und sinnvolle Ergänzung angesehen, wurden bislang jedoch kaum verwendet (vgl. z.B. Earle & Lindell, 1984).

In den ersten Studien der Risiko-Forschung standen die Unterschiede in der Risiko-Beurteilung zwischen "Experten" und "Laien" im Vordergrund. Diese Studien zeigten, daß zwischen dem wahrgenommenen Risiko einer Gefahrenquelle und der Häufigkeit von durch diese Gefahrenquelle bedingten Todesfällen - der für Wissenschaft und Technik zentrale Gesichtspunkt - nur eine mäßige Korrelation besteht (Slovic, Fischhoff, Lichtenstein & Combs, 1978). Folgeuntersuchungen zeigten, daß sich die Urteile verschiedenster Personengruppen über verschiedenste Gefahrenquellen mit wenigen, erstaunlich stabilen Faktoren beschreiben lassen.

Der erste Faktor - *"Schrecklichkeit der Gefahr"* ("dread risk") - repräsentiert Gefahrenquellen, die als unkontrollierbar, furchtbar und tödlich eingeschätzt werden, bei denen eine ungerechte Verteilung von Nachteilen und Vorteilen gesehen wird (die einen tragen die Risiken, die anderen haben die Vorteile), und denen ein hohes Katastrophenpotential zugeschrieben wird.

Auf dem zweiten Faktor - *"unbekannte Gefahr"* ("unknown risk") - laden Gefahrenquellen hoch, die als nicht wahrnehmbar, als unbekannt und neuartig beurteilt werden und deren Wirkungen erst mit starker Verzögerung erwartet werden.

Ein dritter Faktor - *"gesellschaftliche vs. persönliche Risikoübernahme"* - repräsentiert die Anzahl von Menschen, die einer Gefahrenquelle ausgesetzt sind. Es gibt Risiken, die nahezu alle mittragen müssen (z.B. Pestizideinsatz in der Landwirtschaft) und Risiken, die nur wenige betreffen (z.B. Fallschirmspringen).

Weitere Studien, die mit einer anderen Methodik, anderem Material und anderen Befragungspopulationen durchgeführt wurden, kamen zu teilweise ähnlichen, teilweise etwas anderen Faktorenstrukturen. Jungermann & Slovic (1988, S. 11) resümieren den Stand der Forschung: "Die Ergebnisse der vielen Studien verweisen darauf, daß das alltagspsychologische Risiko-Konzept viele Facetten hat. Es ist nicht identisch mit einer eindimensionalen Variable wie Sterbewahrscheinlichkeit, ja nicht einmal primär darauf zurückführbar; auch andere (quantitative und qualitative) Aspekte wie das Katastrophenpotential oder die Schrecklichkeit eines Unfalls spielen eine wichtige Rolle. Die Unterschiedlichkeit der Ergebnisse verweist darauf, daß es vermutlich keine einzelne und kontextfreie mentale Repräsentation von Risiko gibt, sondern daß es in starkem Maße von der jeweiligen Situation und der jeweiligen Frage abhängig ist, welche Repräsentation konstituiert und zur Beurteilungsbasis gemacht wird."

Da die Menge situationsbezogener Einflüsse auf die Risikobewertung nahezu unbegrenzt ist, sind lange Listen von denkbaren qualitativen Merkmalen erstellt worden. Renn (1984) findet in einer kritischen Durchsicht der Literatur insgesamt 53 unterschiedliche qualitative Merkmalen, von denen er die wichtigsten in einer Übersicht zusammenfaßt (vgl. Tabelle 1).

Bei den bisher referierten Studien wurde die Betrachtung individueller Unterschiede aufgegeben zugunsten einer Beschreibung der Unterschiede in der Beurteilung verschiedener Risikoquellen. Eine Reanalyse ihrer Daten im Hinblick auf interindividuelle Unterschiede führt Slovic, Fischhoff & Lichtenstein (1986) zur Schlußfolgerung, daß die identifizierten Strukturen im wesentlichen auch für die individuellen Beurteilungen gelten. Es tauchen hier aber zwei weitere Fragen auf: "(a) Gilt die identifizierte mentale Struktur von Risiko für alle Risiko-Quellen bzw. sind die einzelnen Faktoren für alle Risiko-Quellen gleich wichtig? (...) (b) Findet sich diese Struktur im wesentlichen bei allen Individuen in gleicher Weise oder gibt es große interindividuelle Differenzen? Werden die einzelnen Aspekte vielleicht in Abhängigkeit von Wissen und Erfahrung, von Werthaltungen und Einstellungen, von soziodemographischen oder sozioökonomischen Merkmalen unterschiedlich gesehen und gewichtet?" (Jungermann & Slovic, 1988, S. 12).

Verschiedene Studien zeigten, daß Risikoquellen, mit denen Menschen persönliche Erfahrung haben und mit denen sie freiwillig zu tun haben (z.B. Impfungen, Fahrräder) als weniger bedrohlich und riskant empfinden als solche Risikoquellen, die sie nicht direkt und persönlich kennengelernt haben bzw. über die sie keine Kontrolle haben (z.B. Strahlentherapie, Flugzeuge). Persönliche Kontrolle ist also ein bedeutsamer Faktor, der Risikobewertungen stark beeinflußt. Eine weitere Variable ist die Einschätzung der *persön-*

1. Faktoren, die die Art der Risiko-Konsequenz betreffen:

- Freiwilligkeit
- Risikoentzugsmöglichkeit (Avoidance)
- zeitliche Verteilung
- geographische Verteilung
- personenbezogene Verteilung (Betroffenheit)
- Kontrollmöglichkeit
- gesellschaftliche Überwachung
- aktive Steuerungsmöglichkeit
- Bekanntheitsgrad
- wissenschaftlich-technischer Reifegrad
- Gewöhnung

2. Faktoren, die die Größenordnung der Risikokonsequenz betreffen:

- fataler versus begrenzter Schaden
- verzögerter versus sofortiger Eintritt des Schadens
- katastrophaler versus kontinuierlicher Schaden
- extreme Fälle im Verhältnis von Schadensausmaß und Wahrscheinlichkeit

3. Faktoren, die die Natur der Risikoquelle betreffen:

- menschliche, soziale und künstliche Risikoquellen
- Fluchtreflexe möglich
- sinnliche Wahrnehmung möglich
- Reversibilität oder Irreversibilität der Schadensmöglichkeiten
- alternative Möglichkeiten existent
- Distanz zur Risikoquelle

4. Faktoren, die sich speziell auf den Nutzen beziehen:

- Exklusivität der Nutzenerfahrung
- Öffentliches versus privates Gut
- Nutzendistribution gleichmäßig

Tabelle 1: Systematische Erfassung der sogenannten qualitativen Risiko- und
Nutzenmerkmale
Quelle: Renn (1984, S. 71)

lichen Betroffenheit durch ein Risiko. Borcherding, Rohrmann & Eppel (1986) zeigen, daß die Risikourteile umso höher ausfallen, je eher sich jemand als persönlich betroffen einschätzt bzw. eine zukünftige Betroffenheit antizipiert (z.b. gesundheitliche Risiken beim "Wohnen in einem umweltbelas teten Ballungsgebiet"). Zur Frage des Einflußes von *Werthaltungen und Einstellungen* zeigt die Studie von Borcherding et al., daß "ökologisch orientierte" Gruppen verschiedenste Risiken höher einschätzen als "technikfreundlich orientierte" Gruppen und auch weniger bereit sind, diese Risiken zu akzeptieren. Die Risikoeinschätzungen der "ökologisch orientierten" Personen waren jedoch vor allem bei den technologischen Risiko-Quellen sehr viel höher (z.b. "in der Nähe eines Großflughafens" bzw. "eines Kernkraftwerks" bzw. "eines petrochemischen Werkes" wohnen). Die "technikfreundlich orientierten" Personen schätzten dagegen das Risiko für natürliche und sportbedingte Risiko-Quellen höher ein (z.b. "Skiabfahrtslauf" und "Wohnen in einem Erdbebengebiet"). Die Risikobeurteilung für "Rauchen", "viel und fett essen" und "Beruhigungstabletten nehmen" fällt bei beiden Gruppen gleich hoch aus, erstaunlicherweise ist hier jedoch die Akzeptanz bei den ökologisch orientierten Gruppen höher.

Jungermann & Slovic (1988, S. 19) resümieren die Ergebnisse verschiedener Studien: "Alle Studien zeigen also deutliche Unterschiede in der Risikowahrnehmung und -Beurteilung zwischen Personengruppen. Dabei scheinen Wissen, Erfahrung und Werthaltung von besonderer Bedeutung zu sein. Es scheint sich jedoch eher um unterschiedliche Gewichtungen einzelner Aspekte als um strukturell unterschiedliche Begriffe von Risiko zu handeln."

Der Schwerpunkt der referierten psychologischen Risikoforschung ist die Beschreibung charakteristischer Strukturen von Risikobeurteilungen. Die notwendige Berücksichtigung der verschiedenen referierten Einflußgrößen (persönliche Kontrolle, persönliche Betroffenheit) liefert jedoch auch Hinweise, durch welche kognitive, motivationale oder emotionale Prozesse diese Beurteilungen zustande kommen.

Ein kognitiver Erklärungsansatz bezieht sich auf eine in der Entscheidungsforschung entdeckte mentale Strategie, die *"Verfügbarkeitsheuristik"* (Tversky & Kahneman, 1973), die bei Entscheidungen unter Unsicherheit herangezogen wird. Damit ist gemeint, daß Menschen Ereignisse für um so wahrscheinlicher halten, je leichter Beispiele für diese Ereignisse erinnert oder vorgestellt werden können. Auch Risikobeurteilungen werden durch die Erinnerbarkeit vergangener und die Vorstellbarkeit künftiger Gefährdungen beeinflußt. Damit läßt sich auch erklären, warum Todesfälle durch dramatische Ereignisse (z.B. Mord, Feuer, Naturkatastrophe), welche in den Medien starke Aufmerksamkeit finden, überschätzt werden, während die Folgen weniger spektakulärer Ereignisse (z.B. Tuberkulose, Krebs,

Diabetes) unterschätzt werden. "Eine kritische Implikation dieser Befunde ist, daß Kampagnen zur Aufklärung über Risiken dazu führen können, daß aufgrund der durch die Kampagne erhöhten Erinnerbarkeit und Vorstellbarkeit ein Ereignis in seiner Wahrscheinlichkeit überschätzt wird, selbst wenn die Aufklärung darauf abzielte, zwar die Möglichkeit, aber auch die geringe Wahrscheinlichkeit des Ereignisses deutlich zu machen. ... Allein die Diskussion von Gefahren erhöht die wahrgenommene Wahrscheinlichkeit dieser Gefahren, ganz unabhängig von der tatsächlichen Wahrscheinlichkeit ..." (Jungermann & Slovic, 1988, S. 22f).

Die Verfügbarkeitsheuristik kann jedoch auch zur Erklärung des *"mich trifft es nicht"-Phänomens* ("it won't happen to me") bzw. des *"unrealistischen Optimismus"* herangezogen werden. Damit ist der in vielen Studien replizierte Befund gemeint, daß Menschen sich selbst für relativ immun und "unverwundbar" gegenüber vielen Gefahren fühlen. Die Risiken von Aktivitäten, die einem vertraut sind, die man persönlich kontrollieren zu können glaubt und bei denen man noch nie oder nur selten zu Schaden gekommen ist, unterschätzt man im allgemeinen. In diesem Falle wird durch die kognitive Verfügbarkeit von Situationen, die man ohne Schaden meistert, die Wahrscheinlichkeit überschätzt, daß man nicht zu Schaden kommt. Das Autofahren, eines der größten Risiken in unserer Zivilisation, ist hier das klassische Beispiel.

Der unrealistische Optimismus läßt sich jedoch nicht nur mit der Verfügbarkeitsheurisitik sondern psychologisch auf unterschiedliche Weise erklären bzw. interpretieren (vgl. Degen, 1988). Aus *psychodynamischer Sicht* ist der unrealistische Optimismus Folge von Abwehrmechanismen und Verleugnungstendenzen, die das Individuum vor der Bewußtwerdung unangenehmer oder schmerzlicher Affekte schützen. Eine weitere Erklärung bezieht sich auf das Bedürfnis nach personaler Kontrolle und nimmt an, daß Menschen die Tendenz haben, sich *Kontrollillusionen* hinzugeben und die Einflußmöglichkeiten auf Gefahren überschätzen. Weinstein (1984) zieht eine *egozentrische Perspektive* zu der Erklärung dieses Phänomens heran, nach der man dazu tendiert, bei sich selbst vorbeugende Maßnahmen eher wahrzunehmen als bei Anderen, und sich damit selbst als "gesundheitsbewußter" einzuschätzen. Eine weitere Erklärung wird als *"sozialer Herunter-Vergleich"* (downward comparison principle) bezeichnet. Gemeint ist damit die Tendenz, sich bei der Selbsteinschätzung hinsichtlich eines Risikos mit Personen oder Gruppen zu vergleichen, die noch stärker betroffen sind.

Es gibt kaum Untersuchungen, in denen die Bedeutung von Emotionen für die Einschätzung von Risiken direkt untersucht wurde (vgl. Jungermann & Slovic, 1988). In der Studie von Borcherding et al. (1986) wurde u.a. erhoben inwieweit Risiko-Quellen "Furchtassoziationen" auslösen. Die Ergebnisse zeigten, daß diese Variable des Bedrohungserlebens sehr hoch mit dem Risiko-Urteil, insbesondere dem zugeschriebenen Katastrophenpotential korreliert. Die Studie von Borcherding et al. ist eine der ersten Arbeiten, in der bisherige Forschungsergebnisse zu bedeutsamen Charakteristika von Risiko-Quellen, Merkmalen von Personengruppen und Aspekten der Risikobeurteilung in einem theoretisch und methodisch anspruchsvollen Ansatz zusammen geführt worden sind. In ihrem Strukturmodell (vgl. Abbildung 5) nehmen sie an, daß das Risiko-Urteil durch *Sterbewahrscheinlichkeit, Gesundheitsgefahren* und *Katastrophenpotential* als eher kognitiven Variablen bestimmt wird und mit *Furchtassoziationen* als einer emotionalen Variablen in Wechselbeziehung steht. Die Risiko-Einschätzung und Furchtassoziationen determinieren gemeinsam mit der *Beurteilung des Nutzens* die *individuelle* und auch die *gesellschaftliche Risikoakzeptanz*. Als Kodeterminanten ziehen sie *Einstellungen zu ökologischen Problemen und zur Technik*, die *persönliche Betroffenheit* und *soziodemographische Variable* heran. Als Risikoquellen ließen sie sehr unterschiedliche (akute vs. chronische, private vs. berufliche) Aktivitäten und Wohnsituationen einschätzen (z.b. "Autorennen fahren", "in einem umweltbelasteten Ballungsgebiet wohnen"). Das Modell hat sich empirisch als angemessen erwiesen. Hinsichtlich der Risikoaspekte zeigte sich insbesondere, daß die *Sorge um gesundheitliche Auswirkungen* eine entscheidende Rolle spielt. Des weiteren hatten *ökologische Einstellungen* einen starken Einfluß auf risikobezogene Urteile.

Borcherding et al. (1986) ziehen die Schlußfolgerung, daß subjektive Risikoeinschätzungen nur durch eine multifaktorielle kognitive Struktur erklärt werden können, und die Möglichkeit der Generalisierung über Risikoquellen oder Personengruppen hinweg als begrenzt einzuschätzen ist. Kritisch anzumerken ist hier, daß Borcherding et al. risikobezogenen Emotionen neben kognitiven Variablen auch nur einen marginalen Status einräumen.

Zwei weitere Themenfelder, mit denen sich die kognitionspsychologische Risikoforschung auseinandersetzt, sind die *Akzeptanz von Risiken* und die *Kommunikation über Risiken* (vgl. Jungermann & Slovic, 1988).

Beim ersten Bereich geht es darum, wie die verschiedenen Aspekte der Risikobeurteilung die Akzeptanz von riskanten Technologien und Aktivitäten beeinflußen. Von welchen Faktoren hängt die Akzeptanz eines Risikos ab? Wie werden Vor- und Nachteile von riskanten Technologien oder Aktivitäten gegeneinander abgewogen?

Ausgangspunkt der beschriebenen Forschung zur Risikobeurteilung waren die Kontroversen um die Kernenergie. Hier stand von vornehrein auch die Frage nach der Akzeptabilität der mit dieser Großtechnologie verbun-

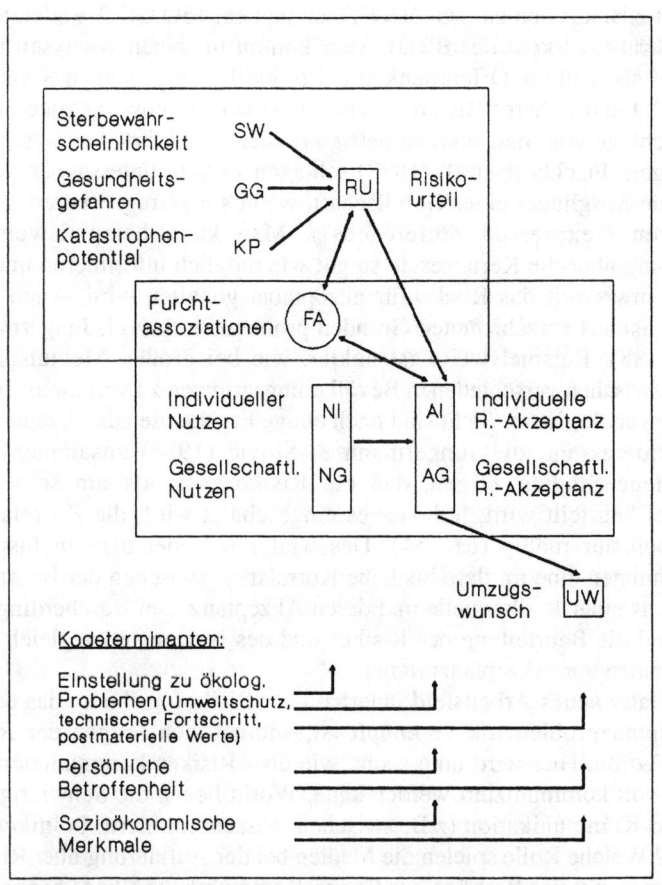

Abbildung 5: Theoretisches Strukturmodell der Beziehungen zwischen wichtigen Risiko-Aspekten.
Quelle: Borcherding, Rohrmann & Eppel (1986, S. 247, Übers. v. Verf.)

denen Risiken im Mittelpunkt. Starr (1969) schlug vor, bei der Festlegung von "akzeptablem Risiko" davon auszugehen, welche Risiken eine Gesellschaft durch ihr Verhalten offenbar billigt ("revealed preferences"). Beispielsweise werden die mit dem Straßenverkehr verbundenen Risiken akzeptiert, also anscheinend auch die damit verbundene individuelle Sterbewahrscheinlichkeit (errechnet z.B. aus den ca. 1O OOO Toten und ca. 15O.OOO Verletzten pro Jahr im Straßenverkehr der BRD). Starr kommt in seinen Analysen u.a. zu dem Ergebnis, daß die Öffentlichkeit bei freiwillig eingegangen Risiken ein etwa 1OOO mal höheres Risiko akzeptiert als bei unfreiwillig zugemuteten. Die Vorschläge von Starr wurden heftig kritisiert und führten zu alternativen Vorschlägen. Fischhoff et al. (1978) schlagen vor, zu untersuchen, welche Risiken die Mitglieder einer Gesellschaft, wenn sie gefragt werden, explizit akzeptieren ("expressed preferences"). Man kann beispielsweise die Bevölkerung über die Kernenergie so gut wie möglich informieren und dann erfragen, inwieweit das Risiko für akzeptabel gehalten wird. Auch dieses Kriterium ist aus verschiedenen Gründen problematisch (vgl. Jungermann & Slovic, 1988). Beispielsweise ist unklar, wie bei großen Meinungsunterschieden zwischen verschiedenen Bevölkerungsgruppen zu verfahren ist.

Aus psychologischer Sicht sind noch einige Ergebnisse zur Akzeptanz von Risiken interessant, die Jungermann & Slovic (1988) zusammenfassen: verschiedene Studien zeigen, daß ein Risiko zwar als um so weniger akzeptabel beurteilt wird, je höher es eingeschätzt wird, die Korrelationen sind jedoch nur mäßig (ca. .50). Des weiteren findet man in fast allen Untersuchungen eine mittlere bis hohe Korrelation zwischen der Beurteilung des Nutzens einer Risikoquelle und deren Akzeptanz. Bei Borcherding et al. (1986) sind die Beurteilung des Risikos und des Nutzens etwa gleich starke Determinanten von Akzeptanzurteilen.

Ein relativ neues Arbeitsfeld innerhalb der Risikoforschung, das eng mit der Akzeptanzproblematik verknüpft ist, widmet sich Fragen der *Risikokommunikation*. Hier wird untersucht, wie über Risiken kommuniziert wird bzw. sinnvoll kommuniziert werden kann. Worin liegen die Schwierigkeiten der Risiko-Kommunikation (z.B. zwischen Wissenschaftlern, Politikern und Bürgern)? Welche Rolle spielen die Medien bei der Aufklärung über Risiken? Der Schwerpunkt der Beiträge zur Risiko-Kommunikation liegt gegenwärtig noch darin, die allgemeinen Aufgabenstellungen der Forschung zu definieren und den Anwendern (z.B. Betreibern von Kernkraftwerken und anderen technologischen Großprojekten, Umweltbehörden) erste allgemeine Verbesserungsvorschläge anzubieten (vgl. z.B. Slovic, 1986; Keeney & v. Winterfeldt, 1986; Kasperson, 1986). Slovic (1986) diskutiert verschiedene Folgerungen für die Risikokommunikation, welche sich aus der psychometrischen Risikoforschung ergeben. Eine Schlußfolgerung ist, daß absolute oder vergleichende Statistiken keine angemessene Hilfe für persönliche oder politische Entscheidungen sein können (z.B. die Aussage: "das jährliche Risiko, neben einem Kernkraftwerk zu wohnen ist äquivalent dem Risiko zusätzliche 5 km mit dem PKW zu fahren"). Wie die kognitive Risikoforschung zeigen konnte, werden Risikobewertungen nicht nur durch

Statistiken und Wahrscheinlichkeiten sondern viele andere Aspekte bestimmt. Eine weitere Schlußfolgerung lautet, daß Auseinandersetzungen über Risiken auf verschiedenen Ebenen stattfinden und daß es dabei oft nicht mehr um die Risiken selbst geht, sondern um *gesellschaftliche Wertkonflikte*, die sich an Risikothemen kristallisieren. Winterfeldt & Edwards (1984) unterscheiden mehrere Konfliktniveaus:

(a) Konflikte über Daten und Statistiken,
(b) Konflikte über Schätzwerte und Wahrscheinlichkeiten,
(c) Konflikte über Annahmen und Definitionen,
(d) Konflikte über Kosten-Nutzen-Vergleiche,
(e) Konflikte über die Verteilung von Risiko, Kosten und Nutzen,
(f) Konflikte über soziale Grundwerte.

"Nicht jede technologische Kontroverse erstreckt sich auf alle hier unterschiedenen Niveaus: Während sich der Streit um Chemikalien und Medikamente beispielsweise meist um quantitativ zu bestimmende Wirkungen (z.B. Häufigkeiten von Krebs oder Mißbildungen) dreht, geht es bei der Auseinandersetzung um das abgasfreie Auto eher um Annahmen, Definitionen und um die Abwägung zwischen Zielen (z.B. Reinheit der Luft vs. Absatz im Ausland) (Jungermann & Slovic, 1988, S. 31).
Jungermann (1986, vgl. auch Jungermann & Slovic, 1988) nimmt an, daß *Tatsachenwissen* und *Wertorientierung* die beiden Dimensionen sind, an Hand deren sich die Kontrahenten technologischer Kontroversen unterscheiden lassen.
""Tatsachenwissen" meint ein mehr oder weniger großes Wissen über eine Technologie oder Aktivität, man kann die Dimension des Tatsachenwissens auch als eine Experten-Laien-Dimension verstehen. "Wertorientierung" meint die Präferenz für eher ökonomische oder ökologische, materialistische oder postmaterialistische, harte oder weiche Werte" (Jungermann & Slovic, 1988, S. 43). An Hand dieser Dimensionen charakterisieren sie vier Gruppen bei den Kontroversen um Technologien (vgl. Abbildung 6). "Im I. Quadranten finden wir die ökonomisch orientierten Experten, also Personen mit großem technologischen Wissen und einer eindeutigen Orientierung an den klassischen Werten der Industriegesellschaft. (...) Im II. Quadranten finden wir ihre Widersacher, die ökologisch orientierten Experten; sie verfügen ebenfalls über das technologische Wissen, sind aber an ökologischen und anderen "alternativen" Werten orientiert. (...) Im III. Quadranten finden wir die "grüne Basis", also den ökologisch orientierten Bevölkerungsteil, der nicht über spezielles Fachwissen verfügt. Im IV. Quadranten endlich finden wir die "breite Öffentlichkeit", die ebenfalls nur ein geringes Fachwissen hat,

aber eher an traditionellen gesellschaftlichen Wertvorstellungen orientiert ist. Das unterschiedliche Verständnis von Rationalität und Vernunft, das bei technologischen Kontroversen zugrundegelegt wird bzw. das man sich gegenseitig zuschreibt, läßt sich mit diesen Unterscheidungen gut verdeutlichen" (Jungermann & Slovic, 1988, S. 43f).

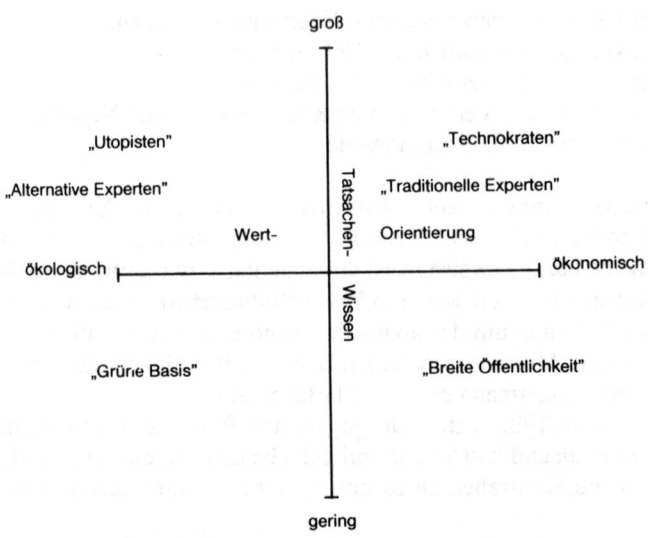

Abbildung 6:   Dimensionen von Technologie-Kontroversen
Quelle: Jungermann (1986, S. 94)

Ein wesentliches Problem bei der Kommunikation über Risiken liegt darin, daß die Öffentlichkeit einerseits Bedürfnisse und Ansprüche auf eine möglichst umfassende Informationen über Risiken formuliert, daß aber andererseits diese Information jedoch häufig als beängstigend und frustrierend bewertet wird und infolgedessen dann wieder vermieden wird (vgl. Schütz, 1989). "As a result wherever possible, people attempt to reduce the anxiety generated in the face of uncertainty by denying that uncertainty, thus making the risk seem either so small that it can be safely ignored or so large that it clearly should be avoided. They rebel against being given statements of probability, rather than fact; they want to know exactly what will happen" (Slovic, 1986, S. 4O5).

Im kritischen Blickfeld der Risiko-Kommunikation stehen die Medien. Einige Risikoforscher werfen den Medien eine Dramatisierung vor, indem in der Berichterstattung individuelle Beispiele und katastrophale Darstellungen in den Vordergrund gestellt werden und sprechen ihnen die Fähigkeit ab, wissenschaftlich qualifizierte Darstellungen abzugeben (vgl. z.B. Keeney & Winterfeldt, 1986). Inhaltsanalysen von Medienberichten haben ein beträchtliches Maß von falscher und verzerrter Information ergeben (vgl. Slovic, 1986). Das junge Forschungsfeld der Risikokommunikation wirft zahlreiche Fragen auf, deren wissenschaftliche Bearbeitung gerade erst Konturen gewinnt. Ein interessantes Forschungsprojekt zum Thema "Der Widerstreit zwischen Informationsbedürfnis und Risikoaversion als Problem der Kommunikation über Technik" wird derzeit von Schütz (1989) durchgeführt.

3.3.3 Ein Streßbewältigungs-Ansatz in der Risikoforschung

Obwohl das Belastungs-Bewältigungs-Paradigma und die kognitive Risikoforschung wichtige Beiträge zum Verständnis der psychischen Verarbeitung von Umweltrisiken leisten, hat erstaunlicherweise bislang kaum jemand Versuche unternommen, die beiden Forschungsperspektiven theoretisch und empirisch miteinander zu verknüpfen.

Einen ersten Vorschlag in dieser Richtung unterbreiten Stallen & Tomas (1983, 1985, 1988). Sie gehen von der Einschätzung aus, daß die meisten Studien der Risikoforschung die Rolle von emotionalen Prozessen unterschätzen. "This is somewhat surprising, because most people's response to technological risks seems to be more in terms (!) of "feelings of (in)-security" than in terms of "(in)sufficiently elaborated cognitive representations"" (Stallen & Tomas, 1983, S. 251). Mit Konzepten des Streßansatzes von Lazarus sowie dem Konzept der Entscheidungsfindung bei affektiv besetzten Problemen von Janis & Mann (1977) formulieren sie ein psychologisches Prozeßmodell der Verarbeitung technologischer Gefährdungen (vgl. Abbildung 7). Entsprechend dem Ansatz von Lazarus nehmen Stallen & Tomas an, daß Individuen in ihrer Umwelt potentielle Bedrohungen selektiv wahrnehmen (Schritt 1 in Abb. 7) und diese bewerten (primary appraisal, Schritt 2 in Abb. 7). Wird eine solche Bedrohung gesehen, dann prüft das Individuum in einer weiteren Bewertung seine Möglichkeiten zur Bewältigung der Bedrohung (secondary appraisal, Schritt 2). Stellt das Individuum fest, daß die Bedrohung seine Fähigkeiten zur Bewältigung übersteigt, dann entsteht "Streß", im Kontext der Fragestellung von Tomas & Stallen als Gefühl der Unsicherheit in Bezug auf die Bedrohung durch die technologische Umwelt. Sie nehmen ferner an, daß kognitive Resourcen (Wissen) und emotionale Resourcen (emotionale Bewertungen, Motive) sowohl in den Bewertungs- als auch in den Bewältigungsprozeß eingehen. Der Bewältigungsprozeß steht unter dem Ziel, die *personale Kontrolle* über die bedrohliche Situation wiederherzustellen. Stallen & Tomas unterscheiden drei Typen personaler Kontrolle:

1. *aktuelle Kontrolle* (actual control), d.h. die Möglichkeit einer unmittelbaren Verminderung der Gefahr oder Flucht vor derselben,
2. *erwartete Kontrolle* (expected control), d.h. das Vertrauen in die eigenen zukünftigen Möglichkeiten, die Gefahr zu vermindern oder ihr zu entkommen, wenn sie auftritt,
3. *Hoffnung* (hope) als generalisierte Form der Kontrolle.

Des weiteren nehmen sie das Auftreten zweier unterschiedlicher Bewältigungstypen an (Schritt 3). Eine *vigilante Form der Bewältigung*, also eine aktive Auseinandersetzung mit der Gefahr (z.B. durch die Suche nach relevanter Information) ist zu erwarten, wenn eine Person hofft, eine sichere oder gesündere Alternative zu finden (Schritt 4 in Abb. 7). Diese Hoffnung kann auf dem Vertrauen in die eigenen Fähigkeiten beruhen oder auf dem Vertrauen in Andere (z.B. technische Aufsicht). Wenn keine Hoffnung auf eine Lösung oder Beeinflussung der Gefährdung besteht, wird eine Person *defensives Bewältigungsverhalten* zeigen (z.B. Verleugnung der Bedrohung, gedankliche Vermeidung). Die Bewältigungsversuche führen im Zeitverlauf zu einer Neubewertung (reappraisal) der Situation (Schritt 5). Die Neubewertung kann jedoch selbst ein Bewältigungsversuch sein (gestrichelte Linie). Stallen & Tomas halten die Neubewertung für einen wesentlichen Bewältigungsvorgang, da gerade technologische und Umweltrisiken vom Individuum aus gesehen als kaum veränderbar oder kontrollierbar erscheinen, so daß eine entschärfende Neubewertung der Bedrohung eine wichtige Bewältigungsmöglichkeit darstellt.

Stallen & Tomas (1988) berichten über eine empirische Studie in Holland, in der sie das skizzierte theoretische Modell eingesetzt haben. Sie nehmen an, daß sich in der Bevölkerung vier Typen des Umgangs mit technologischen Gefährdungen identifizieren lassen:

1. eine Gruppe von Personen, die sich nicht bedroht sondern sicher fühlt ("sicheres Bewältigungsverhalten"),
2. eine Gruppe, die um mögliche Gefährdungen weiß, aber nicht besorgt oder beunruhigt ist und diese akzeptiert ("akzeptierendes Bewältigungsverhalten"),

3. eine Gruppe, die sich bedroht fühlt und sich aufmerksam mit den Gefährdungen beschäftigt ("vigilantes Bewältigungsverhalten"),
4. eine Gruppe, die die Bedrohung verleugnet, gedanklich vermeidet oder verdrängt ("defensives Bewältigungsverhalten").

Die Ergebnisse der Befragung von Bewohnern des Industrieballungsgebietes um Rotterdam zeigen, daß sich etwa 14% der Befragten sicher fühlen, 28% wenig besorgt sind, 24% defensiv mit der Gefährung umgehen und ca. 35% vigilant. Stallen & Tomas leiteten aus ihrem theoretischen Modell die Hypothese ab, daß Besorgnis und Angst gegenüber technologischen Gefährdungen bei Personen stärker ausgeprägt sind, die einen Mangel an personaler Kontrolle empfinden. Diese Hypothese konnte nur schwach bestätigt werden. Die Hypothese, daß bei einem Mangel an personaler Kontrolle das (Nicht-) Vorhandensein von Hoffnung zwischen vigilantem und defensivem Bewältigungsverhalten differenziert (d.h. daß Personen mit vigilantem Bewältigungsverhalten eher hoffnungsvoll sind), konnte zwar bestätigt werden, die Unterschiede sind jedoch gering.[2] Die im theoretischen Modell postulierte zentrale Bedeutung der verschiedenen Aspekte personaler Kontrolle konnte insgesamt nicht bestätigt werden.

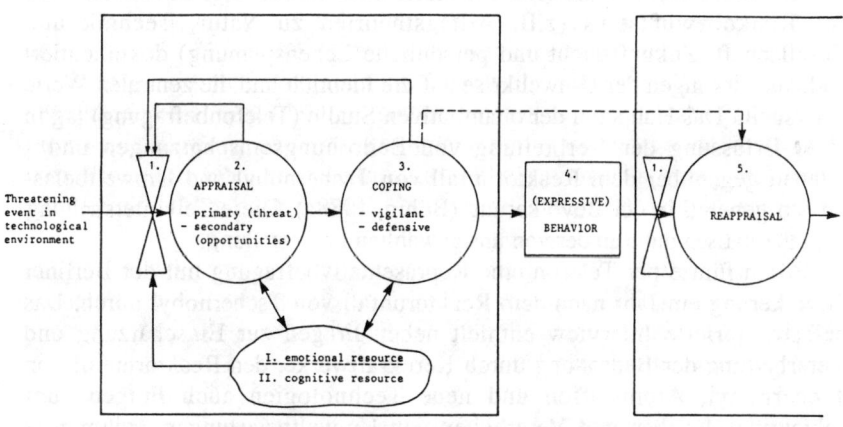

Abbildung 7: Prozeßmodell der individuellen Verarbeitung von technologischen Gefährdungen.
Quelle: Stallen & Tomas (1985, S. 32O)

69

3.3.4 Alltagspsychologische Konzepte der psychischen Verarbeitung von Umweltrisiken

In einem Forschungsprojekt zum Thema "Längerfristige psychische Folgen von Umweltbelastungen" wird untersucht, wie der Reaktorunfall von Tschernobyl und Umweltbelastungen individuell verarbeitet werden, welches Risikobewußtsein hierzu in der Bevölkerung vorhanden ist und wie sich solche Gefährdungen auf die Identität auswirken (Böhm, Jaeggi & Legewie, 1986; Böhm & Faas, 1987; Faas & Legewie, 1988; Böhm, 1988a; Böhm et al., 1989). Die Untersuchung orientiert sich an dem Belastungs-Bewältigungs-Paradigma (Streßkonzept von Lazarus), dem Konzept einer lebenslangen kognitiv-emotionalen Entwicklung (Thomae) und an psychodynamischen Konzepten der Verarbeitung von Konflikten und der Angstabwehr (Anna Freud). Im Unterschied zu dem in der psychologischen Forschung üblichen Vorgehen werden diese theoretischen Konzepte jedoch nicht deduktiv zur Entwicklung von Hypothesen verwandt, sondern als interpretativer Hintergrund für eine "gegenstandsangemessene Theorie" im Sinne von Glaser und Strauss (Glaser, 1978; Strauss, 1987) herangezogen, die aus den Daten heraus entwickelt wird. Methodisch wird eine Doppelstrategie von quantitativen und qualitativen Methoden eingesetzt. In einer längsschnittlich angelegten qualitativen Befragung mit biographisch konzipierten Intensivinterviews wurde der längerfristige Verlauf der Auseinandersetzung mit dem Reaktorunfall von Tschernobyl beschrieben sowie verschiedene Aspekte des Risikobewußtseins (z.B. Alltagstheorien zu Natur, Technik und Gesellschaft, Zukunftssicht und persönliche Lebensplanung) dokumentiert und Auswirkungen der Umweltkrise auf die Identität und die zentralen Werte untersucht. Das Hauptziel der quantitativen Studie (Telefonbefragung) lag in einer Erfassung der Verbreitung von Bedrohungseinschätzungen und -erleben gegenüber dem Reaktorunfall von Tschernobyl und Umweltbelastungen generell in der Bevölkerung (Böhm, 1988a). Diese Teiluntersuchung liegt thematisch nahe an der von uns gewählten Fragestellung.

Böhm führte per Telefon eine Repräsentativbefragung mit der Berliner Bevölkerung ein Jahr nach dem Reaktorunfall von Tschernobyl durch. Das halbstrukturierte Interview enthielt neben Fragen zur Einschätzung und Verarbeitung der Bedrohung durch Kernkraftwerke, den Reaktorunfall von Tschernobyl, Atomwaffen und neue Technologien auch Fragen zum subjektiven Erleben und Verarbeiten von Umweltbelastungen. Böhm geht dabei von den Grundannahmen des Belastungs-Bewältigungs-Paradigmas aus, "daß eine Person, die eine Bedrohung erlebt, versucht, diese Bedrohung zu verarbeiten. Diese Bewältigungsversuche sind zum Teil bewußt bzw. vorbewußt und so Teil eines subjektiven Bewältigungskonzepts. Wir setzen das ab von wissenschaftlichen Theorien zu Bewältigung und Abwehr, wo meist a priori Kategorien der Bewältigung (coping) postuliert werden (vgl. Lazarus & Launier, 1981). Im Gegensatz dazu wollten wir direkt und offen danach fragen, wie die Befragten glauben, mit den wahrgenommenen Bedrohungen leben zu können, wie sie versuchen, damit fertig zu werden. "Was" und "wie" sind immer offene Fragen, wobei der Forscher im vorhinein kaum fertige Antwortkategorien bilden kann" (Böhm, 1988a, S. 158). Böhm fragte seine GesprächspartnerInnen auch nach gesundheitlichen Auswirkungen von Umweltbelastungen. "Fast die Hälfte aller Befragten glauben, daß Umweltbelastungen negative gesundheitliche Auswirkungen haben. Danach gefragt, in welcher Situation sie welche körperlichen Beschwerden gehabt haben, antworten die meisten mit der Situation "Smog in Berlin" und damit einhergehenden Atembeschwerden. Ein Viertel aller Interviewten berichten von Heiserkeit, Husten, Asthma, Halsschmerzen usw. Es folgen Kopfschmerzen, Herz-Kreislauf-Probleme und Allergien bei und durch Smog. Sieben Prozent nennen andere Situationen mit körperlichen Beschwerden durch Umweltbelastungen. Meistens wurden hier berufs-bedingte Belastungen genannt" (Böhm, 1988a, S. 163). Etwa die Hälfte aller Befragten (45%) schildern psychische Auswirkungen und Beeinträchtigungen durch Umweltbelastungen. Im Vordergrund stehen Gefühle von Depression und Hilflosigkeit (27%) und aggressive Phantasien (20%). Frauen fühlen sich signifikant häufiger depressiv als Männer. Böhm fragte seine Interview-partnerInnen in einer offenen Frage auch danach, welche Bewältigungs-versuche gegenüber Umweltbelastungen unternommen werden, wie damit umgegangen wird. Die Antworten wurden in sieben Kategorien zusammen-geordnet (vgl. Tabelle 2).

1	Rückzug- "man kann nicht viel tun"	42
2	persönliche Schutzmaßnahmen - "Fenster zulassen"	29
3	umweltbewußtes Handeln- "umweltbewußt einkaufen"	24
4	gedankliche Vermeidung - "ich verdränge das"	19
5	intellektuelle Auseinandersetzung - "sich informieren"	19
6	ins Grüne gehen	12
7	Vergleiche anstellen - "wohne im Grünen"	9

Tabelle 2: Bewältigungsversuche gegenüber Umweltbelastungen
Quelle: Böhm (1988a, S. 163)
(Angaben in Prozent, Mehrfachnennungen möglich)

Ein weiteres interessantes Ergebnis der Studien von Legewie et al. ist die bei vielen Befragten gefundene Diskrepanz zwischen der Einschätzung der *allgemeinen Zukunftsaussichten* und der konkreten *persönlichen Zukunftsplanung*. Sowohl bei dem Themenblock "Zukunft und Umweltzerstörung" als auch bei der Frage nach der atomaren Kriegsdrohung war die allgemeine Einschätzung pessimistisch, während das individuelle Schicksal wesentlich optimistischer eingeschätzt wird. Böhm & Faas (1987, S. 7f) interpretieren diesen vordergründig logischen Widerspruch folgendermaßen: "Um so personnäher der Sachverhalt (zunehmende Umweltzerstörung oder große Atomkriegsdrohung) betrachtet wird, um so mehr werden die logischen Konsequenzen geleugnet. Um so personferner (neutraler, abstrakter, allgemeiner, auf die gesamte Menschheit bezogen) dagegen der Sachverhalt beurteilbar ist, um so mehr können Risiken und Bedrohung eingestanden werden. Das Wissen um zunehmende Umweltzerstörung und atomare Kriegsdrohung allein kann abstrakt und neutral bleiben. Neutral in dem Sinne, daß kein gefühlsmäßiges Erleben und keine Handlungsaufforderung damit verbunden sein muß. ... Wenn das Wissen um sinnliche Anteile, um konkrete Vorstellungen erweitert wird, muß es auf die eigene Person bezogen werden. Erlebte Emotionen und nicht nur denk- und benennbare wären dann die Folge. Eine Folge, die durch Bildung der beschriebenen Diskrepanz vermieden werden kann."

Die Auswertung der Intensivinterviews zur längerfristigen Verarbeitung des Reaktorunfalls von Tschernobyl ergab eine Gliederung der Verarbeitung nach dem Zeitverlauf (Frühphase, Konsolidierungsphase und längerfristige Verarbeitung) und nach Reaktionstypen (wenig bzw. stark Betroffene) (vgl. Böhm et al., 1989). "Die *Frühphase* der Verarbeitung (1 bis 3 Wochen nach dem Unfall) zeichnet sich bei den stark Betroffenen (13 von 20 Interviewten) durch emotionale Reaktionen wie Schock, Panik, Angst, Wut, Depression und allgemeine Verunsicherung aus. Bei einzelnen trat ein Gefühl der Fremdheit und Unheimlichkeit nach Art eines psychopathologischen Ausnahmezustandes hinzu, den wir als "Tschernobyl-Gefühl" bezeichnet haben. Dies läßt sich zusammenfassend kennzeichnen als: anfangs Gefühle von Schock, Panik und Entsetzen, Unheimlichkeit, Beklommenheit, Irrealität im Sinne eines bewußt wahrgenommenen Realitätsverlustes, innere Unruhe und vermeintliche Strahlenwahrnehmung ("Vibrationen"). Dazu kamen häufig noch Vergiftungsängste und Bagatellerkrankungen, deren Ursache in Radioaktivität vermutet wurde. (...) In der *Konsolidierungsphase* (1 bis 4 Monate nach dem Unfall) bleibt die Einteilung in stark und wenig Betroffene weitgehend erhalten, die individuellen Unterschiede innerhalb der Gruppen werden jedoch größer. Früher oder später versuchen alle Interviewte auf ein bewährtes Bewältigungskonzept zurückzugreifen. (...) In der *längerfristigen*

Verarbeitung wird die Bedrohung von einem Teil der stark betroffenen zwar nach wie vor als real angesehen, es wird jedoch nach den ersten Monaten der Verunsicherung versucht, sie nun beiseite zu schieben. Dies kann z.b. durch einen Prozeß der Gewöhnung geschehen, den viele Befragte auch an sich selbst wahrnehmen. Damit handelt es sich in Abgrenzung zum psychoanalytischen Begriff der Verdrängung in der Regel nicht um einen unbewußten Vorgang, sondern eher um ein *zeitweise bewußtes Wegschieben der Gedanken und Gefühle in bezug auf die erlebte Bedrohung.* " (Böhm et al., 1989, S. 15).

3.3.5 Resümee

1. Der durch die Diskussion um die Folgen von Großtechnologien (Musterfall: Kernenergie) in den Mittelpunkt getretene Begriff des "Risikos" wird zunehmend auch als ein sozialwissenschaftliches Schlüsselkonzept bewertet, welches unterschiedlichste Fragestellungen und Perspektiven miteinander zu verknüpfen gestattet. Im Hinblick auf die unterschiedlichen Definitionsansätze halten wir die von Evers & Nowotny vorgeschlagene Unterscheidung zwischen *Gefahr* (Gefährdung) und *Risiko* für die angemessenste. Risiken entstehen demnach im gesellschaftlichen Diskurs über Gefahren. Unter psychologischer Perspektive läßt sich an diese Unterscheidung das Konzept des *"alltäglichen Risikobewußtseins"* anschließen, welches schwerpunktmäßig die individuellen psychischen Formen der Verarbeitung und Bewältigung von Risiken in den Blick nimmt.

2. Die kognitionspsychologische Risikoforschung liefert wichtige Erkenntnisse über die *allgemeinen kognitiven Strukturdimensionen*, die Risikobewertungen zugrunde liegen und Determinanten, die diese beeinflußen. Die zahlreichen Studien zeigen, daß einige relativ stabile Grunddimensionen der Risikobeurteilung nachgewiesen werden können (z.B. Katastrophenpotential, Sterbewahrscheinlichkeit, Gefahr von Gesundheitsschäden), andererseits jedoch auch, daß Risikobewertungen in starkem Maße von der jeweiligen Frage, dem Kontext und verschiedenen psychologischen Einflußgrößen abhängig sind. Die kognitive Risiko-Forschung bietet ein reichhaltiges Repertoire an psychometrischen Erhebungsinstrumenten und ausgeklügelten statistischen Auswertungsmethoden. Ein daraus resultierender Mangel ist jedoch, daß im Dschungel dieser elaborierten Methoden wichtige Qualitäten alltäglichen Risikobewußtseins verloren gehen (im Fragebogen von Borcherding et al. (1986) mußten die befragten Studenten u.a. anhand von 11-stufigen Skalen 222 einzelne Risikourteile

abgeben). Solche Methoden können Denk-, Bewertungs- und Verarbeitungsprozesse, wie sie in der alltäglichen Auseinandersetzung mit Risiken ablaufen, nicht erfassen. Hier taucht die Frage auf, inwieweit die abgebenen Risikobewertungen nicht durch die Erhebungsmethode selbst modelliert sind. Bei den wenigen mit offenen Antwortformaten arbeitenden Untersuchungen zum Thema kann diese Frage vorläufig noch nicht beantwortet werden. Ein weiterer Kritikpunkt bezieht sich darauf, daß die *persönliche Betroffenheit* nur als Kovariable berücksichtigt und nicht als zentrales Konzept begriffen wird. Bei Itemsammlungen, die vom Risikoverständnis von Experten ausgehen, ist die alltagsbezogene (ökologische) Validität der gezogenen Schlußfolgerungen vermutlich eher gering. Qualitative Studien zum Risikobewußtsein zeigen, daß erst Kognitionen und insbesondere Gefühle persönlicher Betroffenheit zu einer intensiveren psychischen Risikoverarbeitung führen.

3. Es gibt bislang nur wenige Studien, welche die methodische und inhaltliche Einseitigkeit der kognitiven Risikoforschung ergänzend, *alltagssprachlich dargestelltes Risikobewußtsein* beschreiben und analysieren und damit *subjektive Konzepte der Bewertung und Verarbeitung von Risiken* aufgreifen. Unsere Untersuchung soll hierzu auch einen Beitrag leisten.

4. DARSTELLUNG DES EIGENEN UNTERSUCHUNGS-ANSATZES

Der von uns gewählte Untersuchungsansatz entspricht einer Mischform des *holistisch-induktiven Paradigmas der "naturalistic inquire" (Feldforschung)* und des *hypothetisch-deduktiven Paradigmas traditioneller Art* (vgl. Mayring, 1988), bestehend aus:

einem *qualitativen Teil I* mit:

(1) einem Feldforschungsdesign,
(2) qualitativer Datensammlung,
(3) interpretativen Analysemethoden (Textanalyse),

und einem *quantitativen Teil II* mit:

(1) einem Feldforschungsdesign,
(2) quantitativer Datensammlung,
(3) statistischen Auswertungsmethoden.

Unsere theoretischen Konzepte setzen wir nicht deduktiv zur Ableitung spezifischer Untersuchungshypothesen ein, sondern als orientierenden Bezugsrahmen, der den Suchbereich bestimmt, innerhalb dem wir eine überwiegend gegenstandsbezogene *induktive* Strategie der Konzept- und Hypothesenbildung verfolgen.

4.1 Theoretisches Rahmenmodell für die qualitative Interviewbefragung

In Anlehnung an Modelle der Streßbewältigung und Konzepte der Risikoforschung unterstellen wir folgende allgemeine Zusammenhänge (vgl. Abbildung 8):

1. Ausgangspunkt unserer Fragestellung sind gesundheitliche Gefährdungspotentiale durch Umweltbelastungen. Wir nehmen an, daß diese durch selektive Umweltwahrnehmung (z.B. Wahrnehmung der Luftverschmutzung und körperlicher Reaktionen) und Aufnahme von Risikoinformationen in unterschiedlichem Maß und in unterschiedlicher Qualität in das Alltags-

bewußtsein eingedrungen und als unsicheres Wissen repräsentiert sind - wir sprechen hier von *"Risikobewußtsein"*. Dazu gehören beispielsweise Vorstellungen über die Auswirkungen von Umweltschadstoffen auf die menschliche Gesundheit, die Deutung körperlicher Beeinträchtigungen als "umweltbedingt" sowie der Stellenwert und das Ausmaß der Beschäftigung mit diesen Fragen. Im Unterschied zum Ansatz der psychometrischen Risikoforschung interessieren uns jedoch zunächst nicht latente kognitive Strukturdimensionen sondern die manifesten *Inhalte individueller Repräsentationen*, also risikobezogenes Alltagswissen, Einstellungen und Bewertungen, die von "Laien" in einem der Alltagskommunikation nahestehenden problemzentrierten Interview thematisiert werden.

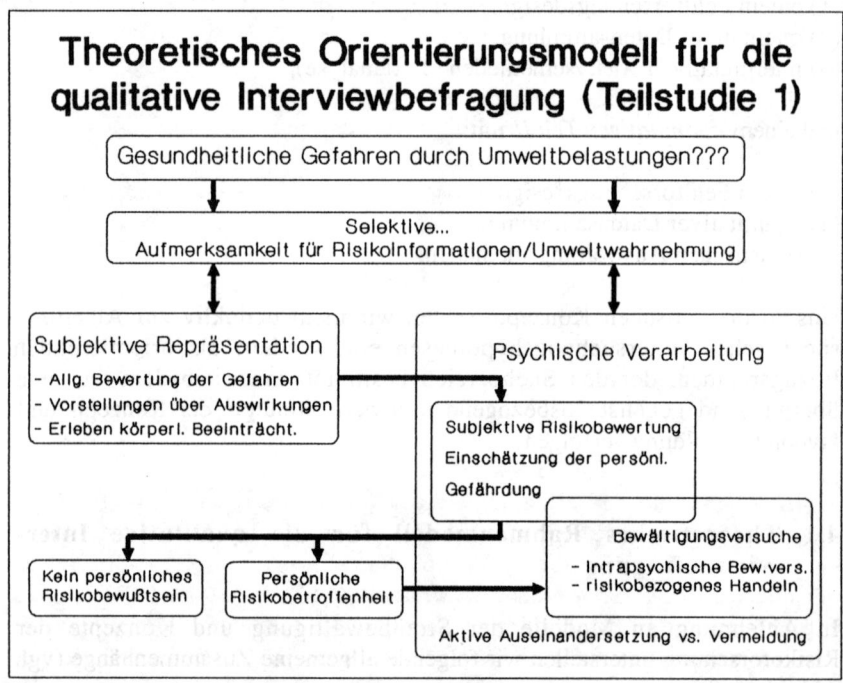

Abbildung 8

2. In Anlehnung an Konzepte der psychologischen Streßforschung (Lazarus) nehmen wir an, daß das Wissen um die Möglichkeit gesundheitlicher Gefährdungen zu einer Verunsicherung führt, die als *subjektive Belastung* verarbeitet wird und *Bewältigungsversuche* initiiert. Eine erste wesentliche Dimension der Auseinandersetzung mit den potentiellen Gefährdungen wird durch die Frage aufgeworfen, ob sich eine Person persönlich durch das Risiko betroffen fühlt bzw. *wie* sie zu einer *Bewertung der persönlichen Gefährdung* kommt. Dies entspricht ungefähr dem Konzept der "primären Bewertung" (primary appraisal) von Lazarus (vgl. Kap. 3.2).

3. Wenn die Bewertung der persönlichen Gefährdung zu dem Ergebnis führt, daß für ein Individuum keine oder gegenüber anderen Risikoquellen zu vernachlässigende Gefährdungen vorliegen, dann - so wird hier angenommen - findet keine weitere Auseinandersetzung damit statt. Wenn auf der anderen Seite subjektive Risikobetroffenheit entsteht, ist anzunehmen, daß das Individuum versucht, das Risiko durch Bewältigungsversuche zu modifizieren. Dies kann einmal geschehen durch Anstrengungen, die sich auf die Einwirkung der Risikoquellen beziehen oder anderseits, indem bewußt oder unbewußt die erlebte Verunsicherung reguliert wird. In Übereinstimmung mit neueren Ansätzen in der Belastungsforschung nehmen wir an, daß sich Bewertungs- und Bewältigungsprozesse überlappen, d.h. daß *Bewertungsprozesse* auch *Bewältigungsfunktionen* erfüllen können und umgekehrt Bewältigungsversuche die Bewertung des Risikos beeinflussen. Das Konzept der "*Risikoverarbeitung*" verstehen wir als Oberbegriff für alle risikobezogenen Bewertungs- und Bewältigungsversuche und schließen hier auch "passive" und "emotionale" "Reaktionsformen" im Sinne von Thomae mit ein (vgl. Kap. 3.2.3).

4. In Anlehnung an allgemeine Annahmen der Belastungs-Bewältigungsforschung nehmen wir weiter an, daß die durch potentielle Gesundheitsrisiken erlebte Verunsicherung von unterschiedlichen Personen(gruppen) unterschiedlich verarbeitet wird. Es ist anzunehmen, daß es einerseits Personen gibt, die sich eher aktiv und problemorientiert mit den Risiken auseinandersetzen und andererseits Personen, die eine weitere Beschäftigung mit dem Risiko eher vermeiden und eher auf intrapsychische Bewältigungsformen zurückgreifen. Ziel unserer Studie ist insbesondere die *Dokumentation individueller Verarbeitungsformen* und die *Typisierung individuums- und gruppenspezifischer Verarbeitungsmuster.*

4.2 Theoretisches Rahmenmodell für die Fragebogenerhebung

Der zweite Teil der Untersuchung greift die Ergebnisse des qualitativen Untersuchungsteils für eine psychometrisch angelegte Fragebogenerhebung auf. Diese quantitativ konzipierte Studie verfolgt deskriptive und hypothesen-explorierende Aufgabenstellungen. Da der Forschungsstand zum Thema eine eher explorative Herangehensweise nahelegt und auch die Konzeptbildung für den Teil II unserer Studie eher induktiv-empirisch orientiert ist, spezifizieren wir keine Einzelhypothesen auf Variablenniveau, sondern beschränken uns auf die Formulierung von Leithypothesen auf Konstruktniveau (vgl. Abbildung 9).

1. Ein wesentliches Ziel der zweiten Studie ist, zwischen Konzepten der kognitiven Risikoforschung und dem Belastungs-Bewältigungs-Ansatz Verbindungen herzustellen. Dies bedeutet, daß wir im Fragebogen neben Aussagen zur Auseinandersetzung mit den Umweltrisiken *quantitative Risikobeurteilungen* erfassen wollen. Dem Konzept der "Risikobeurteilung" in der kognitiven Risikoforschung entspricht das Konzept der "Risikobewertung" in der Belastungsforschung. Letzteres akzentuiert jedoch stärker den Aspekt einer Bewertung der *subjektiven Bedeutsamkeit* von Gefahren. Da wir davon ausgehen, daß Beurteilungen von Gefahren und Risiken immer einen Selbstbezug beinhalten, bevorzugen wir im Rahmen dieser Studie den Begriff der "Bewertung".

Bei der Erfassung quantitativer Risikobewertungen erscheint ein Vergleich verschiedener Risikoquellen aus dem Umweltschadstoffkomplex mit anderen Risikoquellen sinnvoll. So können wir zum einen feststellen, ob verschiedene Umweltrisiken ähnlich eingestuft werden und zum anderen wie diese im Vergleich mit anderen Risiken beurteilt werden. In den problem-zentrierten Interviews wurden auf die Frage nach gesundheitlichen Gefahren und Risiken neben Umweltbelastungen vor allem Risiken aus der individuellen Lebensführung genannt (Ernährungsweise, Alkohol- und Drogenkonsum, Rauchen). Es erscheint daher sinnvoll, zum Vergleich einige dieser Gesundheitsrisiken der Lebensführung heranzuziehen. Als *Beurteilungsdimensionen* kommen insbesondere die allgemeine Einschätzung der Risiken, die Einschätzung des persönlichen Risikos und eine emotionale Dimension der Risikobeurteilung in Betracht. Aus der Vielzahl möglicher Dimensionen der Risikobeurteilung (vgl. Kap. 3.3.2.) kommen nach dem Vergleich mit den in den Interviews auftauchenden Beurteilungsaspekten insbesondere noch die Kontrollierbarkeit und die zeitliche Verzögerung, mit der Gesundheitsschäden erwartet werden, in Betracht.

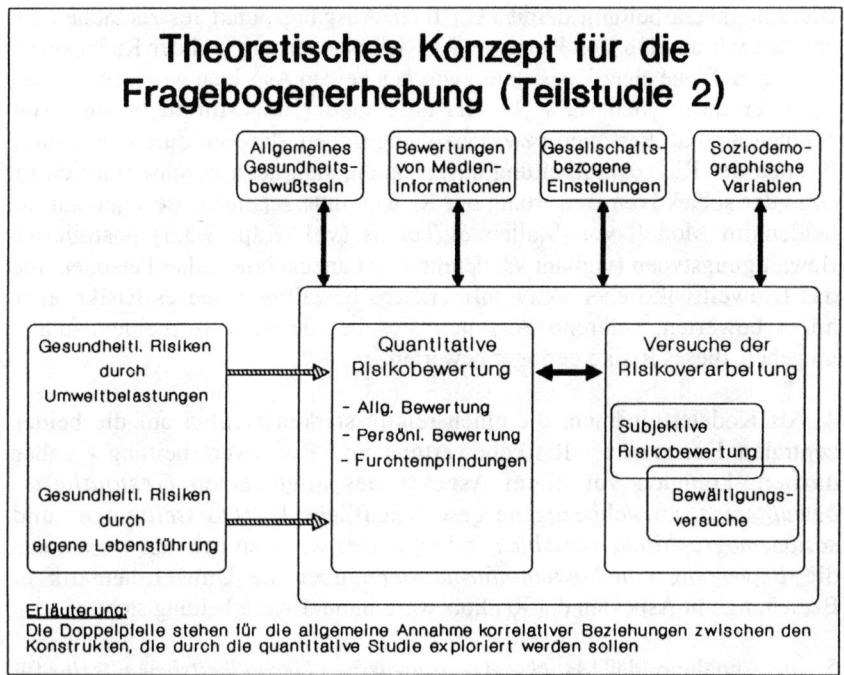

Theoretisches Konzept für die Fragebogenerhebung (Teilstudie 2)

Allgemeines Gesundheits- bewußtsein	Bewertungen von Medien- Informationen	Gesellschafts- bezogene Einstellungen	Soziodemo- graphische Variablen

Gesundheitl. Risiken durch Umweltbelastungen	Quantitative Risikobewertung - Allg. Bewertung - Persönl. Bewertung - Furchtempfindungen	Versuche der Risikoverarbeitung Subjektive Risikobewertung
Gesundheitl. Risiken durch eigene Lebensführung		Bewältigungs- versuche

Erläuterung:
Die Doppelpfeile stehen für die allgemeine Annahme korrelativer Beziehungen zwischen den Konstrukten, die durch die quantitative Studie exploriert werden sollen

Abbildung 9

2. Bezogen auf das zentrale Konzept der Risikoverarbeitung soll die Fragebogenerhebung eine Abschätzung der Verbreitung der verschiedenen Bewertungs- und Bewältigungsaspekte in der Bevölkerung erlauben und so einen Beitrag zu einer "Epidemiologie" von Verarbeitungsformen leisten.

3. In Anlehnung an Überlegungen der Bewältigungsforschung erwarten wir, daß zwischen den Risikobewertungen und zentralen Aspekten der Risikoverarbeitung Zusammenhänge bestehen. In einer querschnittlichen Untersuchung zu einem Risikokomplex, der hier eher als chronische Belastung denn als hervorstechendes Ereignis thematisch ist, können wir kaum den Prozeß der primären Bewertung und des Einsetzens erster Bewältigungsversuche abbilden, sondern nur das (vorläufige) Endergebnis von Verarbeitungsversuchen. Wir erfassen also einen *momentanen Status der Risikobewertung und -verarbeitung*. Da die gesundheitliche Gefährdung durch Umweltbelastungen kaum objektivierbar ist und für eine

Belastungsverarbeitung damit kein fixer Ausgangspunkt festzumachen ist, nehmen wir an, daß sich Prozesse der Risikobewertung und der Risikoverarbeitung im Sinne einer Konsistenz zwischen beiden Aspekten wechselseitig aufeinander abstimmen (bzw. bereits aufeinander abgestimmt haben). Wir nehmen an, daß Personen bzw. Personengruppen, die sich durch bestimmte Formen der Risikoverarbeitung auszeichnen, sich auch durchschnittlich im Grad der subjektiven Bewertung der Risiken unterscheiden. Bezogen auf die beiden im Modell von Stallen & Tomas (vgl. Kap. 3.3.3) postulierten Bewältigungstypen (vigilant vs. defensiv) ist anzunehmen, daß Personen, die das Umweltrisiko eher aktiv-aufmerksam bewältigen, dieses Risiko auch höher bewerten, während Personen die eher defensiv-vermeidend damit umgehen, dieses Risiko geringer bewerten.

4. Als Kodeterminanten, die einen relativ starken Einfluß auf die beiden zentralen Konstrukte - Risikobewertung und Risikoverarbeitung - haben dürften, kommen vor allem Aspekte des allgemeinen *Gesundheitsbewußtseins*, umweltbezogene gesellschaftliche *Wertvorstellungen* und *soziodemographische Variablen* in Frage. Des weiteren nehmen wir an, daß die *Bewertung von Medieninformationen* über die Umweltthematik in Beziehung mit Aspekten der Risikobewertung und -verarbeitung steht.

5. Die Annahme, daß *Aspekte des allgemeinen Gesundheitsbewußtseins* für die Risikobewertung und -verarbeitung bedeutsam sein könnten, läßt sich zum einen schon aus unserer Fragestellung als solcher ableiten, zum anderen verweisen Ausssagen in den Interviews darauf. Beispielsweise geben Personen, die sich durch das Umweltrisiko stark betroffen fühlen und eher aktiv-aufmerksam mit dem Risiko umgehen, häufig an, generell auf eine gesundheitsbewußte Lebensweise zu achten. Das Gesundheitsbewußtsein soll hier unter vier Aspekten konkretisiert werden:

- Stellenwert von Gesundheitsthemen im Alltag,
- Selbsteinschätzung des gesundheitlichen Status,
- allgemeines Handeln zur Gesunderhaltung,
- gesundheitsbezogene Kontrollüberzeugung.

Die ersten drei Aspekte haben wir induktiv aus den Interviews abgeleitet. Den vierten Aspekt haben wir aus Konzepten der Gesundheitspsychologie übernommen, wo die gesundheitsbezogene Kontrollüberzeugung als zentrales Konstrukt diskutiert wird (vgl. Wallston, Wallston, Smith & Dobbins, 1987). Wir nehmen an, daß Personen, die generell ein höheres Gesundheitsbewußtsein haben, also beispielsweise den Stellenwert von Gesundheitsthemen höher bewerten, auf eine gesunde Lebensweise achten und überzeugt sind, selbst auf die Gesundheit Einfluß nehmen zu können, auch die Umweltrisiken höher bewerten und sich eher aktiv-aufmerksam damit auseinandersetzen.

6. Wir nehmen weiter an, daß *Bewertungen von Medieninformationen* und das Informationsverhalten mit Aspekten der Risikobewertung und - verarbeitung in Beziehung stehen. Diese Annahme ergibt sich aus einer allgemeinen Plausibilität und läßt sich auch aus Aussagen in den Interviews ableiten. Welche Aspekte hier bedeutsam sind, können wir nur zum Teil a priori spezifizieren, weiteren Aufschluß können hier erst die Ergebnisse der Untersuchung bringen. Bedeutsam sind hier vermutlich insbesondere Bewertungen zum Verzerrungsgrad der Medieninformationen (Verharmlosung vs. Dramatisierung) und Aussagen zum Informations- bedürfnis (Informationsüberdruß vs. Informationssuche).

7. Die Bedeutung umweltbezogener Einstellungen und gesellschaftlicher Werte für die Bewertung und Verarbeitung der Umweltrisiken läßt sich aus den Ansätzen und Ergebnissen der Umweltbewußtseinsforschung ableiten bzw. vermuten. Eine Möglichkeit für die Konstruktion des Fragebogens wäre gewesen, die entsprechenden Konzeptbildungen (z.B. materialistische vs. postmaterialistische Wertorientierung) und Operationalisierungen auf Itemebene einfach zu übernehmen. Da die gesellschaftsbezogenen Aussagen unserer Interviewpartner andere Akzente und Themen enthalten, die sich nur teilweise den Einstellungsdimensionen von Fietkau et al. (vgl. Kap. 3.1.1.) zuordnen ließen, entschieden wir uns auch hier für ein induktives Vorgehen. Wir sammeln die in unseren Interviews auftauchenden gesellschaftsbezogenen Bewertungen und versuchen über die empirische Analyse selbst bedeutsame Aspekte *gesellschaftsbezogener Bewertungen* zu identifizieren.

Unsere Strategie, verfügbare theoretische Konzepte nur als sensibilisierende Leitkategorien" einzusetzen und bedeutsame Teilaspekte induktiv mit Hilfe der empirischen Analyse zu entwickeln hat den Nachteil, daß wir unsere Ergebnisse interpretativ zunächst nicht leicht an die vorhandenen Theorie- ansätze und Konzeptbildungen anschließen können. Ein Vorteil liegt jedoch darin, daß die Analyse gegenstandsbezogen bleibt und die Ergebnisse damit eher "ökologische Validität" beanspruchen können; außerdem sind auf diese Weise auch eher Chancen gegeben, Neues zu entdecken.

5. ANLAGE UND DURCHFÜHRUNG DER UNTERSUCHUNG

5.1 Übersicht über den Untersuchungsablauf

Der mehrstufige Ablauf unserer Untersuchung ist in Tabelle 3 wiedergegeben. In einer Vorstudie führten wir explorative Interviews mit Eltern von Kindern, die an "umweltverdächtigen Atemwegserkrankungen" leiden. Hier ging es insbesondere um die Erprobung von Interviewvarianten, die Exploration subjektiver Krankheitstheorien und von Auswirkungen des Deutungsmusters "umweltbedingte Erkrankung". Die Hauptuntersuchung besteht aus zwei Teilen, einer qualitativ angelegten Interviewbefragung und einer quantitativ angelegten Fragebogenerhebung zum Risikobewußtsein gegenüber gesundheitlichen Gefährdungen durch Umweltbelastungen und zur Auseinandersetzung damit.

5.2 Vorstudie: Umweltbedingte Erkrankungen? - Luftschadstoffbelastung und Atemwegserkrankungen bei Kleinkindern: Problemsicht und Reaktionen betroffener Eltern

In der Vorstudie gingen wir der Frage nach, inwieweit die umwelt-medizinische Diskussion um die "umweltbedingten Erkrankungen" sich im alltäglichen Verständnis von Gesundheit und Krankheit niedergeschlagen hat. Eine Kontroverse, die Anfang der achtziger Jahre eine etwas breitere öffentliche Resonanz fand, bezog sich auf die gesundheitlichen Auswirkungen der Luftverschmutzung (Smog), insbesondere bei Kleinkindern und älteren Menschen. Einige epidemiologische Untersuchungen weisen einen Zusammenhang zwischen der Luftschadstoffbelastung und dem gehäuften Auftreten von Atemwegserkrankungen bei Kleinkindern ("Pseudo-Krupp", bronchitische Erkrankungen) nach (vgl. hierzu Kap. 2). Uns interessierte, wie Eltern, deren Kinder an "umweltverdächtigen" Atemwegserkrankungen leiden, dieses Problem einschätzen und bewerten, also welche *subjektiven Krankheitskonzepte* im Alltag relevant sind und inwieweit die Krankheits-verursachung durch Umweltbelastungen schon in diese Vorstellungen eingegangen ist. Ein weiterer Fragenkomplex bezog sich darauf, wie die Befragten mit der Möglichkeit einer Umweltbedingtheit der Erkrankung ihrer Kinder umgingen und welche Handlungsfolgen im Alltag und für die Lebensplanung daraus resultierten.

Des weiteren wurde exploriert, wie die Eltern mögliche gesundheitliche Belastungen durch Umweltfaktoren für *sich selbst* einschätzen und wie sie

VORSTUDIE

Interviews mit einer risikobetroffenen Gruppe (mit 36 Eltern/paaren von Kindern mit potentiell durch Luftverschmutzung bedingten Atemwegserkrankungen)

1. Erprobung von Interviewvarianten
2. Exploration von subjektiven Krankheitstheorien
3. Exploration von Verarbeitungsformen

HAUPTUNTERSUCHUNG

Teil I

Interviews mit n=3O Personen zum Risikobewußtsein und zur psychischen Verarbeitung gesundheitlicher Risiken durch Umweltbelastungen

1. Entwicklung eines Interviewleitfadens
2. Stichprobenauswahl
3. Durchführung der Interviews
4. Inhaltsanalytische Auswertung der Interviews
5. Deskriptive Darstellung und Interpretation der Ergebnisse

Teil II

Befragung von n=180 Personen mit einem Fragebogen zur skalierten Erfassung von Risikobewertungen, Aspekten der Risikoverarbeitung, Aspekten der Bewertung von Medieninformationen, des generellen Gesundheitsbewußtseins sowie gesellschaftsbezogener Bewertungen

1. Entwicklung eines Fragebogens
2. Stichprobenauswahl
3. Durchführung der Befragung
4. Statistische Auswertung
5. Darstellung und Interpretation der Ergebnisse

Tabelle 3: Schematische Darstellung des Untersuchungsablaufs

damit umgehen. Die Ergebnisse dieser Studie sind an anderer Stelle ausführlicher referiert (Ruff, 1988, 1989). Hier berichten wir insbesondere über die Erfahrungen, die für die Konzeption der Hauptuntersuchung bedeutsam waren und stellen die wichtigsten Ergebnisse zusammen.

5.2.1 Anlage und Durchführung der Vorstudie

Dem Interesse an alltäglichen Problemwahrnehmungen entsprechend führten wir problemzentrierte Interviews (Witzel, 1985) mit Eltern, deren Kinder im Laufe des vergangenen Jahres (Mai 86 bis Mai 87) am Krupp-Syndrom bzw. an obstruktiver/spastischer Bronchitis erkrankt und in ambulanter oder stationärer Behandlung waren. 32 Elternpaare konnten wir über eine Kinderklinik im Berliner Süden ansprechen, weitere vier Familien erreichten wir über Aushänge in Kinderarztpraxen und die ELTERNINITIATIVE PSEUDOKRUPP. Die zentralen Auswahlkriterien waren: Diagnosegruppe, Wohngebiete unterschiedlicher Luftschadstoffbelastung, variierende Schichtzugehörigkeit. Auf der Basis von Globalauswertungen (Legewie, Wiedemann & van Diepen, 1988) wählten wir 12 Interviews zur Verschriftung aus, die bezogen auf unsere Leitfragestellungen am ergiebigsten und inhaltlich möglichst vielfältig waren. Aus der Feinauswertung der verschrifteten Interviews entwickelten wir ein Auswertungsschema, welches dann zur Inhaltsanalyse aller Interviews verwendet wurde. Die Auswertung konzentrierte sich auf drei Fragestellungen:

1. subjektive Krankheitstheorien der Eltern über die Entstehung der Atemwegserkrankung ihres Kindes,
2. Auswirkungen der Problemsicht "umweltbedingte Erkrankung",
3. generelle Einschätzung der Umweltproblematik und Umgang mit potentiellen Gefährdungen durch Umweltbelastungen.

5.2.2 Ergebnisse der Vorstudie

Subjektive Krankheitstheorien der Eltern

Für die Mehrzahl der von uns befragten Eltern war die Frage der Verursachung der Atemwegserkrankung ihres Kindes bei der Ersterkrankung zunächst gar nicht thematisch. Im Mittelpunkt stand hier vielmehr die unmittelbare Bewältigung der Krankheitsepisode und der durch sie ausgelösten Verunsicherung, also die Fragen: um was handelt es sich hier?

84

Was ist unmittelbar zu tun? Ist fachliche medizinische Betreuung notwendig? Die erste Krankheitsepisode schildern nahezu alle Eltern als eine Notfallsituation: die Atemnot des meist noch sehr kleinen Kindes, verbunden mit dem typischen "bellenden Husten" beim Pseudokrupp, mit dem "Ziehen" bei den Bronchitiden, Erstickungsängste und Unruhe des Kindes und die Verunsicherung der Eltern, wie mit einer solchen Situation am besten umzugehen ist. Ein weiterer Grund, daß die Frage der Verursachung für die meisten Eltern zunächst nicht problematisch erschien, liegt darin, daß vom Erscheinungsbild dieser Erkrankungen her zunächst eine Deutung als "normale Erkältungskrankheit" nahe lag. Drei Aspekte nannten die Gesprächspartner als Anstoß für eine Beschäftigung mit möglichen Krankheitsursachen: zum einen ein *wiederholtes Auftreten der Erkrankungen* bei einem oder mehreren Kindern und das damit verbundene Interesse, zur Vorbeugung etwas zu unternehmen, zum zweiten die *Beobachtung bestimmter situativer Konstellationen beim Auftreten der Erkrankung*, zum dritten *Informationen über mögliche Ursachen* durch Ärzte, Bekannte oder die Medien. Welche Bedingungsfaktoren bringen die befragten Eltern in Zusammenhang mit der Atemwegserkrankung ihres Kindes? In Abbildung 10 sind die Ergebnisse unserer Auswertung zusammengestellt.

Die am häufigsten mit der Erkrankung in Zusammenhang gebrachten Faktoren sind die *Luftverschmutzung, akute Infekte und psychosoziale Faktoren*. Die Luftverschmutzung wird von zwei Dritteln der befragten Elternpaare als wahrscheinlicher oder sicherer Bedingungsfaktor beurteilt. Etwa die Hälfte der Befragten sieht die Atemwegserkrankung im Zusammenhang mit Infekten ("Ansteckung"). Beachtlich ist das starke Gewicht welches auch psychosozialen Faktoren eingeräumt wird. Dieser Aspekt wurde in den bisherigen Untersuchungen zur "objektiven" Epidemiologie kaum berücksichtigt. Tietze & Cortinovis-Pauli (1985) fanden lediglich eine Untersuchung zum Pseudokrupp, die psychosomatischen Einflußgrößen nachging (Blöchliger, Herzka & Leuenberger, 1978).

Die meisten Eltern nennen mehrere Faktoren als ursächliche Bedingungen und haben damit eine "multifaktorielle" Problemsicht. Es werden bis zu sieben Faktoren genannt, durchschnittlich werden etwa zwei sichere und eine mögliche Ursache in Betracht gezogen.

Hier stellt sich die Frage, ob die Kausalitätsvermutungen im Alltagsverständnis miteinander verknüpft werden, also ob die Krankheitsdeutungen in *Erklärungsmuster* eingebettet sind. Die Auswertung zeigte, daß die Mehrzahl der geäußerten Kausalitätsvermutungen diffus und unbestimmt sind und meist den Charakter von einfachen Aufzählungen haben. Angesichts der Überforderung des Alltagswissens bei solchen Fragestellungen überrascht dies kaum. Nur wenige Befragte nennen differenziertere Vorstel-

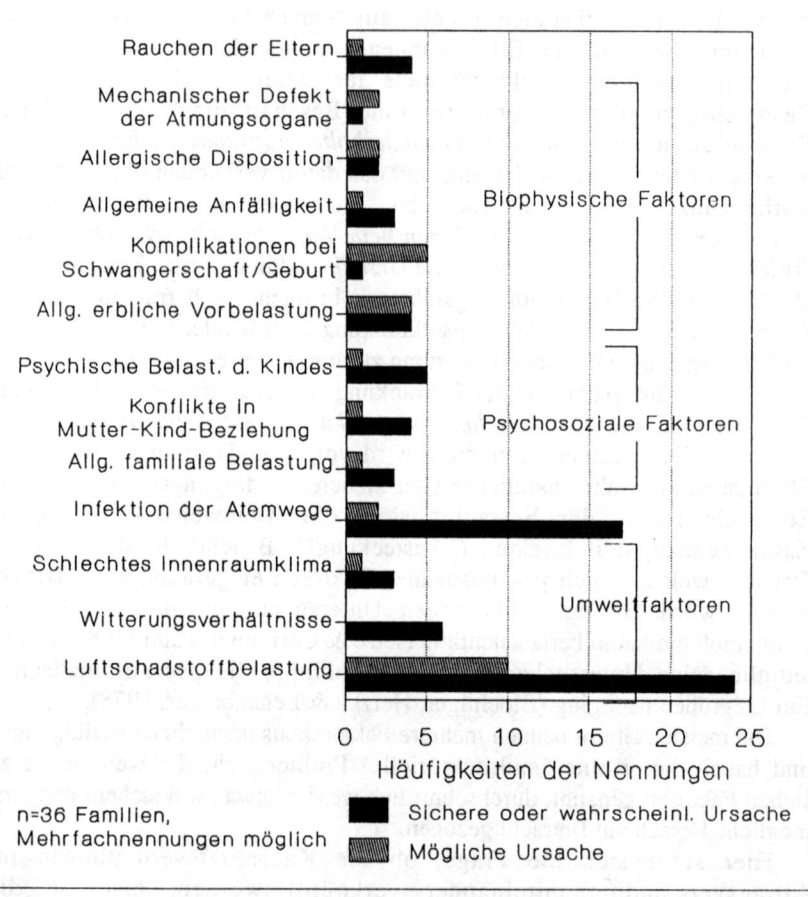

Subjektive Krankheitstheorie
Einschätzungen der Eltern zu d. Ursachen
d. Atemwegserkrankung(en) ihres Kindes

Abbildung 10

lungen, wie die in Betracht gezogenen Faktoren ihrer Meinung nach zusammenwirken könnten. Diese Vorstellungen reichen von der Annahme einer *einfachen Verursachung* ("allein Infekte lösen die Erkrankung aus") bis zu verschiedenen Vorstellungen einer *multiplen Verursachung* (z.B. multiple notwendige Verursachung: mehrere Ursachen sind notwendig; multiple hinreichende Verursachung: jede einzelne von verschiedenen Ursachen kann allein die Erkrankung auslösen; additive Verursachung: die Ursachen ergänzen einander). Unter dem Blickwinkel einer an alltäglichen Kausalitätswahrnehmungen interessierten Attributionsforschung (vgl. z.B. Kelley, 1983) könnte man hier die Hypothese formulieren, daß die Frage der Krankheitsverursachung bezogen auf Umweltbelastungen im Alltagsbewußtsein überwiegend in der Form *diffuser Kausalitätsvorstellungen* (Kausalschemata) gefaßt wird. Spezifischere Vorstellungen sind selten und überdies variantenreich.

Als Beispiel für ein einfaches Erklärungsmuster sei hier eine Mutter zitiert:

"Also das erfahren wir immer wieder, wenn Smogalarm ist, machen wir alle Fenster zu, alle Türen zu, und ich kann den Abend darauf warten, daß sie (die Tochter) einen Kruppanfall kriegt, da kann ich abends wirklich die Uhr danach stellen".

Unter dem Blickwinkel "Subjektive Krankheitstheorie" interessierte uns weiter, *wie* die befragten Eltern dazu kommen, die Luftverschmutzung als wesentlichen Bedingungsfaktor einzuschätzen und damit von dem gängigen Erklärungsmuster einer "gewöhnlichen Erkältungskrankheit" abzuweichen. In Abbildung 11 sind die zur Plausibilisierung des Deutungsmusters "umweltbedingte Erkrankung" herangezogenen Erfahrungsquellen aufgelistet. Nahezu die Hälfte derjenigen Eltern, die die Luftverschmutzung als einen beteiligten Bedingungfaktor einschätzen, schildern Schlüsselerlebnisse im Zusammenhang mit der Luftverschmutzung, benutzen also die zeitliche Kontingenz von hohen Schadstoffkonzentrationen und beobachtetem Auftreten oder Verschlimmerungen der Atemwegserkrankungen ihres Kindes als "epidemiologische Heuristik".

In diesem Zusammenhang ist noch interessant, welche unterschiedliche Gewichtung "Gegenbeispiele" bekommen können, also Situationen, in denen eine Erkrankung auftrat, aber keine bzw. eine geringe Schadstoffbelastung vorlag (z.B. Pseudokrupp-Episoden bei frischer Luft im Sommer, im Urlaub an der Nordsee). Ein Teil der Gesprächspartner, die Gegenbeispiele erfahren haben oder aus dem Bekanntenkreis kennen, relativieren die Bedeutung der Luftverschmutzung als Bedingungsfaktor, während der andere Teil die

Bedeutung der Luftverschmutzung durch die Gegenbeispiele nicht relativiert sieht. Aus den Erklärungsmustern läßt sich erschließen, daß erstere gewissermaßen nach einem einfachen deterministischen Denkmodell vorgehen: die Kausalitätsvermutung ("Luftverschmutzung löst Atemwegserkrankung aus") wird durch das Gegenbeispiel ("es liegt keine Luftverschmutzung vor und trotzdem tritt ein Anfall auf") verworfen. Die zweite Gruppe wendet multiple oder addditive Denkmodelle an ("auch andere Faktoren können die Erkrankung auslösen", "die Luftverschmutzung begünstigt die Erkrankung").

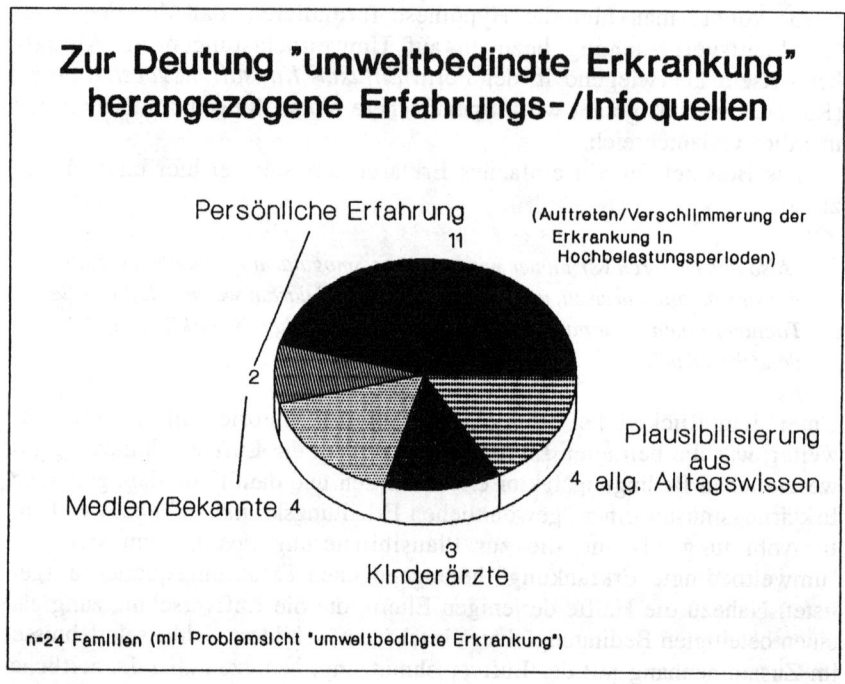

Abbildung 11

Analog zu der Unterscheidung von Diagnosegruppen in den umwelt-epidemiologischen Untersuchungen interessierte uns, ob das Erklärungs-muster "umweltbedingte Erkrankung" von den betroffenen Eltern nur auf den Pseudokrupp bezogen wird oder auch mit den bronchitischen Erkrankungen in Zusammenhang gebracht wird. Eine Überpüfung der Verteilung der Risikoeinschätzung "umweltbedingte Erkrankung" auf die beiden nach Diagnose gebildeten Elterngruppen zeigt, daß hier keine Unterschiede zu beobachten sind. Mit anderen Worten: Eltern von Kindern mit obstruktiver/ spastischer Bronchitis sehen anscheinend ähnlich häufig wie Eltern von Kindern mit Pseudokrupp die Luftverschmutzung als einen wichtigen Bedingungsfaktor an.

Bislang wurden nur einige kognitive Aspekte der Herstellung eines Zusammenhangs zwischen Umweltbelastung und Erkrankung erörtert. Aus der öffentlichen Diskussion ist bekannt, daß das Thema "Umwelt und Gesundheit" stark affektiv besetzt ist. Das zeigte sich auch in unseren Interviews. Die Problemsicht "umweltbedingte Erkrankung" ist bei nahezu allen Gesprächspartner mit starken emotionalen Reaktionen verknüpft. Häufig geäußert werden Gefühle der Angst, Hilflosigkeit und Ohnmacht im Zusammenhang der wahrgenommenen Unveränderlichkeit der Krankheitsursache. Aggressive Gefühle und Phantasien beziehen sich vor allem auf das umweltbeeinträchtigende Verhalten Anderer (Autofahrer, Mißachtung von Smogwarnungen), etwas seltener auf andere Verursacher, wie etwa die "stinkenden Kraftwerke im Osten" oder die wahrgenommene Tatenlosigkeit von staatlichen Organen und Behörden. Einige Eltern äußern auch Trauerreaktionen und Gefühle des Niedergeschlagenseins bezogen auf die gegenüber den Kindern empfundene Verantwortung und die nicht aufzuhaltende Zerstörung oder Beeinträchtigung der Lebensgrundlagen. Die starken emotionalen Reaktionen der Eltern, die zwischen der Atemwegserkrankung und der Luftschadstoffbelastung eine Beziehung herstellen, bestätigen unsere Rahmenthese, daß der Einbezug von Umweltrisiken in das Krankheitsbewußtsein einen Bruch mit bisher gültigen Krankheitstheorien darstellt. Gewöhnliche Erkrankungen verlieren ihr quasinatürliches Gesicht, werden plötzlich als gesellschaftliches, zivilisatorisches Produkt wahrgenommen und gedeutet[3]. Das Infragestellen bisher bewährter alltäglicher Krankheitsdeutungen und die mit dem Umweltthema verbundenen Kontexte (Nutzen und Kosten des Lebensstandards in Industriegesellschaften, Verlust allgemeingültiger Werte und Normen, die Unübersichtlichkeit der neuen Gefahren, Schuld- und Verantwortungszuschreibungen) aktivieren verschiedenste emotionale Reaktionen.

Auswirkungen der Problemsicht "Umweltbedingte Erkrankung" auf den Alltag und die Lebensplanung der Familien

Eine weitere Leitfrage im Interview war, welche Auswirkungen die Erkrankung des Kindes auf den Alltag und die Lebensplanung generell hatte und welche Bedeutung dabei die Kausalitätsvermutung "umwelt-(mit)bedingte Erkrankung" hatte.

Die unmittelbare Bewältigung der Krankheitsepisoden lief bei allen Eltern relativ ähnlich ab, entsprechend den Ratschlägen der Ärzte (bei schweren Episoden stationärer Klinikaufenthalt der Kinder, bei leichteren Episoden Medikation, Veränderungen des Raumklimas, Beruhigung usw.). Die von den Befragten genannten längerfristigen Auswirkungen, die sich aus der Kausalitätsvermutung "umweltbedingte Erkrankung" ergaben, sind in Abbildung 12 dargestellt (die Angaben beziehen sich auf die 24 Familien, die die Luftschadstoffbelastung als einen bedeutsamen Faktor eingeschätzt haben). Nahezu alle Eltern, die zwischen Luftverschmutzung und Atemwegs-erkrankung einen Zusammenhang herstellten, *schränkten Freizeit-Außenaktivitäten ihrer Kinder in Belastungsperioden ein.* Diese werden von den Eltern unterschiedlich definiert. Einige richten sich nach den offiziellen Smogwarnungen, andere verlassen sich stärker auf ihre subjektive Wahrnehmung ("Smogdunst über der Stadt", "dicke Luft", "saurer Geschmack") und setzen dabei den kritischen Wert niedriger an als in den offiziellen Warnungen. Außer den Freizeitaktivitäten beziehen sich weitere Einschränkungen auf den Schul- bzw. Kindergartenbesuch und die Vermeidung belasteter Umgebungen mit den Kindern. Eine weitere Gruppe von Auswirkungen kann man als *präventive Freizeitaktivitäten* zusammenfassen. Etwa jede vierte der umweltsensibilisierten Familien unternahm mit den betroffenen Kindern in der belasteten Jahreszeit (Winter) Urlaubsreisen, für etwa jede dritte Familie ist die Luftverschmutzung ein wichtiges Kriterium bei der Auswahl von Urlaubszielen geworden. Nur wenige Eltern nennen *umweltbewußtes Verhalten* als Konsequenz aus der Einschätzung, daß die Atemwegerkrankung des eigenen Kindes durch Umweltbelastungen mitbedingt ist. Bezogen auf die *Lebensplanung* stehen Ortswechsel und Kinderwunsch thematisch im Zusammenhang mit der Wahrnehmung gesundheitlicher Risiken durch Umweltbelastungen. Beinahe die Hälfte der Eltern trugen sich zeitweise mit *Umzugsgedanken.* Knapp ein Drittel gibt *konkrete Umzugspläne* an (eine Familie war zum Zeitpunkt des Interviews bereits in eine weniger belastete Gegend innerhalb Berlins umgezogen, eine weitere kurz vor dem Umzug). Zwei Familien haben sich zur Entlastung der Kinder eine Zweitwohnung in ländlicher Region ange-schafft.

Bei zwei Elternpaaren hatte die Beschäftigung mit den Umwelt-gesundheitsrisiken Einfluß auf die weitere Familienplanung und den Kinderwunsch. Eine Familie entschloß sich, in eine weniger belastete Gegend innerhalb Berlins umzuziehen und den Wunsch nach weiteren Kindern aufzugeben. Ein anderes Elternpaar äußerte im Zusammenhang mit der allgemeinen Umweltzerstörung Zweifel am Sinn, weitere Kinder in die Welt zu setzen.

Auswirkungen der Einschätzung "umweltbedingte Erkrankung"

Einschränkung von Aussenaktivitäten der Kinder
- Freizeit
- Schule/ Kindergarten
- Vermeid. belast. Umgebungen (z.B. Innenstadt)

Freizeitakt. in Grüngebieten

Urlaubsreisen in Belastungsperioden

Einfluss auf die Wahl von Urlaubszielen

Umweltschonendes Verhalten

Aufgabe des Rauchens

Einschränkung des Rauchens

Gedanken an Umzug/ Auswanderung

Planung eines Umzugs

Zweitwohnung auf dem Land

Überdenken der Familienplanung (Kinderwunsch)

Umweltpolit. Engagement

0   5   10   15   20
Häufigkeiten der Nennungen

n=24 Familien m. d. Einschätzung "Umweltbedingte Erkrankung" Mehrfachnennungen möglich

Luftverschmutzung als...
■ sichere/wahrscheinl. Ursache
▨ mögliche Ursache

Abbildung 12

Zusammenfassend können wir hier festhalten, daß die hinsichtlich der Umweltbelastungen und der Gesundheit ihrer Kinder risikobewußten Eltern in unterschiedlichem Umfang und in unterschiedlichen Bereichen die Gestaltung ihres Alltags und der Lebensplanung auf die wahrgenommene Gefährdung abgestimmt haben. Im Vordergrund stehen dabei auf die betroffenen Kinder bezogene präventive Maßnahmen und vergleichende Bewertungen der Umweltqualität in der gegenwärtigen Wohnlage. Soweit mit anderen Aspekten der Lebensplanung koordinierbar (materielle Situation, Bindung durch Eigentum, Beruf usw.) haben einige Familien auch konkret Ortswechsel und Umzüge in als weniger belastet eingeschätzte Gegenden geplant bzw. ausgeführt. Für vier der von uns befragten Familien war die Realisierung gesundheitlicher Gefährdungen durch Umweltbelastungen Anlaß, sich in einer Elterninitiative oder umweltpolitisch zu engagieren. Die Mehrzahl der befragten Eltern sieht soziales oder politisches Engagement jedoch als keinen Ausweg an. Am häufigsten wird dies mit einer resignativen oder fatalistischen Unveränderlichkeitsüberzeugung begründet, nach der man als Einzelner an den Ursachen der Probleme doch nichts ändern könne.

Verarbeitungsformen der Eltern

In einem weiteren Fragenteil im Interview interessierte uns, durch welche Umweltbelastungen sich unsere Gesprächspartner *selbst* betroffen fühlen und inwieweit damit gesundheitliche Beeinträchtigungen und potentielle Gefährdungen verknüpft werden. Unser Auswertungsinteresse galt dabei dem subjektiven Erleben und den angesprochenen Verarbeitungsformen und -ebenen. Mit "Verarbeitungsformen" sind typische kognitive, emotionale oder handlungsbezogene Formen des Umgangs mit den angesprochenen Risiken gemeint, die von den Befragten genannt werden. Vom theoretischen Grundansatz her orientierten wir uns an Ansätzen der Bewältigungsforschung, also an der Frage, wie mit den potentiellen gesundheitlichen Gefahren durch Umweltbelastungen umgegangen wird ("coping"). Im Hinblick auf den Mangel einer für unsere Fragestellung geeigneten Theorie verfolgten wir eine deskriptiv-typisierende und auf die Entwicklung von Hypothesen gerichtete Strategie bei der Auswertung. Die Selbstaussagen unserer Interviewpartner faßten wir dazu nach dem Verfahren des "Offenen Kodierens" (Glaser, 1978; Strauss, 1987; Wiedemann, 1987b) in einem sich wiederholenden Prozeß des Vergleichs zu Kategorien zusammen.

Das Spektrum der Äußerungen unserer Gesprächspartner zum Thema "Gesundheitliche Gefahren durch Umweltbelastungen" ist sehr weit und reicht von völligem Desinteresse bis hin zu einem differenzierten

Risikobewußtsein. Wegen dieser unterschiedlichen Reichweite oder Tiefe der Auseinandersetzung mit dem Thema beziehen sich die von uns abgeleiteten Kategorien auf (konzeptuell) sehr unterschiedliche Ebenen der Bewältigung. Einige haben die Qualität relativ stabiler Überzeugungen und Einstellungen, andere beziehen sich auf aktuelle, situationsgebundene Formen der Auseinandersetzung. Die Verarbeitungsformen lassen sich grob entlang einer Dimension *"aktive Auseinandersetzung vs. Nichtbeschäftigung/ Vermeidung"* einordnen, bilden jedoch qualitative Abstufungen innerhalb dieser Dimension. Im folgenden werden die einzelnen Verarbeitungsformen ausführlicher kommentiert.

Gleichgültigkeit/Desinteresse meint einen Status der Nichtbeschäftigung mit den thematisierten Gefahren. Das Thema hat für den Betreffenden überhaupt keinen Platz, keinen Horizont innerhalb des Alltagsbewußtseins und zwar ohne daß dabei (erkennbare) Vermeidungstendenzen beteiligt wären. Genau genommen handelt es sich hier gar nicht um eine Verarbeitungsform, weil eine psychische Verarbeitung (noch) nicht stattgefunden hat.

Beispiel:

"Damit habe ich mich noch nie beschäftigt".

Resignative/fatalistische Vermeidung meint die Vermeidung einer Beschäftigung mit den potentiellen Gefahren aus dem allgemeinen Lebensgefühl heraus, daß man an diesen Problemen nichts ändern könne. Die potentiellen Gefährdungen werden hier nicht als persönliches Risiko erlebt und aus dem Alltagsbewußtsein ausgeschlossen, wenngleich hier im Unterschied zum einfachen Desinteresse schon eine Ahnung oder ein Vorwissen vorhanden sind, welche eine persönliche Gefährdung nahelegen. Die fatalistische Vermeidung ist eine gegenüber der resignativen Einstellung verschärfte, die globale Schicksalshaftigkeit hervorhebende Variante.

Beispiel:

"Wozu sich damit beschäftigen?, man kann ja eh nichts daran ändern".

Verleugnungstendenzen/Bagatellisierung: die ökologischen Gefährdungspotentiale werden hier subjektiv nicht als Risiko erlebt und wahrgenommen und entsprechende Informationen als "überzogen" oder "Panikmache" bewertet. Verleugnung im Sinne eines gänzlichen Bestreitens der Gefährlichkeit von Umweltbelastungen ist ein Grenzfall, der in unseren Gesprächen nicht auftaucht aber denkbar ist. Deshalb scheint es angebracht, hier von Verleugnungstendenzen zu sprechen. Bagatellisierung meint ein Herunterspielen der Gefahr, meist im relativierenden Vergleich mit anderen Gefahren so daß damit kein persönliches Risiko verknüpft wird. Zu ergänzen ist hier, daß die von uns verwendeten Begriffe von Verleugnung und Bagatellisierung, wie auch die anderen Bewältigungskonzepte deskriptiv gemeint sind und sich auf die Möglichkeit einer Gefährdung beziehen.

Beispiel:

> *"Das ist nur Panikmache, das wird Alles übertrieben".*

Das *Anstellen von Vergleichen*, meist als *Relativierung* der eigenen Gefährdung, ist eine weitere Verarbeitungsform. Diese kognitiven Bewertungen beziehen sich in unseren Interviews vor allem auf den Vergleich unterschiedlich riskanter Umwelt- und Wohnbedingungen und den sozialen Vergleich mit der Betroffenheit von Bezugsgruppen.

Beispiele:

> *"Hier in unserem grünen Bezirk ist die Luft noch ganz gut".*
> *"Andere sind schlimmer dran".*

Aktive gedankliche Auseinandersetzung und Informationssuche meint einen den potentiellen Gefahren zugewandten aufmerksamen Bewältigungsstil.

Beispiel:

> *"Ich habe mich über die Schadstoffbelastung hier informiert".*

Bewußte gedankliche Vermeidung ist eine Bewältigungsstrategie der selektiven Vermeidung einer Konfrontation mit den thematisierten Risiken. Dies wird meist begründet mit der kaum zu bewältigenden Flut von Informationen oder dem Bedürfnis, auch im Angesicht wahrgenommener Risiken ein positives Lebensgefühl zu bewahren.

Beispiel:

"Man kann sich nicht dauernd damit beschäftigen, ständig ist ein neuer Störfall".

Emotionszentrierte Verarbeitungsformen, die wir in unseren Interviews fanden, unterscheiden sich im wesentlichen danach, wie mit den mit dem Thema verknüpften Gefühlen umgegangen wird. Für den *Ausdruck von Gefühlen* typisch ist die von vielen Gesprächspartnern geäußerte Wut auf die Autofahrer, die auch noch bei Smogalarm kurze Strecken mit dem Auto zurücklegen. Auf der anderen Seite stehen Bewältigungsversuche, die darauf gerichtet sind, mit den Umweltbelastungen verknüpfte Emotionen zu kontrollieren. Innerhalb dieses Verarbeitungsmusters der *Kontrolle von Gefühlen* lassen sich noch einmal zwei Varianten unterscheiden. Die eine Variante weist deutlich vermeidende Züge auf, d.h. die Emotionen werden unterdrückt oder verleugnet.

Beispiel:

"man darf sich nicht zu sehr von Umweltängsten einfangen lassen, damit kann man ganz vernünftig umgehen"

Ein zweite Variante der Kontrolle von Gefühlen fanden wir bei einigen der als umweltbewußt zu charakterisierenden Gesprächspartner, die die emotionalen Aspekte erlebter Beeinträchtigungen durch Umweltbelastungen zwar wahrnehmen, im Alltag aber Strategien der Selbstkontrolle entwickelt haben, die im Dienste der Erhaltung eines positiven Lebensgefühls und einer Genußfähigkeit stehen.

Beispiel:

"ich habe dazu eine ganz rationale Haltung entwickelt, das Leben soll auch Spaß machen".

Zwei weitere Verarbeitungsformen umfassen neben der aktiven kognitiven und/oder emotionalen Auseinandersetzung *Handlungsformen*, die sich auf den persönlichen Schutz oder die Risikoquellen beziehen. Ausschlaggebend sind hier Überzeugungen, ob und wie das eigene Risiko vermindert oder begrenzt werden kann. Daraus resultieren entsprechende Formen des risikobezogenen

Handelns im Alltag, etwa die Einschränkung des eigenen Anteils an der Luftverschmutzung oder das Vermeiden belasteter Umweltbereiche.

Beispiele:

- Persönliche Schutzmaßnahmen:
  "Bei Smog, da gehen wir halt möglichst nicht aus dem Haus und vermeiden die Innenstadt".

- Umweltschonendes Verhalten:
  "Wir haben uns dann auch zum Kauf eines Katalysator-Autos entschlossen".

Wenn wir die von uns befragten Eltern nach der jeweils dominierenden Haltung gegenüber den potentiellen Gefährdungen durch Umweltbelastungen den Kategorien "risikobewußt" bzw. "nicht risikobewußt" zuordnen, ergibt sich folgendes Bild: mehr als zwei Drittel der befragten Eltern sind als risikobewußt einzuschätzen, in dem Sinne, daß sie sich auf unterschiedliche Weise aktiv mit den angesprochenen Risiken auseinandersetzen. Gleichgültigkeit, Vermeidung und Verleugnung dominiert nur bei einem kleineren Teil der Interviewpartner.

5.2.3 Konsequenzen für die Konzeption der Hauptuntersuchung

Ursprünglich war geplant, die Vorstudie in einer systematischer geplanten Hauptuntersuchung fortzusetzen. Wegen zahlreicher Einschränkungen bei der Durchführung und Auswertung der Befragung fiel die Entscheidung, für die Hauptuntersuchung eine andere Zielgruppe auszuwählen und damit auch das Interviewkonzept anders auszurichten.

Eine Schwierigkeit ergab sich aus der Stichprobenauswahl. Die befragten Eltern wurden überwiegend aus der Kartei einer Kinderklinik ausgewählt. Etwa ein Drittel der so angesprochenen Eltern war wegen dem respektablen institutionellen Hintergrund zwar zu einem Interview bereit, blieb jedoch während des Interviews eher mißtrauisch und zurückhaltend (eine Rolle spielte hier auch die etwa zeitgleich stattfindende Volkszählung). Ein erheblicher Teil der Interviews fiel dementsprechend ziemlich knapp und oberflächlich aus.

Eine weitere Schwierigkeit war, daß die ursprüngliche Konzeption, Paarinterviews mit möglichst "symmetrischer Gesprächsbeteiligung beider Eltern" durchzuführen, nicht durchgehalten werden konnte. Einige Eltern erschienen nicht zu den vereinbarten Interviewterminen, oft antwortete nur

einer der Partner und der andere war auch mit entsprechenden Fragestrategien kaum für das Gespräch zu gewinnen. Eine weitere Einschränkung
ergab sich aus der Konzeption der Fragestellungen selbst. Die Mehrzahl der
Eltern ließ sich noch bereitwillig auf das Gespräch über die Atemwegserkrankung ihres Kindes und Vorstellungen über Krankheitsursachen ein. Den
Perspektivenwechsel auf die Frage, welche Umweltrisiken sie für sich selbst
sehen, beantwortete die Mehrzahl der Gesprächspartner in dem Sinne, daß sie
sich in dieser Hinsicht eigentlich nur um die Kinder Sorgen machten. Dies ist
für sich ein interessantes Ergebnis, hatte jedoch zur Folge, daß die
Einschätzung gesundheitlicher Risiken für die Gesprächspartner selbst nicht
mehr ausführlicher thematisch werden konnte.

Aus diesen in der Vorstudie gesammelten Erfahrungen zogen wir für die
Hauptuntersuchung folgende Schlußfolgerungen:

1. Für Intensivinterviews zu einer solchen Fragestellung, die von vielen eher
als "Hintergrundthema" eingestuft wird (etwa im Vergleich mit Lebenskrisen
o.ä.), sollten am besten Gesprächspartner ausgewählt werden, die inhaltlich
interessiert sind oder wenigstens über den Weg der Kontaktaufnahme zu
einem solchen Interview motivierbar sind. Da es um Hypothesengenerierung
geht, sind Kriterien der Repräsentativität gegenüber Kriterien, die eine
kommunikative Dichte der Interviews begünstigen, nachzuordnen.

2. Interviews mit (Eltern-)Paaren sind stark durch familiendynamische
Faktoren beeinflußt, die eine systematische Aufzeichnung und Rekonstruktion
individueller Vorstellungen und Bewertungen erschweren. Für das von uns in
Angriff genommene Thema erscheint es deshalb sinnvoller, Einzelinterviews
zu bevorzugen.

3. In Interviews zur Umweltproblematik heften sich viele Befragte sogleich
an gesellschaftliche und politische Bewertungen, Schuldzuschreibungen usw.
und sind nur schwer dazu bewegen, über Aspekte persönlicher Betroffenheit
und Formen der Auseinandersetzung zu sprechen. Deshalb kommt der
Einleitung des Interviews besondere Bedeutung zu. Günstig ist es hier, das
Interview über einen übergeordneten, neutraleren Bezugsrahmen zu eröffnen
(z.B. "Das Interview bezieht sich auf gesundheitliche Gefahren und Risiken").

5.3. Hauptuntersuchung Teil I: Interviews zum Thema "gesundheitliche Risiken durch Umweltbelastungen"

5.3.1 Entwicklung eines Interviewleitfadens

Ziel der Interviews ist, zum Untersuchungsthema subjektive Vorstellungen, Einschätzungen, Bewertungen und Bewältigungsversuche zu erfassen. Generell bieten sich hierfür Fragestrategien an, die eher im offenen Bereich eines Kontinuums "offenes vs. strukturiertes Interview" liegen. Eine sehr offene Fragestrategie, die idealtypisch im "narrativen Interview" (Schütze, 1983, Wiedemann, 1986) realisiert wird, zielt auf alltagssprachliche Darstellungen eigenerlebter Erfahrungen, die in bestimmte situative Kontexte eingebettet sind. Eine eher geschlossene Fragestrategie kann auf Verdichtungen individueller Erfahrungen abzielen (z.B. auf subjektive Theorien, persönliche Konstrukte, allgemeines Orientierungswissen; vgl. Wiedemann, 1987a).

Das Ziel dieser Untersuchung ist, die für ein Individuum alltagsrelevant gewordenen Einschätzungen und Verarbeitungsformen zu erfassen. Es interessieren also Erfahrungsgestalten, die wiederkehren oder *zeitlich relativ stabil* geworden sind. Aus der Vielfalt von Befragungsmethoden in der qualitativ-ethnographischen Forschung (vgl. Legewie, Wiedemann & van Diepen, 1988) bietet sich hier das *problemzentrierte Interview* (Witzel, 1982, 1985) an. Der Vorteil dieser Interviewmethode liegt darin, daß es dem Befragten weitgehend überlassen bleibt, in welcher Textsorte er antwortet (z.B. erzählend, berichtend, argumentierend) und damit können sehr unterschiedliche Erfahrungsgestalten im Gespräch repräsentiert werden (z.B. subjektive Theorien, dramatische Episoden, Konzeptstrukturen; vgl. Wiedemann, 1987a).

Aus textanalytischer Sicht ist das problemzentrierte Interview ein "Breitbandinstrument". Die interessierenden Fragenkomplexe können von den Befragten in verschiedenen Textsorten dargestellt werden. Dies hat den Vorteil, daß bei der Auswertung vielfältige Fragestellungen verfolgt werden können, jedoch auch den Nachteil, daß die vergleichende Auswertung und Konzeptbildung erschwert wird. Beispielsweise kann ein Bewältigungsversuch (z.B. "gedankliche Vermeidung") in einer narrativen Darstellung ("letzten Sonntag als ich die Schlagzeile über den Chemieunfall las, mußte ich erstmal die Zeitung weglegen und dann...") oder in einer selbstbezogenen Verfahrensbeschreibung ("ich versuche immer, daran möglichst nicht zu denken") repräsentiert sein. Die in der Vorstudie gesammelten Erfahrungen zeigten, daß das Thema "Umweltkrise" alltagssprachlich sehr unterschiedlich repräsentiert ist. Manche Interviewpartner können Erzählanstöße gut aufnehmen und das Thema mit Episoden eigenerlebter Erfahrungen aufgreifen. Bei der Mehrzahl der Befragten dominieren jedoch beschreibende Darstellungen. Im Hinblick auf die Vielfalt alltagssprachlicher Textsorten und das explorative Interesse der Studie erschien das problemzentrierte Interview als angemessene Befragungsmethode.

Erprobung von Frage- und Gesprächsvarianten

Der Gesprächleitfaden ist im Anhang A beigefügt. Einen kurzen Überblick gibt Tabelle 4.

- Assoziationen zum Thema "Gesundheitliche Risiken und Gefahren"
- Einschätzung der gesundheitlichen Gefährdung durch Umweltbelastungen
- Vorstellungen über gesundheitliche Auswirkungen von Umweltbelastungen
- Unterschiede zwischen umweltbedingten und gewöhnlichen Erkrankungen
- Auseinandersetzung und Umgang mit den Umweltrisiken
- Informationsverhalten und Bewertung von Informationen über Umweltbelastungen

Tabelle 4: Themenkatalog des Gesprächsleitfadens

In die Entwicklung des Leitfadens gingen die Erfahrungen aus der Vorstudie (36 Interviews) und aus fünf Probeinterviews mit Einzelpersonen zum Thema "Psychische Auswirkungen von Umweltbelastungen" ein. Diese Erfahrungen lassen sich kurz zusammenfassen:

1. Einige Interviewpartner tendieren dazu, ein mit dem Thema "Umweltkrise" eingeleitetes Interview als Meinungsbefragung zu interpretieren und gehen dann kaum auf die Fragen zu persönlichen Aspekten der Auseinandersetzung ein. Daraus ergab sich die Entscheidung, in der Hauptstudie den Befragten das Interview mit dem Thema "Gesundheitliche Risiken und Gefahren" anzukündigen und über dieses Thema auch den Bezugsrahmen

für das Interview aufzubauen. Die thematische Zentrierung auf das Umweltthema wurde also erst im Laufe des Interviews hergestellt.

2. Die Fragen (1-7) im Gesprächsleitfaden (vgl. Anhang A) sprechen unterschiedliche Repräsentationsebenen von Risikobewußtsein an: spontane Assoziationen zum Thema "gesundheitliche Gefahren bzw. Risiken", persönliche Risiken, Bewertung der Gefährdungen durch Umweltbelastungen, Vorstellungen über gesundheitliche Auswirkungen. Diese Fragen erwiesen sich als unproblematisch und konnten in der ursprünglichen Form beibehalten werden. Frage 6 zielt auf Kriterien, nach denen umweltbedingte von gewöhnlichen Erkrankungen unterschieden werden, also auf Konzeptstrukturen. Etwa ein Viertel der Befragten konnte mit dieser Frage nichts anfangen, andere konnten spontan klare Antworten geben. Da diese Antworten klar zeigten, daß entsprechende Konzeptstrukturen bei einigen Befragten durchaus repräsentiert sind, wurde die Frage auch in der Hauptstudie beibehalten.

3. Frage 11 b wurde ursprünglich mit dem Satz eingeleitet "Tschernobyl und andere Umweltskandale haben bei einigen Menschen zu einem Vertrauensverlust gegenüber Politik, Medien und Wissenschaft geführt. Wie sehen Sie das?" Diese Frage, die eigentlich auf die Bedeutung der Glaubwürdigkeit verschiedener Informationsquellen zielt, erwies sich als ungünstig, da viele Befragte sie in der Weise aufgriffen, daß sie betonten, daß sie schon viel früher kein Vertrauen in die betreffenden Instanzen gehabt hätten. Auch wurde die Glaubwürdigkeit der verschiedenen Instanzen meist nicht näher differenziert. Als günstiger erwies es sich, zunächst zu fragen, wie sich die Betreffenden über das Thema "Umwelt und Gesundheit" informieren und diese Informationen bewerten und dann davon abgetrennt nach der Bewertung wissenschaftlicher und politischer Stellungnahmen zu fragen.

4. Ein Kerninteresse der Interviews war es, vielfältige Aussagen über Bewältigungsversuche und Reaktionsformen zu bekommen (Fragen 8,9 im Leitfaden). Die Frage 9: "Wie bewältigen Sie die gesundheitlichen Risiken durch Umweltbelastungen?" zielt auf intrapsychische Bewältigungsaspekte. Zunächst wurde hier folgende Formulierung verwendet : "Wie werden Sie mit den gesundheitlichen Risiken durch Umweltbelastungen fertig?". Bei manchen Interviewpartnern löste diese Frage wie angestrebt Antworten zur intrapsychischen Bewältigung der erlebten Gefährdungen aus. Andere verstanden diese Frage im Wortsinn und antworteten: "damit kann ich gar nicht fertig werden!". Wieder Andere interpretierten die Frage als identisch mit der vorangegangen Frage nach konkreten Auswirkungen im Alltag

(Handlungsaspekt). Die genannte direkte Frage nach der Bewältigung erschien als geringfügig günstiger, da sie etwas häufiger im Sinne des Umgehens und der Auseinandersetzung mit dem Risiko verstanden wurde. Insgesamt zeigte sich hier jedoch, daß es eine für alle Gesprächspartner optimale Formulierung nicht gibt und dem Geschick und der Flexibilität des Interviewers größere Bedeutung zukommt.

5. Frage 10 wurde mit der Absicht gestellt, auf indirekte Weise weitere Äußerungen zur psychischen Bewältigung zu evozieren. Diese Frage war insbesondere für Personen gedacht, die in der Selbstreflexion von Bewältigungsversuchen nicht geübt oder tendenziell abwehrend sind. Diese Frage erwies sich als sehr günstig zur Hervorlockung weiterer bewältigungsrelevanter Selbstbeschreibungen, die auf die direkte Frage nicht genannt wurden. Beispielsweise gab es Gesprächspartner, die auf die direkten Fragen zur Bewältigung keine emotionsbezogene Bewältigungsaspekte ansprachen, auf die indirekte Frage hin jedoch betonten, wie wichtig es sei, seine Emotionen (z.B. Bedrohungsgefühle) im Griff zu behalten.

Fragebogen zur Zukunftseinschätzung und soziodemographischen Angaben

Nach dem problemzentrierten Interviewteil wurde den Gesprächspartnern noch ein strukturierter Fragebogen vorgelegt, der einige Aspekte der Zukunftseinschätzung zur Thematik und soziodemographische Angaben erfassen sollte (vgl. Anhang A).

Eine Methode zur Erforschung von gedachten Konsequenzen möglicher Zukünfte ist die *Szenariotechnik*. Szenarien sind Hilfsmittel zur Vergegenwärtigung und Darstellung möglicher zukünftiger Entwicklungen und werden in Bereichen angewendet, in denen Entscheidungen in einem weiten Zeithorizont und unter komplexen Bedingungen getroffen werden müssen (Jungermann, 1985; Geschka & von Reibnitz, 1983).

Den Interviewpartnern wurden drei Szenarien vorgelegt, in denen die gesundheitliche Beeinträchtigung durch Umweltbelastungen im Zeithorizont von fünf Jahren unterschiedliche Ausmaße angenommen hat. Beim ersten Szenario hat die Vergiftung der Umwelt zugenommen, persönliche Bekannte erleiden gesundheitliche Beeinträchtigungen, in der Öffentlichkeit wird viel über dieses Thema informiert und auf mögliche Gefahren hingewiesen. Ein mittleres Szenario nimmt an, daß der status quo ungefähr erhalten bleibt, ein drittes Szenario nimmt eine weitgehende Lösung des Problems der Umweltgefährdungen an.

Die Interviewten sollten zunächst einschätzen, für wie wahrscheinlich sie das Eintreten der jeweiligen Zukünfte in den nächsten fünf Jahren halten. Weitere Fragen sollten mögliche zukünftige Reaktionen und Aspekte des Risikoverhaltens erfassen:

1. Auswirkungen auf die persönliche Lebensführung,
2. Information über Umweltprobleme,
3. Auswirkungen auf das eigene Umweltverhalten,
4. Persönliche Zahlungsbereitschaft für die individuelle Vermeidung gesundheitlicher Risiken (z.b. durch schadstoffkontrollierte Ernährung, Wahl einer weniger belasteten Wohngegend),
5. Zahlungsbereitschaft für eine "Umweltsteuer" zur Prävention gesundheitlicher Auswirkungen.

Der Schlußteil des Fragebogens erfaßte soziodemographische Angaben (Geschlecht, Alter, Beruf usw.).

Die Nachfragen zu den Zukunftsszenarien konnten nur eingeschränkt ausgewertet werden, da einige unserer Gesprächspartner nach dem offenen Interview ermüdet waren und sich auf die relativ komplexen Aufgaben nicht mehr konzentrieren konnten. Andere sträubten sich gegen das strukturierte Format und gingen nur oberflächlich auf die Fragen ein. Insgesamt kamen wir zu der Schlußfolgerung, daß die gewählte Szenario-Methode für unsere Fragestellung zwar nicht gänzlich untauglich und uninteressant ist, jedoch anscheinend nur bei einem kleineren Personenkreis zuverlässig und valide anzuwenden ist und vermutlich insbesondere in Kombination mit einem eher freien Interview zu Widerständen führt. Die Fragen zu den Zahlungsbereitschaften überforderten etwa zwei Drittel der Befragten und konnten überhaupt nicht ausgewertet werden.

Im Hinblick auf die Ausfälle von Antworten bei einigen Interviewten erschien es uns sinnvoll, bei der Auswertung eine etwas globalere Betrachungsebene anzulegen und diesen Frageteil unter folgenden Fragestellungen auszuwerten:

1. Sind die Interviewten in ihrem Risikobewußtsein "szenariosensibel"? Werden mit unterschiedlichen Zukünften auch unterschiedliche Aspekte von Risikohandeln in Verbindung gebracht?
2. Welche Reaktionen werden auf die einzelnen Szenarien genannt?

5.3.2 Interviewdurchführung

Die Interviews wurden im Sommer 1988 von geschulten Interviewerinnen in der Wohnung der Interviewten durchgeführt.[4] Die Interviews wurden mit dem Einverständnis der Interviewten auf Tonband aufgezeichnet. Zuvor wurden die Befragten über den Datenschutz aufgeklärt und eine Vereinbarung zur Durchführung des Interviews und zur Aufbewahrung der Datenträger unterzeichnet (vgl. Legewie, Wiedemann & van Diepen, 1988). Die Interviews dauerten zwischen 20 und 50 Minuten, durchschnittlich 35 Minuten. Im Anschluß an das halbstrukturierte Interview wurde der Fragebogen zur Beantwortung vorgelegt (ca. 15-25 Minuten).

Nach dem Interview wurde ein Interviewprotokoll angefertigt, in dem wesentliche Informationen über die Interviewsituation (Kontaktaufnahme und Gesprächsbereitschaft, Beschreibung der Interviewsituation, Auffälligkeiten) festgehalten wurden.

5.3.3 Stichprobenauswahl

Um ein Mindestmaß an Gesprächsbereitschaft sicherzustellen, wurden potentielle Interviewpartner im entfernteren Bekanntenkreis und der Nachbarschaft der InterviewerInnen angesprochen. Gleichzeitig wurde darauf geachtet, die Stichprobe nach soziodemographischen Kriterien zu mischen und unterschiedliche Altersgruppen und Bildungsniveaus zu berücksichtigen. Wie die Untersuchungen zum Umweltbewußtsein zeigen (vgl. Kapitel 3.1.2) kovariiert das allgemeine Umweltbewußtsein mit soziodemographischen Kriterien. Jüngere und Befragte mit höherem Bildungsstand beschäftigen sich mehr und kritischer mit der Umweltkrise. Die Zusammensetzung der Stichprobe ist in Abbildung 13 wiedergegeben.

Unser Ziel war, eine möglichst gemischte und heterogene Stichprobe zu bekommen, sie jedoch gleichzeitig an die Zusammensetzung der Berliner Gesamtbevölkerung anzunähern, ohne dabei einen bei dieser Gruppengröße unsinnigen Anspruch auf Repräsentativität zu verfolgen. Die Einschränkungen bei der Kontaktaufnahme mit bereitwilligen Interviewpartnern führten dazu, daß Jüngere gegenüber Älteren stärker vertreten sind und auch einige Zellen nach Alter und Geschlecht ungleich besetzt sind. Der Anspruch an eine möglichst gemischte Stichprobe erscheint uns jedoch als verwirklicht.

Befragte Personen nach Alter/Geschlecht, Bildungsstand und beruflicher Stellung Interviewbefragung mit n=30 Personen

	Altersgruppen				
	18-29	30-44	45-59	60 u.mehr	
Frauen	5	6	4	2	17
Männer	7	4	2	0	13
Gesamt	12	10	6	2	30

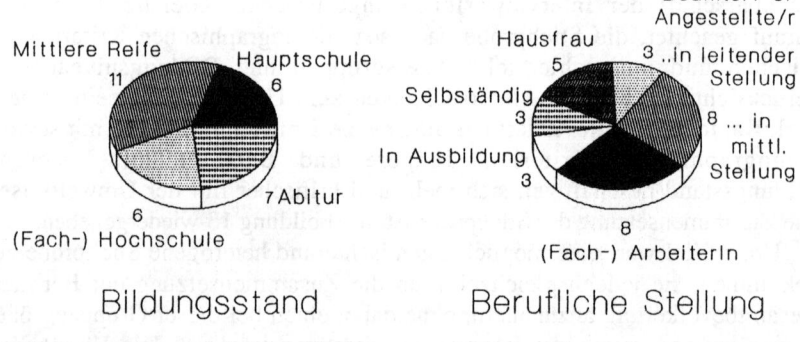

Mittlere Reife 11 Hauptschule 6 7 Abitur 6 (Fach-) Hochschule

Bildungsstand

Hausfrau 5 Beamte/r o. Angestellte/r ,,in leitender Stellung 3 Selbständig 3 8 ... in mittl. Stellung In Ausbildung 3 8 (Fach-) ArbeiterIn

Berufliche Stellung

n=30 Personen, Angaben in absoluten Häufigkeiten

Abbildung 13

5.3.4 Auswertung der Interviews

Transkription der Interviews

Die Interviews wurden mit Hilfe eines Textverarbeitungssystems (Word-Perfect) vollständig verschriftet. Verwendet wurden hierzu die von Legewie, Wiedemann & van Diepen (1988) vorgeschlagenen Transkriptionsregeln, eine für alltagssprachliche Texte vereinfachte Fassung der von Mergenthaler (1986) empfohlenen Regeln. Insgesamt lagen ca. 630 Schreibmaschinenseiten Transkripte zur Auswertung vor. Soweit die Einwilligung der Interviewten vorliegt, stellen wir die verschrifteten Interviews dem "Archiv für Technik, Lebenswelt und Alltagssprache" (ATLAS) zur Verfügung.[5]

Globalauswertung und Validierung der Interviews

Die einzelnen Arbeitsschritte bei der Auswertung der Interviews sind in Tabelle 5 zusammengestellt.

Die Interviews wurden zunächst global ausgewertet: anhand der Leitfragen wurde für jedes Interview eine Beurteilung der Interviewsituation und der Validität des Interviews, eine Kurzzusammenfassung und ein Index erstellt (vgl. Legewie, Wiedemann & van Diepen, 1988; Legewie 1987). Die Kurzzusammenfassungen geben einen Überblick über die wichtigsten Aussagen der Interviewpartner und erste Kriterien für die Auswertung.

Die Beurteilung der Validität umfaßte die drei Aspekte:

- Beschreibung des Kooperationsstils im Interview
- Abschätzung der Angemessenheit des Mitgeteilten
- was bleibt unklar bzw. unglaubhaft?

Zwei Gesprächspartner waren wegen der Tonbandaufzeichnung zu Beginn des Interviews sehr verunsichert und konnten sich erst im Verlauf des Interviews entspannen und besser konzentrieren. Bei vier Gesprächspartnern wirkten bei Berücksichtigung des Sprachstils und des Gesamteindrucks einige Angaben zu sozial erwünschten Aspekten des Umweltbewußtsein als unglaubwürdig (z.B. Beteiligung am Müll-Recycling). Wo wir die Validität einzelner Angaben als eingeschränkt einschätzten, berücksichtigten wir dies bei der Auswertung, indem wir die jeweiligen Kodierungen mit einem Fragezeichen versahen.

Bei der Validitätseinschätzung erschien uns jedoch keines der geführten Interviews als insgesamt verzerrt oder unglaubwürdig, so daß wir alle in die Auswertung einbezogen.

1. Globalauswertung

- Erstes Lesen der Transkripte
- Kurzzusammenfassungen und Einschätzung der Validität

2. Feinauswertung

- Kategorienbildung in Anlehnung an den Themenkatalog des
  Interviews und durch offenes Kodieren neuer Themenbereiche
  (Textbasis 6 Interviews)
- Differenzierung und Strukturierung des Kategoriensystems
  (Textbasis 12 Interviews)
- Inhaltsanalyse aller Interviews
- Offenes Kodieren der Aussagen zur Risikoverarbeitung
- Kodierung der Interviews anhand des Auswertungsschemas zu
  Aspekten der Risikoverarbeitung

3. Ergebnisdarstellung

- Beschreibung verschiedener Aspekte von Risikobewußtsein
- Beschreibung von Bewältigungsversuchen und Verarbeitungsformen

Tabelle 5: Arbeitsschritte bei der Auswertung der Interviews

Arbeitsschritte bei der Feinauswertung der Interviews

Zur Entwicklung eines Auswertungsschemas kombinierten wir Teilschritte
eines inhaltsanalytischen Vorgehens (Mayring, 1983) mit Teilschritten des
Verfahrens der "gegenstandsbezogenen Theorieentwicklung" von Glaser &
Strauss (Glaser, 1978; Strauss, 1987; Wiedemann, 1987b; Legewie,
Wiedemann & van Diepen, 1988). Dies erschien uns aus zwei Gründen
sinnvoll: einerseits haben wir uns über die Formulierung unseres
Untersuchungsansatzes (vgl. Kap. 4.1) für einen bestimmten theoretischen
Bezugsrahmen entschieden, so daß ein offenes und überwiegend induktives
Vorgehen wie bei Glaser & Strauss ausschied. Auch die Umsetzung unseres
Untersuchungsansatzes in Form eines Themenkatalogs im Gesprächsleitfaden
enthielt bereits bestimmte Kategorienvorgaben. Andererseits wollten wir
innerhalb der von uns gewählten Orientierung an der Perspektive des

Belastungs-Bewältigungs-Ansatzes nicht a priori Konzepte zur Verarbeitung des Umweltrisikos ableiten, sondern diese induktiv aus den Interviewtexten entwickeln. Unser Vorgehen bei der Entwicklung von Kategorien bestand also in zwei Hauptschritten: in einem ersten Schritt ergänzten wir unsere durch den Belastungs-Bewältigungs-Ansatz und die Themen des Gesprächsleitfaden nahegelegte Kategorienbildung durch zusätzlich in den Interviews auftauchende Themenbereiche. In einem zweiten Schritt versuchten wir, in einem thematischen Teilbereich, den Aussagen zur Verarbeitung des Risikos, ein "auftauchendes Kategoriensystem" aus den Interviewtexten zu entwickeln. Der zweite Schritt lehnt sich an das "offene Kodieren" nach Glaser & Strauss an. Das offene Kodieren zielt auf die Gewinnung von Kategorien aus dem Datenmaterial ab.

In einem ersten Arbeitsschritt wurden sechs möglichst verschiedene und inhaltlich dichte Interviews von drei Auswertern unabhängig voneinander ausgewertet. Bei diesem Schritt gingen wir sehr offen vor und markierten alle Äußerungen, die sich auf das Interviewthema bzw. die Themen des Gesprächsleitfadens bezogen und faßten längere Textpassagen durch Stichpunkte oder kurze Paraphrasen als Randnotiz zusammen.

Im zweiten Schritt bildeten wir in Anlehnung an den Gesprächsleitfaden und unsere theoretische Orientierung Kategorien und ergänzten diese durch in den Interviews auftauchende Themen. Wir bildeten hier ein deskriptives Kategoriensystem, welches sämtliche zum Thema gefundene Aussagen aufnehmen sollte. Neben Kategorien zur Verarbeitung des Risikos (z.B. Selbstschutzhandeln) bildeten wir Kategorien zu anderen in den Interviews auftauchenden Themen (z.B. Einschätzung der zukünftigen Entwicklung der Umweltproblematik).

Der nächste Schritt bestand darin, die drei unabhängig voneinander gewonnenen Kategorienlisten miteinander zu vergleichen und über verschiedene Zwischenschritte der Definition und Zuordnung einzelner Kategorien zu einem strukturierten Auswertungsschema zu kommen, das wir für die weitere Auswertung verwenden konnten. Zur Überprüfung und Verbesserung dieses provisorischen Auswertungsschema werteten wir 12 weitere Interviews damit aus. Dies brachte noch einige Ergänzungen, im wesentlichen jedoch eine Zusammenfassung und Integration der ursprünglich sehr umfänglichen Kategorienlisten (der Kategorienschlüssel ist im Anhang A wiedergegeben).

Der dritte Hauptschritt bei der Auswertung der Interviews bestand in einer *strukturierenden Inhaltsanalyse* der Interviews mit dem Kategoriensystem (vgl. Mayring, 1983). Für jedes Interview wurde ein Auswertungsbogen angelegt, in dem jeder Kategorie die jeweiligen Textpassagen als Paraphrase oder kurzes Zitat zugeordnet wurden und auch die jeweilige Fundstelle im Text vermerkt wurde. Dieser Auswertungsschritt wurde bei allen Interviews von zwei Auswertern unabhängig voneinander durchgeführt. Die hohe Übereinstimmung bei den Zuordnungen (94,6% im Durchschnitt, Variation 81% bis 100%) nahmen wir als Beleg für eine hohe Objektivität des Auswertungsverfahrens. Bei Abweichungen wurden die Zuordnungen noch einmal diskutiert und Konsens über die endgültige Zuordnung hergestellt.

Der vierte Hauptschritt der Auswertung bestand wiederum in offenem Kodieren und wurde vom Verfasser allein vorgenommen. Dabei wurden sämtliche in den Interviews auftauchenden Aussagen zur Risikoverarbeitung miteinander verglichen und in mehreren Zwischenschritten ein konzeptuelles Raster gebildet, das 16 verschiedene Verarbeitungsaspekte unterscheidet (vgl. Kap. 6.1.4.). Die verarbeitungsbezogenen Konzepte wurden durch Ankerbeispiele illustriert. Im letzten Auswertungsschritt wurden die Interviews anhand der Auswertungsbogen wiederum von drei Auswertern unabhängig voneinander kodiert. Wir berechneten die Übereinstimmung zwischen dem Urteil des ersten Auswerters (d. Verf.) und denen der beiden Auswerterinnen (geschulte Forschungspraktikantinnen). Als Übereinstimmungsmaß berechneten wir den Phi-Koeffizienten (vgl. die Tabelle im Anhang A). Die hohe bis sehr hohe Übereinstimmung der Rater bei 12 Kategorien (>.60) belegt die Zuverlässigkeit des Auswertungsverfahrens. Bei drei Kategorien sind die Übereinstimmungen nur mittelmäßig bis gering (<.60). In einer ausführlichen Diskussion jedes Interviews stellten wir Konsens über die endgültige Zuordnung von Verarbeitungsaspekten her.

5.4 Hauptuntersuchung Teil II: Fragebogenerhebung

5.4.1 Entwicklung eines Fragebogens

Ziel des zweiten Teils unserer Untersuchung ist, die durch die Intensivinterviews gewonnenen Beschreibungen und Typisierungen von Formen der Auseinandersetzung mit dem Umweltgesundheitsrisiko durch eine breiter angelegte Befragung zu verallgemeinern und zu ergänzen.

Als arbeitsökonomische methodische Vorgehensweisen für die Befragung einer größeren Bevölkerungsgruppe kommen hier prinzipiell telefonische Befragungen und postalische Fragebogenerhebungen in Betracht. Böhm (1988a,b) führte mit Erfolg eine telefonische Repräsentativbefragung zum Thema "Tschernobyl, Umweltbelastungen und Atomkriegsgefahr" durch. Der Vorteil einer telefonischen Befragung liegt u.a. darin, daß die Ausfallquote (durch Ablehnung, Krankheit, Geisteszustand usw.) geringer ausfällt als bei postalischen Befragungen. Böhm berichtet von einer Ablehnungsquote von 34%. Der Nachteil liegt darin, daß man sich auf relativ kurze Fragenlisten beschränken muß und wegen der fehlenden visuellen Repräsentation von Antwortkategorien nur einfache Skalierungsverfahren anwenden kann. Böhm stellte seinen Gesprächspartnern in durchschnittlich 20-minütigen Telefoninterviews ca. 45 Fragen, bei acht Fragen sollten die Gesprächspartner Skalierungen vornehmen (vgl. Böhm, 1988b). Da unser Untersuchungsansatz verschiedene Konstrukte verbindet (vgl. Kap. 4.2), die kaum durch kurze "Stichfragen" zu erfassen sind, entschieden wir uns für die Entwicklung eines umfangreicheren Fragebogens und die Durchführung einer postalischen Fragebogenerhebung.

In die Entwicklung des Fragebogens gingen Erfahrungen von zwei Vorläuferversionen ein[6]. Das für die Hauptuntersuchung verwendete Konzept ist in Tabelle 6 dargestellt. Im folgenden berichten wir ausführlicher über die Konzeption und den Prozeß der Entwicklung des Fragebogens. Der vollständige Fragebogen mit deskriptiven Statistiken zu den einzelnen Fragen befindet sich im Anhang B.

Teil A: Einschätzung verschiedener gesundheitlicher Risiken

Um den relativen Stellenwert der Gefährdung durch Umweltbelastungen im Kontext verschiedener Gefährdungen zu ermitteln, steht zu Beginn unseres Fragebogens eine "Schlagwortliste" sehr heterogener Gefährdungspotentiale, die zunächst allgemein für die Bevölkerung, danach für sich persönlich einzuschätzen sind. Dieser Ansatz entspricht dem klassischen Konzept der kognitiven Risikoforschung, verschiedenste Gefährdungsquellen global beurteilen zu lassen (vgl. Kap. 3.3.2). Die Liste der Items entwickelten wir in Anlehnung an ein Fragebogenkonzept von Wiedemann & Velten (1988). Dieser Teil erlaubt, den relativen Stellenwert der Umweltbelastungen (populär: "Umweltverschmutzung") im intuitiven Vergleich mit anderen Gefährdungen zu erfassen, wobei der Begriff "Gefährdung" hier nicht weiter präzisiert wird sondern der Auslegung der Befragten überlassen wird.

Teil B: Einschätzung verschiedener gesundheitlicher Risiken

In diesem Teil versuchen wir, die Bewertung der Gesundheitsgefährdung durch verschiedene gesundheitsgefährdende Aktivitäten und Umweltbelastungen miteinander zu vergleichen und globale quantitative Risikobewertungen zu ermitteln. Bei Versuchen mit verschiedenen Listen von

A Bewertung der persönlichen und der allgemeinen Gefährdung der
  Bevölkerung durch acht verschiedene Gefährdungen

B Einschätzung von 10 gesundheitsrelevanten Aktivitäten und
  Umweltbelastungen unter den vier Aspekten:
  - Rangreihenbildung nach dem Gefährdungspotential
  - Allgemeine Risikobewertung (ohne Bezug auf ein Risikosubjekt)
  - Einschätzung des persönlichen Risikos
  - Ausmaß von Furchtempfindungen gegenüber den Risikoquellen

  Einschätzung der zukünftigen Entwicklung der Umweltproblematik

C Aussagen zur Bewertung des persönlichen Risikos durch
  Umweltbelastungen und zur Verarbeitung/Bewältigung

D Aussagen zum allgemeinen Gesundheitsbewußtsein

E Aussagen zur Bewertung von Medieninformationen über
  Umweltrisiken

F Aussagen zur Einstellung zur Technik und zum Gesellschaftsbild

G Soziodemographische Angaben

Tabelle 6: Konzeption des Fragebogens

Risikobeurteilungen sammelten wir folgende Erfahrungen: globale
Risikobeurteilungen verschiedener Risikoquellen können die meisten
Befragten ohne größere Schwierigkeiten vornehmen. Allerdings bleibt hier
unklar, welche Aspekte zur Gesamtbeurteilung herangezogen werden. Aus
Untersuchungen der kognitiven Risikoforschung (vgl. Kap. 3.3.2)
übernahmen wir zunächst die Anregung, die vorgegebenen
Gesundheitsrisiken nicht nur global, sondern nach verschiedenen
Urteilsaspekten beurteilen zu lassen. Um über seitenlange Risikobeurteilungen die Durchführbarkeit einer Bevölkerungsbefragung nicht zu gefährden,
wählten wir schon beim Pretest aus der Vielzahl diskutierter Urteils-
dimensionen (vgl. die Übersicht in Kap. 3.3.2) nur einige wenige, uns
besonders bedeutsam erscheinende aus (allgemeine Risikobeurteilung,

persönliche Risikobeurteilung, Furchtempfindungen in Bezug auf die Risikoquellen, Einschätzung der Vermeidbarkeit des Risikos, zeitliche Verzögerung des Schadens). Die systematische Übertragung der verschiedenen Beurteilungsdimensionen auf die wiederholt vorgegebenen Risikoquellen überforderte etwa die Hälfte der von uns im Pretest befragten Personen. Häufig traten auch Ermüdungseffekte auf, die zu einem stereotypen Abhaken der Items führten. Unsere Erfahrungen bei den Pretests führen uns zu der Einschätzung, daß man die in der Risikoforschung üblichen umfangreichen Risikobeurteilungslisten (meist 200-300 Risikobeurteilungen, vgl. z.B. Borcherding et al., 1986), anscheinend nur einsetzen kann, wenn man (Psychologie-) Studenten oder besonders motivierte Personen als Untersuchungspersonen wählt. Auch zeigten unsere Gespräche mit den Personen, die den Fragebogen ausfüllten, daß individuell sehr unterschiedliche Kriterien für die Bildung einer Risikobeurteilung (z.b. hinsichtlich "Vermeidbarkeit") herangezogen werden. Die jeweiligen Instruktionen werden individuell unterschiedlich ausgelegt, manche Personen "springen" während des Beantwortens einer Liste von Risikoquellen auf andere Beurteilungsaspekte. Der Prozeß des Zustandekommens von quantitativen Risikobeurteilungen sollte in qualitativen kognitionspsychologischen Untersuchungen genauer untersucht werden.

Auf dem Hintergrund dieser eher ernüchternden Erfahrungen entschieden wir uns, das theoretische Konstrukt "Risikobewertung" im Fragebogen in reduzierter Form umzusetzen und nur vier Urteilsaufgaben hierzu vorzugeben:

- Rangreihenbildung über die verschiedenen Gesundheitsrisiken,
- allgemeine Risikobewertung (ohne Bezug auf ein Risikosubjekt),
- persönliche Risikobewertung,
- Furchtempfindungen gegenüber den Risikoquellen.

Als Risikoquellen wählten wir fünf Risiken der allgemeinen Lebensführung aus und vier Gefährdungsquellen aus dem Bereich der Umweltbelastungen. Diese Gegenüberstellung erschien uns sinnvoll, da auf die Frage nach Gesundheitsrisiken im Interview außer den Umweltbelastungen meist das Rauchen, Alkoholgenuß und eine ungesunde Ernährungsweise genannt wurden. Die Formulierungen der Items zu den Risiken der Lebensführung übernahmen wir teilweise aus dem Fragebogenkonzept von Borcherding et al. (1986).

In unseren problemzentrierten Interviews (Teilstudie I) faßten einige Befragte die künstlichen Zusatzstoffe in Nahrungsmitteln mit den Umweltbelastungen als Risikogruppe zusammen, andere ordneten diese eher einer ungesunden Ernährungsweise zu. Für einige Befragte steht anscheinend eher die Schadstoffqualität dieser Zusatzstoffe als Zuordnungskriterium im Vordergrund, für andere eher der Kontext, in dem diese Stoffe aufgenommen werden. Wegen dieser interessanten Zwischenstellung nahmen wir diese Risikoquelle mit in unsere Liste auf.

Die 10 Gesundheitsrisiken werden von den Befragten zunächst miteinander verglichen und in eine Rangreihe hinsichtlich ihres Gefährdungspotentials gebracht. Dies erschien uns angezeigt, da bei der Vorgabe von aufeinanderfolgenden Beurteilungsskalen kaum Vergleiche angestellt werden und selbst bei entsprechender Instruktion die Items der Reihenfolge nach beantwortet werden ohne daß Vergleiche vorgenommen werden. Nach der Rangreihenbildung werden die Gesundheitsrisiken auf 10-Punkte-Skalen hinsichtlich des allgemeinen Risikos, des persönlichen Risikos und der damit verbundenen Furcht- bzw. Bedrohungsgefühle eingeschätzt. Die doppelte Erfassung einer allgemeinen zwischen den Risiken vergleichenden Beurteilung, zum einen über die Rangreihenbildung, zum zweiten über die Beurteilung auf einer Skala erlaubt zusätzlich eine Reliabilitätsbestimmung für die Risikobeurteilungen, da nach der Rangreihenbildung eigentlich eine entsprechende Skalierung der Risiken erfolgen sollte. Bei der Rangreihenbildung und der allgemeinen Risikobewertung sollten die Gesundheitsrisiken als solche, ohne Bezug auf ein Risikosubjekt bzw. -kollektiv beurteilt werden. Ursprünglich hatten wir vor, die Gesundheitsrisiken wie in Teil A für die allgemeine Bevölkerung und für sich persönlich einschätzen zu lassen. Bei den Pretests zeigte sich jedoch, daß die Befragten Schwierigkeiten berichteten, die Risiken der Lebensführung (Rauchen, Alkoholkonsum usw.) für die allgemeine Bevölkerung einzuschätzen (hier wurde oft nachgefragt, an wen man hier denken solle). Bei stark ungleich verteilten Risiken (wie z.B. beim Alkoholkonsum) und einem spezifischen Beurteilungsaspekt ("Gesundheitsrisiko") fällt es den Befragten anscheinend schwer, zu einem "Durchschnittsurteil" zu kommen. Demgegenüber bereitete die Bewertung der Gesundheitsrisiken als solcher - ohne Bezugnahme auf ein Risikosubjekt oder -kollektiv - keine Probleme, so daß wir hier schließlich diese Form der Instruktion wählten.

Teil C: Aussagen zur Verarbeitung und Bewältigung des Gesundheitsrisikos durch Umweltbelastungen

Zur Erfassung verschiedener Aspekte der Bewertung des persönlichen Risikos und damit verbundener Verarbeitungs- und Bewältigungsversuche formulierten wir Selbstbeschreibungen in Aussagenform. Wir griffen dabei auf alltagssprachliche Originalzitate aus den Interviews zurück, die zur allgemeinen Verständlichkeit sprachlich "bereinigt" wurden. Die Items leiteten wir zum großen Teil deduktiv aus den Verarbeitungs- und Bewältigungskonzepten ab, die wir aus den problemzentrierten Interviews gewonnen hatten (vgl. Kap. 6.1.4). Wir formulierten ergänzend einige zusätzliche Items, die weitere für die Risikoverarbeitung bedeutsame Aspekte erfassen sollen. Die Zuordnung der Items zu den Verarbeitungs- und Bewältigungskonzepten ist in Tabelle 7 wiedergegeben.

Verarbeitungs-/Bewältigungskonzepte	Items-Nr.
Entlastung durch Normalisierung des Risikos	24
Vergegenwärtigung: kein Empfinden körperl. Beeinträchtigungen	6
Glaube an die Widerstandskraft des Körpers	7
Relativierung des persönlichen Risikos	8(-),9, 19
Positives Denken/posit. Lebenseinstellung als Bewältigungsresourcen	10
Resignatives Hinnehmen	16, 28(-)
Bewußte gedankliche Vermeidung	12, 18, 21
Aktive Auseinandersetzung	20, 25, 27(-)
Erleben/Ausdruck risikobezogener Affekte	11, 13, 14
Vermeidung risikobezogener Affekte	-------
Transformation risikobezogener Affekte	-------
Ausgleichsaktivitäten	2
Selbstschutzmaßnahmen	3,4,5,26
Umweltpolitisches Engagement	22
Zusätzliche Items:	
Stellenwert des Themas "Umwelt und Gesundheit"	17, 23
Verleugnungstendenz	1
Dissoziation zwischen Bedrohungsgefühl und Wissen	15

(Mit einem (-) versehene Items sind negativ gepolt bezogen auf das zugeordnete Konzept)

Tabelle 7: Zuordnung der Items im Fragebogen Teil C zu den Verarbeitungskonzepten

Für die beiden Konzepte "Vermeidung/Unterdrückung risikobezogener Affekte" und "Transformation risikobezogener Affekte" formulierten wir keine Items, da es sich hier um relativ komplexe und oft nicht bewußte Verarbeitungsvorgänge handelt, die kaum in einer einfachen Selbstbeschreibung verdichtet werden können (vgl. Kap. 6.1.4). Wir verzichteten ebenfalls auf die Aufnahme von Items zum umweltschonenden Verhalten. Dies aus zwei Gründen: zum einen zeigte sich schon bei der Auswertung der problemzentrierten Interviews, daß umweltschonendes Verhalten nur bei wenigen Befragten als Bewältigungsversuch gegenüber gesundheitlichen Gefährdungen durch Umweltbelastungen einzustufen ist (vgl. Kap. 6.1.4). Das jeweilige Motivationsbündel, das zu umweltschonendem Verhalten beiträgt, ließe sich nur mit einem größeren zusätzlichen Itemsatz erfassen, der den Rahmen unseres Fragebogens sprengen würde. Zum zweiten gibt es bereits eine Reihe von Untersuchungen, die den Zusammenhang zwischen Umweltbewußtsein und Umweltverhalten untersucht haben (vgl. Kapitel 3.1).

Die zusätzlichen Items formulierten wir im Laufe der Diskussion des Fragebogenkonzepts, zum Teil aus theoretischen Überlegungen, zum Teil aus Anregungen, die von den Interviewtexten ausgingen. Zwei Items (Nr. 17,23) betreffen die Frage nach dem persönlichen Stellenwert des Themas "Umwelt und Gesundheit". Item Nr. 23 erfaßt einen Aspekt, der sich in den Interviews aus der Gesamtinformation ergibt (z.B. über emotionale Betroffenheit, Ausmaß der Beschäftigung mit den Umweltrisiken), sich in einem auf "Stichfragen" beruhenden Fragebogen jedoch am ehesten durch eine direkte Frage bzw. Aussage erfassen läßt. Item Nr. 17 wurde angeregt durch vereinzelte Aussagen einiger Befragten, die eher besorgt sind über die Auswirkungen der Umweltbelastungen auf die nicht-humane Natur (Waldsterben, Tiersterben) als durch den Gedanken an eine Gesundheitsgefährdung für den Menschen. Ein weiteres Item (Nr. 1, "Ich bin mir sicher, daß ich durch die Umweltverschmutzung keine Gesundheitsschäden erleide werde") haben wir einer amerikanischen Untersuchung entnommen. Baird (1986) verwendete dieses Item in einer Risikobefragung zur Erfassung einer Verleugnungstendenz (denial) im Sinne eines Abwehrprozesses. Er geht dabei davon von der Annahme aus, daß sich jemand in bezug auf diese Risiken objektiv betrachtet gar nicht sicher sein kann und daß infolgedessen jemand, der selbstsicher behauptet, durch Umweltrisiken nicht gefährdet zu sein, diese (tendenziell) verleugnet. Ein letztes zusätzliches Item wurde ebenfalls durch die Äußerung eines Befragten angeregt, der damit beschreibt, wie für ihn das Wissen um die gesundheitliche Gefährdung abgespalten ist von einem Gefühl persönlicher Gefährdung. Wir sind uns der Problematik der Verwendung eines solchen Items bewußt und haben es dennoch probeweise aufgenommen.

Eine solche Aussage genügt zum einen Ansprüchen einfacher Verständlichkeit nicht, zum anderen ist fraglich, ob die damit angesprochenen dissoziativen psychischen Abläufe auf eine solche primitive Weise erfaßt werden können[7].

Teil D: Gesundheit und Alltag

Mit diesem Fragenteil sollen verschiedene Aspekte alltäglichen Gesundheitsbewußtseins erfaßt werden. Das Konzept "Gesundheitsbewußtsein" hat bisher keine präzise sozialwissenschaftliche Bestimmung erfahren. In der "Gesundheitspsychologie", einem noch in den Anfängen befindlichen Forschungsgebiet, dominiert bislang noch die theoretische und empirische Beschäftigung mit einem Teilaspekt, dem Konzept der "gesundheitsbezogenen Kontrollüberzeugung" (vgl. z.b. Wallston, Wallston, Smith & Dobbins, 1987).

Wegen des Fehlens einer für unsere Untersuchung tauglichen Formulierung nahmen wir auf der Basis unserer problemzentrierten Interviews und unter Berücksichtigung der "gesundheitsbezogenen Kontrollüberzeugung" selbst eine vorläufige Bestimmung dieses Konzeptes vor. Gesundheitsbewußtsein konkretisieren wir über vier Teilaspekte:

- Stellenwert von Gesundheitsthemen im Alltag,
- gesundheitsorientierte Lebensweise,
- Selbsteinschätzung des gesundheitlichen Status,
- gesundheitsbezogene Kontrollüberzeugung.

Für die ersten drei Aspekte formulierten wir selbst einige Items. Für den vierten Aspekt verwenden wir einige Items aus der "Skala zur Gesundheitsbezogenen Kontrollüberzeugung" von Nentwig, Windemuth, Böhlen & Hierholzer (1989) (in unserer Liste Items Nr. 7,8,9,10).

Teil E: Einschätzung von Informationen über Umweltbelastungen

Dieser Fragenteil enthält Items zur Bewertung der Berichterstattung der Massenmedien über Umweltbelastungen und Aussagen zum Informationsverhalten. Diese Items entwickelten wir auf der Basis der in den Interviews gefundenen Aussagen. Die Items sind formuliert als pauschale Bewertungen. Wir geben zur Bewertung keine spezifischen Informationsquellen vor und gehen davon aus, daß die Befragten die angesprochenen Massenmedien (Fernsehen, Rundfunk, Tagespresse) zusammenfassend bewerten. Diese Vereinfachung schien uns einmal im Hinblick auf eine praktikable Gesamtlänge des Fragebogens notwendig. Zum zweiten nahmen die Befragten in den Interviews überwiegend nur pauschale Bewertungen vor und nur wenige unterschieden zwischen verschiedenen Informationsquellen.

Teil F: Umwelt, Technik und Gesellschaft

Mit diesem Fragenteil versuchen wir, einige generelle gesellschaftsbezogene Bewertungen zu erfassen. Von einem rein theoretischen Standpunkt aus hätte es hier nahegelegen, die Konzeption umweltbezogener gesellschaftlicher Werte (Materialismus/Postmaterialismus, Leistungsbewertung in der Gesellschaft, Beurteilung staatlicher Kontrolle, vgl. Kap. 3.1.1) aufzugreifen und die hierfür zur Verfügung stehenden Skalen von Inglehart (1977) und Fietkau et al. (1982) einzusetzen. Da die in den Interviews auftauchenden gesellschaftsbezogenen Bewertungen andere Aspekte zum Thema hatten und sich dieser Konzeption kaum zuordnen ließen, gaben wir auch hier einer explorativen, vom eigenen Datenmaterial ausgehenden Vorgehensweise bei der Fragebogenkonstruktion den Vorrang. Für einige der in den Interviews thematisierten Aspekte (z.b. Einstellung zur Technik) konnten wir Items aus dem Fragebogen des IIUG-Projektes von Fietkau et al. (1982) übernehmen (Items Nr. 3,4,5,7,9). Bei der Formulierung weiterer Items ließen wir uns von prägnanten Aussagen in den Interviews leiten. Die von uns zusammengestellten Items sind nur als "Stichfragen" anzusehen und decken das Spektrum umweltbezogener gesellschaftlicher Bewertungen und Einstellungen nur unzureichend ab. Im Hinblick auf eine angemessene Begrenzung der Gesamtlänge des Fragebogens einerseits und um andererseits auf einige gesellschaftsbezogene Bewertungen als Deskriptoren nicht ganz zu verzichten, erscheint uns die knappe Konzeption dieses Fragenteils als pragmatischer Kompromiß.

Bei dem Entwurf der Antwortskalen in den Teilen C,D, E und F des Fragebogens orientierten wir uns an Vorschlägen von Rohrmann (1978).

Um Reihenfolgeeffekte zwischen dem Komplex der Bewertungen der Gesundheitsrisiken (Teil B) und dem Komplex von Selbstbeschreibungen hinsichtlich des Umgangs mit den Umweltrisiken (Teil C) zu überprüfen, vertauschten wir bei der Hälfte der verschickten Fragebogen Fragenteil B und C miteinander. Im Sinne der "Verfügbarkeitsheuristik" (vgl. Kap. 3.3.2) erwarten wir, daß diejenigen Personen, die zunächst die Aussagen zur Auseinandersetzung mit dem Umweltrisiko beantworten und dann die quantitativen Risikobewertungen vornehmen, durch die höhere kognitive Verfügbarkeit des Risikothemas höhere Risikobewertungen vornehmen als die Gruppe, bei denen diese Reihenfolge vertauscht ist (die Ergebnisse hierzu sind im Anhang B zusammengefaßt).

5.4.2 Stichprobenauswahl

Um ein möglichst breites Spektrum an Personen zu befragen und wenigstens in zentralen soziodemographischen Aspekten (Altersgruppe, Geschlecht, Bildungs-stand) eine Annäherung unserer Stichprobe an die Zusammensetzung der Berliner Bevölkerung zu erreichen, setzten wir uns zum Ziel, ca. 2OO Personen zu befragen. Aus früheren Erfahrungen erwarteten wir eine Rücklaufquote von 30-40% und setzten deshalb die Anzahl der zu verschickenden Fragebogen auf 600 fest.

Um die Durchführung der Befragung zu vereinfachen, griffen wir auf eine zufällige Auswahl von Adressen Berliner Haushalte zurück, die uns von der Berliner Postreklame zur Verfügung gestellt wurden (zufälliger Auszug aus dem Register der Telefonanschlüsse). Wir gehen davon aus, daß durch die bei postalischen Befragungen übliche Ausfallquote eine Selbstselektion der Stichprobe zustande kommt, so daß unsere Befragung nicht als präzise Repräsentativbefragung angesehen werden kann und wir mit unseren Ergebnissen keine genauen Schätzungen von Populationsparametern vornehmen können. Dies erscheint uns jedoch auch aus inhaltlichen Gründen nicht unbedingt sinnvoll, da Aspekte des Umweltbewußtsein sich in der Bevölkerung ständig verändern und "Meßgenauigkeit" kein vorrangiges Ziel sein kann.

5.4.3 Durchführung der Befragung

Die Fragebogenerhebung führten wir im Juni 1989 durch. In einem Anschreiben wurden die Adressaten knapp über das Anliegen unserer wissenschaftlichen Befragung informiert und um ihre Teilnahme gebeten. Um absolute Anonymität garantieren zu können, verzichteten wir auf individuelle Rücklaufkontrollen und verschickten an alle Befragten nach 14 Tagen noch einmal ein Erinnerungsschreiben. Die Rücklaufstatistik unserer Erhebung ist in Tabelle 8 wiedergegeben. Für eine postalische Befragung ohne forcierte Anmahnung nicht zurückgeschickter Fragebogen fällt unser Rücklauf mit ca. 44% zufriedenstellend bis gut aus. Nach soziodemographischen Gesichtspunkten (Alter, Geschlecht) weicht die Stichprobe zurückgeschickter Fragebogen jedoch mehr oder weniger stark von der Zusammensetzung der Berliner Bevölkerung ab. Männer sind deutlich überrepräsentiert (61% statt 46%), Befragte unter 30 Jahren deutlich unterrepräsentiert (10% statt 22%). Die geringere Besetzung der jüngeren Altersgruppe dürfte darauf zurückzuführen sein, daß in dieser Altersgruppe vor allem die Jüngeren seltener einen eigenen Telefonanschluß angemeldet haben. Die stärkere Repräsentation von Männern insgesamt geht vermutlich darauf zurück, daß Telefonanschlüsse überdurchschnittlich häufig auf Männer angemeldet sind (57% in unserer Adressenstichprobe). Wegen der starken Abweichung unserer Stichprobe von der Zusammensetzung der Berliner Bevölkerung entschieden wir uns, eine Stichprobenkorrektur vorzunehmen und von den überrepräsentierten Gruppen per Zufall Fälle zu eliminieren. Um nicht zu viele Fälle zu verlieren, verzichteten wir auf eine vollständige Anpassung der Stichprobe anhand der stark unterbesetzten jüngeren Altersgruppe und schlugen einen Mittelweg zwischen der Maximierung der Stichprobengröße und der Anpassung an die Zusammensetzung der Berliner Bevölkerung ein.

Die Zusammensetzung der resultierenden Stichprobe nach Altersgruppen, Geschlecht und Bildungsstand ist in Abbildung 14 wiedergegeben. Mit Ausnahme der etwas unterbesetzten jüngeren Altersgruppe entspricht unsere Stichprobe nach Alter und Geschlecht nahezu der Zusammensetzung der Berliner Bevölkerung. Auch beim Bildungsstand treten nur geringfügige Abweichungen auf.

Verschickte Fragebogen	2 x 300 = 600	
Zurückgeschickt	266	44.3%
Nicht auswertbar	-27	
Auswertbare Fragebogen	239	39.8%
Stichprobenkorrektur	-59	
In die Auswertung einbezogen	180	30.0%

Tabelle 8: Rücklaufstatistik der Fragebogenuntersuchung

Befragte Personen nach Alter/Geschlecht, Bildungsstand und beruflicher Stellung Fragebogenuntersuchung mit n=180 Personen

	Altersgruppen				
	18-29	30-44	45-59	60 u.mehr	
Frauen	6.6 (10.6)	11.4 (12.0)	12.6 (12.0)	22.2 (19.7)	52.7 (54.3)
Männer	7.8 (11.5)	15.0 (13.2)	14.4 (12.5)	10.2 (8.5)	47.3 (45.7)
Gesamt	14.4 (22.1)	26.3 (25.2)	26.9 (24.6)	32.3 (28.1)	100

Angaben in Prozent. In Klammern die Zahlen des
Statistischen Landesamtes Berlin, Stand Juni 1988.

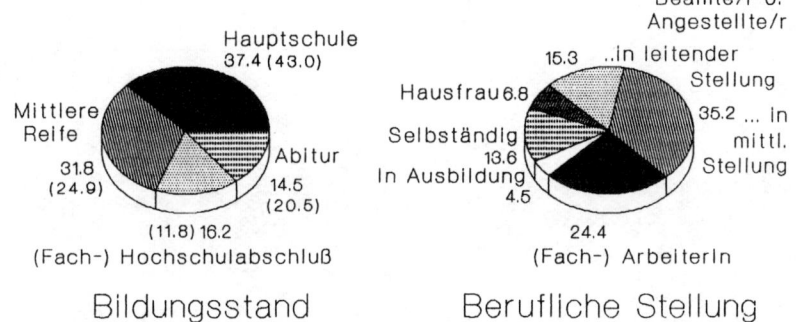

Bildungsstand   Berufliche Stellung

Beim Bildungsstand in Klammern die Zahlen des Statistischen Landesamtes Berlin,
Stand Mai 1987. Bei der beruflichen Stellung sind vergleichbare Angaben nicht
verfügbar.

Abbildung 14

5.4.4 Statistische Auswertung

Die statistischen Analysen wurden mit dem Programmpaket SPSS/PC (V 2.0) durchgeführt. Neben deskriptiven Auswertungsschritten kamen folgende Verfahren zum Einsatz:

- T-Tests,
- Zweifaktorielle Varianzanalysen,
- Multivariate Varianzanalysen für Meßwiederholungen,
- Faktorenanalysen (PCA),
- Cluster-Analysen (Euklidische Quadrate/Ward-Algorithmus),
- Multiple Klassifikationsanalysen,
- Multiple Regressionsanalysen.

6. ERGEBNISSE DER UNTERSUCHUNG

6.1 Ergebnisse der Interviewbefragung

6.1.1 Spontane Assoziationen zum Thema "Gesundheitliche Gefahren und Risiken"

Zu Beginn des Interviews fragten wir unsere GesprächspartnerInnen, was ihnen spontan zum Stichwort "Gesundheitliche Risiken oder Gefahren" einfiele. Diese Frage sollte zum einen freien Gesprächseinstieg fördern, zum anderen die Assoziationshierarchie zum angeschnittenen Thema und die kognitive Präsenz verschiedener Gesundheitsrisiken explorieren. In einer Anschlußfrage erfragten wir, durch welche Risiken sich unsere Gesprächspartner persönlich gefährdet fühlen. Die Antworten auf die beiden Fragen sind in Abbildung 15 dargestellt. Die am häufigsten spontan genannten Risiken sind die Umweltbelastungen, die Ernährungsweise, das Rauchen, der Konsum von Alkohol und die Gefahren im Straßenverkehr. Die Umweltbelastungen liegen in der Assoziationsreihe an der Spitze, was uns zunächst die Relevanz unseres Untersuchungsthemas bestätigt und auch den Wandel des allgemeinen Umweltbewußtseins dokumentiert. Umweltbelastungen werden auch als persönliche Gesundheitsgefährdung erlebt (15 von 30 Befragten).

Im Verlauf des Interviews wurden die Befragten noch einmal nach der persönlichen Gefährdung gefragt ("Fühlen Sie sich durch Umweltbelastungen gesundheitlich gefährdet?"). Wenn man die gesamten Interviews für eine Einteilung der Befragten danach heranzieht, ob sie sich durch Umweltbelastungen persönlich gefährdet fühlen oder nicht, dann ergibt sich ein anderes Bild (vgl. Kap. 6.1.4): auf der Basis der gründlicheren Reflexion im Interview schätzen mehr als drei Viertel der Befragten (24) die Umweltbelastungen als persönliches Risiko ein. Dies deutet darauf hin, daß für etwa ein Drittel der Befragten die persönliche Risikobetroffenheit durch Umweltbelastungen kognitiv nicht unmittelbar präsent ist, sondern erst bei intensiverer Exploration zum Vorschein kommt und gibt auch einen Hinweis auf die Methodenabhängigkeit der Risikoeinschätzungen.

Ein weiteres bedeutsames Ergebnis der Betrachtung der Spontanantworten ist noch, daß der Begriff "Umweltbelastungen" im Alltagssprachgebrauch einen weiten Bedeutungsumfang annehmen kann, der über das konventionelle Verständnis hinausgeht. Etwa die Hälfte der Befragten nennt unter dem Sammelbegriff "Umweltbelastungen" auch von Lebensmittelherstellern bewußt vorgenommene Kontaminationen (Glykol im Wein, Olivenölskandal). In einigen Fällen werden auch zugelassene Zusatzstoffe (z.B. Farbstoffe, Süßstoffe) unter das Konzept der "Umweltbelastung" gefaßt.

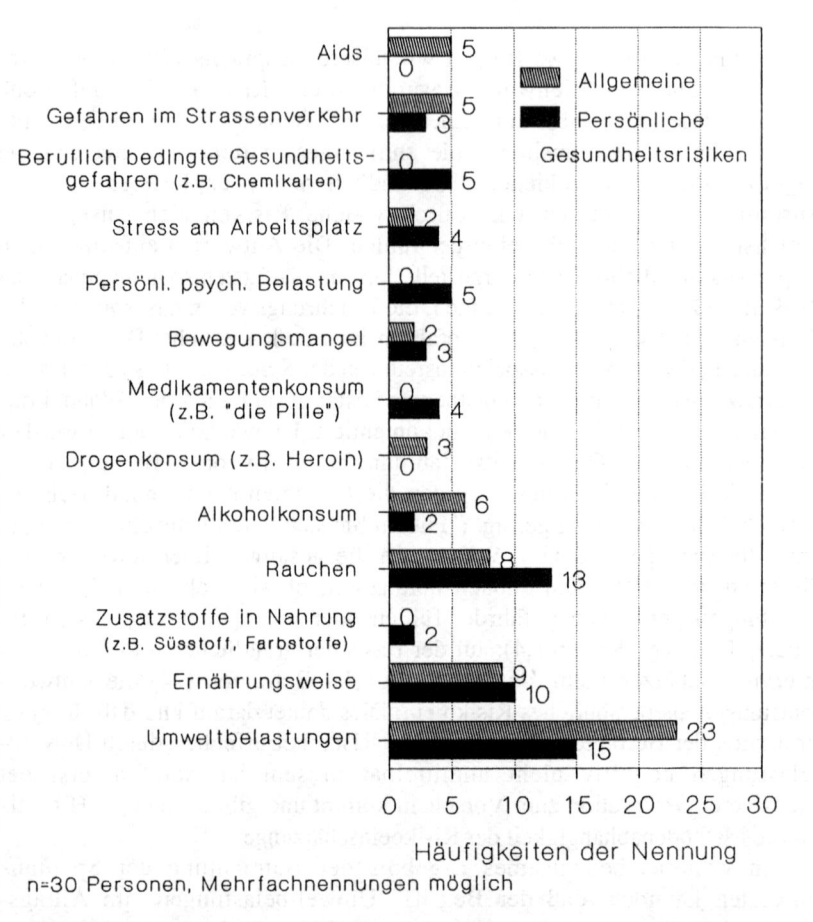

Spontan genannte allgemeine und persönliche Gesundheitsrisiken

Risiko	Allgemeine	Persönliche
Aids	5	0
Gefahren im Strassenverkehr	5	3
Beruflich bedingte Gesundheitsgefahren (z.B. Chemikalien)	0	5
Stress am Arbeitsplatz	2	4
Persönl. psych. Belastung	0	5
Bewegungsmangel	2	3
Medikamentenkonsum (z.B. "die Pille")	0	4
Drogenkonsum (z.B. Heroin)	3	0
Alkoholkonsum	6	2
Rauchen	8	13
Zusatzstoffe in Nahrung (z.B. Süsstoff, Farbstoffe)	0	2
Ernährungsweise	9	10
Umweltbelastungen	23	15

Häufigkeiten der Nennung

n=30 Personen, Mehrfachnennungen möglich

Abbildung 15

Alltagssprachlich hat also das Konzept "Umweltbelastung" bei einer Teilgruppe von Personen einen sehr weiten semantischen Horizont. Gemeinsamer Kern all dieser Vorstellungen ist die *"Schadstoffhaltigkeit"* von Nahrungsmitteln oder Umweltmedien (Wasser, Luft), die Menschen aufnehmen.

6.1.2 Vorstellungen über gesundheitliche Auswirkungen von Umweltbelastungen

Die Interviewpartner wurden direkt danach gefragt, welche Vorstellungen sie über gesundheitliche Auswirkungen von Umweltbelastungen haben. Wir explorierten auch, ob diese Vorstellungen in Form von körperbezogenen Bildern repräsentiert sind (visuelle Repräsentationsebene). Wir wollten damit das System subjektiver Vorstellungen über Risikofolgen explorieren. Das Ergebnis der induktiv kategorisierten Antworten ist in Abbildung 16 dargestellt.

Zwei der befragten Personen konnten zu der Frage keine Antwort geben. Die Mehrzahl der Befragten differenziert das Sammelkonzept "(gesundheitsgefährdende) Umweltbelastungen" hinsichtlich des Wirkungsspektrums nicht weiter aus, sondern die Umweltbelastungen werden global als Ursachenkomplex eingeschätzt, der zur Aufnahme von Schadstoffen führt, die verschiedene Wirkungen haben können. Beispielsweise wird Krebs als mögliche Folge aller möglichen Umweltbelastungen (Luftverschmutzung, Schadstoffe in der Nahrung, radioaktive Strahlung) eingeschätzt. Eine Ausnahme sind hier die Störungen von Atmungsorganen, denen allein die Luftverschmutzung als Ursache zugeordnet wird.

Allergien und Beeinträchtigungen des Abwehrsystems zu trennen, macht medizinisch gesehen wenig Sinn. Wir haben diese beiden Gruppen separat erfaßt, weil die Befragten mit Allergien meist akute manifeste Symptome verbinden (z.B. Hautausschläge), bei der Beeinträchtigung des Abwehrsystems jedoch eher an allgemeine verzögerte Folgen denken (z.B. Immunschwäche gegenüber Infektionskrankheiten).

Textbeispiel:[8]

Frau, 29 Jahre, Beamtin:
"(Die Auswirkungen von Umweltbelastungen auf die Gesundheit), die stelle ich mir vor, also nicht, daß man nun ganz plötzlich irgendwie erkrankt, das mag in seltenen Fällen auch mal so sein, wenn man ausgerechnet zu viel von dem Glykolwein getrunken hat, dann kann es sein, daß man ganz schnell

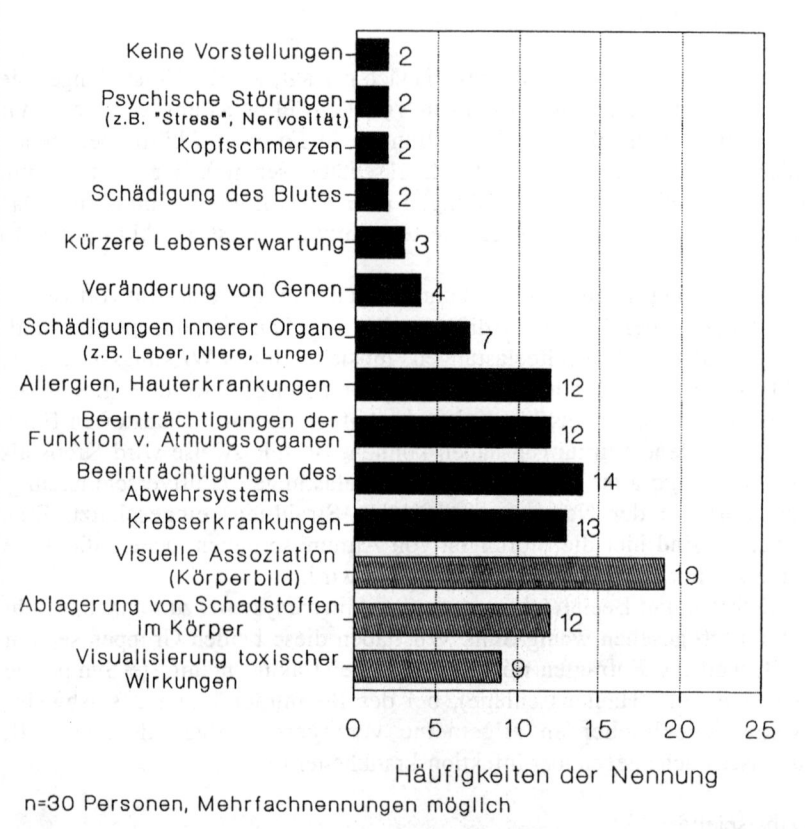

Vorstellungen über gesundheitliche Auswirkungen von Umweltbelastungen

Keine Vorstellungen	2
Psychische Störungen (z.B. "Stress", Nervosität)	2
Kopfschmerzen	2
Schädigung des Blutes	2
Kürzere Lebenserwartung	3
Veränderung von Genen	4
Schädigungen innerer Organe (z.B. Leber, Niere, Lunge)	7
Allergien, Hauterkrankungen	12
Beeinträchtigungen der Funktion v. Atmungsorganen	12
Beeinträchtigungen des Abwehrsystems	14
Krebserkrankungen	13
Visuelle Assoziation (Körperbild)	19
Ablagerung von Schadstoffen im Körper	12
Visualisierung toxischer Wirkungen	9

0   5   10   15   20   25

Häufigkeiten der Nennung

n=30 Personen, Mehrfachnennungen möglich

Abbildung 16

124

oder ganz doll krank wird oder auch das Leben dabei verliert. Aber in aller
Regel stelle ich mir das vor als eine Gesamtbelastung, die sich eben auswirkt
auf die Konstitution, auf das Abwehrvermögen des Körpers, auf zum
Beispiel die Neigung Krebs zu bekommen, dann sicherlich Verkürzung der
Lebenserwartung, denke ich mir, und dann, ganz konkret, was ja auch zu
beobachten ist, daß die Allergien immer mehr zunehmen, also gerade im
Bekannten- und Verwandtenkreis weiß ich einfach, da gibt es unheimlich
viele Leute, die auf alles mögliche allergisch sind".

Etwa zwei Drittel der Befragten (19 Personen) nennen nicht nur allgemeine Vorstellungen über die Auswirkungen von Umweltbelastungen auf die Gesundheit sondern auch lebhafte visuell repräsentierte Assoziationen, wie die Schadstoffe auf den Körper einwirken. Die Assoziationen beziehen sich vor allem auf die Vorstellung der Ablagerung der Schadstoffe im Körper und die Visualisierung der organismusschädigenden Wirkungen.

Textbeispiele:

Mann, 33 Jahre, selbständiger Gewerbetreibender:
"Es werden zum Beispiel die Flimmerepithele, diese Härchen im Hals werden
weggeätzt durch die Gifte, auch vom Rauchen, die lassen halt noch mehr
Dreck reinkommen, dieser relativ wichtige Filter wie die Bronchien geht als
nächstes kaputt und dann kommt halt ungehindert immer mehr Dreck in den
Körper ... und als letzte Stufe stell ich mir schon vor, daß ich eben
irgendwann auch irgendeiner Ablagerung in meinem Körper zum Opfer fallen
werde, denk ich".

Frau, 29 Jahre, Hausfrau:
"Ich glaube eher, daß das auf das Blut geht, auf das Blut und auf die Haut ...
von außen, daß sich es drauf legt und sich von außen einfrißt ... dunkel und
schwarz sehe ich das Alles (lacht ein bißchen), nicht mehr rot, also das Blut
sehe ich dann schon also als schwarz".

6.1.3 Unterschiede zwischen herkömmlichen und umweltbedingten Erkrankungen

Die Frage nach Unterschieden zwischen umweltbedingten und herkömmlichen Erkrankungen zielt auf *kognitive Konzeptstrukturen*, also darauf, ob und gebenenfalls anhand welcher Kriterien die in der öffentlichen Diskussion als "umweltbedingt" etikettierten Erkrankungen im Laienverständnis vom gewöhnlichen Krankheitsverständnis abgehoben werden. Die spontanen Antworten der Befragten sind in Abbildung 17 zusammengefaßt.

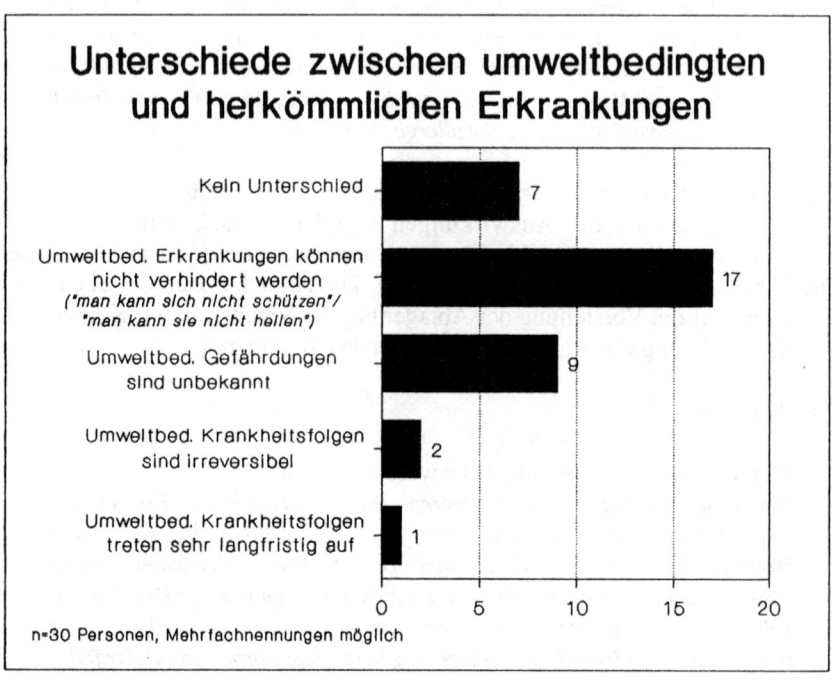

Abbildung 17

Etwa ein Viertel der Befragten sieht keinen Unterschied. Am häufigsten wird als Unterscheidungskriterium genannt, daß umweltbedingte Erkrankungen *persönlich nicht beeinflußt werden können*, d.h. daß man sich davor nicht schützen kann bzw. daß sie medizinisch nicht in den Griff zu bekommen sind. Ein weiteres Kriterium ist die *Unbekanntheit der Umweltrisiken*, ein Aspekt der die kognitive Kontrollierbarkeit betrifft. Relativ selten genannte Kriterien sind die Irreversibilität und die Langfristigkeit potentieller Folgen.

Textbeispiele:

Frau, 62 Jahre, Rentnerin:
"Das schätze ich so ein, daß eine Infektionskrankheit als normale Krankheit seit Bestehen der Menschheit bekämpft werden kann. Es sei denn Krebs, wo noch nichts, wo sie noch kein Mittel haben und auch noch nicht die genaue Ursache. Aber bei diesen! Sachen, die jetzt passieren bei der Umweltverschmutzung, habe ich gar keine Hoffnung. Wenn sich das nicht ändert! - wie soll ich sagen?, ich schätze das so ein, daß wir damit leben müssen".

(Interviewerin: "also, daß man das nicht heilen kann, daß man dagegen nichts tun kann?")

"Sehen Sie mal, das mit dem Krebs, was schon seit zig Jahren also gekämpft wird, und geforscht wird, und das ist jetzt eine neue Sache mit dieser Umweltverschmutzung, ja, mit dieser Belastung dann des menschlichen Körpers auch, also ich habe da gar keine Hoffnung ... da ist es eher einschätzbar, bei normalen Krankheiten, aber hier sehe ich keine Chance".

Mann, 25 Jahre, Beamter:
"Ich habe nicht den Einfluß so darauf, ich kann nichts machen oder nichts Wesentliches (...), bei Krankheiten, da ja okay, da haben wir die Medizin, aber bei Umweltbelastungen, da muß der Hebel woanders angesetzt werden, nicht bei mir, um jetzt die Schmerzsache wegzumachen, sondern da muß insgesamt ein Umdenken passieren".

Mann, 22 Jahre, Student:
*"daß ich mich gegen die Umweltbelastung nicht so konkret wehren kann, daß ich der Luft permanent! ausgesetzt bin, daß ich das Essen essen muß so wie ich es bekomme! (...)
und daß das eben zu unregulierbar ist für mich und uneinschätzbar. Ich weiß nicht, wieviel Giftstoffe ich mir täglich zuführe... das ist an Menge und Maßen für mich nicht einschätzbar, und bei Infektionskrankheiten weiß ich eben, da war ich jetzt unvorsichtig oder das hätte ich vielleicht anders machen können oder da war ich leichtsinnig, daß ich das benennen kann".*

6.1.4 Risikoverarbeitung und -bewältigung

Das zentrale Anliegen unserer problemzentrierten Interviewbefragung ist die Entwicklung von Konzepten zur Dokumentation der psychischen Verarbeitung der Umweltrisiken und die Beschreibung typischer Verarbeitungsmuster.

Die Auseinandersetzung unserer 3O Interviewpartner mit dem Gesundheitsrisiko durch Umweltbelastungen konnten wir in 16 verschiedene Konzepte differenzieren, die sich wiederum unter drei übergeordneten Gesichtpunkten ordnen lassen:

1. intrapsychische Verarbeitungsebene
   a. kognitive Risikobewertung und -bewältigung,
   b. Bewältigung risikobezogener Affekte,
2. risikobezogenes Handeln.

Einige Konzepte lassen sich eher dem Bereich der Risikobewertung ("primary appraisal" im Sinne von Lazarus), andere eher dem Bereich der Bewältigung zuordnen ("coping"). Diese Trennung erweist sich jedoch bedingt als künstlich, weil die identifizierten Bewertungsversuche im Sinne einer "Neu- bzw. Umbewertung" des persönlichen Risikos ("reappraisal" bei Lazarus) meist auch Bewältigungsfunktionen erfüllen. Wir sprechen deshalb übergreifend von "Verarbeitungsformen bzw. -aspekten" und meinen damit sowohl "Bewertungsversuche" als auch "Bewältigungsversuche" im engeren Sinn (vgl. hierzu auch Kap. 4).

Die von uns identifizierten Konzepte der Risikoverarbeitung werden im folgenden charakterisiert und durch Ankerbeispiele illustriert:

I. Intrapsychische Verarbeitungsebene

I.a. Kognitive Verarbeitungsebene

(1) Persönliches Gefährdungsbewußtsein

Bei diesem Konzept geht es um die Frage, ob sich eine Person durch die Umweltgefährdungspotentiale persönlich betroffen sieht bzw. fühlt. Dieses Konzept entspricht ungefähr der "primären Bewertung" im Sinne von Lazarus (vgl. Kap. 3.2.2).

Ankerbeispiel:

"Umweltbelastungen empfinde ich wie eine drohende Wolke, die immer über einem steht".

(2) Subjektive Entlastung durch "Normalisierung" des Risikos

Bei diesem Verarbeitungsvorgang ordnet eine Person das Risikothema in soziale Normkontexte in einer Weise ein, die zu einer subjektiven Entlastung führt. In unseren Interviews tauchte diese Kontextuierung des Risikothemas nur bei zwei Gesprächen und überdies in zwei Varianten auf: einmal als Vorstellung, das Risiko sei nicht so schlimm, weil wir alle betroffen seien (Risikobewertung) und einmal als die Überzeugung, wenn man "normal lebe" würde einem schon nichts passieren (Risikobewältigung).

Ankerbeispiele:

"Ich habe eigentlich keine Angst irgendwie betroffen zu sein, weil ich mir sage, wenn ich betroffen werde, sind hundert andere auch betroffen und die müssen auch damit fertig werden".

"Also wir leben ganz normal, wir leben! einfach ganz normal den Tag und essen Brot und essen Butter und essen Wurst und essen auch Fleisch und Kartoffeln, von keinem Gebiet mehr und in Hauf und in Mengen ganz normal, wie jeder Bürger lebt, mehr Gedanken mache ich mir jetzt darüber nicht, weil ich einfach noch denke, es ist ja alles genießbar".

(3) Resignatives Hinnehmen

Diese Verarbeitungsform charakterisiert eine *generalisierte Grundhaltung* gegenüber dem Risikothema und das Ergebnis erfolgloser Bewältigungsversuche. Kennzeichnend ist eine verfestigte Abwendung von einer Auseinandersetzung mit dem Risiko und ein aus erlebter Hilflosigkeit resultierendes Hinnehmen der Gefährdung.

Ankerbeispiel:

"Da ist nichts mehr zu machen, ich bin jetzt 62 Jahre alt, also wenn sich an der Umweltsituation noch etwas ändert, ich bin schon belastet, also da sehe

ich schwarz, ich kann noch Jahre leben, aber bei mir kann es auch schon morgen aus sein, also für mich persönlich gibt es keine Hoffnung".

(4) Vergegenwärtigung, daß noch keine körperliche Beeinträchtigungen empfunden werden

Bei diesem Verarbeitungsvorgang nimmt eine Person das Fehlen körperlicher Beeinträchtigungen durch Umweltbelastungen als Kriterium für die Bewertung des persönlichen Risikos.

Ankerbeispiel:

"Da mir es gesundheitlich soweit ganz gut geht fühle ich mich nicht gefährdet".

(5) Glaube an die Widerstandskraft des eigenen Körpers

Bei diesem Verarbeitungsversuch vertritt eine Person die Überzeugung, daß der eigene Körper so widerstandsfähig ist bzw. sich an neue Belastungen gewöhnen kann, so daß die Umweltbelastungen keine persönliche Gesundheitsgefährdung darstellen.

Ankerbeispiele:

"Ich denke, daß sich der Körper langsam daran gewöhnt und auch die Möglichkeit hatte, sein Immunsystem zu stärken".

"Na ja ich denke (hustet), ich denke man hat sich vielleicht schon so ein klein wenig da reingelebt, selbst daß unsere Körper schon, nehme ich an, ich weiß es nicht genau, aber daß wir vielleicht schon irgendwelche Abwehrstoffe gegen den ganzen Unrat haben, der da in der Luft umhergeht".

(6) Relativierung des persönlichen Risikos

Durch Vergleiche mit der Risikobetroffenheit anderer Gruppen (z.B. Kinder, alte Menschen), mit anderen Gesundheitsrisiken und anderen Risikosituationen wird das eigene Risiko relativiert.

Ankerbeispiele:

"Da bin ich gleichgültig, das spielt keine so große Rolle mehr für mich selber, aber für die Kinder, für die nächsten Generationen spielt das eine große Rolle".

"Wenn also Leute schwächer sind, na die fallen bei Smog natürlich um wie die Fliegen oder so, weil das auf sie einen viel größeren Einfluß hat. Aber ich meine, solange man einigermaßen ein gesunder Mensch ist, macht das eigentlich schon nichts aus".

(7) Positives Denken/Bewältigungsoptimismus

Bei diesen Bewältigungsversuchen mobilisiert eine Person *positive Gedanken, Hoffnungen* oder einen *persönlichen Bewältigungsoptimismus* und verbindet damit die Vorstellung, besser mit den Umweltrisiken fertig zu werden. Dieser Bewältigungsversuch ist weitgehend unabhängig von der problembezogenen Zukunftseinschätzung (die Antwort auf die Frage: "wie schätzen Sie die zukünftige Entwicklung ein?"), hat also nichts mit einer optimistischen problembezogenen Zukunftseinstellung zu tun.

Ankerbeispiele:

"Man hofft und hofft und hofft, daß es alles gut geht, aber wiederum sagt man sich denn: "ach vielleicht ist es gar nicht so schlimm!"

"Man muß, glaube ich, sich auch ein bißchen Hoffnung überall rausschöpfen, sonst wird man einfach irre".

"Wenn ich an mir arbeite, Körper und Seele nicht vernachlässige, das sind günstige Bedingungen, dann kann ich mich auf Umwelteinflüsse einstellen".

(8) Bewußte gedankliche Vermeidung

Durch die *bewußte und selektive Vermeidung* einer gedanklichen Auseinandersetzung wird die als unangenehm erlebte Konfrontation mit dem Risikothema unterbrochen. Häufig wird der psychoanalytische Begriff des "Verdrängens", der eigentlich einen unbewußten Abwehrvorgang meint, als alltagspsychologisches Etikett für die bewußte gedankliche Vermeidung verwendet.

Dieser Bewältigungsvorgang ist bei vielen Gesprächspartnern nur schwer von der Vermeidung/Unterdrückung risikobezogener Affekte (siehe unten) zu trennen, da die kognitive Vermeidung meist die Funktion erfüllt, unangenehme Gefühle zu vermeiden. Wir trennen dennoch konzeptuell zwischen diesen beiden Bewältigungsversuchen und sprechen nicht generell von einer "Vermeidung des Risikothemas" o.ä., da die Vermeidung von Affekten eine andere Qualität hat, die sich auch in der Selbstbeschreibung der Vermeidungsvorgänge niederschlägt. Ein Teil der Personen beschreibt Versuche gedanklicher Vermeidung, die affektive Motivierung bleibt unausgesprochen, andere konzentrieren sich in ihren bewältigungsbezogenen Selbstbeschreibungen direkt auf die Vermeidung von Affekten und lassen die kognitiven Seite der Vermeidung unausgesprochen.

Ankerbeispiele:

"Man lebt in den Tag hinein, erledigt die normalen täglichen Dinge und denkt einfach nicht darüber nach".

"Man hört hin und man schützt sich in dem Falle dagegen, indem man das eben einen Moment von sich schiebt".

"Ich verdränge so etwas sehr stark, das ist irgendwie eine Kette ohne Ende".

(9) Aktive gedankliche Beschäftigung/Informationssuche

Die Person setzt sich im Alltag regelmässig aktiv, problemzentriert und gezielt mit dem Risikothema auseinander. Hierzu gehören insbesondere Gespräche mit Freunden und Bekannten und gezielte Informationsbeschaffung und -auswertung.

Ankerbeispiele:

"Also wenn ich so mit Leuten zusammen bin, dann reden wir schon darüber, das finde ich auch wichtig, daß man erstmal damit anfängt so im Bekanntenkreis einfach darüber zu reden, um sich das irgendwo bewußt zu machen, daß es nicht so an einem vorbeizieht, also hinnehmen möchte ich es nicht".

"Ich versuche, mich mehrschichtig zu informieren".

I.b. Emotionale Verarbeitungsebene

(10) Erleben/Ausdruck risikobezogener Affekte

Bei diesem Verarbeitungsversuch erlebt eine Person im Zusammenhang mit dem Risikothema Affekte bzw. gibt ihnen in bestimmten Situationen auch Ausdruck. Unsere Gesprächspartner verbalisierten vor allem Gefühle der Angst und Bedrohung (9 Personen), etwas seltener Gefühle der Hilflosigkeit und Niedergeschlagenheit (5 Personen) und Gefühle der Wut (3 Personen).

Ankerbeispiele:

"Mir läuft es heiß und kalt den Buckel runter, also ich kriege dann so Schauer, wenn ich das dann so höre oder dann auch sehe, was ja dann eigentlich noch viel brutaler wirkt, also da schüttelt es mich, da kriege ich dann Gänsehaut, ich merke innerlich, das ist nicht schön, das ist grausam".

"Was sich mir am meisten aufgedrängt hat in letzter Zeit ist natürlich die Radioaktivität, mit der wir leben müssen, (...), wenn man ißt oder sich irgendwo bewegt, das ist ja alles ungeheuer (lautes Ausatmen), ja wenn das zu Bewußtsein kommt, das ist unheimlich bedrückend".

"Ich werde richtig wütend, wenn ich so eine große BASF-Werbung sehe".

"Da wünsche ich mir immer, diese Dünnsäure all diesen Leuten, die so etwas herstellen, in ihre Badewanne reinzufüllen".

(11) Transformation risikobezogener Affekte

Bei diesem Modus der Affektverarbeitung drückt eine Person risikobezogene Affekte nicht im ursprünglichen Affektmodus aus, sondern verlagert den Ausdruck auf eine andere Affektebene. In unseren Interviews trat diese Form des Umgangs mit Affekten nur in zwei Fällen und bei beiden in der Form der Ironie auf. Andere Formen der Affekttransformation sind jedoch denkbar.

Ankerbeispiel:

"Beim Essen mache ich mich über die Schadstoffe im Essen lustig".

(12) Vermeidung/ Unterdrückung risikobezogener Affekte

Bei diesem emotionsbezogenen Bewältigungsversuch vermeidet eine Person Gefühle, die mit dem Risikothema verknüpft sein könnten. Im Unterschied zur gedanklichen Vermeidung steht hier weniger der Vermeidungs*vorgang* sondern der Vermeidungs*grund*, der unangenehme Affekt, im Fokus der Aufmerksamkeit. Diesem Bewältigungsversuch liegt manchmal auch eine komplexere Psychodynamik zugrunde, beispielweise in Form einer Fixierung auf die Angst vor der Angst (vgl. das erste Textbeispiel).[9]

Ankerbeispiele:

"Wenn ich mich bedroht fühlen würde, dann könnte ich ja gleich irgendwelchen Selbstmord begehen, denn was hat das Leben dann noch für mich, wenn ich mich ständig bedroht fühlen würde".

"Man soll sich wenig Gedanken machen, muß alles so hinnehmen, darf nicht alles schwarz sehen, darf sich nicht gehen lassen, muß sich zusammenreißen, darf keine Angst haben".

II. Risikobezogenes Handeln

(13) Selbstschutz

Hierunter fallen alle Maßnahmen und Reaktionen im Alltag, die dazu dienen, das persönliche Risiko zu vermindern, meist durch das Vermeiden umweltbelasteter Situationen und die Verminderung der Aufnahme von Schadstoffen.

Ankerbeispiele:

"Bei Smog gehe ich nicht spazieren, da ist die Luft in meiner Wohnung besser".

"Ich beschaffe mir Informationen über Belastungen im Lebensmittelbereich und kann dann gezielt ausweichen".

"Nach Tschernobyl habe ich mich erstmal nach Süden abgesetzt".

(14) Ausgleichsaktivitäten

Hierzu gehören alle Aktivitäten, die mit der Vorstellung unternommen werden, daß sie einen Ausgleich zur Risikobelastung schaffen.

Ankerbeispiele:

"Es wirkt sich halt so aus, daß ich irgendwie in dem Bereich, wo ich denke, daß ich es beeinflussen kann, also sei es bei meiner Ernährung oder jetzt, daß ich halt versuche, mich körperlich fit zu halten".

"Ich laufe und gehe möglichst weit draußen, möglichst in natürlichen Umgebungen".

(15) Umweltschonendes Verhalten

Hierunter fallen alle Maßnahmen und Verhaltensweisen, die den eigenen Beitrag zur Umweltverschmutzung vermindern.

Ankerbeispiel:

"Ich bemühe mich, mich nicht umweltschädigend zu verhalten, z.b. durch den Kauf umweltfreundlicher Putz- und Waschmittel".

Umweltschonendes Verhalten ist nur bedingt als Bewältigungsversuch gegenüber den *gesundheitlichen Gefährdungen* durch Umweltbelastungen einzustufen. Zwar nennen 11 Befragte (von 30) auf die Frage nach dem Handeln gegenüber dem Umweltrisiko umweltschonendes Verhalten. Wir haben bei der Gesamtinterpretation der Interviews jedoch den Eindruck, daß viele dies nur aus "Verlegenheit" nennen und daß umweltschonendes Verhalten meist aus anderen Motivationen heraus unternommen wird (z.B. aus "sozialer Erwünschtheit", Anpassung an die Gewohnheiten des Lebenspartners o.ä.). Nur bei drei Befragten ist ein deutlicher Sinnzusammenhang zwischen der "Wahrnehmung" der gesundheitlichen Gefährdung durch Umweltbelastungen und dem eigenen Umweltverhalten gegeben.

(16) Umweltpolitisches Engagement

Hierzu gehören alle Versuche, auf institutionelle und politische Bereiche Einfluß zu nehmen, mit dem Ziel die Gesundheitsgefährdung durch Umweltbelastungen zu vermindern. Keiner unserer Gesprächspartner ist umweltpolitisch engagiert, dieser Bewältigungsversuch kommt nur in idealisierter Form vor.

Ankerbeispiel:

"Da müßte ich bei "Greenpeace" mitarbeiten oder so etwas machen, wenn man da etwas ändern will".

Auch umweltpolitisches Engagement ist ein Verarbeitungsaspekt, der sehr unterschiedlich motiviert sein kann und nur bedingt als Bewältigungsversuch gegenüber gesundheitlichen Gefährdungen durch Umweltbelastungen eingestuft werden kann.

Die Auseinandersetzung der von uns befragten Personen konnten wir durchschnittlich mit fünf Verarbeitungs-/Bewältigungsversuchen beschreiben (Median=5). Bestimmte Aspekte der Risikoverarbeitung treten bei einer größeren Anzahl von Gesprächspartnern auf (z.B. Positives Denken/Positive Lebenseinstellung als Bewältigungsresource), andere dagegen nur bei wenigen (z.B. Transformation risikobezogener Affekte). Die absoluten Häufigkeiten der Aspekte der Risikoverarbeitung in unserer Stichprobe sind in Abbildung 18 dargestellt, differenziert nach einer ersten Subgruppen-bildung, bei der wir die Interviewpartner danach einteilten, ob sie sich persönlich durch das Gesundheitsrisiko durch Umweltbelastungen betroffen fühlen oder persönlich nicht betroffen fühlen. Diese Subgruppenbildung ist im Rahmen des von uns als theoretische Orientierung gewählten Streßverarbeitungsansatzes besonders interessant, da die subjektive Risikobewertung ("Fühle ich mich gefährdet?") als zentrale Variable für die gesamte Auseinandersetzung mit dem Gefährungskomplex angesehen wird (vgl. Kap. 4.1).

Diese erste grobe Differenzierung zeigt zunächst, daß die Mehrzahl der beobachteten Verarbeitungsreaktionen in beiden Gruppen auftaucht. Mit anderen Worten: Personen, die sich durch das Umweltrisiko persönlich scheinbar nicht gefährdet fühlen, greifen prinzipiell auf die gleichen Verarbeitungsformen zurück wie diejenigen, die sich persönlich gefährdet sehen. Die beiden Gruppen unterscheiden sich also nicht völlig voneinander. Eine eingehendere Betrachtung zeigt, daß es einzelne Personen gibt, deren Verarbeitungsmuster auf den ersten Blick nicht mit unserem theoretischen

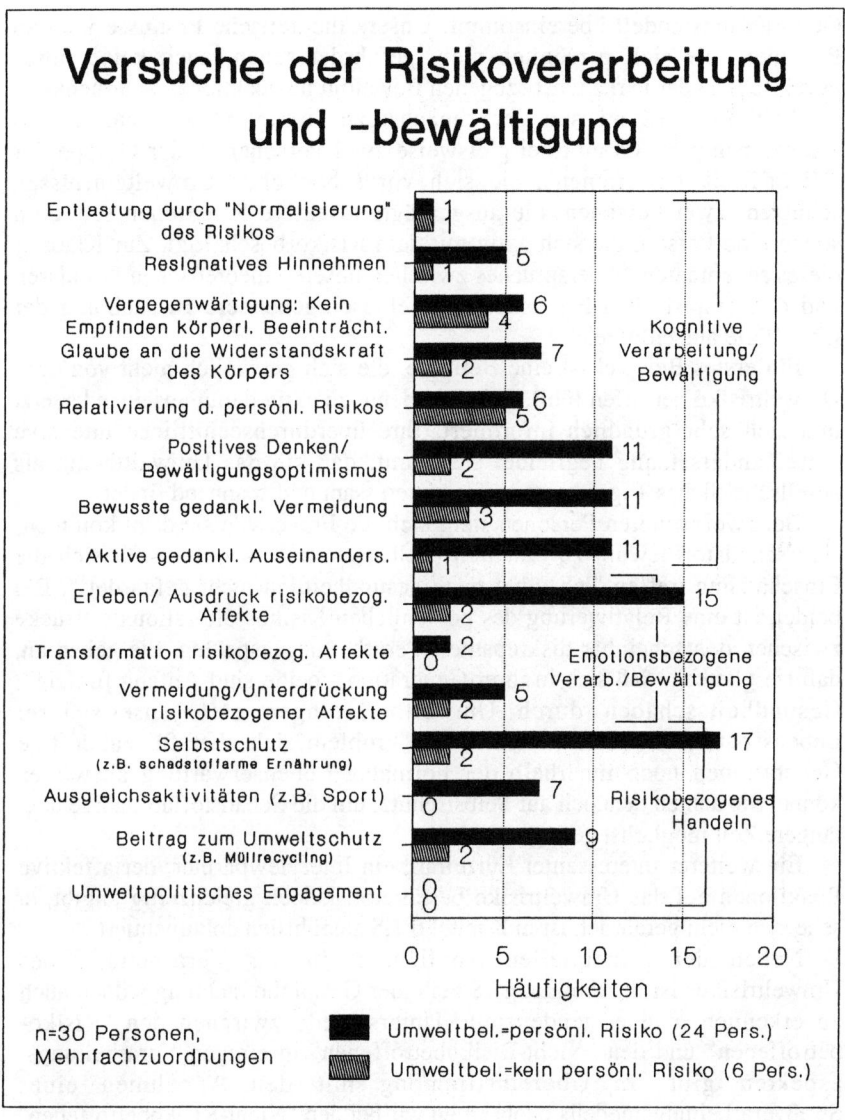

Versuche der Risikoverarbeitung und -bewältigung

Entlastung durch "Normalisierung" des Risikos — 1

Resignatives Hinnehmen — 5 / 1

Vergegenwärtigung: Kein Empfinden körperl. Beeinträcht. — 6 / 4

Glaube an die Widerstandskraft des Körpers — 7 / 2

Relativierung d. persönl. Risikos — 6 / 5

Positives Denken/ Bewältigungsoptimismus — 11 / 2

Bewusste gedankl. Vermeidung — 11 / 3

Kognitive Verarbeitung/ Bewältigung

Aktive gedankl. Auseinanders. — 11 / 1

Erleben/ Ausdruck risikobezog. Affekte — 15 / 2

Transformation risikobezog. Affekte — 2 / 0

Vermeidung/Unterdrückung risikobezogener Affekte — 5 / 2

Emotionsbezogene Verarb./Bewältigung

Selbstschutz (z.B. schadstoffarme Ernährung) — 17 / 2

Ausgleichsaktivitäten (z.B. Sport) — 7 / 0

Beitrag zum Umweltschutz (z.B. Müllrecycling) — 9 / 2

Umweltpolitisches Engagement — 0 / 0

Risikobezogenes Handeln

Häufigkeiten: 0   5   10   15   20

n=30 Personen, Mehrfachzuordnungen

■ Umweltbel.=persönl. Risiko (24 Pers.)

▨ Umweltbel.=kein persönl. Risiko (6 Pers.)

Abbildung 18

137

Orientierungsmodell übereinstimmt. Unsere theoretische Prämisse ist, daß Personen, die sich persönlich nicht gefährdet sehen, auch keine intrapsychischen oder verhaltensbezogenen Bewältigungsreaktionen unternehmen. In Abbildung 18 müssen wir zunächst zur Kenntnis nehmen, daß es Ausnahmen gibt. Es gibt beispielsweise zwei Personen in der Gruppe der "Nicht-Risikobetroffenen", die sich vor schädlichen Umwelteinflüssen schützen, zwei Personen, die ausgeprägte affektive Reaktionen schildern sowie eine Person, die sich aktiv mit dem Risiko beschäftigt. Zur Klärung dieses scheinbaren Widerspruches zwischen unseren theoretischen Prämissen und den empirischen Ergebnissen ist eine eingehendere Betrachtung der Einzelfälle aufschlußreich.

Ein erstes Beispiel ist eine Befragte, die sich persönlich nicht von dem Umweltrisiko betroffen fühlt, sich aber dennoch aktiv damit auseinandersetzt und sich sehr gründlich informiert. Ihre überdurchschnittliche intensive Auseinandersetzung begründet sie damit, daß sie das Umweltthema als gesellschaftliches Tagesthema einfach interessant und spannend findet.

Bei zwei weiteren Personen stellt sich die Frage, wie sie dazu kommen, sich schadstoffbewußt zu ernähren (Selbstschutz) obwohl sie für sich die Einschätzung treffen "ich fühle mich gesundheitlich nicht gefährdet!". Bei beiden ist eine Relativierung des persönlichen Risikos die rationale Brücke zwischen den scheinbar diskrepanten Verarbeitungsaspekten. Sie geben an, daß sie glauben, daß sich in ihrer Generation - beide sind Anfang fünfzig - Gesundheitsschäden durch Umweltbelastungen erst jenseits ihrer Lebensspanne auswirken würden, das Problem sich aber für zukünftige Generationen noch innerhalb der normalen Lebenserwartung auswirken könne. Sie achten dennoch auf Selbstschutz, um die Schadstoffaufnahme über längere Zeit möglichst gering zu halten.

Ein weiterer interessanter Einzelfall, ein Interviewpartner, der affektive Reaktionen auf das Umweltrisiko beschreibt, jedoch gleichzeitig angibt, er sehe sich nicht gefährdet, ist in Kapitel 6.1.8 ausführlich dokumentiert.

Neben der prinzipiellen Ähnlichkeit in der Verarbeitung des Umweltrisikos ist in Abbildung 18 bei einer Gesamtbetrachtung jedoch auch zu erkennen, daß es tendenzielle Unterschiede zwischen den "Risikobetroffenen" und den "Nicht-Risikobetroffenen" in einigen Verarbeitungsaspekten gibt. In Übereinstimmung mit den Annahmen eines Streßverarbeitungsmodells beobachten wir bei den "Nicht-Risikobetroffenen" relativ häufiger intrapsychische (palliative), auf die Bewertung des persönlichen Risikos gerichtete Verarbeitungsreaktionen (z.B. Vergegenwärtigung: Kein Empfinden körperlicher Auswirkungen).

Der Frage, inwieweit sich bestimmte Subgruppen nach Merkmalen der

Risikoverarbeitung identifizieren lassen, wird im folgenden Kapitel eingehender nachgegangen.

6.1.5 Gruppenspezische Muster der Risikoverarbeitung

Uns interessierte, ob zusätzlich zu der einfachen dichotomen Gruppenbildung nach dem Kriterium persönlicher Risikobetroffenheit Subgruppen identifizierbar sind, die sich durch *ähnliche Muster der Risikoverarbeitung* auszeichnen. Da sich bei der Vielzahl der Verarbeitungsaspekte eine differenzierte Gruppenbildung kaum mehr "von Hand" herstellen läßt, entschieden wir uns für die Durchführung von Cluster-Analysen[10]. Diese Verfahren teilen eine Vielzahl von Personen hinsichtlich einer Reihe von Variablen (hier: Kategorien der Risikoverarbeitung) in möglichst homogene und dabei klar getrennte Gruppen auf. Wir führten verschiedene Cluster-Analysen durch und verglichen die Ergebnisse bei verschieden differenzierten Gruppenlösungen im Hinblick auf ihre Interpretierbarkeit. Hier beachteten wir verschiedene Gesichtspunkte: um bei der Gruppenbildung die jeweilige Individualität der Risikoverarbeitung zu berücksichtigen, strebten wir eine möglichst differenzierte Gruppenbildung an; andererseits sollten sich die Cluster und damit die Gruppentypisierungen möglichst wenig überlappen und schließlich sollten die identifizierten Gruppen auch auf der Ebene von Einzelfalldarstellungen gut darstellbar sein. Eine Vier-Cluster-Lösung bildete die differenzierteste, noch gut interpretierbare Einteilung. Die "Beiträge" der Verarbeitungsvariablen zur Gruppendifferenzierung sind in Abbildung 19 dargestellt. Die Variablen mit hohen positiven "Beiträgen" lassen sich als Markiervariablen für die jeweilige Gruppe interpretieren.

Die vier Subgruppen können folgendermaßen charakterisiert werden:

Gruppe 1 setzt sich aus 5 Personen zusammen, die sich *persönlich* durch das Umweltrisiko *nicht gefährdet* sehen. Dominierend sind hier zwei Verarbeitungsaspekte: Zum einen *vergegenwärtigen sich diese Personen, daß sie (noch) keine körperlichen Beeinträchtigungen durch Umweltbelastungen erleben* und leiten *daraus* die Einschätzung ab, daß keine persönliche Gefährdung vorliegt. Diese Beziehung gilt nicht umgekehrt. Insgesamt berichten 19 Personen, keine körperlichen Beeinträchtigungen durch Umwelt-belastungen zu erfahren. Nur die genannten 5 benutzen diese Erfahrung als Kriterium für die Einschätzung, daß sie persönlich nicht gefährdet sind. Ein weiterer Verarbeitungsvorgang, der bei dieser Gruppe überdurchschnittlich häufig vorkommt, ist die *Relativierung des persönlichen Risikos*. Der Vergleich mit besonderen Risikogruppen (z.B. Kindern, alten Menschen) wird zur Einschätzung herangezogen, daß kein persönliches Risiko vorliegt.

Erwartungsgemäß sind Bewältigungsversuche im Bereich risikobezogenen Handelns (Selbstschutz, Ausgleichsaktivitäten, Beitrag zum Umweltschutz), aktiver Auseinandersetzung und affektivem Engagement nicht vorhanden bzw. unterdurchschnittlich ausgeprägt.

Gruppe 2 setzt sich aus 6 Personen zusammen, deren dominierende Verarbeitungsform die *resignative Vermeidung einer Auseinandersetzung mit dem Risikothema* ist. In Übereinstimmung damit ist auch das potentielle Gegengewicht zu den resignativen Problembewertungen, ein positives Denken oder ein Ausgleich durch eine positive Lebenseinstellung bei diesen Personen stark unterdurchschnittlich ausgeprägt bzw. nicht vorhanden. Der resignativen Grundhaltung entsprechend setzt sich diese Gruppe nicht aktiv mit dem Risiko auseinander, äußert keine risikobezogenen Affekte (mehr) und achtet auch wenig auf Maßnahmen zum Selbstschutz.

Zu *Gruppe 3* gehören 7 Personen, deren dominierende Verarbeitungsaspekte die *Mobilisierung positiver Gedanken und Vorstellungen* und die *Vermeidung risikobezogener Affekte* sind. Wie Gruppe 1 vergegenwärtigen sie sich auch, daß sie noch keine körperlichen Beeinträchtigungen erleiden, leiten jedoch daraus nicht die absolute Schlußfolgerung ab, daß sie persönlich nicht gefährdet sind. Global könnte man deren Einstellung als "persönlichen Risikooptimismus" bezeichnen. Der allgemeinen Zukunftssicht, die deutlich negativ geprägt ist[11], setzen diese Personen persönlichen Optimismus und die Überzeugung, mit einer positiven Lebenseinstellung dieses Risiko gut bewältigen zu können, entgegen. Sie sind jedoch auch aufmerksam und aktiv im Bereich des risikobezogenen Handelns. Diese Diskrepanz zwischen intrapsychischem "Risikooptimismus" und der Aktivität im Bereich des Risikohandelns ist bezeichnend. Diese Personen verfolgen anscheinend im Bereich des Risikohandelns eine Realitätsorientierung, die die Risiken ernst nimmt und entlasten sich im intrapsychischen Bereich durch positives Denken und die Mobilisierung optimistischer Grundhaltungen.

Gruppe 4 besteht aus 12 Personen, die man insgesamt als *"Risikoaufmerksame"* bezeichnen könnte. Sie setzen sich *aktiv* mit den Umweltrisiken auseinander, äußern starke *affektive Betroffenheit* und achten überdurchschnittlich häufig auf *Selbstschutzmaßnahmen*.

Auffällig ist, daß die Aspekte der intrapsychischen Risikoverarbeitung zwischen den Gruppen besser differenzieren als die Aspekte risikobezogenen Handelns (Selbstschutz, Ausgleichsaktivitäten). Möglicherweise ist hier das von uns verwendete Kodierungsverfahren, das nur erfaßt, ob ein

Verarbeitungsaspekt vorkommt, jedoch nicht das jeweilige Ausmaß, zu unscharf. Wenn man die vier Gruppen zusammenfassend noch einmal miteinander vergleicht, ergibt sich folgendes Bild: Gruppe 1 und 2 setzen sich kaum oder gar nicht mit dem Gesundheitsrisiko durch Umweltbelastungen auseinander; Gruppe 1 glaubt, persönlich gar nicht betroffen zu sein, Gruppe 2 fühlt sich betroffen, nimmt jedoch die Risiken resignierend hin und vermeidet eine weitere Beschäftigung damit. Die Personen in Gruppe 3 fühlen sich ebenfalls durch das Umweltrisiko gefährdet und sind auch "risikobewußt", indem sie ein wenig auf Selbstschutzmaßnahmen und Ausgleichsaktivitäten achten. Andererseits entlasten sie sich jedoch mit der Vergegenwärtigung, daß noch keine körperlichen Beeinträchtigungen empfunden werden und durch die Mobilisierung "positiver Gedanken" und Anteile einer positiven Lebenseinstellung. Gruppe 4 ist sowohl gedanklich, als auch emotional und im Handeln stark mit den Umweltrisiken befaßt.

Diese empirisch ermittelte Typisierung von Formen der Risikoverarbeitung muß als vorläufiges Ergebnis bewertet werden, welches weiterer Bestätigung bedarf und nur hypothetisch verallgemeinert werden kann. Das Überwiegen jüngerer und damit umweltbewußterer Befragter in der Stichprobe, die geringe Stichprobengröße und die dadurch bedingten geringen Gruppenbesetzungen begünstigen Verzerrungen und instabile Gruppenunterschiede. Insbesondere dürfen die relativen Gruppengrößen nicht als Schätzwerte für die Verteilung dieser Verarbeitungstypen in der allgemeinen Bevölkerung gewertet werden. Es ist beispielsweise anzunehmen, daß die Gruppe der "Risikoaufmerksamen" (Gruppe 4) in der Gesamtbevölkerung wohl kaum ein Drittel ausmacht. Aufschluß darüber wird der zweite Teil der Hauptstudie bringen.

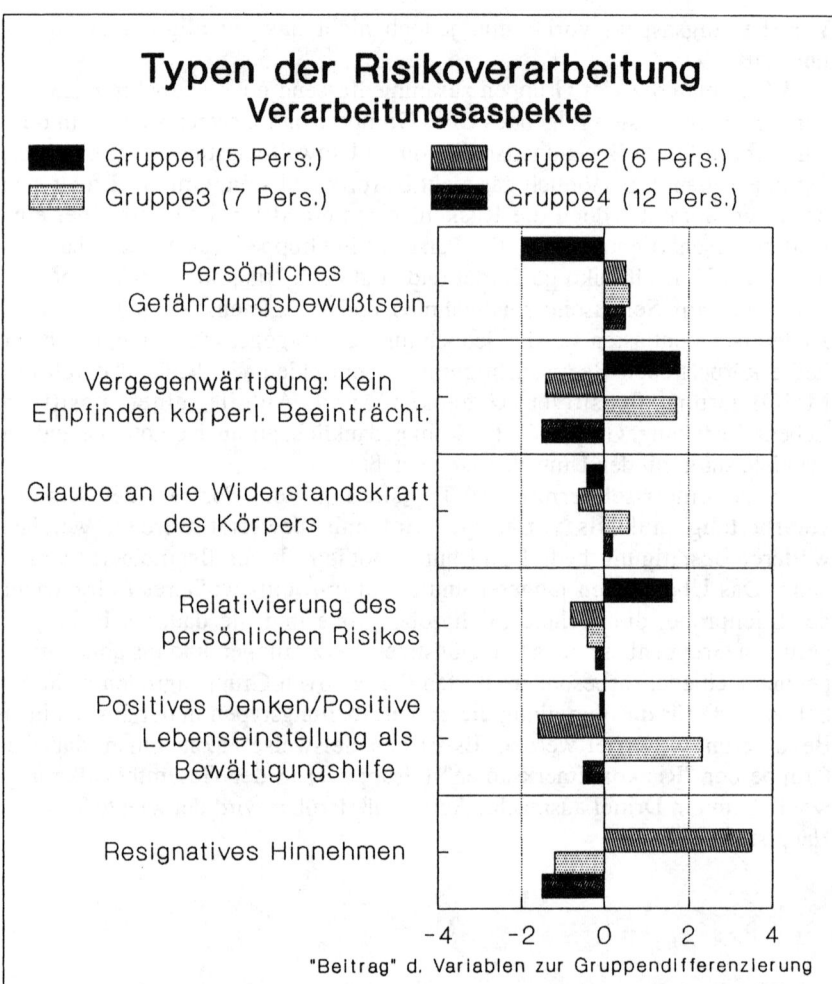

Typen der Risikoverarbeitung
Verarbeitungsaspekte

■ Gruppe1 (5 Pers.)   ▨ Gruppe2 (6 Pers.)
▒ Gruppe3 (7 Pers.)   ▨ Gruppe4 (12 Pers.)

Persönliches
Gefährdungsbewußtsein

Vergegenwärtigung: Kein
Empfinden körperl. Beeinträcht.

Glaube an die Widerstandskraft
des Körpers

Relativierung des
persönlichen Risikos

Positives Denken/Positive
Lebenseinstellung als
Bewältigungshilfe

Resignatives Hinnehmen

-4   -2   0   2   4

"Beitrag" d. Variablen zur Gruppendifferenzierung
(Standardisierte Chi-Quadrat Residuen)

n=30 Personen

(Die Beiträge der Verarbeitungsaspekte zur Gruppendifferenzierung können nur
deskriptiv interpretiert werden. Wegen der geringen Zellenbesetzungen können
keine (Chi-Quadrat-) Signifikanztests durchgeführt werden.)

Abbildung 19

142

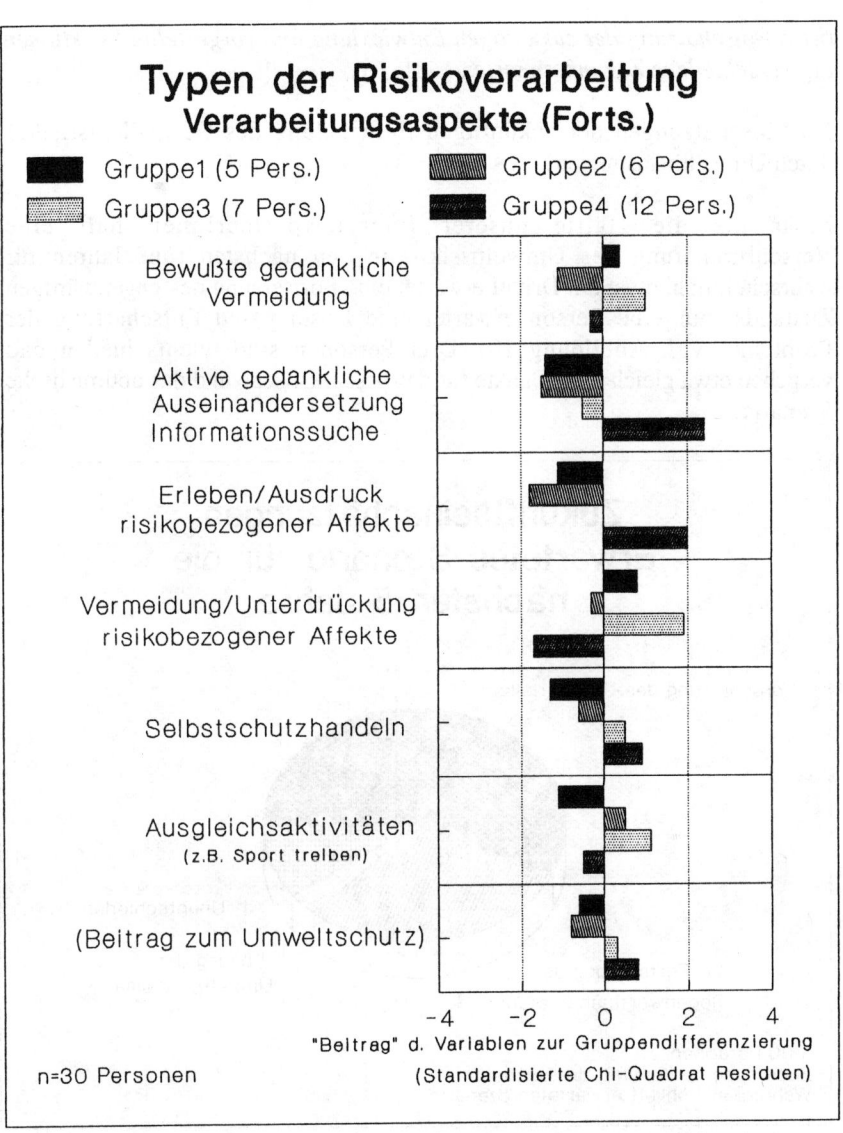

Abbildung 19 (Forts.)

6.1.6 Einschätzung der zukünftigen Entwicklung und vorgestellte Reaktionen auf verschiedene Zukunftszenarien

(1) Einschätzungen der zukünftigen Entwicklung des Gesundheitsrisikos durch Umweltbelastungen

Mehr als die Hälfte unserer InterviewpartnerInnen hält eine Verschlimmerung des Umweltrisikos in den nächsten fünf Jahren für wahrscheinlich, etwa ein Drittel erwartet eine Fortsetzung des gegenwärtigen Zustands, nur eine Person erwartet eine Lösung und Entschärfung der Probleme (vgl. Abbildung 20). Drei Personen sind unentschieden und vergeben etwa gleich viele Punkte für das pessimistische und das optimistische Szenario.

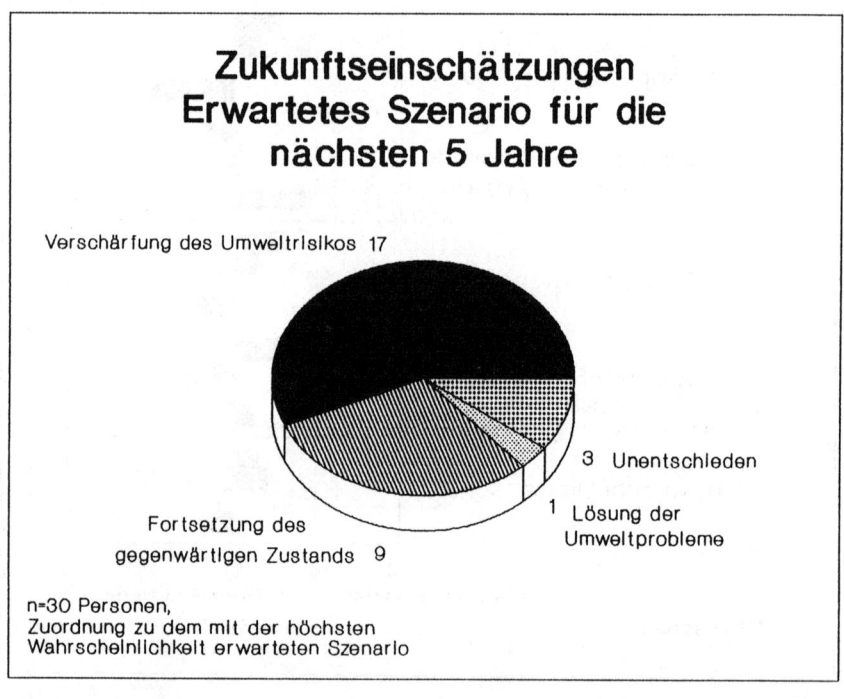

Abbildung 20

(2) Vorgestellte Reaktionen auf verschiedene Zukunftsszenarien

Wir fragten unserer Gesprächspartner, wie sie unter den drei Hauptaspekten (1) Lebensführung, (2) Information über Umweltrisiken, (3) Beitrag zum Umweltschutz, auf die drei verschiedenen Szenarien reagieren würden. Bei der Interpretation der Interviews ist zu berücksichtigen, daß es sich um vorgestellte Zukünfte handelt, die wir *nach* dem Interview vorlegten. Es ist anzunehmen, daß die Ergebnisse im Szenarioteil durch das vorangehende ausführliche Interview mitbeeinflußt sind, so daß sie nicht streng quantitativ zu interpretieren und verallgemeinern sind. Im Sinne der "Verfügbarkeitsheuristik" (vgl. Kap. 3.3.2) ist anzunehmen, daß durch die ausführliche Reflexion des Themas im Interview die Bereitschaft zu pessimistischen Zukunftseinschätzungen und entsprechenden Reaktionen erhöht wird.

Von den methodischen Problemen, die bei der Beantwortung der Fragen zu den Szenarien auftraten, ist als Ergebnis zunächst interessant, daß etwa ein Drittel der Gesprächspartner Schwierigkeiten äußerte, sich das optimistische Szenario überhaupt vorzustellen und infolgedessen auch nicht in der Lage war, die dazu gestellten Fragen zu beantworten. Die Darstellung der Reaktionen in Abbildung 21 wird deshalb auf Zukunft 1 und 2 beschränkt, wo ausreichende und differenzierte Anworten vorliegen.

Diejenigen Befragten, die sich das optimistische Szenario vorstellen konnten, sagten überwiegend, sie würden auch bei einer Lösung des Umweltproblems wie bei einem Fortbestehen handeln, sich weiterhin informieren, auf schadstoffkontrollierte Ernährung achten und auch auf umweltschonendes Verhalten achten, wenn auch etwas gelockert. Begründet wird dies damit, daß man auch bei einer Lösung der Umweltprobleme weiterhin aufmerksam bleiben müsse, damit sich die Situation nicht wieder verschlimmere. Etwa zwei Drittel der Befragten stellen sich vor, sich bei einer Verschärfung der Problematik aktiver und gezielter zu informieren, insbesondere zusätzlich zu den gewöhnlichen Medien (Tagespresse, Rundfunk, Fernsehen) über spezielle Informationsschriften zum Thema Umwelt und Gesundheit (z.B. "Öko-Test", Informationen des Umweltbundesamtes) und über Besuche bei Umweltinitiativen.

Eine weitere vorgestellte Reaktion auf eine Verschärfung bzw. das Fortbestehen des gegenwärtigen Zustands ist ein stärkeres Achten auf schadstoffarme Ernährung und die Vorstellung, in ein weniger umweltbelastetes Gebiet zu ziehen. Immerhin fünf (drei) Befragte stellen sich vor, sich umweltpolitisch zu engagieren, wenn sich die gegenwärtige Situation verschlimmert (bzw. sich nicht verändert). Bemerkenswert ist auch, daß ein Teil der Befragten sich auch bei der Vorstellung, der gegenwärtige Zustand bleibe in den nächsten fünf Jahren erhalten, vornimmt, sich stärker als jetzt

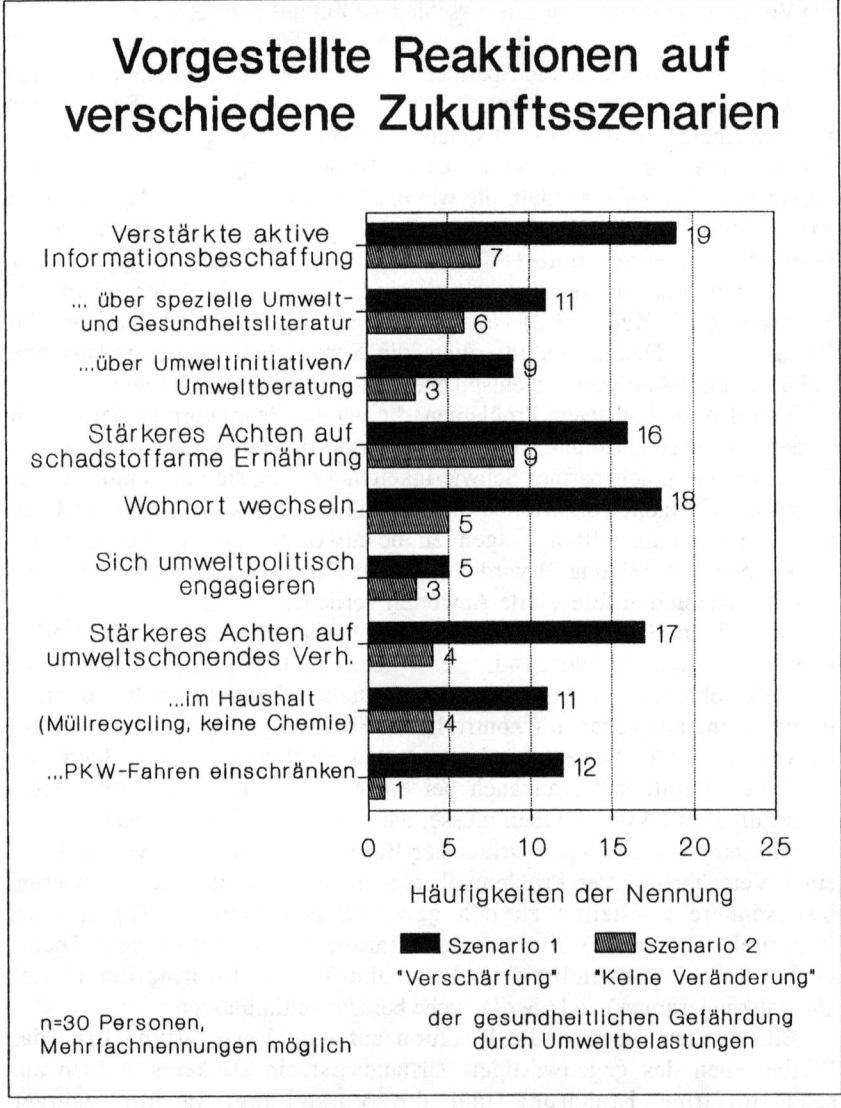

Vorgestellte Reaktionen auf verschiedene Zukunftsszenarien

Verstärkte aktive Informationsbeschaffung — 19 / 7

... über spezielle Umwelt- und Gesundheitsliteratur — 11 / 6

...über Umweltinitiativen/ Umweltberatung — 9 / 3

Stärkeres Achten auf schadstoffarme Ernährung — 16 / 9

Wohnort wechseln — 18 / 5

Sich umweltpolitisch engagieren — 5 / 3

Stärkeres Achten auf umweltschonendes Verh. — 17 / 4

...im Haushalt (Müllrecycling, keine Chemie) — 11 / 4

...PKW-Fahren einschränken — 12 / 1

0 5 10 15 20 25

Häufigkeiten der Nennung

■ Szenario 1   ▨ Szenario 2
"Verschärfung"   "Keine Veränderung"

n=30 Personen,   der gesundheitlichen Gefährdung
Mehrfachnennungen möglich   durch Umweltbelastungen

Abbildung 21

mit dem Umweltrisiko zu beschäftigen, sich insbesondere gezielter zu informieren und stärker auf schadstoffarme Ernährung zu achten.

6.1.7 Bewertungen von Medieninformationen über Umweltrisiken

Nahezu alle unserer Gesprächspartner informieren sich über die "Tagesmedien" (Tagespresse, Rundfunk, Fernsehen) über die Umweltproblematik. Für drei Befragte haben die Medien keine Bedeutung, sie informieren sich aus "zweiter Hand" bzw. "auf der Straße" in Gesprächen mit Freunden und Bekannten. Die im Interview gestellte Frage nach der Einschätzung von Medieninformationen wird von zwei Drittel der Befragten mit negativen Bewertungen beantwortet, nur fünf Befragte bewerten die Medienberichterstattung positiv. Die genannten Aspekte der Informationsbewertung sind in Abbildung 22 zusammengestellt.

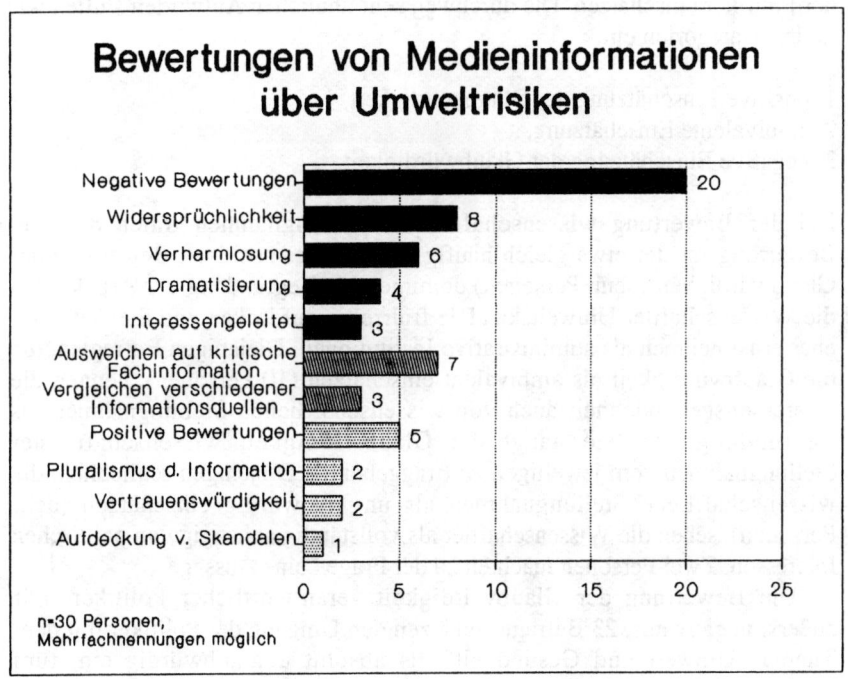

Abbildung 22

Es dominiert die Einschätzung, die Medieninformation über Umweltrisiken seien widersprüchlich und man bekomme so keine klaren Anhaltspunkte. Zwei weitere zentrale Bewertungsaspekte betreffen die Frage der in Medienberichten enthaltenen Bewertungskomponente. Einige Befragte finden die Umweltproblematik "aufgebauscht" und "dramatisiert", andere werfen den Medien "Verharmlosung" vor. Etwa ein Drittel der Personen, die mit der Berichterstattung der Tagesmedien nicht zufrieden sind, weicht auf "kritische Informationsquellen" (Medien des grün-alternativen Bereichs, z.B. "TAZ", Ökologische Fachzeitschriften) aus, um sich selbst ein differenzierteres Bild machen zu können. Drei Befragte lösen für sich das "Informationschaos", indem sie mehrere konventionelle Tagesmedien nutzen und sich durch einen Vergleich ein Bild verschaffen.

In Verbindung mit der Frage nach der Bewertung der Medieninformationen zum Thema "Umwelt und Gesundheit" fragten wir unsere Gesprächspartner auch, wie glaubwürdig sie wissenschaftliche Stellungnahmen in diesem Zusammenhang erleben und wie sie die Glaubwürdigkeit der Politiker einschätzen. Die durchweg sehr ähnlichen Antworten stuften wir in drei Kategorien ein:

1. positive Einschätzung der Glaubwürdigkeit,
2. ambivalente Einschätzung,
3. negative Einschätzung der Glaubwürdigkeit.

Bei der Bewertung wissenschaftlicher Stellungnahmen traten die drei Bewertungsmuster etwa gleich häufig auf. Bei der positiven Bewertung der Glaubwürdigkeit (neun Personen) dominiert als Begründung der Aspekt, daß die Wissenschaftler Umweltskandale frühzeitig aufdecken und die Gefahren eher ernst nehmen als administrative Institutionen. Diejenigen Befragten, die die Glaubwürdigkeit als ambivalent einschätzen (10 Personen), nennen die Interessensgebundenheit auch von wissenschaftlichen Stellungnahmen als Begründung. Für sie hängt die Glaubwürdigkeit wissenschaftlicher Stellungnahmen vom jeweiligen Auftraggeber ab. Diejenigen schließlich, die wissenschaftliche Stellungnahmen als unglaubwürdig einschätzen (acht Personen), sehen die Wissenschaftler als vollständig abhängig von politischen Interessen. Zwei Personen machten zu der Frage keine Aussage.

Die Bewertung der Glaubwürdigkeit verantwortlicher Politiker fällt äußerst negativ aus. 23 Befragte schätzen den Umgang der Politiker mit dem Thema "Umwelt und Gesundheit" als absolut unglaubwürdig ein, fünf Befragte sind skeptisch, für sie sind Stellungnahmen von Politikern in diesem Zusammenhang manchmal glaubwürdig. Als Begründung für die überwiegend negativen Bewertungen nennen die Befragten durchgängig die mangelnde Handlungsbereitschaft im Umweltbereich und die "Verschleierung" von Umweltskandalen durch die politischen Instanzen.

6.1.8 Fallbeispiele

Zur Fallillustration haben wir aus den von uns identifizierten Subgruppen jeweils eine Person ausgewählt, so daß die unterschiedlichen Typen des Spektrums repräsentiert sind.

1. Fallbeispiel: Herr A., 26 Jahre, ungelernter Arbeiter

Herr A. gehört zu jener Teilgruppe von Personen, die sich durch Umweltbelastungen persönlich nicht gefährdet fühlen und sich insgesamt nur wenig mit diesem Thema beschäftigen.

Auf die Einstiegsfrage nach gesundheitlichen Risiken und Gefahren fällt Herrn A. sein Zigarettenrauchen ein und seine Ernährungsweise, die seiner Meinung nach etwas abwechslungs- und vitaminreicher sein könnte.

"Hm, in erster Linie Rauchen, da ich selbst Raucher bin, es teilweise auch schon merke, daß es mir gesundheitlich dadurch nicht so besonders gut geht, sprich: `Kondition!', aber daß ich mich da einschränke, zum Beispiel mit dem Rauchen, das tue ich so gut wie gar nicht, und auch Essen fällt mir dazu ein, ... daß ich mich wahrscheinlich vitaminreicher ernähren sollte und auch ein wenig gesünder ernähren sollte, ein bißchen abwechslungsreicher".

Auf das Umweltrisiko angesprochen zählt Herr A. eine ganze Hitliste aus den Medien auf ("Smog, Industrielandschaft, Asbestgefahr, Spritzmittel"), sagt aber zugleich, dieses Thema sei in sein Bewußtsein noch nicht so richtig eingedrungen.

"Also natürlich habe ich auch was von Tschernobyl gehört, aber so richtig ins Bewußtsein gedrungen ist mir das nicht, so daß ich mich eingeschränkt habe. Dazu muß ich wahrscheinlich auch sagen, daß ich alleinstehend bin und keine Kinder habe und mir insofern auch nicht soviel Sorgen darum mache, (...), ich meine, ich habe davon in der Zeitung dann gelesen, und war da dann auch ein wenig schockiert, aber so daß ich mich da irgendwie eingeschränkt habe, zum Beispiel weniger Milch oder weniger Obst gegessen habe, muß ich sagen, daß ich da in diesen Punkten gar nichts unternommen habe und mich auch nicht unwohl dabei gefühlt habe".

Wesentlich für die Einschätzung von Herrn A., daß er sich durch das Umweltrisiko nicht betroffen fühlt, ist das Fehlen körperlicher Beeinträchtigungen und sinnlich wahrnehmbarer Veränderungen.

"Ja, das ist wahrscheinlich das ganze Problem an der Sache, daß man so persönlich davon nicht direkt betroffen ist, sondern man sieht immer nur die indirekten Konsequenzen, gerade was schlechte Luft oder schlechtes Wasser angeht. Man hat noch zur Zeit genug Wasser und sieht das eigentlich nicht, daß das Wasser immer schlechter wird, ..., man hat auch seine tägliche Luft und davon wird einem auch nicht irgendwie schlecht, noch nicht schlecht oder vielleicht erst in zehn Jahren schlecht, und vielleicht läßt sich bis dahin ja auch irgendwas machen, ... vielleicht wenn man irgendwie so einen Schmerz empfindet, würde man vielleicht auch eher was dagegen tun oder überhaupt sich vielleicht bewußter verhalten, und das ist bei mir vollkommen zu, also ich würde wahrscheinlich auch erst reagieren, wenn ich da irgendwie direkt davon betroffen wäre, (...), beim Rauchen habe ich manchmal schon das Gefühl, wenn ich morgens aufwache, daß meine Lunge so schwer ist und daß da irgendwie so eine ganz dicke, schwarze Schicht darauf liegt, aber ansonsten, so was Wasser oder Luft betrifft, so hab ich noch nicht irgendwie das Gefühl gehabt, daß mein Körper dadurch belastet wurde".

Als weiteren Aspekt zur Bewertung des persönlichen Risikos zieht Herr A. die ökologische Situation in Berlin heran. Seiner Meinung nach ist die Umweltqualität in Berlin noch relativ gut.

"Ich sehe hier Berlin noch relativ gefestigt an, die ganze Umwelt, so noch ziemlich viel Grün und kannst auch noch ganz gut durchatmen".

Herr A. hat außer der besonderen Beeinträchtigung von Asthmatikern durch die Luftverschmutzung keine Vorstellungen, wie sich Umweltbelastungen auf den Körper auswirken könnten. Den Unterschied zwischen herkömmlichen und umweltbedingten Erkrankungen sieht er darin, daß bei letzteren die Ursachen schwieriger zu identifizieren sind und die Einflußmöglichkeiten geringer sind.

"Bei Umweltproblemen ist es ja eher noch die Sache, daß man nicht weiß, woher das kommt oder daß es der großen Masse immer noch gut geht und vielleicht du nur als Einzelner davon betroffen bist und du kannst es nicht unbedingt darauf zurückführen, daß es eventuell an der schlechten Luft liegt ..., und bei Umweltkrankheiten naja kannst du ja nicht einfach wegziehen oder du mußt einfach wegziehen in eine grünere Landschaft (lacht)".

Herr A. beschreibt seine typische Reaktion auf Nachrichten über Umwelt-katastrophen folgendermaßen:

"Also immer wenn ich es höre in den Nachrichten oder auch in der Zeitung lese, daß zum Beispiel unser Grundwasser oder auch die Luft oder meinetwegen auch das Seewasser und überhaupt: der Wald stirbt, die Robben sterben, dann kratzt mich das für einen kurzen Moment mit Schrecken, aber das ist wirklich nur ein kurzer Moment, wenn ich das gerade höre und ich überlege mir, was man eventuell dagegen machen könnte, aber das ist dann so ein ähnliches Gefühl, als wenn ich irgendwas von einer anderen Katastrophe höre, zum Beispiel dieses Bergunglück oder in Indien sind ja auch irgendwelche Leute gestorben, (...), das ist nur ein kalter Schauer, der mir den Rücken runterläuft und sonst passiert da gar nichts weit, (...), es belastet mich halt nur kurzfristig, wenn ich es höre, aber es geht nicht in meine Person ein, also das was ich als wirkliches Problem empfinde, sondern es ist eher so ein kurzfristiger Schock".

Bemerkenswert ist, daß Herr A. durchaus emotionale Reaktionen auf die Umweltgefährdungen bei sich wahrnimmt ("von Tschernobyl war ich ein wenig schockiert"), die er sogar körperlich beschreibt, sich auf der kognitiven Ebene jedoch auf die Bewertung stabilisiert hat: "Mich betrifft das nicht!" und sich infolgedessen nicht weiter damit auseinandersetzt. Da die Umweltthematik für ihn nur ein Hintergrundthema ist, achtet er auch nicht auf irgendwelche Selbstschutzmaßnahmen.

Zusammenfassende Typisierung der Risikoverarbeitung

Herr A.'s Risikoverarbeitung läßt sich unter zwei zentralen Aspekten typisieren. Einerseits sieht er für sich persönlich und die "breite Masse" keine gesundheitliche Gefährdung durch Umweltbelastungen, dies betrifft seiner Meinung nach allenfalls kleine Kinder und Asthmakranke. Er relativiert also diesen Risikokomplex stark. Wesentliches Kriterium ist für ihn dabei, daß er keine körperlichen Beeinträchtigungen empfindet und die Überzeugung, in Berlin in einer relativ gesunden Umwelt zu leben. Andererseits berühren ihn Nachrichten über Umweltbelastungen wie andere Katastrophenmeldungen auf einer emotionalen und körperlichen Ebene in der Form eines kurzen Schauers, den er jedoch als oberflächlich und von außen kommend, nicht zu seinem persönlichen Erleben gehörig empfindet. Diesem Muster der Risiko-verarbeitung entspricht, daß er sich auf dieses Thema auch im alltäglichen Handeln nicht weiter einstellt. Insgesamt haben wir den Eindruck, daß bei ihm eine ausgeprägte Spaltung (Dissoziation) zwischen einer halbbewußten affektiven Betroffenheit und der kognitiven Risikobewertung vorliegt. Über die naheliegende Vermutung, daß die kognitive Problembewertung bei ihm Abwehrfunktionen im psychoanalytischen Sinne übernimmt, kann hier nur spekuliert werden; dies wäre nur biographisch zu belegen.

2. Fallbeispiel: Herr B., 36 Jahre, ungelernter Arbeiter, selbständiger Kleingewerbetreibender

Herr B. gehört nach unserer Einteilung zur Gruppe derjenigen, der sich von den Umweltgesundheitsrisiken betroffen fühlen, diese jedoch mit einer resignativen Grundhaltung verarbeiten und sich nicht weiter damit beschäftigen.

Bei dem Stichwort "gesundheitliche Risiken oder Gefahren" denkt Herr B. spontan an gesundheitliche Schäden durch körperliche Schwerarbeit (Rücken- und Gelenkbeschwerden), das Rauchen und die Umweltverschmutzung; von diesen Risiken fühlt er sich auch selbst betroffen. Die Gefährdung durch Umweltbelastungen schätzt er als großes Problem ein, gibt jedoch an, darauf auch nicht besonders zu achten.

"Bewußt darauf geachtet habe ich noch nie, (...), das wird eigentlich ziemlich groß! sein, nehme ich an und man sollte eigentlich mehr darauf achten, aber die Möglichkeit, dagegen etwas zu unternehmen, also anders zu leben, ist äußerst gering".

Die Einschätzung, persönlich gefährdet zu sein, knüpft Herr B. daran, daß er in Smogperioden spürbar unter Atembeschwerden leidet.

"Dadurch, daß ich Asthma gekriegt habe und eben an Hand von Luftknappheit gemerkt habe, was da los ist. Dadurch bin ich mehr oder weniger mit der Nase darauf gestoßen worden (lacht) und mußte mich mehr oder weniger damit beschäftigen".

Nach seinen Vorstellungen über gesundheitliche Auswirkungen von Umweltbelastungen befragt, denkt Herr B. an Folgekrankheiten wie Erkrankungen der Atemwege, Atembeschwerden und Erkrankungen der inneren Organe und Hautkrebs. Er stellt sich hierbei schleichende, kaum erkennbare Krankheitsprozesse vor.

"Ich stelle mir erstmal vor, daß die Folgekrankheiten, wie Atembeschwerden, also hauptsächlich Erkrankungen der Atemwege oder Magen-Darm-Krankheiten und so etwas, daß die durch die Umwelteinflüsse in zunehmenden Maße akuter werden, also aktueller werden für jeden einzelnen Menschen, (...), ja eigentlich wird da die ganze Natur ein bißchen mehr oder weniger durcheinander gebracht und wenn da nicht in absehbarer Zeit irgendetwas gemacht wird, wird das ziemlich brenzlig für die Zukunft werden".

Interviewerin: "Welche Vorstellungen hast Du, wie diese Umweltschadstoffe auf den menschlichen Körper einwirken?"

"Schleichend, nicht sofort erkennbar, doch ziemlich verheerend aber eben durch das schleichende wird auch viel vor der Öffentlichkeit verheimlicht, das heißt, das wird von den Einzelnen nicht so ohne weiteres wahrgenommen".

Obwohl Herr B. sich durch die Luftverschmutzung körperlich beeinträchtigt fühlt, beschäftigt er sich nicht weiter mit diesem Thema. Er begründet dies damit, daß er gelernt habe, Dinge so hinzunehmen wie sie sind.

"Man könnte, wenn man sich mehr engagiert, mehr Öffentlichkeitsarbeit machen und die Öffentlichkeit darauf hinweisen und mit der Öffentlichkeit mehr dagegen unternehmen. Da das ein ziemlich langwieriger Weg ist, was nicht unbedingt zu sichtbarem Erfolg führt weil politische und kommerzielle Dinge spielen da so ein große Rolle mit. Ich persönlich habe nicht den Enthusiasmus das so zu gestalten, ich habe mehr gelernt, mit den Dingen zu leben, als etwas dagegen zu unternehmen".

Interviewerin: "Gibt es Möglichkeiten in Deinem Alltag, diese gesundheitlichen Risiken zu vermeiden bzw. zu verhindern?"

"Für mich? tja, wie gesagt, eine einsame Insel suchen, wo man weit weg von dem allen ist, das wäre die einzige Möglichkeit aber sonst, schwierig! fast aussichtslos wenn man hier leben will, (...), bewußt sind mir diese Risiken schon, bloß intensiv beschäftigen damit, habe ich aufgegeben, das ist mir zu müßig, (...), bin ich nicht emotionell genug veranlagt dazu"

Zusammenfassende Typisierung der Risikoverarbeitung

Herr B. schätzt die Gesundheitsgefährdung durch Umweltbelastungen als großes Problem ein und sieht sich über seine Atembeschwerden in Perioden hoher Luftverschmutzung auch persönlich als gefährdet. Er äußert jedoch keine emotionale Betroffenheit und gibt an, er habe mehr gelernt mit den Dingen zu leben, als etwas dagegen zu unternehmen. Einflußmöglichkeiten sieht er ausschließlich auf der gesellschaftlichen Ebene, Möglichkeiten individueller Einflußnahme nimmt er nicht in Betracht.

3. Fallbeispiel: Frau C., 50 Jahre, Beamtin im gehobenen Dienst

Auf die Einstiegsfrage, was ihr zum Thema "Gesundheitliche Risiken oder Gefahren" einfalle, nennt Frau B. die Umweltverschmutzung, insbesondere die Folgen des Reaktorunfalls von Tschernobyl und die Luftverschmutzung. Ein weiterer spontaner Einfall ist beruflicher Streß, den sie jedoch eher gering in seiner Bedeutung einschätzt.

"Also über gesundheitliche Risiken kann man wahrscheinlich ganz große Themen wälzen und unser Hauptproblem ist wohl in dieser Zeit der ganze Umweltschutz und -schmutz, was da alles auf unserer Gesundheit niedergeht ..., und die Risiken sind wahrscheinlich sehr, sehr groß, die wir haben ..., beängstigend ist immer das, was also aus den Schadstoffen entsteht, was auf unsere Gesundheit mal niedergehen kann. Schlimm, was alle beschäftigt, das war "Tschernobyl". Das ist also das Hauptproblem, was an unserer Gesundheit wahrscheinlich nagt und frißt irgendwann, naja und die ganzen Abgase, das ist schädlich, schlimm für uns alle, für die Atmung, für (holt tief Luft) all das, was wir wahrscheinlich im Wachstum der Natur haben, was wir alles zu uns nehmen müssen, (...), vielleicht ist man gesundheitlich belastet durch den Beruf, aber bin ich nicht, muß ich dazu sagen, mein Beruf macht mir Spaß, ich gehe arbeiten und ich gehe auch gern dahin, Streß, was sind Streßsituationen, die hat jeder Mensch, wenn er arbeiten geht ..., Probleme sind eben wirklich die Umwelt, was auf uns doch so niederkommt".

Frau C. schätzt die Umweltbelastungen also als kollektives und auch als persönliches Risiko ein. Anstöße für die Beschäftigung mit der Umweltthematik sind für Frau C. vor allem Berichte in den Medien und Gespräche mit Freunden und Bekannten.

"Man hört genug und man wird praktisch ja in den letzten Jahren ja viel, viel mehr auf die Dinge ja auch aufmerksam gemacht durch die Öffentlichkeit, was alles einem gegeben wird, durch die Medien, die sagen ja auch genug darüber aus, das geht nicht spurlos an jedem vorbei, irgendwo macht man sich doch schon Gedanken, (...), Gedanken macht man sich, wenn man so in Kreisen spricht und wenn man so Freunde und Bekannte da hat, dann redet man schon auch mal über die Zukunft, die da einem vielleicht mal eines Tages ins Haus steht".

Frau C. schätzt Umweltbelastungen als persönliches Risiko ein, nimmt jedoch an, daß sie in ihrer eigenen Lebensspanne nicht mehr so sehr betroffen ist, im Unterschied zu nachfolgenden Generationen.

"Und das sind alles Risiken, die wir, vielleicht wir in unserem Alter, ich bin nicht mehr so eine von den ganz jungen Menschen, die eben da sind, aber eben unsere Nachwelt doch sehr belasten und für die sind es Risiken, auch noch viel, viel mehr, für die Kinder und für all das, was wir ja noch nachkriegen, (...), ich könnte mir vorstellen, daß in ein paar Jahrzehnten vielleicht die Lebenserwartungen der Menschen kürzer werden als die, die wir jetzt haben, daß doch die Gesundheit angegriffen wird und schneller verbraucht wird durch solche Dinge ..., für mich persönlich hoffe ich und glaube ich immer noch (lacht ein bißchen), daß es für mich also noch ein gutes Ende gibt, daß ich das alles vielleicht in meinen dreißig Jahren, die ich vielleicht noch leben möchte, das noch einigermaßen ist".

Ein wichtiges Kriterium für die Einschätzung des Risikos ist für Frau C., daß sie noch keine körperlichen Beeinträchtigungen durch Umweltbelastungen wahrnimmt. Ihre Körperwahrnehmung drückt sie in einer bemerkenswerten "Kommunikationsmetapher" aus:

"Mein Körper versteht das noch alles, was ich mit ihm vorhabe, also will er noch, kann er auch noch, er hat mir also noch nicht gezeigt, daß irgendetwas verkehrt mit mir geht".

Ein weiterer Aspekt ihrer persönlichen Risikoeinschätzung, der sich ebenfalls auf den Körper bezieht, ist ihr Vertrauen in ihren Körper, der schon so manches ausgehalten hat und sie nimmt auch an, daß man sich an die gesundheitlichen Belastungen ein wenig gewöhnt und der Körper irgendwelche Abwehrstoffe bildet.

"Naja, ja ich denke (hustet), ich denke, man hat vielleicht sich schon so ein klein wenig da reingelebt, ja, selbst daß unsere Körper schon, nehme ich an, ich weiß es nicht genau, aber daß wir vielleicht doch schon irgendwelche Abwehrstoffe gegen den ganzen Unrat haben, der da in der Luft umhergeht".

Außer dem verringernden Einfluß auf die Lebenserwartung hat Frau C. nur unbestimmte Vorstellungen über gesundheitliche Auswirkungen von Umweltbelastungen. Sie stellt sich vor, daß eventuell innere Organe geschädigt werden oder Krebs als Folge auftreten könnte. Auf die Frage, ob sie einen Unterschied zwischen herkömmlichen und umweltbedingten Erkrankungen sehe, antwortet sie:

"Es würde mich erschrecken, wenn ich so etwas hören würde, daß Krankheiten auftauchen, die vielleicht wirklich durch die Umwelt direkt eintreffen, ansonsten denke ich, jeder Arzt kann mir heutzutage noch helfen, für meine Krankheiten, die ich vielleicht mal kriege".

Ihren Äußerungen ist zu entnehmen, daß sie sich bislang wenig genauere Gedanken oder Vorstellungen zur Gefährdung durch Umweltbelastungen gemacht hat. Bemerkenswert an dieser Äußerung ist außerdem, daß Frau C. so spricht, als ob es für sie ein neuer erschreckender Gedanke wäre, daß Krankheiten durch Umweltbelastungen auftauchen könnten, eine Vorstellung, die sie an früheren Stellen des Gesprächs (vgl. oben) für unzweifelhaft gültig hält. Dieser Bruch in der Problemdeutung wirft die Vermutung auf, daß für Frau C. der Realitätsstatus des Umweltrisikos fluktuiert: manchmal sind die Gefährdungspotentiale für sie unbezweifelbare Realität, manchmal mag sie nicht so recht daran glauben und jeder Gedanke daran erschreckt sie aufs neue. Und sie kann sich auch mit dem Glauben an die Medizin wieder beruhigen.

Wie eingangs deutlich wird, beschäftigt sich Frau C. durchaus mit dem Umweltrisiko, angestoßen durch Berichte in den Medien und Gespräche mit Freunden und Bekannten. Sie äußert jedoch auch wiederholt, daß sie eine intensivere Beschäftigung mit dem Thema vermeide.

"Wir gehen im Grunde genommen darüber hinweg noch, wir sagen einfach: `es nützt nichts, wir müssen! leben', und wir leben und wir essen das, was wir auch essen können, hüten uns eben vor den vorgewarnten Sachen, aber ansonsten mache ich mir da keine großen Gedanken darüber, daß ich jetzt also überhaupt kaum noch etwas essen darf, mache ich nicht, geht nicht, weil es einfach nicht geht, (...),also wir leben ganz normal den Tag und essen Brot und essen Butter und essen Wurst und essen auch Fleisch und

Kartoffeln, von keinem Gebiet mehr und in Hauf und in Mengen sondern
ganz normal, wie jeder Bürger lebt, (...), im Grunde genommen, so im
Inneren gibt man dieses Thema dann aber auch wieder weit weg von sich,
man sagt immer: `das kann doch Alles gar nicht so wahr sein!', obwohl man
weiß, was los ist, aber man denkt immer: `ja vielleicht ist das Alles mehr oder
weniger Verunsicherung hier!', aber so denkt man im Stillen, aber die Natur,
also die Wahrheit ist natürlich da, nicht wahr, aber man drängt so ein bißchen
von sich Alles, so geht es vielen wahrscheinlich. Man hofft und hofft und
hofft, daß es Alles gut geht, aber wiederum sagt man sich dann: `Ach,
vielleicht ist es gar nicht so schlimm!'''.

Diese Textpassage illustriert sehr lebhaft, wie Frau C. intrapsychisch ihr
Risikobewußtsein modelliert, wie sie der Gefährdung "Wirklichkeit" gibt und
nimmt. Sie bewegt sich in ihrer Auseinandersetzung zwischen einer
Konfrontation mit der beängstigenden "Wahrheit" ("die Risiken sind sehr
groß"), dem gedanklichen Vermeiden ("man drängt das von sich") und dem
Zurückgreifen auf positive Gedanken und entschärfende Umdeutungen des
Problems ("man hofft, daß alles gut geht"). Ihr Umgang mit risikobezogenen
Affekten entspricht ebenfalls diesem Spannungsfeld zwischen Konfrontation
und Vermeidung. Auf der einen Seite findet sie die Informationen über
Umweltrisiken beängstigend.

"Beängstigend ist immer das, was also aus den Schadstoffen entsteht, (...),
was die also im Fernsehen zeigen, was die eben anbieten, immer wieder, da
kriegt man einen Schreck".

Auf der anderen Seite erachtet sie es als wichtig, sich emotional in diese
Themen nicht zu sehr hineinzusteigern.

"Wenn man also diesen Dingen trotzdem, daß sie schlimm sind, so ein
bißchen positiv gegenüber steht, dann ist es anders, man darf sich nicht
reinsteigern in solche Sachen, das ist verkehrt, könnte ich mir vorstellen".

Auf die Frage, wie sie sich die Zukunft vorstelle, erwidert Frau C., sie hoffe,
daß die Umweltkrise nicht schlimmer werde und der gegenwärtigen
Entwicklung Einhalt geboten werde. Diese persönliche Zukunftshoffnung
steht scheinbar in Diskrepanz zu ihrer negativen allgemeinen Zukunftseinschätzung, die sie an mehreren Stellen im Gespräch und auch im Fragebogen
zum Ausdruck bringt (sie erwartet für die nächsten fünf Jahre eine
Verschärfung der Umweltproblematik). Ihr persönliches Hoffen kann als eine
entlastende Bewältigungsstrategie interpretiert werden, die sie gegen die

Erwartung und den Glauben setzt, daß die Umweltsituation sich weiter verschärft.

Frau C. beschäftigt sich zwar wie beschrieben durchaus begrenzt mit dem Risikothema, achtet jedoch im Alltag schon gewohnheitsmäßig darauf, bestimmte Gefährdungen zu vermeiden. Sie ist seit dem Reaktorunfall von Tschernobyl insgesamt aufmerksamer beim Einkauf von Lebensmitteln geworden und hört auf Warnungen in den Medien. Sie ißt wegen der Schwermetall- und der radioaktiven Belastung keine Pilze und Fische mehr und kauft keine Lebensmittel aus dem östlichen Wirtschaftsbereich mehr. Bei Smog schließt sie die Fenster und unterläßt Spaziergänge und sie badet wegen der Wasserverschmutzung nicht mehr in den Berliner Havelseen.

Ein gewisses Ausmaß an Beschäftigung mit gesundheitlichen Risiken durch Umweltbelastungen begrenzt Frau C. durch die subjektiv erlebte Notwendigkeit, einen "normalen Alltag" zu leben.

Zusammenfassende Typisierung der Risikoverarbeitung

Frau C. beschäftigt sich zuweilen mit der Umweltkrise, angestoßen durch Medienberichte und Gespräche mit Freunden und Bekannten. Sie informiert sich dann auch über die Tagespresse, das Fernsehen und den Rundfunk und achtet auf Meldungen über Ereignisse, die eventuell öffentliche Warnungen enthalten könnten. Andererseits vermeidet sie (halb-) bewußt eine intensivere gedankliche Auseinandersetzung mit dem Thema. Die Nachrichten über Umweltbelastungen empfindet sie oft als beängstigend, achtet jedoch auch darauf, sich nicht zu sehr in diese Gefühle hineinzusteigern. Ein Bewältigungsversuch, der ihr eine weitere Entlastung von diesem als bedrohlich erlebten Thema bringt, ist die Mobilisierung von hoffnungsvollen Gedanken und Vorstellungen, welche die Verunsicherung zumindest vorübergehend vermindern oder aufheben und die Aktivierung positiver Lebenseinstellung, dies auch gegen die deutlich negative allgemeine Zukunftseinschätzung. Eine entlastende Vorstellung ist für Frau C. auch, daß einem schon nichts passiere, wenn "man normal lebt". Ihre Orientierung ihres Umgangs mit der Verunsicherung durch die Umweltrisiken an kollektiven Normvorstellungen klingt auch sprachlich in der häufig verwendeten kollektiven Subjektform ("wir", "man") an. Sie schafft sich also auf eine sehr differenzierte Weise intrapsychisch einen relativ konfliktfreien Bereich, der sie gegen die potentiell beängstigenden und verunsichernden Nachrichten von draußen schützt. Maßnahmen zum Selbstschutz hat sie seit dem Reaktorunfall von Tschernobyl fest im Alltag verankert. Sie vermeidet radioaktiv und mit Schwermetallen belastete Lebensmittel und achtet auf Meldungen in den Medien.

4. Fallbeispiel: Frau D., 33 Jahre, Büroangestellte

Frau D. gehört zu jener Teilgruppe in unserer Stichprobe (Gruppe 4, vgl. Kap. 6.1.5), die sich durch Umweltbelastungen persönlich sehr gefährdet fühlt und sich aufmerksam mit diesem Thema beschäftigt. Auf die Einstiegsfrage nach gesundheitlichen Gefahren oder Risiken nennt Frau D. eine ganze Reihe: Tschernobyl, Autoabgase, Smogalarm, Kälberskandal (Hormonmästung), Glykol im Wein, vergifteter Käse, Zigarettenrauchen, Kaffeekonsum, vergiftete Pilze, vergiftete Zahnpasta, vergiftetes Mineralwasser, gesundheitsschädliche Lacke und Farben, Asbestskandal. Von einem großen Teil dieser Risiken fühlt sie sich auch persönlich gefährdet.

"Also ganz spontan fällt mir dazu natürlich ein, das was ich fassen kann, sind so Sachen wie die Umweltbelastung in der Luft, das ist das was ich spürbar merke, dieses immer kurz vor dem Smogalarm stehen und mit dem Taschentuch vor dem Mund zur U-Bahn rennen und da stinkt es dann weiter, (...), das sind so Sachen, wenn man hört, daß irgendwo wieder eine Chemiebude in die Luft gegangen ist und man so im Hinterkopf hat, die Strahlen kommen irgendwie auf dich zu oder diese Giftwolke kann auf dich zukommen, das ist etwas, ich kann es nicht sehen, ich kann es nicht riechen, ich kann es nicht anfassen, das ist so eine drohende Wolke, die immer über einem steht, (...), daß ich befürchte oder eigentlich mir ziemlich sicher bin, daß dieses Zusammenspiel von vielem unterschiedlichem chemischen Giftmist, den man so in sich reintut, daß das im Körper irgendetwas verursacht, was die Wissenschaftler so überhaupt noch nicht rausgekriegt haben, (...), ich denke, das ist ein sehr ernst zu nehmendes Problem".

Als Anstöße für die Beschäftigung mit diesen Themen nennt Frau D. Reportagen in der Presse, die sie schon seit vielen Jahren verfolgt, in jüngster Zeit vor allem die Berichte über die Reaktorkatastrophe von Tschernobyl und die unmittelbare Beeinträchtigung durch Smog in Berlin.

Die längere eingangs wiedergegebene Gesprächspassage verdeutlicht, daß Frau D. sich persönlich von diesen Risiken voll betroffen fühlt. Im Unterschied zu vielen anderen Gesprächspartnern relativiert sie dieses Risiko für sich in keiner Weise und formuliert ihr Risikobewußtsein in Begriffen individueller Risikobetroffenheit.

Ihre Vorstellungen über die Auswirkungen von Umweltbelastungen sind differenziert und konkret. Sie denkt dabei an Hauterkrankungen und

Allergien, eine Belastung des Immunsystems, Krebs, Beeinträchtigungen der Atemfunktionen und des Kreislaufs, eine Veränderung von Blutkörperchen, Zellen und von Genen. Sie bezieht diese Vorstellungen auch unmittelbar auf sich.

"Ich stell mir vor, daß ich weniger widerstandsfähig bin, ich stell mir vor, oder ich rechne damit, daß ich irgendwann in den nächsten Jahren auch von irgendsoeiner komischen Allergie befallen werde, wo das Immunsystem eben auch nicht mehr ausreicht. Ich rechne damit, daß ich in den späteren Jahren Krebs kriege, damit rechne ich ziemlich stark. Ja und das Andere, also all zuviel mag ich mir darunter eigentlich nicht vorstellen (lacht verlegen), ich hoffe, daß es nicht so schlimm wird, wie ich mir das vorstelle, aber das sind Sachen, mit denen ich ganz einfach rechne".

Den Unterschied zwischen umweltbedingten und herkömmlichen Erkrankungen sieht sie darin, daß erstere schwer zu fassen sind und sie sich nicht davor schützen kann.

Zum Umgang mit diesen als hoch eingeschätzten und persönlich bedeutsam erlebten Gefährdungen sagt Frau D.:

"Also ich informiere mich, ich kriege erstmal so eine Information zack! hingeschmettert, man hat das Stichwort "Wasser giftig!" und dann denke ich: `gut, dann mußt du dich mal erkundigen!'. Dann versuche ich, also diese Listen, schwarzen, grünen oder weißen Listen zu kriegen über die Verbraucherzentrale oder über irgendwelche Zeitschriften, wo das aufgeschrieben ist und informiere mich genau, was daran giftig, in welchen Produkten ist es wie oder wie gesundheitsschädlich enthalten und versuche dann erstmal so die Information ganz auszuschöpfen, daß man nicht so ein Halbwissen hat, um dann zu sehen, was muß ich meiden, was kann ich weiter benutzen, (...), und bei vielen Sachen, die kann man eben einfach meiden oder man verändert sein eigenes Verhalten, bei anderen Sachen da ist man dem einfach hilflos ausgeliefert und so ganz global, muß ich ehrlich sagen, daß ich einfach damit reagiere, daß ich verdränge. Also jetzt habe ich mich mal wieder informiert und merke mir bestimmte Sachen, die ich nicht mehr benutzen soll und dann: `wapp!' in den Hinterkopf verdränge, weil ich denke, wenn man ganz toll darüber nachdenkt, dann wird man nur verrückt, das endet immer so dabei, daß man denkt: verdammte Scheiße!, was sollst du denn noch essen?, essen darfst du nicht mehr, trinken darfst du nicht mehr, Luft holen sollst du auch nicht mehr, was sollst du denn eigentlich noch? (...), man muß so, glaube ich, sich auch so ein bißchen Hoffnung überall rausschöpfen, sonst wird man einfach irre".

Frau D.'s Umgang mit dem Risikothema ist also stark geprägt durch eine aktive Auseinandersetzung und Informationssuche und damit den Versuch, kognitiv Kontrolle zu erlangen. Als Schutz vor der Endlosschleife, die damit in Gang kommt, muß sie dieses Thema jedoch auch wieder bewußt gedanklich vermeiden. Schließlich betont sie auch, daß sie Hoffnung und eine positive Lebenseinstellung als Bewältigungsresource einsetzt, um dem Verunsicherungssog dieses Themas zu entgehen. Wie die zitierten Passagen zeigen, ist Frau D. auch im Bereich risikobezogenen Handelns "Expertin". Sie hat ihre Ernährung auf "schadstoffarm" umgestellt und bemüht sich auch in vielerlei Hinsicht, einen eigenen Beitrag zum Umweltschutz zu leisten.

Zusammenfassende Typisierung der Risikoverarbeitung

Frau D. fühlt sich persönlich stark durch Umweltbelastungen gefährdet und erwartet mehr oder weniger konkret gesundheitliche Folgeschäden. Sie setzt sich mit großem Einsatz aktiv mit dem Thema auseinander, beschafft sich Hintergrundinformationen und versucht ihren Alltag, insbesondere ihre Ernährung darauf abzustimmen. Als Gegengewicht gegen die Endlosschleife der "Gefährdungshitlisten" sieht sie die Notwendigkeit, eine weitere Beschäftigung mit diesem Thema gelegentlich zu unterbrechen und auch positive Vorstellungen zum Zuge kommen zu lassen. Sie hat sich in beinahe prototypischer Weise das Umweltrisiko als individuell zu bewältigendes Risiko angeeignet und versucht, es mit viel Wissen und Einsatz für sich persönlich zu kontrollieren und durch umweltschonendes Verhalten auch einen Beitrag für die gesamte Gesellschaft zu leisten.

6.1.9 Zusammenfassung der Ergebnisse

Im Sommer 1988 führten wir mit einer nach Alter und Geschlecht gemischten Stichprobe von 30 Personen in Berlin (West) problemzentrierte Interviews zur Bewertung und Bewältigung von gesundheitlichen Gefährdungen durch Umweltbelastungen. Mit Hilfe text- und inhaltsanalytischer Methoden konnten wir verschiedene Aspekte des Risikobewußtseins beschreiben und Formen der Auseinandersetzung mit diesen Risiken dokumentieren.

Die wichtigsten Ergebnisse in Stichpunkten:
- Auf die allgemeine Einstiegsfrage nach "gesundheitlichen Risiken oder Gefahren" werden neben einigen Risiken der Lebensführung (z.b. Alkoholkonsum, Rauchen) Umweltbelastungen am häufigsten spontan genannt.
- Nahezu alle Befragte haben mehr oder weniger differenzierte Vorstellungen über die gesundheitlichen Folgewirkungen von Umweltbelastungen. Am häufigsten werden Krebserkrankungen, Beeinträchtigungen des Abwehrsystems, Allergien und Atemwegserkrankungen genannt. Nahezu zwei Drittel der Befragten nennen lebhafte visuell repräsentierte Vorstellungen, wie die Schadstoffe auf den menschlichen Körper einwirken ("Ablagerung der Giftstoffe", "Zerstörung von lebender Substanz").
- Für etwa zwei Drittel der Befragten heben sich "umweltbedingte" von "herkömmlichen" Erkrankungen durch einige Besonderheiten ab. Am häufigsten wird hier genannt, daß man sich vor umweltbedingten Erkrankungen nicht schützen und diese auch medizinisch kaum in den Griff zu bekommen könne.
- Die Auseinandersetzung unserer GesprächspartnerInnen mit den Umweltrisiken konnten wir in 16 verschiedene Aspekte differenzieren, die sowohl die intrapsychische Ebene der Auseinandersetzung (kognitiv und emotional) als auch den Bereich des risikobezogenen Handelns umfassen.
- Auffällig ist, daß das Spektrum intrapsychischer Bewertungs- und Bewältigungsversuche stark von defensiven und vermeidenden Prozessen geprägt ist. Der von den meisten Befragten geteilten globalen Problembewertung, die gesundheitlichen Gefährdungen durch Umweltbelastungen seien Anlaß zur Sorge, stehen ausgeprägte Prozesse der Relativierung und "Verkleinerung" des persönlichen Risikos gegenüber. Nur ein kleiner Teil der Befragten nimmt die besorgte *Problemeinschätzung* auch in vollem Umfang für sich *persönlich* ernst. Für die Mehrzahl unserer GesprächspartnerInnen gilt die Kurzbeschreibung: *"Die Umweltrisiken sind bedrohlich, aber mich betrifft das nicht so sehr".* - Im Bereich des risikobezogenen Handelns werden vor allem Maßnahmen zum Selbstschutz genannt (z.B. schadstoffarme Ernährung). Umweltschonendes Handeln wird zwar von 11 Befragten im Interview genannt, steht jedoch lediglich bei drei

Befragten in einem subjektiven Sinnzusammenhang mit den gesundheitlichen Gefährdungen durch Umweltbelastungen.

- Mit Hilfe einer Cluster-Analyse konnten wir *vier Subgruppen* identifizieren, die sich durch ähnliche Muster der Risikoverarbeitung auszeichnen. Gruppe 1 (5 Personen) sieht sich persönlich nicht gefährdet und beschäftigt sich dementsprechend auch kaum mit diesem Themenkomplex. Gruppe 2 (6 Personen) fühlt sich persönlich betroffen, nimmt diese jedoch resignierend hin und vermeidet eine weitere Beschäftigung damit. Gruppe 3 (7 Personen) fühlt sich durch die Umweltbelastungen ernsthaft gefährdet und handelt auch entsprechend, indem sie auf Selbstschutzmaßnahmen und Ausgleichsaktivitäten achtet. Andererseits entlasten sich diese Personen jedoch intrapsychisch mit der Vergegenwärtigung, daß noch keine körperlichen Beeinträchtigungen empfunden werden und durch die Mobilisierung "positiver Gedanken". Gruppe 4 (12 Personen) fühlt sich von den Umweltrisiken in vollem Umfang betroffen, äußert starke affektive Reaktionen, beschäftigt sich gedanklich aufmerksam mit diesem Thema und achtet auch auf Selbstschutzmaßnahmen. Die verschiedenen Typen der Risikoverarbeitung sind durch Einzelfalldarstellungen illustriert.

- Die Mehrzahl der Befragten erwartet eine Verschärfung der Umweltproblematik in den nächsten fünf Jahren und gibt an, sich bei einer solchen Entwicklung verstärkt mit den Umweltrisiken zu beschäftigen z.B. durch aktive Informationssuche, stärkeres Achten auf schadstoffarme Ernährung, Erwägen eines Wohnortwechsels.

- Die Medienberichterstattung über Umweltthemen wird von den meisten GesprächspartnerInnen negativ bewertet. Kritisiert wird vor allem die Widersprüchlichkeit verschiedener Berichte und die Form der Berichterstattung (Verharmlosung vs. Dramatisierung der Gefahren).

6.2 Ergebnisse der Fragebogenerhebung

6.2.1 Umweltbelastungen im Vergleich mit anderen Gefährdungen

Teil A unseres Fragebogens enthält eine Liste verschiedener Gefährdungen, die unsere Befragten einmal für die allgemeine Bevölkerung und zum zweiten für sich persönlich bewerten sollten (vgl. Anhang B). Die genannten Gefährdungen sind sehr unterschiedlich und genau genommen kaum miteinander zu vergleichen. Solche heterogenen Listen sind jedoch geeignet, um grob zu erfassen, wie verschiedene, durch Schlagworte wiedergegebene Gefährdungen intuitiv bewertet werden.

Die Mittelwerte der Gefährdungsbewertungen sind in Abbildung 23 dargestellt. Die verschiedenen Gefährdungen werden unterschiedlich bewertet. Die Gefährdung durch die Umweltverschmutzung wird am höchsten bewertet, es folgen Krebs und Herzinfarkt. Auffällig ist auch, daß die persönliche Gefährdung durchweg geringer bewertet wird als die Gefährdung der Gesamtbevölkerung. Mit Hilfe einer multivariaten Varianzanalyse (Meßwiederholungsdesign mit 2 x 8 Faktorstufen) überprüften wir, ob die in der deskriptiven Statistik auffälligen Unterschiede auch statistisch signifikant sind. Die Analyse zeigt, daß die beobachteten Unterschiede hochsignifikant sind (Risikoquellen: F=93, df=1,7: p<.000; Risikoträger: F=271, df=1,7: p<.000). Weiterhin gibt es Wechselwirkungen zwischen den beiden Bewertungsaspekten: bei einigen Gefährdungen (Arbeitslosigkeit, Aids) wird die persönliche Gefährdung relativ zur allgemeinen Gefährdung erheblich niedriger eingeschätzt als bei den anderen Gefährdungen (Wechselwirkung: F=55, df=1,7: p<.000).

Für die Diskrepanz zwischen allgemeiner und persönlicher Gefährdungsbewertung kann es bei einigen der vorgegebenen Risikothemen im Einzelfall plausible Gründe geben: beispielsweise ist für die älteren Befragten, die sich bereits im Ruhestand befinden, Arbeitslosigkeit oder AIDS kaum eine persönlich bedeutsame Gefährdung. Hier fällt die Diskrepanz zwischen allgemeiner und persönlicher Bewertung im statistischen Durchschnitt dementsprechend größer aus. Erstaunlich ist jedoch, daß auch die kollektiven Gefährdungen (Atomkrieg, Umweltverschmutzung) persönlich geringer bewertet werden als im Durchschnitt. Wir interpretieren dieses Muster hier im Sinne des bekannten *"unrealistischen Optimismus"* (vgl. Kapitel 3.3.2 und die Diskussion in Kap. 7). Menschen tendieren dazu, sich selbst für relativ immun und "unverwundbar" gegenüber vielen Gefahren zu fühlen, auch dort, wo dies rational kaum mehr zu begründen ist. Bei der Umweltverschmutzung ist dies insofern bemerkenswert als eigentlich bekannt ist, daß Großstadtbewohner in überdurchschnittlichem Ausmaß der Umweltverschmutzung

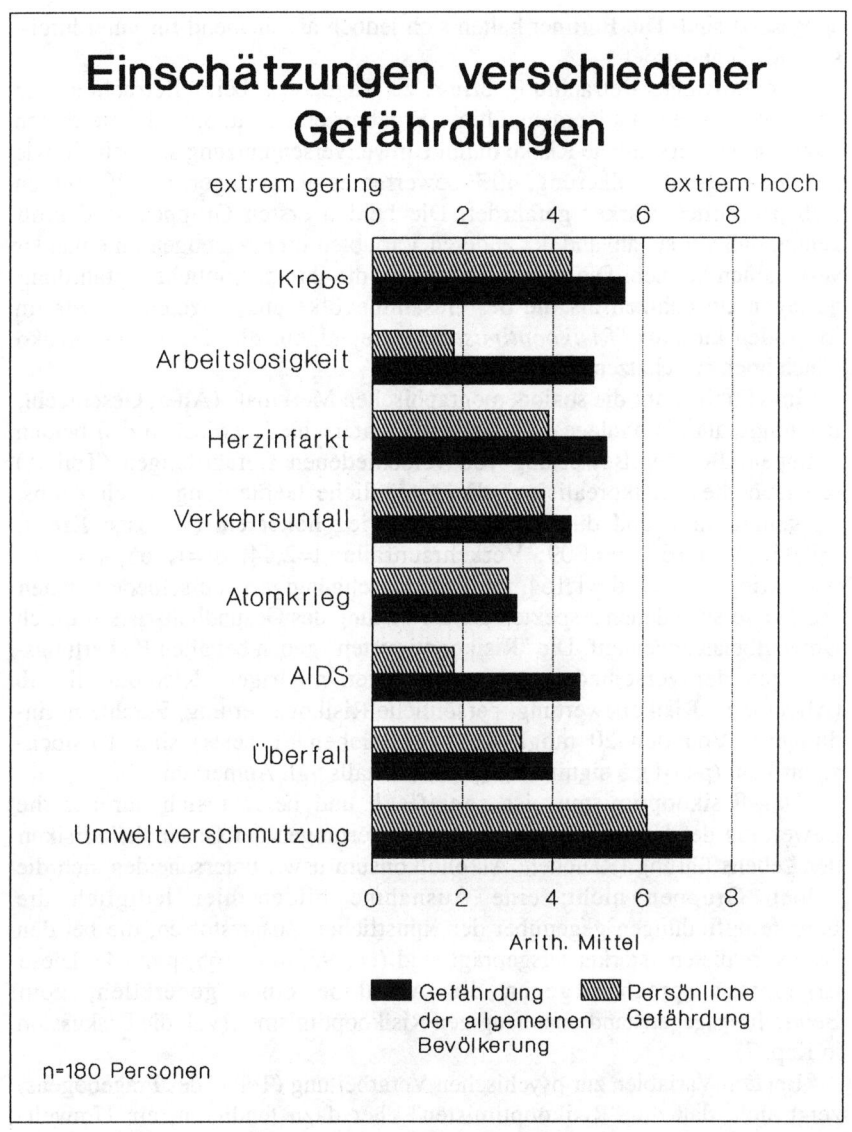

Einschätzungen verschiedener Gefährdungen

extrem gering   extrem hoch

| | 0 | 2 | 4 | 6 | 8 |

Krebs

Arbeitslosigkeit

Herzinfarkt

Verkehrsunfall

Atomkrieg

AIDS

Überfall

Umweltverschmutzung

Arith. Mittel

■ Gefährdung der allgemeinen Bevölkerung   ▨ Persönliche Gefährdung

n=180 Personen

Abbildung 23

165

ausgesetzt sind. Die Berliner halten sich jedoch anscheinend für unterdurchschnittlich gefährdet.

Die fallweise Betrachtung bringt zu Tage, was beim Betrachten der Mittelwerte wie ein allgemeingültiges Ergebnis erscheint: 53% der Befragten schätzen das persönliche Risiko durch Umweltverschmutzung so hoch ein wie das der Gesamtbevölkerung, 40% bewerten es als geringer, nur 7% fühlen sich persönlich stärker gefährdet. Die beiden ersten Gruppen sind groß genug, daß wir sie anhand der anderen Variablen im Fragebogen miteinander vergleichen können. Diejenigen Befragten, die ihre persönliche Gefährdung geringer einschätzen als die der Gesamtbevölkerung, bezeichnen wir im folgenden kurz als *"Risikooptimisten"*, diejenigen, die das eigene Risiko gleich hoch einschätzen, als *"Risikorealisten"*.

Im Hinblick auf die soziodemographischen Merkmale (Alter, Geschlecht, Bildungsstand, Wohnlage) gibt es keine Unterschiede zwischen den beiden Gruppen. Bei der Bewertung von verschiedenen Gefährdungen (Teil A) schätzen die "Risikorealisten" die persönliche Gefährdung durch Krebs, Verkehrsunfälle und durch einen Atomkrieg höher ein (T-Tests: Krebs: t=2,65, df=1,162, p=.009; Verkehrsunfälle: t=2,44, df=1,165, p=.016; Atomkrieg: t=2.09, df=1,164, p=.038). Durchgängige Unterschiede tauchen bei den verschiedenen Aspekten der Bewertung des Gesundheitsrisikos durch Umweltbelastungen auf. Die "Risikooptimisten" geben bei allen Bewertungsaspekten der verschiedenen Umweltrisiken niedrigere Risikourteile ab (Allgemeine Risikobewertung, persönliche Risikobewertung, Furchtempfindungen). Von den 20 möglichen Vergleichen (T-Tests) sind 10 hochsignifikant (p<.01), 5 signifikant (p<.05, Details vgl. Anmerkung[12]).

Der Risikooptimismus ist *spezifisch* und bezieht sich nur auf die Bewertung der Umweltrisiken. In den Bewertungen der Gesundheitsrisiken der Lebensführung (Rauchen, Alkoholkonsum usw.) unterscheiden sich die beiden Gruppen nicht; eine Ausnahme bilden hier lediglich die Furchtempfindungen gegenüber den künstlichen Zusatzstoffen, die bei den "Risikorealisten" stärker ausgeprägt sind (t=2.92, df=1,165, p=.004). Diese Ergebnisse sprechen gegen die Annahme eines generellen, vom Beurteilungsgegenstand unabhängigen Risikooptimismus (vgl. die Diskussion in Kap. 7).

Bei den Variablen zur psychischen Verarbeitung (Teil C des Fragebogens) zeigt sich, daß die "Risikooptimisten" eher dazu tendieren, ein Umweltgesundheitsrisiko für sich gänzlich zu verleugnen (Item Nr. 1: t=-2.21, df=1,164, p=.029), daß sie eher daran glauben, daß der Körper sich an Umweltbelastungen gewöhnt (Item Nr. 7: t=-2.09, df=1,162, p=.038), daß sie Nachrichten über Umweltbelastungen weniger beängstigend finden (Item Nr. 11: t=2.63, df=1,142, p=.009) und das Umweltthema in ihrem Alltag einen

geringeren Stellenwert einnimmt (Item Nr. 23: t=-3.04, df=1,145, p=.003). Des weiteren ist die Umweltkrise für sie auch seltener ein Thema in Gesprächen mit Freunden oder Bekannten (Item Nr. 20: t=3.72, df=1,156, p<.000).
Bei den Variablen zur Informationsbewertung (Teil E) gibt es lediglich einen bedeutsamen Unterschied. Die "Risikorealisten" fühlen sich gegenüber der Berichterstattung über Umweltthemen eher hilflos und verunsichert (Item Nr. 8: t=2.12, df=1,147, p=.035).
Bei den Variablen zur gesellschaftlichen Bewertung (Teil F) zeigt sich, daß die "Risikorealisten" eher Gefühle von Kontrollverlust erleben ("Wir sind immer weniger an wichtigen Entscheidungen, die unser eigenes Leben betreffen, beteiligt", t=3.7, df=1,136, p<.000) und die "Risikooptimisten" eher geneigt sind, die Umweltbelastungen als notwendiges Übel zu akzeptieren, welches sie für den Wohlstand in Kauf nehmen müssen (Item Nr. 8: t=-2.2, df=1,152, p=.029).
Zusammenfassend können wir hier festhalten, daß etwa die Hälfte der Befragten bei der Bewertung der Gefährdung durch Umweltbelastungen einen unrealistischen Optimismus zeigt. Sie bewerten ihr persönliches Risiko im Vergleich mit der allgemeinen Bevölkerung geringer und schätzen die Risiken auch absolut gesehen geringer ein. Sie neigen dazu, sich persönlich überhaupt nicht gefährdet zu fühlen und die Umweltkrise tangiert sie insgesamt weniger.

6.2.2 Vergleichende Bewertung verschiedener Gesundheitsrisiken

Teil B unseres Fragebogens enthält eine Liste von 10 verschiedenen Gesundheitsrisiken, die unsere Befragten unter drei Aspekten bewerteten:

- allgemeine Risikobewertung (ohne Bezug auf ein "Risikosubjekt"),
- persönliche Risikobewertung,
- Ausmaß von Furchtempfindungen und Bedrohungsgefühlen.

Die Mittelwerte der Gefährdungsbewertungen sind in Abbildung 24 dargestellt. Bei der allgemeinen Risikobewertung werden regelmäßiger Alkoholkonsum und dauerhaftes starkes Rauchen durchschnittlich als größte Gesundheitsrisiken eingeschätzt. Künstliche Zusatzstoffe in Nahrungsmitteln und Verkehrslärm werden am geringsten eingeschätzt. Die anderen Umweltrisiken und Risiken der Lebensführung liegen im mittleren Bereich.
Bei den persönlichen Risikobewertungen fällt wiederum auf, daß sie bei allen Risikoquellen unter der allgemeinen Risikobewertung liegen. Besonders

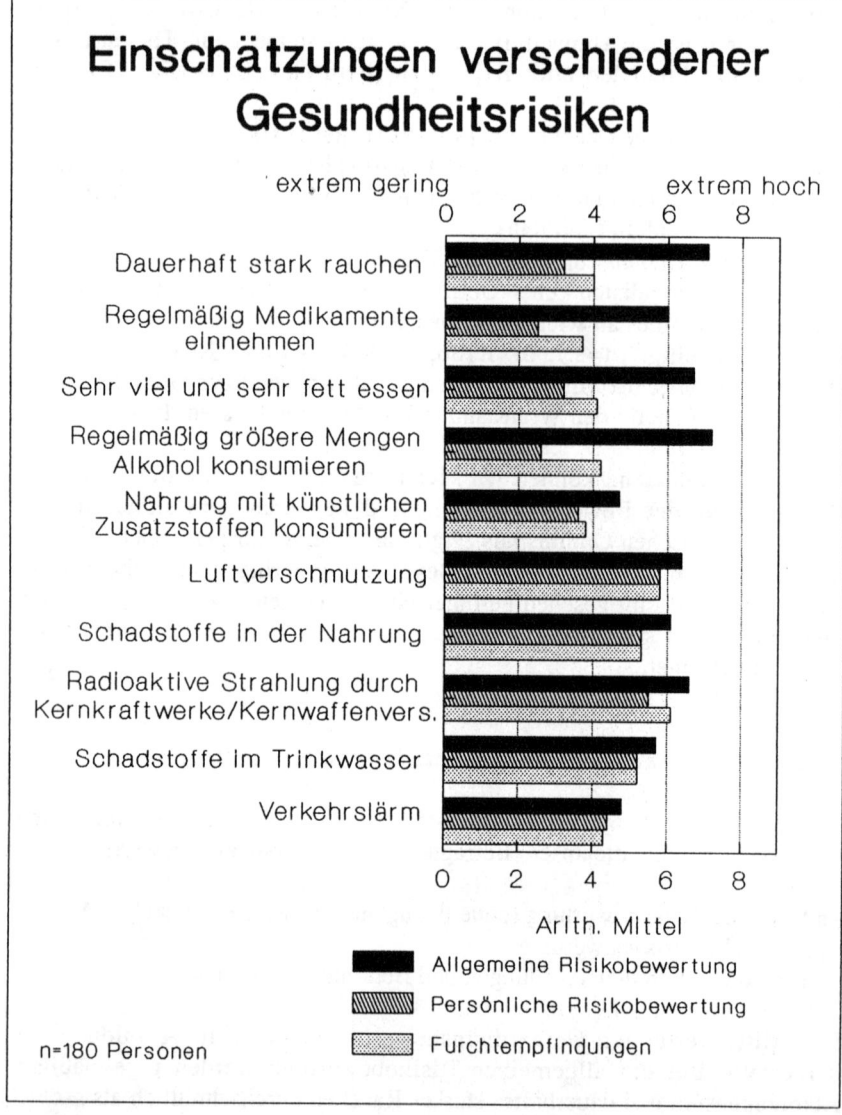

Einschätzungen verschiedener Gesundheitsrisiken

n=180 Personen

Abbildung 24

deutlich ist dieser Unterschied beim Rauchen, dem Medikamentenkonsum, der ungesunden Ernährungsweise (viel und fett essen) und dem Alkoholkonsum. Von diesen Risiken fühlen sich die Befragten durchschnittlich nur wenig betroffen. Dieses Ergebnis geht vermutlich darauf zurück, daß nur ein Teil der Befragten sich den genannten Risiken aussetzt, zum Teil dürfte auch der bekannte "unrealistische Optimismus", der sich bei den anderen Risikobewertungen zeigt, dafür verantwortlich sein[13]. Bei dem Ausmaß von Furchtempfindungen, welches die Befragten durchschnittlich mit den Risikoquellen verbinden, fällt auf, daß die Umweltrisiken durchweg bedrohlicher empfunden werden als die Risiken der Lebensführung. Der Verkehrslärm fällt hier in den mittleren Bereich. Mit Hilfe einer multivariaten Varianzanalyse (Meßwiederholungsdesign mit 3x10 Faktorstufen) überprüften wir, ob die in der deskriptiven Darstellung auffälligen Unterschiede auch statistisch signifikant sind. Die Analyse zeigt, daß die beobachteten Unterschiede hochsignifikant sind (Bewertungsaspekt: $F=174$, $df=2,328$, $p<.000$; Risikoquellen: $F=33$, $df=9,1476$, $p<.000$; Wechselwirkung: $F=56$, $df=18,2952$, $p<.000$).

Zusammenfassend können wir hier festhalten, daß die mit Schadstoffwirkungen verbundenen Umweltgefährdungen (Luftverschmutzung, Schadstoffe in der Nahrung, Radioaktive Strahlung, Schadstoffe im Trinkwasser) hinsichtlich der Gefahr dauerhafter Gesundheitsschäden im Durchschnitt ähnlich hoch eingestuft werden wie die wichtigsten Risiken der Lebensführung (Rauchen, Medikamentenkonsum, ungesunde Ernährungsweise, Alkoholkonsum). Die Umweltrisiken sind jedoch deutlich stärker mit Bedrohungsgefühlen verknüpft und die persönliche Betroffenheit streut hier weniger als bei den Risiken der Lebensführung. Auf dem Hintergrund der Ergebnisse der kognitiven Risikoforschung (vgl. Kap. 3.3.2) dürfte die hohe Bewertung der Umweltrisiken und insbesondere des Aspektes der Furchtempfindungen auf die geringe Kontrollierbarkeit und die geringe Bekanntheit dieser Gefahren zurückgehen.

Alters- und Geschlechtsunterschiede

Zur Prüfung von Alters- und Geschlechtsunterschieden führten wir zweifaktorielle Varianzanalysen durch. Es zeigte sich, daß die Bewertungen der Umweltrisiken weitgehend unabhängig von Alter und Geschlecht sind. Eine Besonderheit zeigte sich lediglich bei dem Rangreihenvergleich: jüngere Befragte tendieren gegenüber Älteren und Männer gegenüber Frauen dazu, die Gefährdung durch Schadstoffe in Nahrungsmitteln höher einzuschätzen (Alter: $F=6.5$, $df=1,165$, $p=.012$; Geschlecht: $F=6.0$, $df=1,165$, $p=.015$). Bei allen anderen Bewertungen der Umweltrisiken finden wir keine Unterschiede.

Bei den Risiken der Lebensführung schätzen ältere Befragte das persönliche Risiko durch Medikamentenkonsum höher ein ($F=20.6$, $df=1,161$, $p<.000$) und erleben tendenziell stärker Gefühle von Gefährlichkeit gegenüber regelmäßigem Alkoholkonsum ($F=6.8$, $df=1,162$, $p=.01$). Schließlich schätzen Männer gegenüber Frauen ihre persönliche Gefährdung durch Alkoholkonsum höher ein ($F=8.98$, $df=1,161$, $p=.003$).

6.2.3 Aspekte der Risikoverarbeitung - deskriptive Statistik

Teil C unseres Fragebogens soll einige zentrale Aspekte der Risikoverarbeitung und -bewältigung erfassen. Die wichtigsten Ergebnisse der deskriptiven Auswertung sind in Abbildung 25 dargestellt. Bei der Interpretation ist zu beachten, daß die Konzepte zur Risikoverarbeitung und -bewältigung, die wir aus der qualitativen Analyse von Texten entwickelt haben, im Fragebogen durch die Operationalisierung in Itemform z.t. etwas andere Akzente bekommen haben (vgl Kap. 5.4.1). Hier gilt gewissermaßen eine andere "Unschärferelation": mit dem Fragebogen können wir zwar die Verarbeitungsaspekte bei einer relativ großen Anzahl von Befragten erfassen, jedoch wird die Erfassung der einzelnen Verarbeitungsaspekte "unschärfer", da im Fragebogen keinerlei individuelle Kontextinformationen Berücksichtigung finden können, wie dies bei den Interviewtexten der Fall ist.

Nur 13% der Befragten sind der sicheren Überzeugung, persönlich durch das Umweltrisiko nicht gefährdet zu sein. Ein etwas größerer Anteil (24%) gibt an, sich persönlich nicht gefährdet zu fühlen, da noch keine körperlichen Beeinträchtigungen empfunden werden. Etwa ein Drittel der Befragten (32%) äußert eine resignative Einstellung gegenüber der Umweltproblematik ("ich bin ausgeliefert, da kann ich überhaupt nichts machen"). Jeweils 15% glauben, daß sich der Körper an Umweltbelastungen gewöhnt und Widerstandskräfte entwickelt bzw. daß nur empfindliche Menschen von dem Umweltrisiko betroffen sind.

Im aktiven Bereich der Auseinandersetzung ist für uns überraschend, daß immerhin die Hälfte der Befragten (52%) angibt, die Umweltkrise sei öfter ein Thema in Gesprächen mit Freunden und Bekannten. Ebenfalls überraschend hoch ist der Anteil der Befragten, der emotionale Reaktionen im Zusammenhang mit der Umweltgefährdung angibt. 89% geben an, sich durch die Umweltzerstörung bedrückt zu fühlen. Interessant ist auch, wie auf unser versuchsweise eingeführtes Item zur Spaltung zwischen dem "Wissen" um die Gefährdung und dem "Fühlen" geantwortet wird (Item Nr. 15). Dieses

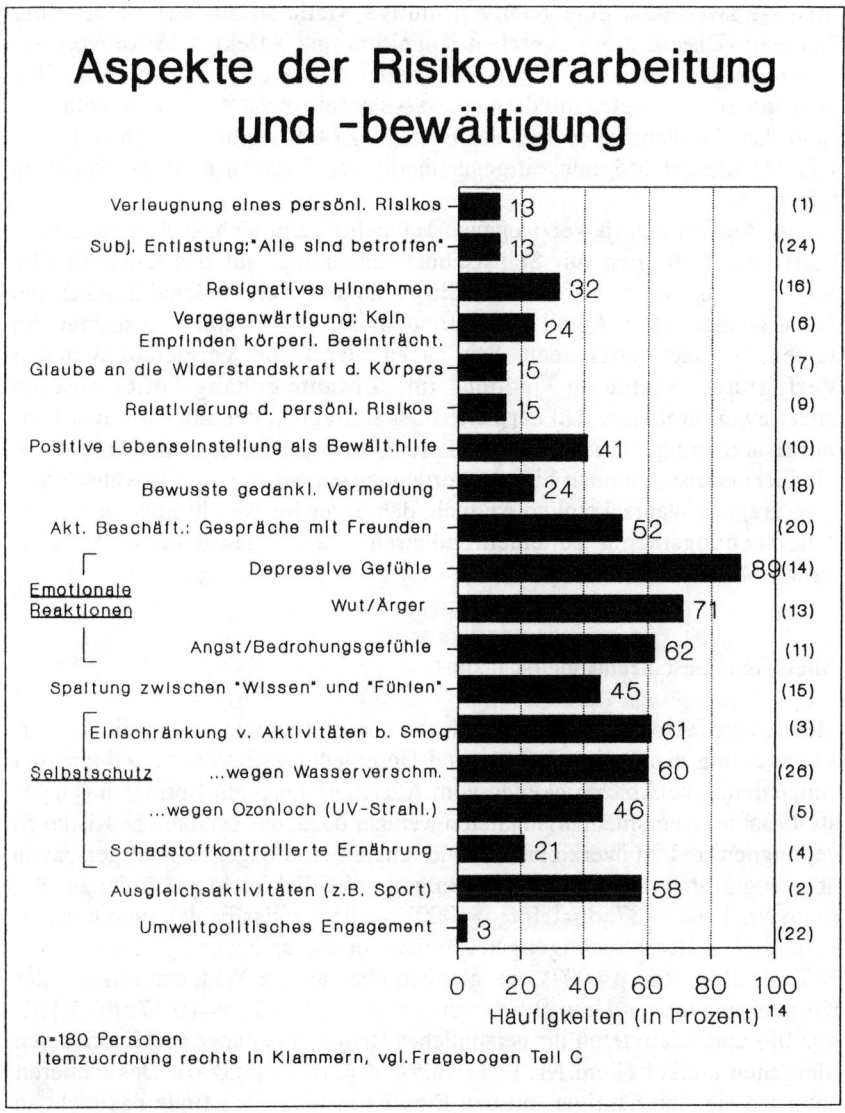

Aspekte der Risikoverarbeitung und -bewältigung

Item	Wert	(Zuordnung)
Verleugnung eines persönl. Risikos	13	(1)
Subj. Entlastung:"Alle sind betroffen"	13	(24)
Resignatives Hinnehmen	32	(16)
Vergegenwärtigung: Kein Empfinden körperl. Beeinträcht.	24	(6)
Glaube an die Widerstandskraft d. Körpers	15	(7)
Relativierung d. persönl. Risikos	15	(9)
Positive Lebenseinstellung als Bewält.hilfe	41	(10)
Bewusste gedankl. Vermeidung	24	(18)
Akt. Beschäft.: Gespräche mit Freunden	52	(20)
Emotionale Reaktionen — Depressive Gefühle	89	(14)
Wut/Ärger	71	(13)
Angst/Bedrohungsgefühle	62	(11)
Spaltung zwischen "Wissen" und "Fühlen"	45	(15)
Selbstschutz — Einschränkung v. Aktivitäten b. Smog	61	(3)
...wegen Wasserverschm.	60	(26)
...wegen Ozonloch (UV-Strahl.)	46	(5)
Schadstoffkontrollierte Ernährung	21	(4)
Ausgleichsaktivitäten (z.B. Sport)	58	(2)
Umweltpolitisches Engagement	3	(22)

0   20   40   60   80   100
Häufigkeiten (in Prozent) [14]

n=180 Personen
Itemzuordnung rechts in Klammern, vgl. Fragebogen Teil C

Abbildung 25

Item ist zweifellos eine relativ primitive Methode zur Erfassung einer Spaltung (Dissoziation) zwischen Kognition und Affekt. Die Antwortverteilung zeigt jedoch, daß hierzu differenzierte Antworten vorliegen und die Mehrzahl der Befragten mit dieser Aussage anscheinend doch etwas anfangen kann. Ein beträchtlicher Teil der Befragten (45%) gibt an, sich trotz des Wissens um die Möglichkeit gesundheitlicher Schäden nicht gefährdet zu fühlen.

Im Bereich des risikobezogenen Handelns zeigt sich, daß mehr als die Hälfte der Befragten mit Selbstschutzmaßnahmen auf das Umweltrisiko reagiert. Am häufigsten wird die Einschränkung von Außenaktivitäten bei Smog genannt. Der Anteil der Befragten, der angibt, auf Selbstschutz zu achten, ist unerwartet hoch. Wir haben hier keine Vergleichsdaten zur Verfügung, vermuten jedoch im Zusammenhang mit unseren Interviewerfahrungen, daß der Anteil der Befragten, der aktiv mit den Umweltrisiken umgeht, in der Bevölkerung in Wirklichkeit niedriger liegt. Möglicherweise kommen hier Anworttendenzen der sozialen Erwünschtheit zum Tragen. Wahrscheinlich ist auch, daß unser im Anschreiben genanntes Untersuchungsthema zu einem höheren Fragebogenrücklauf bei eher umweltbewußten Befragten führte.

Alters- und Geschlechtsunterschiede

Mittels zweifaktorieller Varianzanalysen überprüften wir, inwieweit einzelne Verarbeitungsaspekte nach Alter und Geschlecht variieren. Es zeigen sich einige deutliche Abhängigkeiten vom Alter. Die jüngeren Befragten (jünger als 49 Jahre, Altersmedian) tendieren weniger dazu, das persönliche Risiko zu verleugnen und zu "verkleinern". Die Älteren sind dagegen häufiger davon überzeugt, durch Umweltbelastungen gesundheitlich nicht gefährdet zu sein (Item Nr. 1: $F=14.37$, $df=1,166$, $p<.000$), sie deuten das Fehlen unmittelbarer körperlicher Beeinträchtigungen häufiger in dieser Richtung (Item Nr. 6: $F=7.52$, $df=1,166$, $p=.007$), sie glauben eher an die Widerstandskraft des Körpers gegenüber Umweltbelastungen (Item Nr. 7: $F=10.47$, $df=1,166$, $p=.001$) und relativieren ihr persönliches Risiko gegenüber empfindlicheren Menschen stärker (Item Nr. 9: $F=16.57$, $df=1,166$, $p<.000$). Des weiteren entlasten sie sich häufiger mit den Einschätzungen, "ich finde das nicht so schlimm, denn wir sind ja alle betroffen" und "früher gab es auch viele gesundheitliche Belastungen und die Leute haben es überlebt" (Item Nr. 24: $F=16.0$, $df=1,166$, $p<.000$; Item Nr. 19: $F=21.19$, $df=1,166$, $p<.000$). Insbesondere in den letzten beiden Verarbeitungsaspekten kann man Elemente der biographischen Selbstdeutung der Kriegsgeneration entdecken. Kollektives

Erleben von Belastungen und Bedrohungen entlastet den Einzelnen ein wenig. Auch äußern die Älteren eine resignativ geprägte personale Kontrollüberzeugung (Item Nr. 16: $F=10.68$, $df=1,166$, $p=.001$). Trotz der eher abwehrenden kognitiven Verarbeitung geben die Älteren im Vergleich mit den Jüngeren häufiger an, daß sie bei Smog Außenaktivitäten einschränken.

Hinsichtlich der Geschlechtszugehörigkeit zeigen sich nur wenige Unterschiede. Frauen geben häufiger als Männer an, eher mit der Naturzerstörung (Waldsterben, Robbensterben) beschäftigt zu sein als mit den gesundheitlichen Auswirkungen von Umweltbelastungen auf den Menschen (Item Nr. 17: $F=9.50$, $df=1,166$, $p=.002$). Beim Erleben depressiver Verstimmungen im Zusammenhang mit der Wahrnehmung der Umweltzerstörung gibt es eine Wechselwirkung zwischen Alter und Geschlecht: Die älteren Frauen und jüngeren Männer fühlen sich überdurchschnittlich bedrückt (Item Nr. 14: $F=8.32$, $df=1,166$, $p=.004$). Dieses Ergebnis ist nur teilweise in Übereinstimmung mit den Ergebnissen anderer Untersuchungen, nach denen Frauen auf die Umweltkrise stärker emotional reagieren als Männer (vgl. z.B. Mardberg et al., 1987; Böhm, 1988a). Andererseits wurden in diesen Studien keine Wechselwirkungen zwischen Alter und Geschlecht geprüft, sondern nur univariate Vergleiche durchgeführt, so daß ein direkter Vergleich nicht möglich ist. Wir haben für unser Ergebnis keine stichhaltige Erklärung. Möglicherweise fand bei den jüngeren Männern in unserer Stichprobe eine stärkere Selbstselektion statt, in der Weise, daß die eher "umweltsensiblen" jüngeren Männer den Fragebogen zurückgeschickt haben und dieser Effekt bei den älteren, seltener antwortverweigernden Männern nicht so sehr zum Tragen kommt.

Faktorielle Analyse der Verarbeitungsaspekte

Um zu ermitteln, welche der Verarbeitungsaspekte stark miteinander korrelieren und zu explorieren, ob sich die Vielzahl der erfaßten Aspekte mit einigen überschaubaren Dimensionen beschreiben läßt, führten wir eine Faktorenanalyse durch[15] (Hauptkomponentenanalyse, Details vgl. Anhang B). Die Selbstbeschreibungen zur Verarbeitung und Bewältigung des Umweltrisikos lassen sich auf fünf Grunddimensionen reduzieren (vgl. Tabelle 9): die 1. Grunddimension umfaßt alle Items, die eine Vermeidung der Beschäftigung mit den Umweltrisiken beinhalten (z.B. "Ich denke möglichst selten an Umweltprobleme, das vermiest einem nur die Lebensfreude"); auf der 2. Dimension laden Aussagen hoch, mit denen das eigene Risiko relativiert oder verleugnet wird (z.B. " ...das betrifft nur empfindlichere Menschen"); die 3. Dimension umfaßt eine aktive Auseinandersetzung in der Form risikobezogenen Handelns durch Selbstschutzmaßnahmen und eine gedankliche Beschäftigung mit Schadstoffwirkungen; auf der 4. Dimension laden die Items zur emotionalen Betroffenheit hoch und die Aussage, daß die Umweltkrise häufiger ein Thema in Gesprächen mit Freunden und Bekannten sei; die 5. Dimension erfaßt einen Aspekt personaler Kontrollüberzeugung gegenüber dem Umweltrisiko ("da kann ich nichts machen" bzw. "ich kann einiges tun, um mich vor der Gefährdung zu schützen").

1. Vermeidung der Beschäftigung mit den Umweltrisiken
2. Persönlicher Risikooptimismus/Verleugnungstendenz
3. Aktive Auseinandersetzung: Selbstschutzmaßnahmen und Beschäftigung mit Vorstellungen über Schadstoffwirkungen
4. Emotionale Besorgnis/Umweltkrise als Gesprächsthema
5. Personale Kontrollüberzeugung

Tabelle 9: Ergebnisse der Faktorenanalyse über die Verarbeitungsaspekte

6.2.4 Durch Umweltbelastungen erlebte gesundheitliche Beeinträchtigungen

In einer offenen Frage sollten unsere Befragten angeben, durch welche Umweltbelastungen sie sich gesundheitlich beeinträchtigt fühlen und welche Beeinträchtigungen sie erleben (Teil C, Item 29). Den Begriff "gesundheitliche Beeinträchtigung" definierten wir in Übereinstimmung mit der Definition der Weltgesundheitsorganisation relativ weit als "Beeinträchtigung des körperlichen und seelischen Wohlbefindens". Bei der Auswertung der Antworten zeigte sich jedoch, daß nur wenige Befragte den Aspekt der seelischen Beeinträchtigung aufgreifen. Die Ergebnisse sind in Abbildung 26 dargestellt und beziehen sich auf die Teilgruppe von Befragten, die sich gesundheitlich beeinträchtigt fühlen. Zur Erläuterung der Abbildung, die drei Betrachtungsebenen verknüpft: in der linken Spalte sind die jeweiligen als Beeinträchtigungs*ursachen* eingeschätzten Umweltbelastungen dargestellt; beispielsweise wird bei 71% der berichteten Beeinträchtigungen die Luftverschmutzung als Ursache genannt. Die rechte Spalte enthält die jeweiligen Anteile der berichteten gesundheitlichen *Auswirkungen*. Beispiels-

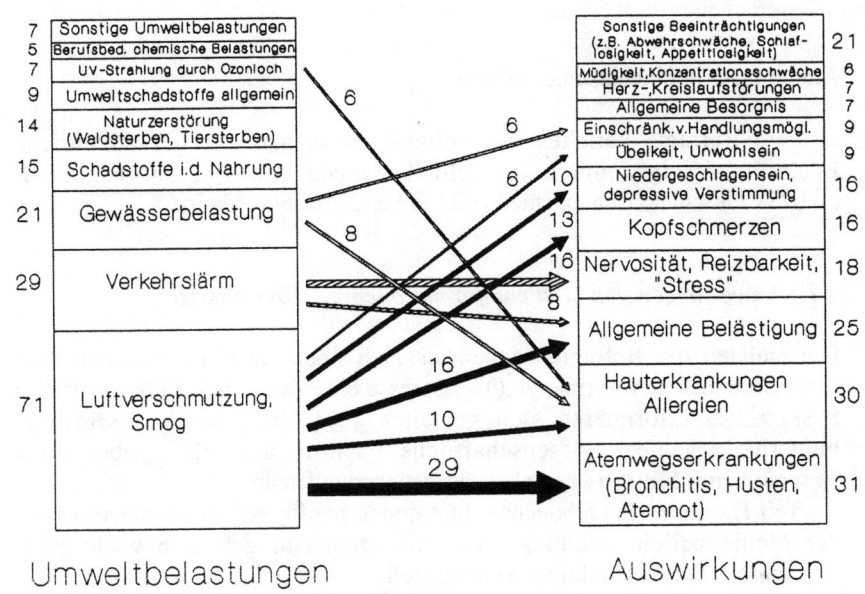

Durch Umweltbelastungen erlebte gesundheitliche Beeinträchtigungen

	Umweltbelastungen		Auswirkungen	
7	Sonstige Umweltbelastungen		Sonstige Beeinträchtigungen (z.B. Abwehrschwäche, Schlaflosigkeit, Appetitlosigkeit)	21
5	Berufsbed. chemische Belastungen		Müdigkeit,Konzentrationsschwäche	6
7	UV-Strahlung durch Ozonloch		Herz-,Kreislaufstörungen	7
9	Umweltschadstoffe allgemein		Allgemeine Besorgnis	7
14	Naturzerstörung (Waldsterben, Tiersterben)		Einschränk.v.Handlungsmögl.	9
15	Schadstoffe i.d. Nahrung		Übelkeit, Unwohlsein	9
21	Gewässerbelastung		Niedergeschlagensein, depressive Verstimmung	16
			Kopfschmerzen	16
29	Verkehrslärm		Nervosität, Reizbarkeit, "Stress"	18
			Allgemeine Belästigung	25
71	Luftverschmutzung, Smog		Hauterkrankungen Allergien	30
			Atemwegserkrankungen (Bronchitis, Husten, Atemnot)	31

Umweltbelastungen   Auswirkungen

n=87 Personen (48% der Gesamtstichprobe), Angaben in Prozent
Eingetragen sind Angaben, die von mindest. 5% d. Befragten genannt
werden

Abbildung 26

175

weise erleben 7% der Betroffenen Herz-, Kreislaufstörungen, die sie durch Umweltbelastungen als (mit-)verursacht ansehen. Die Pfeile in der Mitte geben die wichtigsten "Beeinträchtigungspfade" wieder. Beispielsweise erleben 6% der Betroffenen Übelkeit im Zusammenhang mit der Luftverschmutzung.

Alters- und Geschlechtsunterschiede

Jüngere Befragte berichten geringfügig etwas häufiger gesundheitliche Beeinträchtigungen durch Umweltbelastungen (Chi-Quadrat=4.8, df=1, p=.028). Geschlechtsunterschiede gibt es bei dieser Frage keine.

6.2.5 Bewertungen von Medieninformationen zur Umweltkrise

Die meisten der Befragten geben an, sich über die Massenmedien über Umweltthemen zu informieren (Tagespresse 83%, Rundfunk 71%, Fernsehen 89%). 20% informieren sich gezielter über Umweltfachzeitschriften, immerhin 9% über wissenschaftliche Fachliteratur. 60% geben auch Gespräche mit Mitmenschen als Informationsquellen an.

Teil E unseres Fragebogens erfaßt einige häufig geäußerte Bewertungen der Medienberichterstattung über Umweltbelastungen. Die wichtigsten Ergebnisse sind in Abbildung 27 dargestellt.

Etwa die Hälfte der Befragten (49%) gibt an, durch die Widersprüchlichkeit von Informationen über gesundheitliche Risiken verunsichert zu sein. Etwa ein Drittel (33%) gibt an, sich desto unsicherer zu fühlen, je mehr Informationen angeboten werden. Andererseits findet nur ein knappes Drittel (30%) die Berichterstattung ausreichend. Hier wird deutlich, daß ein beträchtlicher Teil der Bevölkerung mit der Berichterstattung über Umweltthemen nicht zufrieden ist und sich insbesondere eindeutigere und widerspruchsfreie Informationen wünscht. Einen genaueren Aufschluß hierzu gibt die "Wunschliste", welche in Tabelle 10 zusammengestellt ist. Immerhin ein Drittel bewertet die Medieninformationen jedoch auch als nützliche Orientierungshilfe. Zwei Items geben darüber Auskunft, in welcher Richtung und in welchem Ausmaß die Medieninformationen über Umweltbelastungen als verzerrt eingeschätzt werden. Mehr Befragte (31%) sind der Meinung, die Gefährdung würde *verharmlost* gegenüber nur 9% der Befragten, die den Medien eine *Dramatisierung* vorwerfen. Andererseits ist etwa die Hälfte der Befragten (51%) der Meinung, daß die Medien wegen ihres Interesses, Schlagzeilen zu schreiben, aufgebauscht über Umweltthemen berichten. Anscheinend bezieht sich die Kritik der "Aufbauschung" mehr auf die allgemeine Form der Berichterstattung über Umweltthemen oder auf andere Ausschnitte des Umweltthemas, jedoch kaum auf die Berichterstattung über gesundheitliche Gefährdungen für den Menschen.

Die Ergebnisse zur offenen Frage nach "Verbesserungswünschen" sind in Tabelle 10 dargestellt. Am ausgeprägtesten kommt hier der Wunsch nach einer sachlicheren, objektiveren und weniger von politischen Interessen beeinflußten Information zum Ausdruck. Es folgen die Wünsche nach detaillierter, wissenschaftlich fundierter und widerspruchsfreier Information.

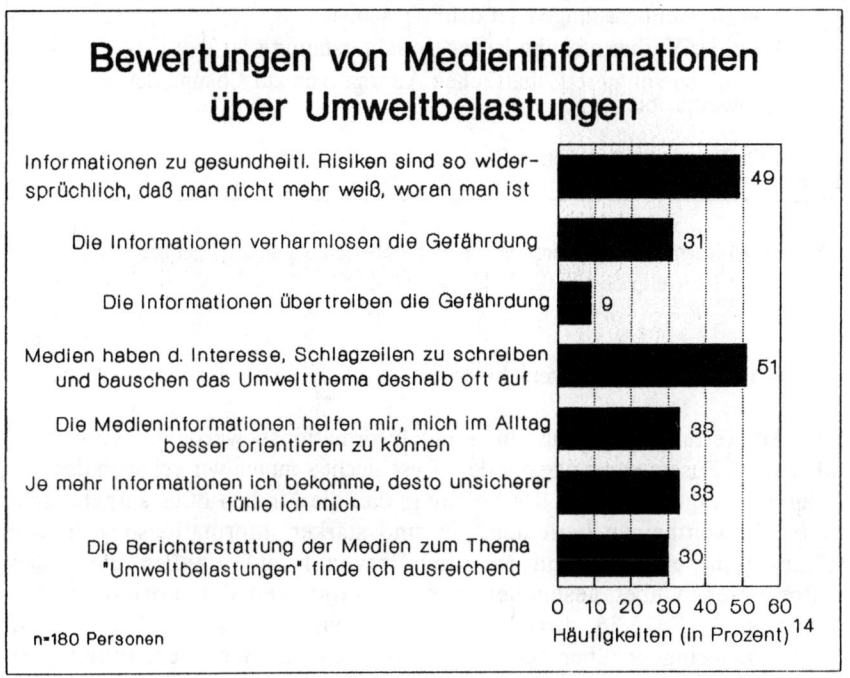

Abbildung 27

Zusammenfassend können wir hier festhalten, daß die über die Berichterstattung der Massenmedien (Fernsehen, Rundfunk, Tagespresse) abgegebenen Bewertungen sich vor allem an die Widersprüchlichkeit von Informationen und den empfundenen Mangel an Objektivität und interessensfreier Sachlichkeit heften.

- Sachlichere, objektivere, weniger von Interessen beeinflußte Information	32
- Detailliertere, wissenschaftlich fundierte Information	20
- Regelmäßige, ausführlichere Berichterstattung	19
- Widerspruchsfreie Informationen	10
- Weniger Dramatisierung in der Berichterstattung	9
- Informationen über gesellschaftliche Hintergründe der Umweltproblematik (z.b. EG-Umweltpolitik)	7
- Einfachere, allgemeinverständlichere Berichterstattung	6
- Stärkere Gewichtung von Informationen über Auswirkungen von Umweltbelastungen auf den Menschen	6
- Weniger Verharmlosung in der Berichterstattung	4
- Aufzeigen von gesellschaftlichen Alternativen zur Lösung der Umweltproblematik	4

n=98 Personen, Angaben in Prozent

Tabelle 10: Verbesserungswünsche zur Medienberichterstattung über die Umweltproblematik

Alters- und Geschlechtsunterschiede

Die Auswertung zeigt, daß einige der Informationsbewertungen vom Alter abhängen; Zusammenhänge mit dem Geschlecht konnten wir keine entdecken. Ältere Befragte sind eher der Meinung, daß die Medien öfter aufgebauscht über Umweltthemen berichten, sie sind stärker informationsüberdrüssig ("...es geht einem schon auf die Nerven") und glauben eher, daß Informationen über gesundheitliche Auswirkungen dramatisiert werden (Item Nr. 3: $F=15.36$, $df=1,163$, $p<.000$; Item Nr. 6: $F=20.75$, $df=1,164$, $p<.000$). Demgegenüber finden die Jüngeren die Berichterstattung über Umweltthemen eher unzureichend und benutzen durchschnittlich auch mehr verschiedene Informationsquellen (Item Nr. 11: $F=37.17$, $df=1,164$, $p<.000$; Item Nr. 14 (Summenvariable): $F=9.10$, $df=1,164$, $p=.003$). Die Jüngeren äußern der Tendenz nach auch häufiger Veränderungswünsche (Chi-Quadrat=4.7, $df=1$, $p=.03$). Diese Ergebnisse sind soweit plausibel und in Übereinstimmung mit dem in Untersuchungen zum Umweltbewußtsein wiederholt festgestellten Ergebnis, daß jüngere Befragte gegenüber der Umweltproblematik eher aufgeschlossen sind. Ein letzter Altersunterschied bei der Informationsbewertung ist schwieriger einzuordnen: ältere Befragte geben häufiger an, daß sie versuchen, sich so viel wie möglich über Gesundheitsrisiken zu informieren, weil es ihnen ein Gefühl von Sicherheit gebe (Item Nr. 7: F=7.74, df=1,164, p=.006). Dies steht teilweise im Widerspruch zu den oben berichteten Ergebnissen, daß Ältere eher informationsüberdrüssig sind und auch weniger verschiedene Informationsquellen benutzen. Wir haben den Verdacht, daß es sich bei diesem Ergebnis um einen Artefakt handelt. Beim Vergleich der Altersgruppen hinsichtlich der Antworten besonders in den letzten Teilen des Fragebogens fällt auf, daß die älteren Befragten nahezu allen Aussagen tendenziell eher zustimmen als jüngere Befragte. Möglicherweise kommt hier eine "Ja-Sage-Tendenz" zum Tragen, die auf stärkere Ermüdungseffekte bei den Älteren zurückgehen könnte.

6.2.6 Faktorenanalytische Auswertung des Fragebogens

Als ersten Schritt einer korrelationsstatistischen Auswertung führten wir für die einzelnen Fragebogenteile separate Faktorenanalysen (Hauptkomponentenanalysen) durch. Damit können wir zum einen korrelative Beziehungen zwischen den Items der einzelnen Fragebereiche explorieren und die Vielzahl der erfaßten Aspekte auf einige überschaubare Grunddimensionen reduzieren. Zum zweiten können wir in den folgenden Auswertungsschritten statt der Vielzahl von einzelnen Items die ermittelten relativ überschaubaren Grunddimensionen als "latente Variablen" verwenden. Genauere Angaben zu den einzelnen Faktorenanalysen sind im Anhang B zusammengestellt. Über die Ergebnisse der Faktorenanalyse über die Verarbeitungs-und Bewältigungsitems haben wir bereits in Kapitel 6.2.3 berichtet.

Faktorielle Analyse der Umweltrisikobewertungen

Eine Faktorenanalyse über die verschiedenen Umweltrisikobewertungen (Teil B des Fragebogens) führte zu zwei Faktoren, die 69% der Varianz aufklären (vgl. Anhang B). Auf dem 1. Faktor laden nahezu alle Bewertungen der mit *Schadstoffwirkungen* verbundenen Umweltbelastungen hoch (radioaktive Strahlung, Schadstoffe in Nahrungsmitteln und im Trinkwasser, Luftverschmutzung). Auf dem 2. Faktor laden alle Bewertungen des Verkehrslärms und die Bewertung der Furchtempfindungen für die Luftverschmutzung hoch. Die Luftverschmutzung nimmt bei der Bewertung anscheinend eine Zwischenstellung ein. Wir interpretieren dies so, daß beim 2. Faktor die *sinnliche Wahrnehmbarkeit* bei der Risikobeurteilung eine Rolle spielt. Der Verkehrslärm ist sinnlich wahrnehmbar, die Luftverschmutzung zum Teil wahrnehmbar. Demnach könnte man den 1. Faktor auch interpretieren als Bewertung "nicht wahrnehmbarer Umweltschadstoffe", den 2. Faktor als Bewertung "sinnlich wahrnehmbarer Umweltbelastungen". Da die Bewertungen der mit Schadstoffaspekten verbundenen Umweltrisiken (1. Faktor) hoch miteinander korrelieren, bilden wir zur Vereinfachung späterer Auswertungsschritte Summenwerte über die Risikoquellen für jeden Beurteilungsaspekt. Also beispielsweise eine Summenvariable "Allgemeine Bewertung der Umweltrisiken" über die Einzelwerte zu den vier Risikoquellen: radioaktive Strahlung, Schadstoffe in Nahrungsmitteln, Schadstoffe im Trinkwasser, Luftverschmutzung.

Faktorielle Analyse der Aussagen zum Gesundheitsbewußtsein

Die Faktorenanalyse über die Items im Teil D des Fragebogens führte zu fünf Faktoren, die 66% der Varianz aufklären und in Tabelle 11 dargestellt sind.

---

1. Gesundheitsbewußte Lebensweise
2. Positive Selbsteinschätzung des Gesundheitszustandes
3. Externale gesundheitsbezogene Kontrollüberzeugung
4. Fatalistische gesundheitsbezogene Kontrollüberzeugung
5. Internale gesundheitsbezogene Kontrollüberzeugung

Tabelle 11: Dimensionen des Gesundheitsbewußtseins

Auf dem 1. Faktor laden Aussagen hoch, die eine häufige Beschäftigung mit Gesundheitsfragen und das allgemeine Beachten einer gesunden Lebensführung zum Ausdruck bringen. Der 2. Faktor umfaßt eine positive Einschätzung des eigenen Gesundheitszustandes. Die Faktoren 3 bis 5 interpretieren wir entsprechend der Konzeption der "Skala zur gesundheitsbezogenen Kontrollüberzeugung" von Nentwig et al. (1989), aus der wir auch einige Items übernommen haben. Externale gesundheitsbezogene Kontrollüberzeugung meint eine Tendenz, Gesundheitsfragen überwiegend dem Urteil und der Kontrolle anderer zu überlassen (z.B. Ärzten). Eine fatalistische Kontrollüberzeugung liegt vor, wenn jemand glaubt, Gesundheit und Krankheit seien eine Sache des Glücks und nicht kontrollierbar. Eine internale

Kontrollüberzeugung liegt vor, wenn jemand daran glaubt, auf die eigene Gesundheit selbst Einfluß nehmen zu können.

Faktorielle Analyse der Informationsbewertungen

Die Hauptkomponentenanalyse über die Informationsbewertungen (Teil E des Fragebogens) führte zu vier Faktoren, die 65% der Varianz aufklären und in Tabelle 12 dargestellt sind.

```
1. Informationsüberdruß und Einschätzung, daß Informationen über
   Umweltbelastungen dramatisiert werden
2. Einschätzung der Verharmlosung von Umweltrisiken
3. Hilflosigkeit gegenüber der Informationsvielfalt
4. Medieninformationen als nützliche Orientierungshilfe
```

Tabelle 12: Dimensionen der Informationsbewertung zur Berichterstattung
über Umweltthemen

Auf dem 1. Faktor laden Items hoch, die einen Überdruß gegenüber Informationen über Umweltthemen ausdrücken und die Einschätzung enthalten, daß die Berichterstattung dramatisiert werde. Auf dem 2. Faktor lädt die Einschätzung hoch, daß die Umweltrisiken verharmlost werden. Diese Einschätzung korreliert überraschenderweise gar nicht bzw. kaum mit der Einschätzung der Dramatisierung sondern bildet einen unabhängigen Bewertungsaspekt. Der 3. Faktor läßt sich als Hilflosigkeit gegenüber der Informationsvielfalt interpretieren. Der 4. Faktor schließlich verbindet Einschätzungen, daß Medieninformationen eine nützliche Orientierungshilfe bieten.

Faktorielle Analyse der gesellschaftsbezogenen Bewertungen

Die gesellschaftsbezogenen Aussagen im Teil F des Fragebogens lassen sich zu drei Dimensionen zusammenfassen, die 54% der Varianz aufklären und in Tabelle 13 zusammengestellt sind. Auf dem 1. Faktor laden Bewertungen hoch, die die gesellschaftliche Dringlichkeit der Umweltkrise betonen und die Notwendigkeit, daß sich jeder damit beschäftigen müsse. Der 2. Faktor läßt sich als "gesellschaftliche Resignation" interpretieren, geprägt durch die Aussage, daß alle wissen, wie schlecht es um die Umwelt bestellt ist, jedoch keiner etwas tue und durch die Einschätzung, man könne nur versuchen, individuell mit den Umweltrisiken fertig zu werden. Der 3. Faktor schließlich umfaßt eine positive Bewertung technischen Fortschritts zur Lösung der Umweltprobleme.

---

1. Gesellschaftliche Dringlichkeit der Umweltkrise
2. Gesellschaftliche Resignation
3. Positive Einstellung zum technischen Fortschritt

Tabelle 13: Dimensionen der gesellschaftsbezogenen Bewertungen

6.2.7 Gruppenspezifische Muster der Risikoverarbeitung

Wie bei der Auswertung der Interviewbefragung interessierte uns auch hier, ob Subgruppen identifizierbar sind, die sich durch *ähnliche Muster der Risikoverarbeitung* auszeichnen. Dazu führten wir wieder Cluster-Analysen durch und verglichen die Ergebnisse bei verschieden differenzierten Gruppenlösungen im Hinblick auf ihre Interpretierbarkeit und die jeweiligen Subgruppengrößen[16]. Angestrebt wurde eine Klassifikation, bei der zum einen möglichst verschiedene Gruppen gebildet werden, zum zweiten sollten die Cluster und damit die Gruppentypisierungen noch gut voneinander unterscheidbar sein und schließlich sollte die kleinste Gruppe noch eine für weitere statistische Analysen angemessene Anzahl von Personen umfassen (Kriterium: mindestens 20 Personen). Eine 5-Cluster-Lösung genügte diesen Kriterien. Die "Beiträge" der wichtigsten Verarbeitungsvariablen zur Gruppendifferenzierung sind in Abbildung 28 (ff) dargestellt[17].
Die fünf Subgruppen können wir folgendermaßen charakterisieren:

Gruppe 1 (26% der Gesamtstichprobe) zeichnet sich durch *Bedrohungsgefühle gegenüber dem Umweltrisiko* aus und eine aktive Beschäftigung mit dem Thema in *Gesprächen mit Freunden und Bekannten*. Formen der kognitiven Entlastung (z.B. Relativierung des Risikos, Glaube an die Widerstandskraft des Körpers) sind unterdurchschnittlich ausgeprägt. Trotz der geringen Abwehrtendenz und der eher aktiven Form der

Auseinandersetzung engagiert sich diese Gruppe nur unterdurchschnittlich in Selbstschutzmaßnahmen.

Gruppe 2 (20% der Gesamtstichprobe) zeigt ebenfalls weit unterdurchschnittliche Tendenzen der Verleugnung und kognitiven Entlastung. Diese Personen äußern noch stärker als Gruppe 1 *affektive Betroffenheit*, nennen die Umweltkrise ebenfalls als ein *alltägliches Gesprächsthema* und kümmern sich am stärksten um *Selbstschutzmaßnahmen*.

Bei *Gruppe 3* (19% der Gesamtstichprobe) dominieren *Tendenzen der Verleugnung* und der *kognitiven Entlastung* bei der Auseinandersetzung mit dem Umweltrisiko. Diese Gruppe ist sich am sichersten, durch Umweltbelastungen keine Gesundheitsschäden zu erleiden, sie geht davon aus, daß dieses Risiko nicht so schlimm sei, weil wir alle betroffen sind, glaubt an die Widerstandskraft des Körpers und hat insgesamt eine *Grundhaltung der gedanklichen Vermeidung* des Themas. Besonders ausgeprägt ist bei dieser Gruppe eine *resignative personale Kontrollüberzeugung*, gegenüber den Umweltrisiken nichts ausrichten zu können. Emotionale Betroffenheit und Ausmaß von Selbstschutzhandeln weichen vom Gesamtdurchschnitt nicht ab.

Gruppe 4 (16% der Gesamtstichprobe) zeigt ebenfalls eine Tendenz, *das Umweltrisiko zu verleugnen*. Diese Personen entlasten sich vor allem mit *körperbezogenen Vorstellungen*. Sie vergegenwärtigen sich, daß sie noch keine körperlichen Beeinträchtigungen durch Umweltbelastungen empfinden, glauben an die Widerstandskraft des Körpers und tendieren auch dazu, ihr persönliches Risiko im Vergleich mit empfindlicheren Menschen zu relativieren. Dennoch achtet diese Gruppe in leicht überdurchschnittlichem Ausmaß auf Selbstschutzmaßnahmen.

Gruppe 5 (18% der Gesamtstichprobe) zeigt auf allen entlastenden Bewertungs- und Verarbeitungsaspekten durchschnittliche und im Bereich der affektiven Betroffenheit und des risikobezogenen Handelns unterdurchschnittliche Werte. Wir interpretieren dies so, daß diese Gruppe sich *durch das Umweltrisiko auf keiner Ebene besonders tangiert fühlt* und sich dementsprechend weder abwehrend noch aufmerksam mit diesem Thema auseinandersetzt.

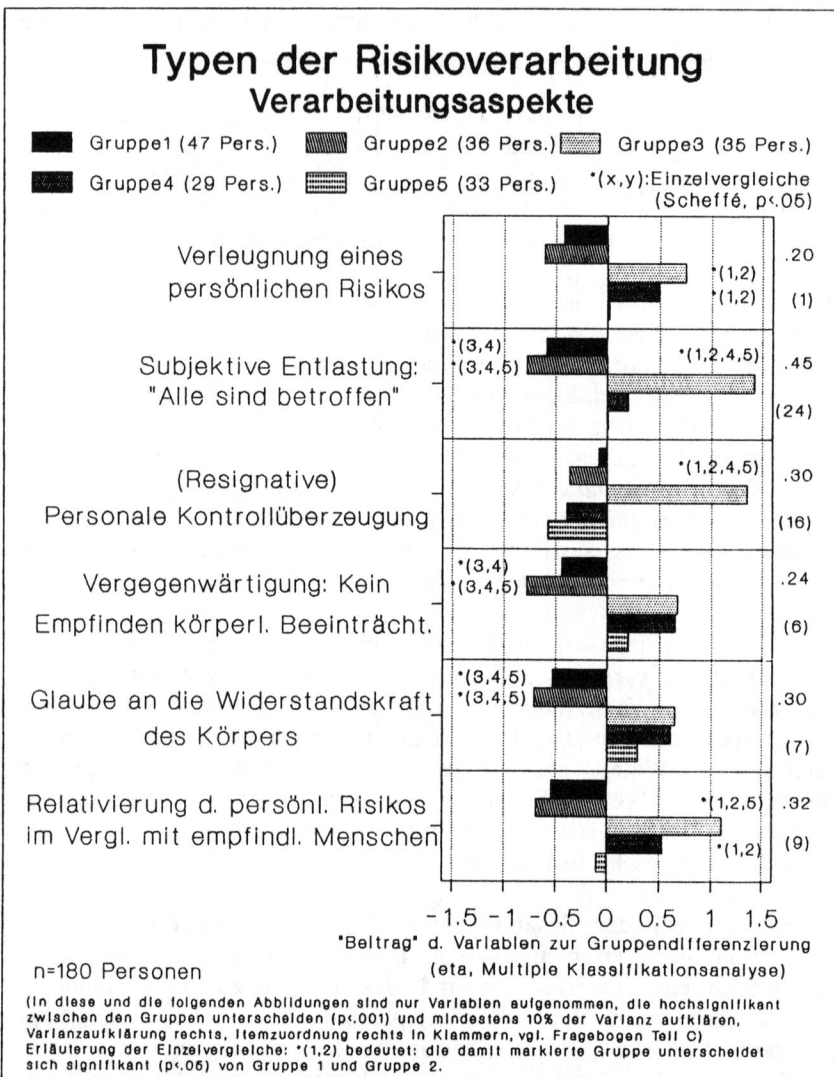

Typen der Risikoverarbeitung
Verarbeitungsaspekte

■ Gruppe1 (47 Pers.)   ▨ Gruppe2 (36 Pers.) ▨ Gruppe3 (35 Pers.)
▨ Gruppe4 (29 Pers.)   ▦ Gruppe5 (33 Pers.) *(x,y):Einzelvergleiche
(Scheffé, p<.05)

Verleugnung eines persönlichen Risikos
*(1,2) .20
*(1,2) (1)

Subjektive Entlastung: "Alle sind betroffen"
*(3,4) *(1,2,4,5) .45
*(3,4,5) (24)

(Resignative) Personale Kontrollüberzeugung
*(1,2,4,5) .30
(16)

Vergegenwärtigung: Kein Empfinden körperl. Beeinträcht.
*(3,4) .24
*(3,4,5) (6)

Glaube an die Widerstandskraft des Körpers
*(3,4,5) .30
*(3,4,5) (7)

Relativierung d. persönl. Risikos im Vergl. mit empfindl. Menschen
*(1,2,5) .32
*(1,2) (9)

-1.5 -1 -0.5 0 0.5 1 1.5
"Beitrag" d. Variablen zur Gruppendifferenzierung
(eta, Multiple Klassifikationsanalyse)

n=180 Personen

(In diese und die folgenden Abbildungen sind nur Variablen aufgenommen, die hochsignifikant
zwischen den Gruppen unterscheiden (p<.001) und mindestens 10% der Varianz aufklären,
Varianzaufklärung rechts, Itemzuordnung rechts in Klammern, vgl. Fragebogen Teil C)
Erläuterung der Einzelvergleiche: *(1,2) bedeutet: die damit markierte Gruppe unterscheidet
sich signifikant (p<.05) von Gruppe 1 und Gruppe 2.

Abbildung 28

184

Typen der Risikoverarbeitung (Forts. 1)
Verarbeitungsaspekte

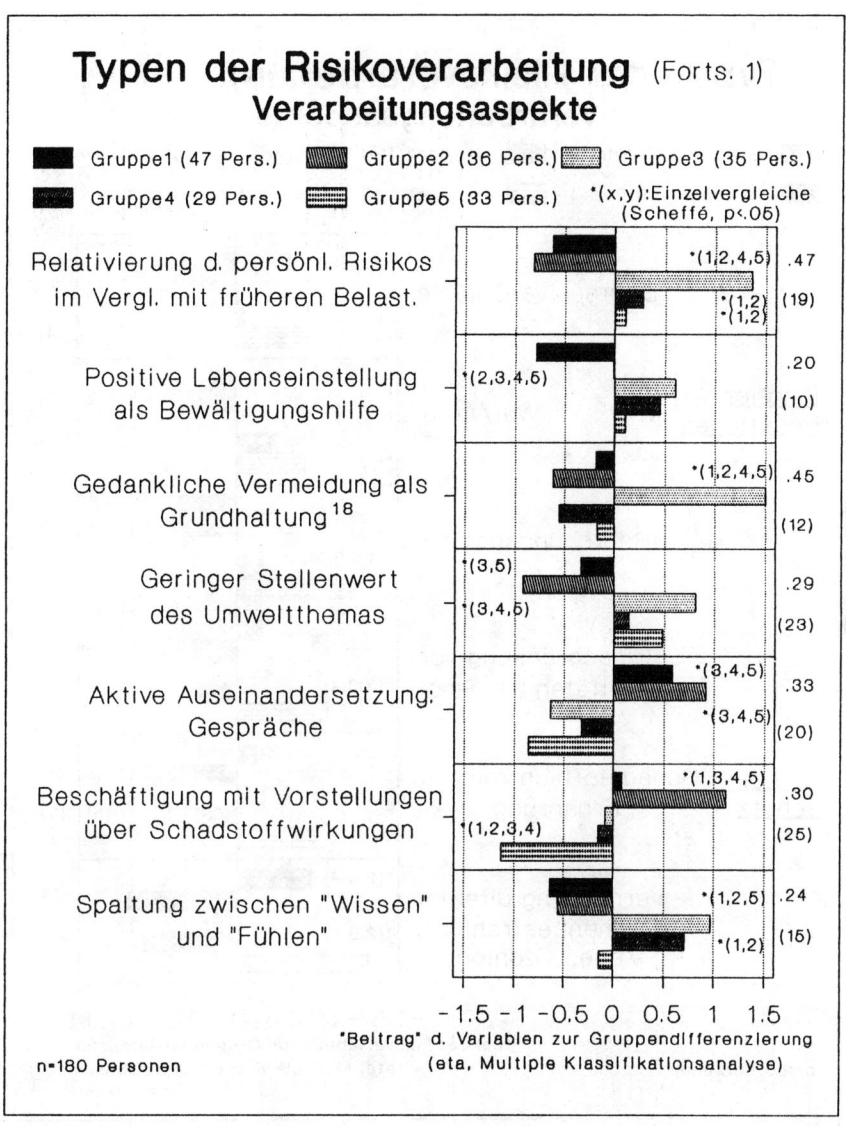

Abbildung 28 (Forts. 1)

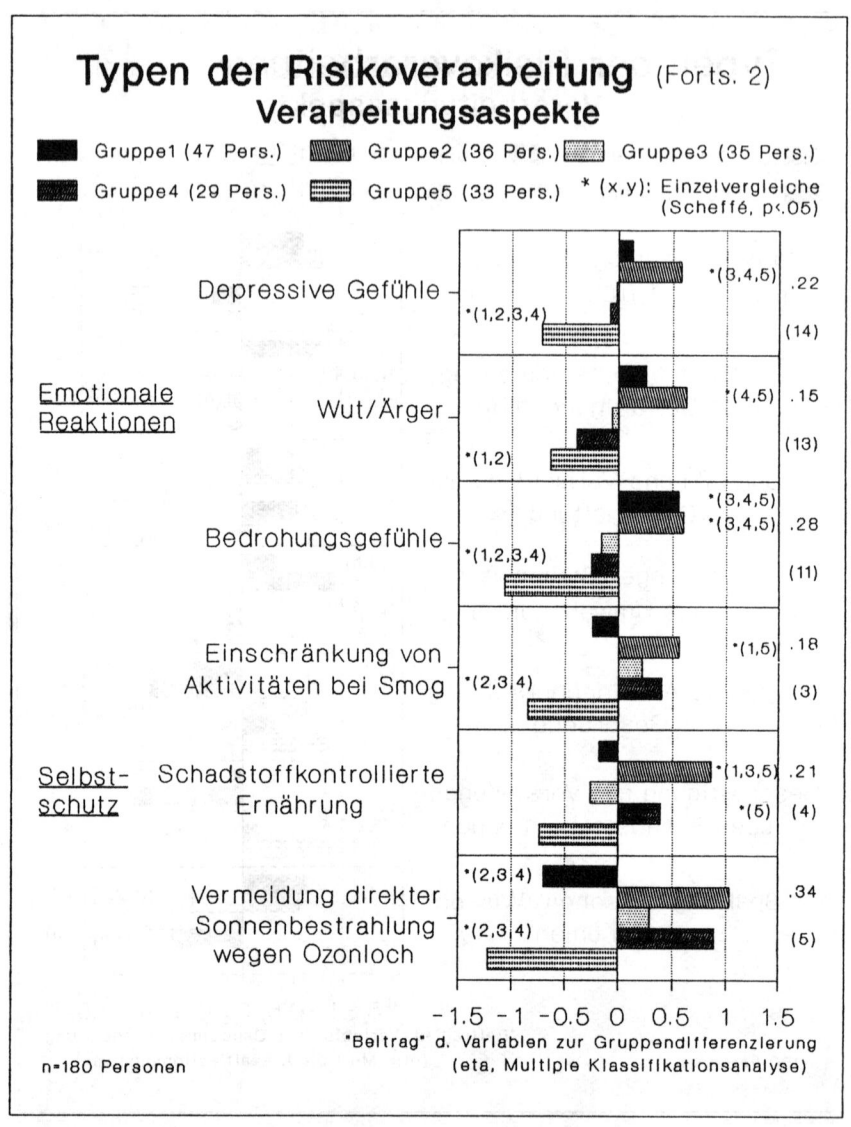

Typen der Risikoverarbeitung (Forts. 2)
Verarbeitungsaspekte

Abbildung 28 (Forts. 2)

186

Vergleich der Gruppen anhand soziodemographischer Kriterien

Die Gruppen unterscheiden sich, wie man von der Beschreibung der Verarbeitungsaspekte her erwarten kann, in ihrer Alterszusammensetzung (Chi-Quadrat=45, 4 Altersstufen: df=12, p<.0000). Gruppe 3 besteht zu ca. zwei Dritteln aus den älteren Befragten über 60 Jahre (Altersmedian 67 Jahre). Gruppe 4 besteht zur Hälfte aus den Befragten über 60 Jahren (Altersmedian 56 Jahre). Gruppe 3 umfaßt also insbesondere die Generation, die Krieg und Nachkriegszeit erlebt hat. Die ausgeprägten vermeidenden und relativierenden Verarbeitungsaspekte bei der Auseinandersetzung mit dem Umweltrisiko entsprechen den dominierenden biographischen Verarbeitungsweisen dieser Generation im Umgang mit gesellschaftlichen Problemkomplexen. Hinsichtlich der Geschlechtszugehörigkeit gibt es keine Unterschiede zwischen den Gruppen.

Vergleich der Gruppen anhand der Umweltrisikoeinschätzungen

Abbildung 29 zeigt die Unterschiede der fünf Gruppen auf den quantitativen Beurteilungen der Umweltrisiken (Fragebogen Teil B)[19]. In Übereinstimmung mit den Aspekten der Risikoverarbeitung schätzt Gruppe 2 das Umweltrisiko auf allen drei Aspekten am höchsten ein, Gruppe 5 schätzt die Umweltrisiken am geringsten ein. Die anderen drei Gruppen unterscheiden sich nicht bedeutsam vom Gesamtgruppenmittelwert. Dies bestätigt auch noch einmal unsere Interpretation des Verarbeitungsmusters von Gruppe 5, die wir als insgesamt vom Umweltrisiko wenig tangiert charakterisiert haben.

Vergleich der Gruppen anhand der Aspekte des Gesundheitsbewußtseins

Von den fünf grundlegenden Aspekten des Gesundheitsbewußtseins, die wir in unserem Fragebogen erfassen (vgl. Kapitel 6.2.6) unterscheiden nur die in Abbildung 29 dargestellten in bedeutsamem Ausmaß zwischen den Gruppen. Gruppe 2, die sich aktiv mit dem Umweltrisiko beschäftigt, ist generell stärker um eine gesundheitsbewußte Lebensweise bemüht als die anderen Gruppen. Gruppe 5 beschäftigt sich am wenigsten mit Gesundheitsfragen.

Bei dem zweiten Aspekt des Gesundheitsbewußtseins - der Einschätzung des eigenen Gesundheitszustandes - zeigt sich ein interessantes Ergebnis. Die beiden Gruppen, die von den Umweltgefährdungen am stärksten berührt sind, schätzen ihre Gesundheit tendenziell schlechter ein als die anderen Gruppen. Gruppe 3, die überwiegend die ältesten Befragten umfaßt, schätzt die eigene

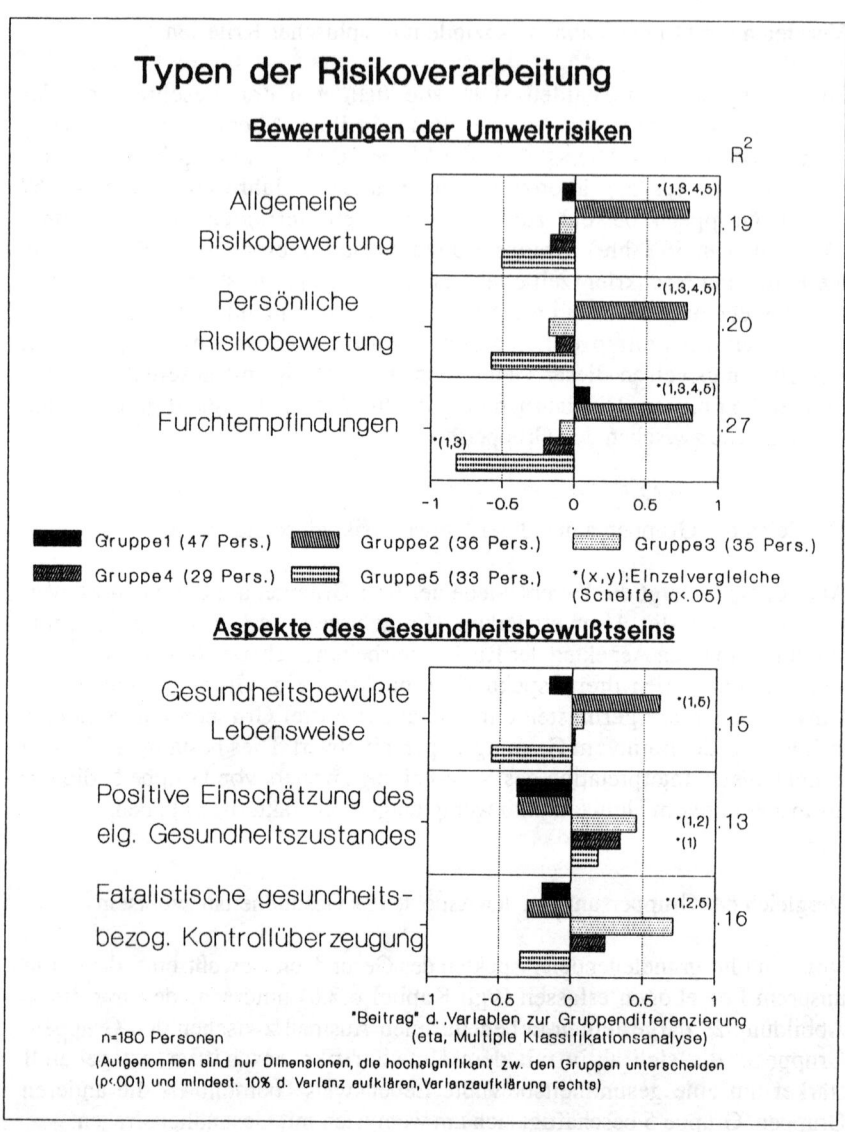

Typen der Risikoverarbeitung

Bewertungen der Umweltrisiken

R^2

Allgemeine
Risikobewertung

*(1,3,4,5)

.19

Persönliche
Risikobewertung

*(1,3,4,5)

.20

Furchtempfindungen

*(1,3,4,5)

.27

*(1,3)

-1   -0.5   0   0.5   1

■ Gruppe1 (47 Pers.)   ▨ Gruppe2 (36 Pers.)   ▨ Gruppe3 (35 Pers.)

▨ Gruppe4 (29 Pers.)   ▤ Gruppe5 (33 Pers.)   *(x,y):Einzelvergleiche
(Scheffé, p<.05)

Aspekte des Gesundheitsbewußtseins

Gesundheitsbewußte
Lebensweise

*(1,5)

.15

Positive Einschätzung des
eig. Gesundheitszustandes

*(1,2) .13
*(1)

Fatalistische gesundheits-
bezog. Kontrollüberzeugung

*(1,2,5)

.16

-1   -0.5   0   0.5   1

"Beitrag" d. Variablen zur Gruppendifferenzierung
(eta, Multiple Klassifikationsanalyse)

n=180 Personen

(Aufgenommen sind nur Dimensionen, die hochsignifikant zw. den Gruppen unterscheiden
(p<.001) und mindest. 10% d. Varianz aufklären, Varianzaufklärung rechts)

Abbildung 29

Gesundheit eher positiv ein. Hier sind verschiedene Interpretationen denkbar. Es ist unwahrscheinlich, daß sich die Gruppen in ihrem tatsächlichen Gesundheitszustand unterscheiden, was hier aber nicht überprüft werden kann. Hier kommen vermutlich eher unterschiedliche Wertmaßstäbe für die Beurteilung der eigenen Gesundheit in Frage. Gruppe 1 und 2, die hinsichtlich des Umweltrisikos am "sensibelsten" sind, bewerten ihren Gesundheitszustand anscheinend insgesamt kritischer. Ein dritter Aspekt des Gesundheitsbewußtseins, der bedeutsam zwischen den Gruppen unterscheidet, ist die Überzeugung, daß Gesundheit eine Glückssache ist, die einem zufliegt oder nicht, auf die man auf jeden Fall nur wenig Einfluß hat. In Übereinstimmung mit dem resignativen Verarbeitungsmuster bei den Umweltrisiken hat Gruppe 3 auch bei Gesundheitsfragen allgemein eine eher fatalistische Kontrollüberzeugung.

Vergleich der Gruppen anhand der Bewertungen von Medieninformationen

Von den ermittelten vier Dimensionen der Bewertung der Berichterstattung der Massenmedien (Tagespresse, Rundfunk, Fernsehen) unterscheiden drei bedeutsam zwischen den Gruppen (vgl. Abbildung 30). Gruppe 3 fühlt sich durch die häufige Berichterstattung über Umweltthemen am meisten "genervt" und ist auch der Überzeugung, daß die Berichterstattung hierzu dramatisiert werde. Gruppe 2, die "Risikoaufmerksamen" sind hier erwartungsgemäß der Gegenpol.

Durch die Informationsvielfalt verunsichert fühlt sich vor allem Gruppe 3. Gruppe 5 (die "wenig Tangierten") fühlt sich am wenigsten verunsichert. Als nützliche Informationshilfe werden die Medieninformationen über Umweltbelastungen vor allen anderen von Gruppe 2 bewertet.

Diese Ergebnisse fügen sich konsistent in den durch unsere Aspekte der Risikoverarbeitung vorgegebenen Kontext. Gruppe 3 erlebt in starkem Maße Informationsüberdruß und Verunsicherung durch die Berichterstattung über Umweltthemen. Gruppe 2 wendet sich diesen Informationen eher zu. Unabhängig davon kritisiert auch Gruppe 2 die Berichterstattung über Umweltthemen (z.B. im Hinblick auf die Widersprüchlichkeit, die Verharmlosung). Dieser Aspekt unterscheidet nicht zwischen den Gruppen.

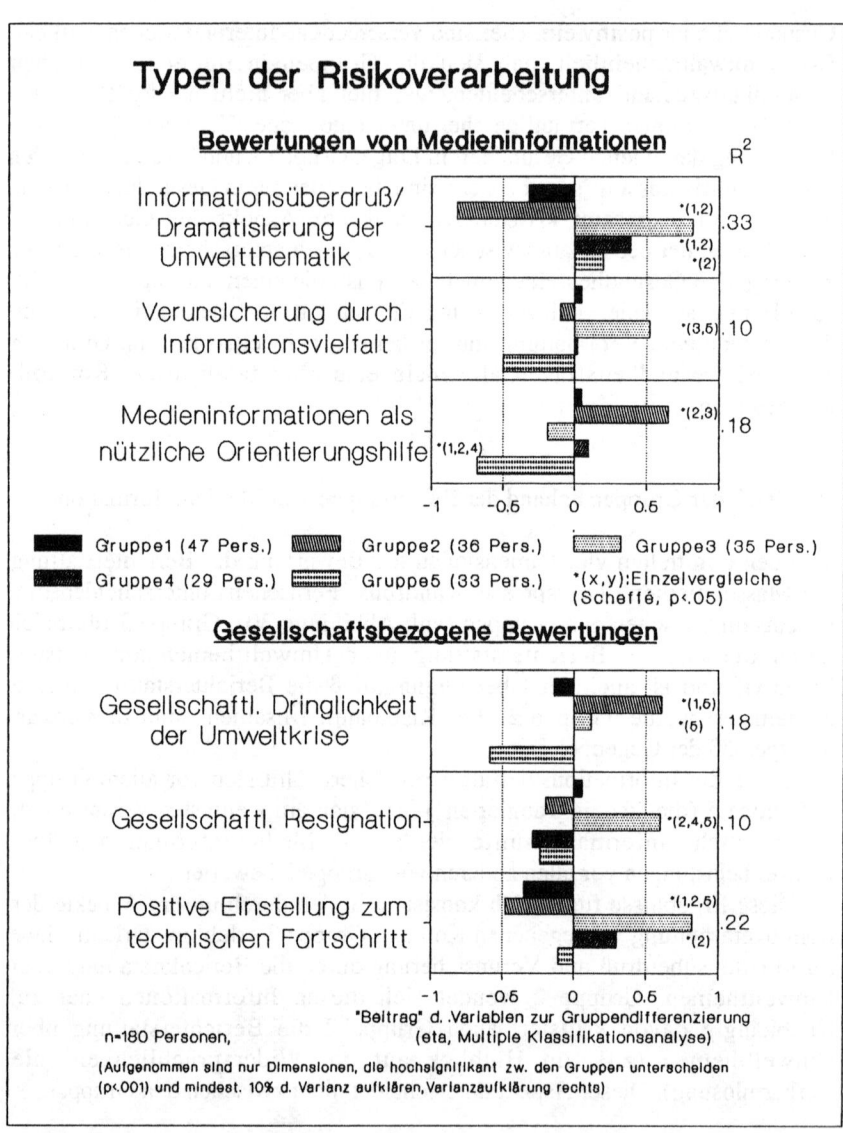

Typen der Risikoverarbeitung

Bewertungen von Medieninformationen R^2

Informationsüberdruß/ Dramatisierung der Umweltthematik
*(1,2) .33
*(1,2)
*(2)

Verunsicherung durch Informationsvielfalt
*(3,5) .10

Medieninformationen als nützliche Orientierungshilfe
*(1,2,4)
*(2,3) .18

-1   -0.5   0   0.5   1

■ Gruppe1 (47 Pers.)   ▨ Gruppe2 (36 Pers.)   ▤ Gruppe3 (35 Pers.)

◣ Gruppe4 (29 Pers.)   ▥ Gruppe5 (33 Pers.)   *(x,y):Einzelvergleiche (Scheffé, p<.05)

Gesellschaftsbezogene Bewertungen

Gesellschaftl. Dringlichkeit der Umweltkrise
*(1,5)
*(5) .18

Gesellschaftl. Resignation
*(2,4,5) .10

Positive Einstellung zum technischen Fortschritt
*(1,2,5) .22
*(2)

-1   -0.5   0   0.5   1

n=180 Personen,
"Beitrag" d .Variablen zur Gruppendifferenzierung (eta, Multiple Klassifikationsanalyse)

(Aufgenommen sind nur Dimensionen, die hochsignifikant zw. den Gruppen unterscheiden (p<.001) und mindest. 10% d. Varianz aufklären, Varianzaufklärung rechts)

Abbildung 30

190

Vergleich der Gruppen anhand der gesellschaftsbezogenen Bewertungen

Gruppe 2 ist wie zu erwarten diejenige Gruppe, die die Umweltproblematik am stärksten als gesellschaftlich dringliches Problem einstuft (vgl. Abbildung 30). Gruppe 5 ist hier am gelassensten. Die "gesellschaftliche Resignation" ist wiederum bei der Gruppe 3 besonders ausgeprägt. Diese Gruppe glaubt andererseits jedoch, daß Wissenschaft und Technik rechtzeitig Lösungen für die Umweltprobleme finden werden. Dies ist vordergründig ein Widerspruch, da Wissenschaft und Technik ja als gesellschaftliche Lösungs-versuche einzustufen sind. Es ist anzunehmen, daß die Befragten bei der Aussage "es wird in absehbarer Zeit keine durchgreifenden gesellschaftlichen Lösungen geben..." zunächst nicht an den Bereich der Technik sondern eher an staatliche, politisch-administrative Lösungsversuche gedacht haben.

Weitere Unterschiede zwischen den Gruppen

Abbildung 31 zeigt, daß sich die Gruppen auch in der Einschätzung der zukünftigen Entwicklung der Umweltproblematik unterscheiden: Gruppe 2, die sich am stärksten mit dem Umweltrisiko beschäftigt, schätzt die zukünftige Entwicklung eher pessimistisch ein, Gruppe 4 und 5 sind nicht gerade optimistisch, aber zumindest weniger pessimistisch. Des weiteren zeigt sich, daß Gruppe 1 und 2 im Vergleich mit den anderen Gruppen deutlich häufiger berichten, gesundheitliche Beeinträchtigungen durch Umweltbelastungen zu erleiden.

Die wichtigsten Unterschiede zwischen den Gruppen sind in Tabelle 14 noch einmal zusammengestellt.

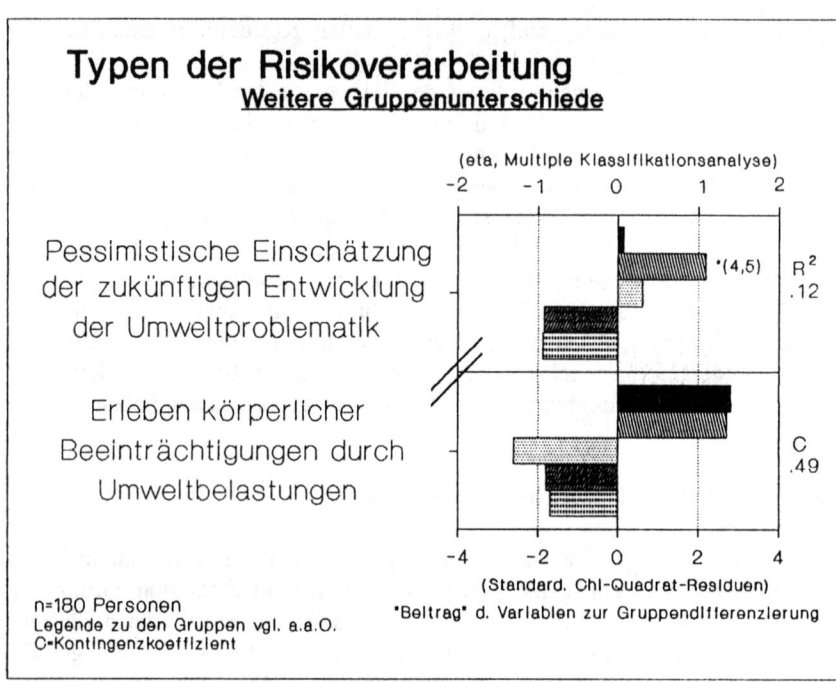

Typen der Risikoverarbeitung
Weitere Gruppenunterschiede

(eta, Multiple Klassifikationsanalyse)

Pessimistische Einschätzung der zukünftigen Entwicklung der Umweltproblematik

Erleben körperlicher Beeinträchtigungen durch Umweltbelastungen

R^2 .12

C .49

(Standard. Chi-Quadrat-Residuen)

n=180 Personen
Legende zu den Gruppen vgl. a.a.O.
C=Kontingenzkoeffizient

Beitrag d. Variablen zur Gruppendifferenzierung

Abbildung 31

Gruppe 1 - Emotionale Betroffenheit (Bedrohungsgefühle)
         - Umweltkrise als alltägliches Gesprächsthema
         - Erleben körperlicher Beeinträchtigungen durch
           Umweltbelastungen
         - Negative Einschätzung des eigenen Gesundheitszustandes

Gruppe 2 - Beschäftigung mit Vorstellungen über Schadstoffwirkungen
         - Emotionale Betroffenheit (Depressive Gefühle, Wut,
           Bedrohungsgefühle)
         - Umweltkrise als alltägliches Gesprächsthema
         - Erleben körperlicher Beeinträchtigungen durch
           Umweltbelastungen
         - Selbstschutzmaßnahmen
         - Hohe quantitative Bewertung des Umweltrisikos
         - Medieninformationen als nützliche Orientierungshilfe
         - Hohe gesellschaftliche Dringlichkeit der Umweltproblematik
         - Eher negative Einstellung zum technischen Fortschritt
         - Negative Einschätzung des eigenen Gesundheitszustandes
         - Generelle gesundheitsorientierte Lebensweise

Gruppe 3 - Tendenz der Verleugnung einer persönlichen Gefährdung
         - Kognitive Entlastung (Kollektive Entlastung, Relativierung
           des Risikos)
         - Vermeidung des Themas
         - Informationsüberdruß/Einschätzung: Dramatisierung der
           Umweltproblematik
         - Verunsicherung durch Informationsvielfalt
         - Gesellschaftliche Resignation
         - Positive Einstellung zum technischen Fortschritt
         - Positive Einschätzung des eigenen Gesundheitszustandes
         - Fatalistische gesundheitsbezogene Kontrollüberzeugung
         - (überwiegend ältere Befragte über 60 Jahre)

Gruppe 4 - Kognitive Entlastung (Vergegenwärtigung: noch keine
           körperlichen Beeinträchtigungen, Glaube an die
           Widerstandskraft des Körpers)
         - Tendenz: Selbstschutzmaßnahmen
         - Tendenz: Informationsüberdruß/Einschätzung:
           Dramatisierung der Umweltproblematik
         - Tendenz: Positive Einschätzung des eigenen Gesundheits-
           zustandes
         - Tendenz: Positive Einstellung zum technischen Fortschritt
         - (überwiegend ältere Befragte, über 50 Jahre)

Gruppe 5 - Geringes Ausmaß an Beschäftigung mit dem Umweltrisiko
         - Geringe quantitative Bewertung des Umweltrisikos
         - Wenig gesundheitsbewußte Lebensweise
         - Geringe gesellschaftliche Dringlichkeit der
           Umweltproblematik

Tabelle 14: Typisierung der Subgruppen

6.2.8 Korrelative Zusammenhänge zwischen den Untersuchungsvariablen

Im vorhergehenden Kapitel stand die Betrachtung von Unterschieden zwischen Subgruppen im Vordergrund, wir legten also der Auswertung eine *differentielle Perspektive* zugrunde. In unserem Untersuchungsmodell (vgl. Kap. 4.2) postulieren wir auch allgemeine korrelative Beziehungen zwischen den theoretischen Konstrukten. Hier geht es also um eine *allgemeine Perspektive*, bei der Unterschiede zwischen Individuen und Teilgruppen vernachlässigt werden zugunsten der Beobachtung allgemeiner Beziehungen zwischen den Untersuchungsvariablen.

Zur Exploration korrelativer Beziehungen zwischen den Risikobewertungen einerseits und den Verarbeitungsaspekten andererseits sowie den Dimensionen des Gesundheitsbewußtseins, der Informationsbewertung und der gesellschaftsbezogenen Bewertungen führten wir multiple Regressionsanalysen durch [20]. Bei der Interpretation der multiplen Regression bzw. Korrelation ist zu beachten, daß hier nur Beziehungen zwischen Variablen beschrieben werden können. Aussagen über kausale Einflußpfade können hier nicht gemacht werden, auch wenn dies die hier verwendete übliche Begrifflichkeit von "Einflußgrößen", "Prädiktoren", "abhängigen Variablen" usw. manchmal suggeriert.

In einer ersten Modellbildung analysierten wir Beziehungen zwischen den drei Aspekten der Risikobeurteilung (allgemeine Bewertung, persönliche Bewertung, Furchtempfindungen) und den Dimensionen der Risikoverarbeitung. Die Ergebnisse sind in Abbildung 32 dargestellt. Für alle drei Bewertungsgesichtspunkte sind die über die Faktorenanalyse ermittelten Dimensionen: persönlicher Risikooptimismus, Selbstschutzhandeln und emotionale Betroffenheit bedeutsame Prädiktoren.

Je ausgeprägter die aktive Beschäftigung mit den Umweltrisiken (Selbstschutz, Vorstellungen über Schadstoffwirkungen) und je größer die emotionale Betroffenheit, desto höher die verschiedenen Risikobewertungen. Je ausgeprägter der persönliche Risikooptimismus, desto niedriger fallen die Risikobewertungen aus. Dieser Faktor hat zwar einen hochsignifikanten von der Effektstärke her gesehen jedoch nur schwachen Einfluß. Bei der persönlichen Risikobewertung spielt ein weiterer Verarbeitungsaspekt eine Rolle: je ausgeprägter die Tendenz, eine Beschäftigung mit dem Umweltrisiko zu vermeiden, desto niedriger die persönliche Risikobewertung. Die multiplen Korrelationen sind mittelmäßig. Die maximale Varianzaufklärung liegt bei der Bewertung der Furchtempfindungen gegenüber den Umweltrisiken vor, wo 36% der Varianz durch die Verarbeitungsaspekte vorhergesagt werden können. Die emotionale Betroffenheit, die mit der Bewertung der Furchtempfindungen korreliert, ist hier allerdings ein redundanter Aspekt. Bei beiden Aspekten war die Einschätzung emotionaler Reaktionen auf die Umweltrisiken verlangt. Die personale Kontrollüberzeugung (resignative Überzeugung vs. Überzeugung, das persönliche Risiko beeinflußen zu können) steht in keiner bedeutsamen Beziehung mit den Risikobewertungen.

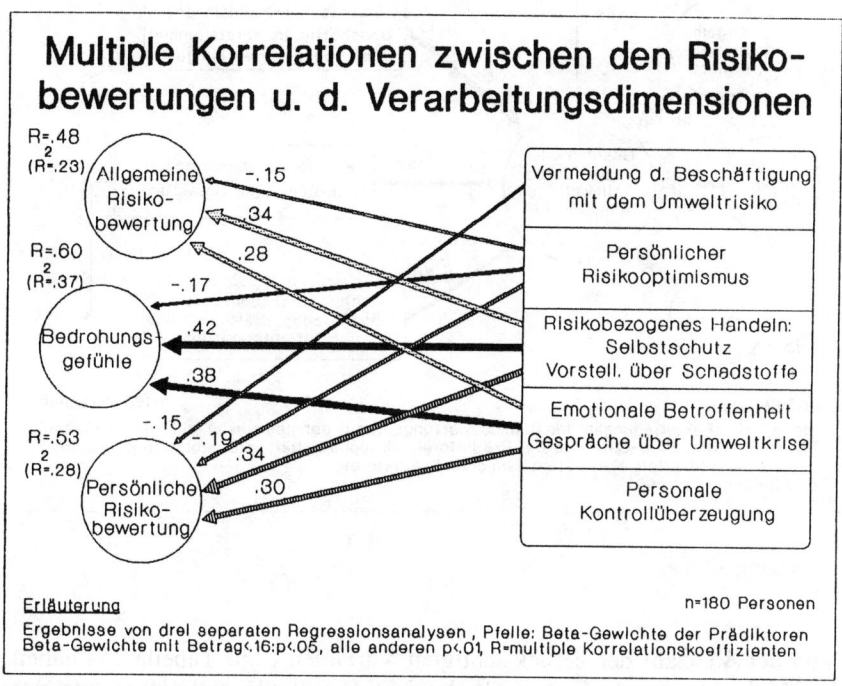

Multiple Korrelationen zwischen den Risikobewertungen u. d. Verarbeitungsdimensionen

Abbildung 32

In einer weiteren Regressionsanalyse nahmen wir die weiteren Variablenkomplexe in die Analyse mit auf: die in den Faktorenanalysen ermittelten Aspekte des Gesundheitsbewußtseins, der Informationsbewertung und der gesellschaftsbezogenen Bewertungen, sowie soziodemographische und einige weitere Variablen (vgl. hierzu Tabelle 15). Zur Vereinfachung der Analyse führten wir für die hoch miteinander korrelierenden Bewertungen der Umweltrisiken eine Hauptkomponentenanalyse durch und setzten die Faktorwerte dieser Hauptkomponente als "abhängige" Variable in die multiple Regression ein (dies ist der 1. Faktor der in Kapitel 6.2.6 dargestellten Analyse). Die Ergebnisse sind in Abbildung 33 dargestellt.

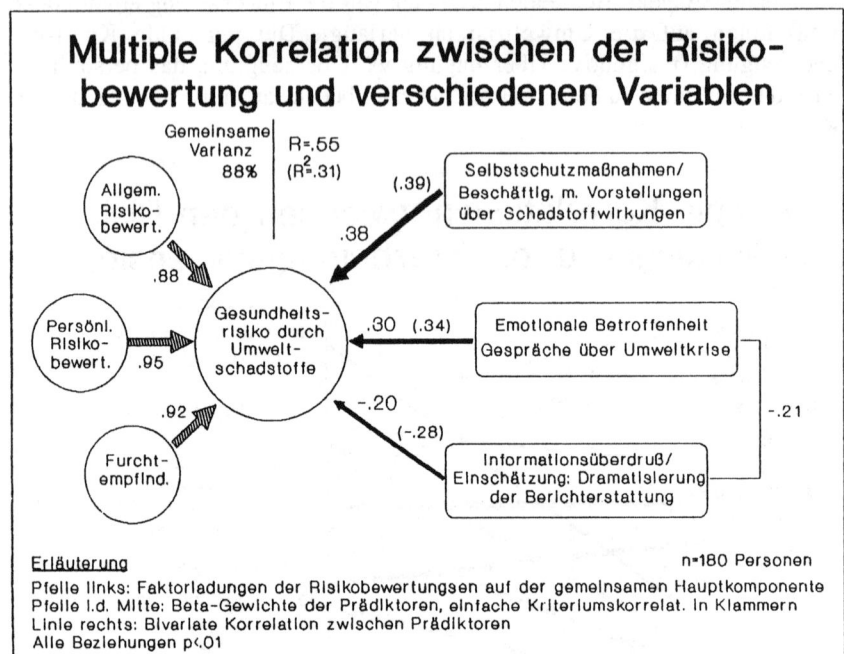

Multiple Korrelation zwischen der Risikobewertung und verschiedenen Variablen

Erläuterung

n=180 Personen

Pfeile links: Faktorladungen der Risikobewertungen auf der gemeinsamen Hauptkomponente
Pfeile i.d. Mitte: Beta-Gewichte der Prädiktoren, einfache Kriteriumskorrelat. In Klammern
Linie rechts: Bivariate Korrelation zwischen Prädiktoren
Alle Beziehungen p<.01

Abbildung 33

Von der Vielzahl der berücksichtigten Variablen (vgl. Tabelle 15) haben lediglich drei ein bedeutsames Gewicht für die Hauptkomponente der Risikobewertung. Je ausgeprägter aktives risikobezogenes Handeln (Selbstschutz, Vorstellungen über Schadstoffwirkungen), je größer die emotionale Betroffenheit und je geringer der Überdruß gegenüber Medieninformationen zur Umweltkrise, desto höher fallen die quantitativen Bewertungen des Gesundheitsrisikos durch Umweltbelastungen aus. Wiederum wird ca. ein Drittel der Varianz der Risikobewertungen durch die Korrelationen mit den drei Prädiktoren "erklärt". Den bivariaten Korrelationen in Abbildung 33 kann man entnehmen, daß die emotionale Betroffenheit und der Informationsüberdruß teilweise redundante Prädiktoren füreinander sind. Sie enthalten jeweils spezifische aber auch einen geringen gemeinsamen Anteil an der multiplen Korrelation mit den Risikobewertungen.

Dimensionen der Risikobewertung- und verarbeitung

- Allgemeine Bewertung der Umweltrisiken (Summenwert)
- Persönliche Bewertung der Umweltrisiken (Summenwert)
- Furchtempfindungen bezüglich der Umweltrisiken (Summenwert)
- Faktoren der Risikoverarbeitung (Faktorwerte)

  - Vermeidung der Beschäftigung mit den Umweltrisiken
  - Persönlicher Risikooptimismus/Verleugnungstendenz
  - Aktive Auseinandersetzung: Selbtschutzmaßnahmen/ Beschäftigung mit
    Vorstellungen über Schadstoffwirkungen
  - Emotionale Besorgnis/Umweltkrise als Gesprächsthema
  - Personale Kontrollüberzeugung

Kovariablen

- Faktoren des Gesundheitsbewußtseins (Faktorwerte)

  - Gesundheitsbewußte Lebensweise
  - Positive Selbsteinschätzung des Gesundheitszustandes
  - Externale gesundheitsbezogene Kontrollüberzeugung
  - Fatalistische gesundheitsbezogene Kontrollüberzeugung
  - Internale gesundheitsbezogene Kontrollüberzeugung

- Faktoren der Informationsbewertungen (Faktorwerte)

  - Informationsüberdruß und Einschätzung, daß Informationen über
    Umweltbelastungen dramatisiert werden
  - Einschätzung der Verharmlosung von Umweltrisiken
  - Medieninformationen als nützliche Orientierungshilfe

- Faktoren der gesellschaftsbezogenen Bewertungen (Faktorwerte)

  - Gesellschaftliche Dringlichkeit der Umweltkrise
  - Gesellschaftliche Resignation
  - Positive Einstellung zum technischen Fortschritt

Soziodemographische Variablen

- Alter
- Geschlecht
- Bildungsstand
- Wohnlage (Innenstadt vs. "grüner Bezirk")
- Umweltqualität in Kindheit/Jugend (Ballungsgebiet vs. ländliche Region)
- Elternschaft (kein Kind vs. Kind/er)

Sonstige Variablen

- Einschätzung der zukünftigen Entwicklung der Umweltproblematik
- Erleben körperlicher Beeinträchtigungen durch Umweltbelastungen
- Anzahl zur Information über Umweltthemen benutzter
  Informationsquellen

Tabelle 15: In die Regressionsanalysen einbezogene Variablen bzw. Faktoren

Nimmt man statt der gemeinsamen Hauptkomponente die einzelnen Aspekte der Risikobewertung als Kriteriumsvariable in die Regression auf, dann zeigen sich etwas anders gelagerte Ergebnisse. In Abbildung 34 ist die multiple Regression für die persönliche Risikobewertung abgebildet. Stärkste Einflußgröße ist hier, ob jemand davon überzeugt ist, durch Umweltbelastungen körperliche Beeinträchtigungen zu erleiden. Ein ähnliches Gewicht kommt dem aktiven risikobezogenen Handeln (Selbstschutz) zu. Eine weitere wesentliche Rolle spielt die Einschätzung der zukünftigen Entwicklung der Umweltproblematik. Je pessimistischer die Einschätzung desto höher die Bewertung des persönlichen Risikos.

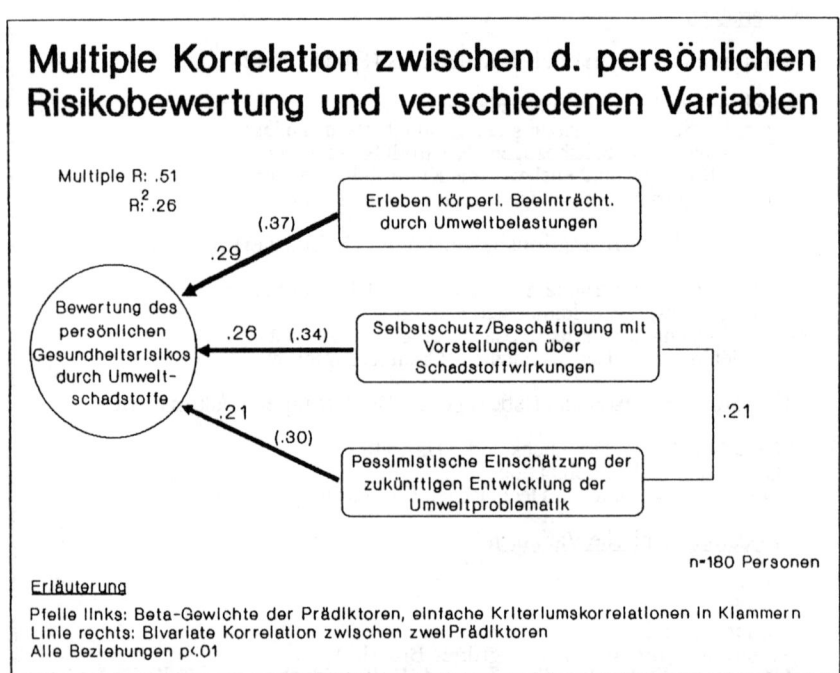

Multiple Korrelation zwischen d. persönlichen Risikobewertung und verschiedenen Variablen

Multiple R: .51
R^2: .26

Erleben körperl. Beeinträcht. durch Umweltbelastungen

(.37)
.29

Bewertung des persönlichen Gesundheitsrisikos durch Umweltschadstoffe

.26 (.34) Selbstschutz/Beschäftigung mit Vorstellungen über Schadstoffwirkungen

.21
(.30) Pessimistische Einschätzung der zukünftigen Entwicklung der Umweltproblematik

.21

n=180 Personen

Erläuterung

Pfeile links: Beta-Gewichte der Prädiktoren, einfache Kriteriumskorrelationen in Klammern
Linie rechts: Bivariate Korrelation zwischen zwei Prädiktoren
Alle Beziehungen p<.01

Abbildung 34

Für die allgemeine Risikobewertung (ohne Abbildung) fällt das Ergebnis fast identisch aus. Wenn man den Aspekt der Furchtempfindung als Kriteriumsvariable einsetzt (ohne Abbildung) dann erweist sich neben dem aktiven risikobezogenen Handeln (Beta-Gewicht=.39) und dem Erleben körperlicher Beeinträchtigungen durch Umweltbelastungen (Beta-

Gewicht=.20) die Selbsteinschätzung emotionaler Betroffenheit als dritte bedeutsame Kovariable (Beta-Gewicht=.28).

In einer weiteren Analyse setzten wir die aktive Beschäftigung mit den Umweltrisiken (Selbstschutz, Beschäftigung mit Vorstellungen über Schadstoffwirkungen) als Kriteriumsvariable und die anderen Variablen als Prädiktoren in die multiple Regression ein (vgl. Abbildung 35).

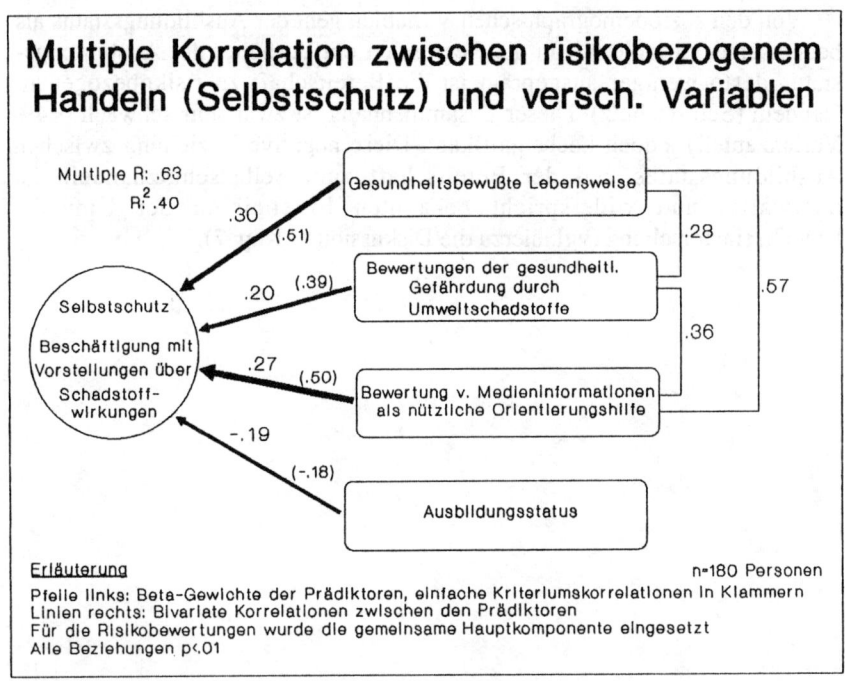

Multiple Korrelation zwischen risikobezogenem Handeln (Selbstschutz) und versch. Variablen

Multiple R: .63
R^2 .40

.30
(.61)

Gesundheitsbewußte Lebensweise

.28

.20 (.39)

Bewertungen der gesundheitl. Gefährdung durch Umweltschadstoffe

.57

.36

Selbstschutz

Beschäftigung mit Vorstellungen über Schadstoff- wirkungen

.27 (.50)

Bewertung v. Medieninformationen als nützliche Orientierungshilfe

-.19
(-.18)

Ausbildungsstatus

Erläuterung   n=180 Personen
Pfeile links: Beta-Gewichte der Prädiktoren, einfache Kriteriumskorrelationen in Klammern
Linien rechts: Bivariate Korrelationen zwischen den Prädiktoren
Für die Risikobewertungen wurde die gemeinsame Hauptkomponente eingesetzt
Alle Beziehungen p<.01

Abbildung 35

Das ermittelte Modell klärt etwa 40% der Varianz auf. Als bedeutsamster Prädiktor stellt sich heraus, inwieweit sich jemand allgemein mit Gesundheits- fragen beschäftigt und auf eine gesunde Lebensführung achtet. Die Bewertung der gesundheitlichen Gefährdung durch Umweltschadstoffe und die Bewertung von Medieninformationen als nützliche Orientierungshilfe sind weitere bedeutsame Einflußgrößen. Die Prädiktoren haben gemeinsame und spezifische Anteile am Zustandekommen der multiplen Korrelation, wie das (ungleiche) Verhältnis der Beta-Gewichte und der einfachen Kriteriums- korrelationen belegt. So fällt beispielsweise die bivariate Korrelation zwischen der gesundheitsbewußten Lebensweise und der aktiven Beschäftigung mit den Umweltrisiken relativ hoch aus (.51). Das Beta-Gewicht in der multiplen Regression fällt erheblich geringer aus (.30). Dieser Effekt kann über die hohe lineare Beziehung zwischen "gesundheitsbewußter Lebensweise" und der Bewertung der Medieninformationen erklärt werden. Diese beiden Prädiktoren haben also spezifische und gemeinsame Anteile an der multiplen Korrelation.

Von den soziodemographischen Variablen geht der Ausbildungsstatus als bedeutsame Variable mit in die Regression ein. Je höher der Ausbildungsstatus desto weniger ausgeprägt ist die Bereitschaft zu risikobezogenem Handeln (Selbstschutz). Dieser Zusammenhang ist zwar sehr schwach (<4% Varianzanteil) jedoch hochsignifikant. Diese negative Beziehung zwischen Ausbildungsstatus und der Bereitschaft zum Selbstschutzhandeln ist unerwartet und widerspricht bekannten Ergebnissen der Umweltbewußtseinsforschung (vgl. hierzu die Diskussion in Kap. 7).

6.2.9 Zusammenfassung der Ergebnisse

Ergänzend zu der Interviewbefragung führten wir im Sommer 1989 mit 600 aus dem Telefonregister zufällig ausgewählten Personen in Berlin (West) eine postalische Fragebogenerhebung durch. Die Rücklaufquote lag bei etwa 44%. Nach einer Stichprobenkorrektur konnten 180 Personen in die Auswertung einbezogen werden. Unsere Stichprobe entspricht nach soziodemographischen Gesichtspunkten annähernd der Zusammensetzung der erwachsenen Berliner Bevölkerung. Wir konnten dabei den Stellenwert der Gesundheitsgefährdung durch Umweltbelastungen im Vergleich mit anderen Gesundheitsrisiken ermitteln, die Verbreitung typischer Formen der Auseinandersetzung mit dem Umweltgesundheitsrisiko sowie korrelative Beziehungen zwischen Risikobewertungen, Aspekten der Risikoverabeitung und verschiedenen Kodeterminanten explorieren.

Die wichtigsten Ergebnisse in Stichpunkten:

- Bei der intuitiven globalen Bewertung verschiedener Gefährdungen (Krebs, Arbeitslosigkeit, Herzinfarkt, Verkehrsunfall, Atomkrieg, Aids, Überfall) wird das Gefährdungspotential durch die Umweltbelastungen am höchsten eingeschätzt.
- Etwa die Hälfte der Befragten schätzt die eigene Gefährdung durch die Umweltbelastungen geringer ein als die Gefährdung der Gesamtbevölkerung und ist damit unrealistisch optimistisch. Die "Risikooptimisten" schätzen die Umweltgefährdung insgesamt geringer ein, sie neigen eher dazu, das Risiko für sich zu verleugnen und beschäftigen sich dementsprechend auch weniger aktiv mit dem Risiko.
- Im Vergleich mit verschiedenen Gesundheitsrisiken der Lebensweise (z.B. Alkoholkonsum, Rauchen, ungesunde Ernährungsweise) schätzen die Befragten die Gesundheitsgefährdungen durch Umweltbelastungen im Durchschnitt ähnlich hoch ein. Die Umweltrisiken werden jedoch deutlich stärker mit Bedrohungsgefühlen erlebt und die persönliche Betroffenheit liegt hier durchschnittlich höher als bei den anderen Gesundheitsrisiken.
- Die Aussagen zur Bewertung des persönlichen Risikos und zur Bewältigung zeigen, daß mehr als die Hälfte der Befragten sich emotional betroffen fühlen und auf unterschiedliche Weise damit umgehen. Die wichtigsten Formen der Auseinandersetzung sind verschiedene Prozesse der subjektiven Entlastung (z.B. durch den Glauben an die Widerstandskraft des Körpers), der Vermeidung einer Beschäftigung mit dem Thema und risikobezogenes Handeln in der Form von Selbstschutzmaßnahmen.
- Etwa die Hälfte der Befragten glaubt, durch Umweltbelastungen gesundheitliche Beeinträchtigungen zu erleiden. Die erlebten Auswirkungen

sind vielfältig. Am häufigsten wird die Luftverschmutzung als Ursache und Atemwegserkrankungen als Auswirkung genannt (14 % der Gesamtstichprobe).

- Die Berichterstattung der Massenmedien (Fernsehen, Rundfunk, Tagespresse) über die Umweltrisiken wird von den Befragten überwiegend kritisch bewertet. Kritisiert wird vor allem die Widersprüchlichkeit von Informationen und der Mangel an Objektivität und interessensfreier Sachlichkeit. Die Befragten sind durchschnittlich eher der Meinung, die Gesundheitsrisiken durch Umweltbelastungen würden verharmlost als dramatisiert.

- Mit Hilfe einer Cluster-Analyse identifizierten wir *fünf Subgruppen*, die sich durch ähnliche Muster der Risikoverarbeitung auszeichnen. Für die Personen in *Gruppe 1* sind die Umweltbelastungen häufiger ein alltägliches Gesprächsthema, sie fühlen sich häufiger körperlich und emotional durch Umweltbelastungen beeinträchtigt, achten jedoch nicht in überdurchschnittlichem Ausmaß auf Selbstschutzmaßnahmen. *Gruppe 2* umfaßt Personen, die sich am aktivsten und aufmerksamsten mit dem Umweltrisiko auseinandersetzen. Sie schätzen das Umweltrisiko quantitativ am höchsten ein, fühlen sich häufiger körperlich und emotional beeinträchtigt und achten auf Selbstschutzmaßnahmen. Diese Gruppe achtet auch generell auf eine gesundheitsbewußte Lebensweise, bewertet Medieninformationen eher als nützliche Orientierungshilfe und bewertet die Umweltkrise als gesellschaftlich äußerst dringendes Problem. *Gruppe 3* umfaßt überwiegend die Gruppe der älteren Befragten (über 60 Jahre). Die Auseinandersetzung mit dem Umweltrisiko ist geprägt durch Tendenzen der Vermeidung des Themas und verschiedene Formen der subjektiven Entlastung (z.B. "es ist nicht so schlimm, wir sind ja alle betroffen"). Besonders ausgeprägt ist bei dieser Gruppe eine resignative personale Kontrollüberzeugung, gegenüber den Umweltrisiken nichts ausrichten zu können. Diese Gruppe äußert am stärksten Überdruß gegenüber den Informationen über Umweltthemen, glaubt am wenigsten an mögliche gesellschaftliche Lösungen der Umweltproblematik jedoch an die Lösung der Umweltprobleme durch technischen Fortschritt. *Gruppe 4* entlastet sich vor allem mit körperbezogenen Vorstellungen ("ich erlebe noch keine körperlichen Beeinträchtigungen", Glaube an die Widerstandskraft des Körpers), hat ansonsten ähnliche Einstellungen wie Gruppe 3 jedoch ohne die resignativen Anteile. *Gruppe 5* schließlich schätzt das Umweltrisiko quantitativ am geringsten ein, äußert ein geringes Ausmaß an emotionaler und gedanklicher Beschäftigung mit dem Thema und sieht kaum eine gesellschaftliche Dringlichkeit der Umweltproblematik. Diese Gruppe achtet auch allgemein wenig auf eine gesundheitsbewußte Lebensweise.

- Zur Exploration korrelativer Beziehungen innerhalb der verschiedenen Teile unseres Fragebogens führten wir separate Faktorenanalysen durch. Die Selbstbeschreibungen zur Auseinandersetzung mit dem Umweltrisiko konnten wir auf fünf Dimensionen reduzieren. Eine 1. Dimension erfaßt Tendenzen der Vermeidung der Beschäftigung mit den Umweltrisiken, eine 2. Dimension persönlichen Risikooptimismus, eine 3. Dimension aktive Auseinandersetzung mit dem Risiko in Form von Selbstschutzmaßnahmen und der Beschäftigung mit Vorstellungen über Schadstoffwirkungen. Die 4. Dimension erfaßt emotionale Besorgnis und häufigere Gespräche über die Umweltkrise, die 5. Dimension einen Aspekt der personalen Kontrollüberzeugung (Überzeugung, die eigene Gefährdung durch Umweltbelastungen nicht beeinflussen zu können).

- Mit Hilfe multipler Regressionsanalysen explorierten wir korrelative Beziehungen zwischen den zentralen Konzepten unserer Untersuchung. Hier zeigte sich, daß in Übereinstimmung mit unserer Leithypothese eine aktive Form der Auseinandersetzung mit den Umweltrisiken mit höheren quantitativen Risikobewertungen einhergeht. Umgekehrt hat eine Tendenz der Vermeidung der Beschäftigung mit dem Thema auf die quantitative Risikobewertung überraschenderweise jedoch keinen bedeutsamen Einfluß. Bezieht man die weiteren Konzepte mit in die Analyse ein, dann zeigt sich, daß für die Bewertung des persönlichen Risikos neben der Tendenz zur aktiven Auseinandersetzung mit dem Risiko (Selbstschutz, Beschäftigung mit Vorstellungen über Schadstoffwirkungen) insbesondere die Überzeugung, durch Umweltbelastungen körperliche Beeinträchtigungen zu erleiden und die pessimistische Einschätzung der zukünftigen Entwicklung bedeutsame Einflußgrößen sind. Für die gemeinsame Komponente der verschiedenen Aspekte der Risikobewertung (allgemeine Bewertung, persönliche Bewertung, Furchtempfindungen) sind emotionale Betroffenheit, risikobezogenes Handeln (Selbstschutz, Beschäftigung mit Vorstellungen über Schadstoffwirkungen) und (geringer) Informationsüberdruß bedeutsame Korrelate. Die Bereitschaft zu individuellem risikobezogenem Handeln (Selbstschutz) ist umso höher, je gesundheitsbewußter jemand insgesamt lebt, je höher die gesundheitliche Gefährdung durch Umweltschadstoffe bewertet wird und je positiver Medieninformationen als Orientierungshilfe bewertet werden. Anzumerken ist hier, daß die gefundenen Beziehungen nicht kausal interpretiert werden können. Des weiteren müssen die gefundenen Beziehungen zur Absicherung mit verbesserten Methoden und größeren Stichprobenumfänge einer weiteren Validierung unterzogen werden.

Vergleich der Typisierung von Subgruppen in der qualitativen Studie und der statistischen Fragebogenerhebung

Ziel unserer Fragebogenerhebung ist u.a., die in der qualitativen Studie gewonnenen Verarbeitungskonzepte und Typisierungen an einer größeren Stichprobe zu überprüfen und damit auch zu verallgemeinern. Vergleicht man die gewonnenen Typisierungen von Subgruppen mit ähnlichen Verarbeitungsformen miteinander, dann stellt man fest, daß die beiden Untersuchungsansätze zu erstaunlich ähnlichen Typisierungen geführt haben. Allerdings deckt sich das Ergebnis des quantitativ-statistischen Ansatzes nicht vollständig mit dem des qualitativen Ansatzes. Zum Vergleich haben wir die Ergebnisse der beiden Gruppenbildungen in Tabelle 16 einander gegenübergestellt. Aus Gründen der Übersichtlichkeit verwenden wir zur Typisierung der Gruppen hier nur die hervorstechendsten Aspekte.

Vergleichen wir im einzelnen, dann ergibt sich folgendes Bild: Die Gruppe 1 der qualitativen Interviewbefragung, die sich persönlich durch das Umweltrisiko nicht gefährdet fühlt, entspricht ungefähr der Gruppe 5 der Fragebogenerhebung, die sich durch das Umweltrisiko rundum wenig tangiert fühlt. Ein Unterschied ist hier jedoch, daß die zuletzt genannte Gruppe das persönliche Risiko nicht ausgeprägt relativiert und sich auch nicht mit der Vergegenwärtigung "Ich spüre noch keine Beeinträchtigungen" entlastet. Gruppe 2 läßt sich mit der ausgeprägten resignativen Vermeidung am ehesten der Gruppe 3 der Fragebogenerhebung zuordnen. Für die Gruppe 3 der Interviewbefragung, die sich mit positivem Denken hilft und risikobezogene Affekte vermeidet, haben wir in der Fragebogenerhebung keine direkte Entsprechung. Aus einer übergeordneten Sicht hat das Verarbeitungsmuster dieser Gruppe jedoch Ähnlichkeiten mit dem der Gruppe 4 der Fragebogenerhebung: beide Gruppen entlasten sich durch die Vergegenwärtigung, noch keine körperlichen Beeinträchtigungen zu spüren; in beiden Gruppen dominieren entlastende Umdeutungen des Risikos. Für Gruppe 1 der Fragebogenerhebung, die durch die Umweltthematik emotional berührt ist und auch öfter über dieses Thema spricht, jedoch kaum risikobezogen handelt (Selbstschutz, Beschäftigung mit Schadstoffwirkungen) haben wir in der Interviewbefragung keine Entsprechung. Der Gruppe 4 der Interviewbefragung, die sich auf verschiedenen Ebenen aktiv mit dem Umweltrisiko beschäftigt, entspricht die Gruppe 2 in der Fragebogenerhebung.

Für die Abweichung der Gruppentypisierungen in den beiden Teilstudien kann es verschiedene Gründe geben. Zum einen weichen die Stichproben in ihren Zusammensetzungen voneinander ab. In der Interviewbefragung sind beispielsweise ältere Befragte deutlich unterrepräsentiert. In der Fragebogen-

Interviewbefragung (n=30 Personen)	Fragebogenuntersuchung (n=180 Personen)
Gruppe 1 "kein persönliches Umweltrisiko"	Gruppe 5 "nicht tangiert durch Umweltrisiko"
Gruppe 2 "Resignative Vermeidung"	Gruppe 3 "Resignative Vermeidung" (Resignative personale Kontroll- überzeugung, Vermeidung der Beschäftigung mit dem Thema, Kognitive Entlastung)
Gruppe 3 "Subjektive Entlastung, Vermeidung von Affekten" (Positives Denken, Vermeidung risikobezogener Affekte, Vergegen- wärtigung: noch keine körperlichen Beeinträchtigungen)	Gruppe 4 "Subjektive Entlastung" (Vergegenwärtigung: noch keine körperl. Beeinträchtigungen, Glaube an die Widerstandskraft des Körpers)
	Gruppe 1 "Emotionale Betroffenheit, Gespräche über die Umweltkrise"
Gruppe 4 "Aktive Auseinandersetzung" (gedanklich, emotional, Selbstschutz)	Gruppe 2 "Aktive Auseinandersetzung" (gedanklich, emotional, Selbstschutz)

Tabelle 16: Vergleich der Ergebnisse der Bildung von Subgruppen in der Interviewbefragung und der Fragebogenerhebung

untersuchung findet man die älteren Befragten hauptsächlich in Gruppe 3 und 4. Ein zweiter Gesichtspunkt ist, daß die "Datenerzeugung" in halbstrukturierten Interviews nach anderen Regeln abläuft als das Beantworten einer standardisierten Vorlage von Selbstbeschreibungen im Fragebogen. Für die Zuordnung der Personen in den Interviews ist reichhaltige Kontextinformation verfügbar, die im Fragebogen fehlt. Ein dritter Gesichtspunkt ist hier, daß wir die aus den Interviews entwickelten Verarbeitungskonzepte nicht völlig äquivalent im Fragebogen umsetzen konnten. Beispielsweise fanden wir keine Lösung, das Konzept "Vermeidung von risikobezogenen Affekten" für den Fragebogen umzusetzen. Dies und die relativ knappe Erfassung des Aspektes "Positives Denken/positive Lebenseinstellung als Bewältigungsresourcen" mit nur einem Item kann beispielsweise dazu geführt haben, daß wir in der Fragebogenerhebung keine Subgruppe fanden, die der Gruppe 3 der Interviewbefragung entspricht. Schließlich lagen den beiden Cluster-Analysen Daten mit unterschiedlicher Skalenqualität zugrunde (Nominalskalen bzw. Intervallskalen). Angesichts der grundlegenden Unterschiede der Untersuchungsmethoden in den beiden Studien und der nicht völlig äquivalenten konzeptuellen Umsetzung finden wir das vorgefundene Ausmaß an Ähnlichkeit bzw. Übereinstimmung der Typisierungen der Subgruppen geradezu überraschend. Man kann die Gegenüberstellung der Ergebnisse der beiden Teilstudien auch im Sinne einer "Kreuzvalidierung" interpretieren. Demnach können zumindest die drei einander zuordenbaren Typisierungen als gut gesichert gelten:

1. eine Gruppe von Personen, die sich durch die Umweltrisiken *kaum betroffen* fühlen und sich infolgedessen auch nicht weiter damit beschäftigen. Oberflächlich gesehen erscheint dieses Verarbeitungsmuster häufig als "Gleichgültigkeit" ("Wurstigkeit"). Bei genauerer Betrachtung (vgl. die Einzelfalldarstellung in Kap. 6.1.9) zeigt sich jedoch, daß sich hinter dieser Haltung der Gleichgültigkeit mehr oder weniger ausgeprägte Abwehr- und Verleugnungstendenzen verbergen können.

2. eine Gruppe, die sich gefährdet fühlt, jedoch aus einer *resignativen Einstellung* heraus ("ich kann nichts tun") eine gedankliche und handelnde *Auseinandersetzung* mit diesem Thema *vermeidet* und zusätzlich *entlastende Kognitionen* heranzieht (z.B. Relativierung des persönlichen Risikos im Vergleich mit empfindlicheren Menschen, Vergegenwärtigung, daß noch keine körperlichen Beeinträchtigungen empfunden werden).

206

3. eine Gruppe von Personen, die sich von den Umweltrisiken *persönlich stark gefährdet* fühlen und sich *aufmerksam* mit diesen Risiken auseinandersetzen, sowohl gedanklich als auch im Alltagshandeln.

7. DISKUSSION DER ERGEBNISSE UND AUSBLICK

7.1 Diskussion der Ergebnisse

Bewertung der Annahmen des Untersuchungsansatzes

In der qualitativen Teilstudie konnten wir Aspekte des Risikobewußtseins gegenüber gesundheitlichen Gefährdungen durch Umweltbelastungen beschreiben und Konzepte der Risikoverarbeitung aus den Aussagen der Befragten entwickeln. Unser theoretisches Rahmenmodell (vgl. Kap. 4.1) hat sich als brauchbar und die gegenstandsbezogene induktive Vorgehensweise bei der Entwicklung von Konzepten zur psychischen Verarbeitung der Umweltrisiken als angemessen erwiesen. Das *weite Spektrum der identifizierten Verarbeitungs- und Bewältigungsversuche* bestätigt unsere in Anlehnung an Thomae (1988) und neuere Ansätze in der Bewältigungsforschung (Faltermaier, 1988) entwickelte Leithypothese, daß eine logisch-deduktive Übertragung allgemeiner Bewältigungskonzepte aus der Streßforschung (wie z.B. "vigilante vs. defensive Bewältigung") keine angemessene Abbildung dieses Gegenstandsbereiches erlaubt sondern eine deskriptive, an den Aussagen der Befragten orientierte Konzeption erforderlich ist.

Die Differenziertheit und Häufigkeit der identifizierten kognitiven (Um-) Bewertungsversuche des persönlichen Risikos gegenüber der allgemeinen Risikobewertung bestätigen die Hypothese von Stallen & Tomas (1985, 1988), daß bei technologischen und Umweltrisiken, die vom Individuum als kaum veränderbar oder kontrollierbar wahrgenommen werden, die "Neubewertung" (reappraisal) ein wesentlicher Verarbeitungs- bzw. Bewältigungsvorgang ist (vgl. Kap. 3.3.3).

Auffällig ist die *interindividuelle Vielfalt von Verarbeitungsmustern.* Dies führt dazu, daß der Erklärungswert allgemeinpsychologischer Modellbildungen begrenzt ausfällt, wie dies in den bescheidenen "Varianzaufklärungen" der Korrelationen zwischen den zentralen Konstrukten der Fragebogenerhebung auch zum Ausdruck kommt. Die Identifizierung von Subgruppen, die sich durch ähnliche Muster der Risikoverarbeitung auszeichnen, bietet hier eine Beschreibungsebene "mittlerer Abstraktion" zwischen detaillierten Einzelfalldarstellungen und der Betrachtung allgemeiner Beziehungen zwischen den Untersuchungsvariablen.

Ein weiteres theoretisch bedeutsames Ergebnis ist, daß wie eingangs vermutet, Bewertungs- von Bewältigungsprozessen nicht in der einfachen Weise zu trennen sind, wie dies im Streßmodell von Lazarus unterstellt wird, sondern sich vielmehr überlappen. Die Verarbeitungsversuche, die man von den Konzepten von Lazarus ausgehend deduktiv der Kategorie der "Bewertung" zuordnen würde, erfüllen gleichzeitig Bewältigungsfunktionen, da sie zu einer Reduzierung der subjektiven Verunsicherung beitragen. Dies wird in beiden Teilstudien deutlich durch den bei vielen Befragten beobachtbaren *unrealistischen Optimismus*, die gesundheitliche Gefährdung durch Umweltbelastungen als solche (ohne den Bezugspunkt eines Risikosubjekts) oder allgemein (für die Bevölkerung) sehr hoch einzustufen, bei der Frage nach dem persönlichen Risiko jedoch auf "entlastende Kognitionen" zurückzugreifen (z.b. Glaube an die Widerstandskraft des Körpers, Relativierung des persönlichen Risikos im Vergleich mit besonders Betroffenen). Für die Bewältigungsfunktion dieser Bewertungsversuche spricht auch, daß diese ausschließlich zu einer "Verkleinerung" des eigenen Risikos angeführt werden. Keiner der Befragten wendet den Vergleich des eigenen Risikos mit anderen Personen in umgekehrter Weise an (z.b. "weil ich zu den Älteren gehöre, bin ich dem stärker ausgesetzt").

Persönlicher Risikooptimismus

Der unrealistische Optimismus, die Tendenz, Risiken des Lebens für sich selbst geringer einzuschätzen, ist ein verbreitetes Phänomen (vgl. Kapitel 3.3.2). Bei der Beurteilung der Gefährdung durch die Umweltverschmutzung zeigte sich diese Tendenz in unserer Studie bei etwa der Hälfte der Befragten. Es handelt sich also anscheinend nicht unbedingt um ein allgemeinpsychologisches Phänomen. Es zeigte sich auch, daß diese Tendenz hier *spezifisch für die Umweltrisiken* ist. Andere chronische Gesundheitsrisiken (z.B. Rauchen, Alkoholkonsum) werden von den "Umweltrisikooptimisten" nicht anders beurteilt als von den "Umweltrisikorealisten". Die "Realisten" schätzen jedoch die persönliche Gefährdung durch Krebs, Verkehrsunfälle und einen Atomkrieg, also durch folgenschwere und schreckliche Ereignisse, höher ein. In der Bewertung der Gefährdung der allgemeinen Bevölkerung durch Umweltbelastungen unterscheiden sich die beiden Gruppen nicht. Die "Risikorealisten" fühlen sich emotional stärker durch das Umweltrisiko betroffen und glauben weniger daran, daß sich der Körper an Umweltbelastungen gewöhnt. Sie fühlen sich durch die Berichterstattung über Umweltthemen eher verunsichert und erleben gesellschaftsbezogen eher Gefühle von Kontrollverlust. Die "Risikooptimisten" sind sich demgegenüber sicherer, durch Umweltbelastungen gesundheitlich nicht gefährdet zu sein.

In Kap. 3.3.2 haben wir verschiedene Erklärungsansätze zum Phänomen des "unrealistischen Optimismus" referiert (Verleugnungstendenz, Illusion persönlicher Kontrolle, egozentrische Wahrnehmung vorbeugender Maßnahmen, sozialer Herunter-Vergleich). Bezieht man diese Erklärungsansätze auf unsere Ergebnisse, dann kommen hier anscheinend vor allem *soziale Vergleichsprozesse hinsichtlich der "Verwundbarkeit"* (Vulnerabilität) zum Tragen. Die "Risikooptimisten" fühlen sich durch externe Gefährdungen weniger betroffen als die "Risikorealisten".

Bewertungen des Umweltrisikos im Vergleich mit anderen (Gesundheits-) Risiken

In unserer qualitativen Studie wurden auf die Frage zum Stichwort "gesundheitliche Risiken und Gefahren" die Umweltbelastungen am häufigsten spontan genannt. Bei der Einstufung verschiedener Gefährdungen in der Fragebogenerhebung wurde die "Umweltverschmutzung" als höchste Gefährdung eingestuft. Wiedemann & Velten (1988) kommen in ihrer Befragung einer repräsentativen Stichprobe Berliner Jugendlicher (17-21 Jahre) mit einer vergleichbaren Liste zu einem ähnlichen Ergebnis. Die Umweltverschmutzung wird als größte Bedrohung eingeschätzt, es folgen dann jedoch die Atomkriegsgefahr und AIDS in den Einschätzungen der Jugendlichen. Die hohe Bewertung der Umweltverschmutzung in der Berliner Bevölkerung ist jedoch anscheinend weitgehend altersunabhängig.

Bei der Beurteilung verschiedener Gesundheitsrisiken wurden gesundheitsgefährdende Aktivitäten wie "dauerhaftes starkes Rauchen", "Alkoholkonsum" und "viel und fett essen" durchschnittlich am höchsten eingestuft, jedoch dicht gefolgt von den Umweltschadstoffen. Vergleiche sind hier nur mit der Studie von Borcherding et al. (1986) möglich, die in einer psychometrischen Risikostudie mit 80 Studenten (jeweils zur Hälfte "umwelt- bzw. technikorientiert") einige ähnliche Risikoquellen global und hinsichtlich des Gesundheitsrisikos beurteilen ließen. Die drei vergleichbaren Gesundheitsrisiken in der Studie von Borcherding et al. (dauerhaft stark rauchen, sehr viel und sehr fett essen, regelmäßig Beruhigungstabletten einnehmen) werden insgesamt sowie in beiden Teilgruppen höher eingeschätzt als verschiedene Umweltrisiken (in einem umweltbelasteten Ballungsgebiet, in der Nähe eines Kohlekraftwerkes, in der Nähe einer Metallverhüttung wohnen, u.ä.). Die Umweltgesundheitsrisiken werden in unserer Studie relativ höher eingestuft. Hier sind verschiedene Erklärungen denkbar: möglicherweise sind die Ergebnisse stark stichprobenabhängig und fallen damit auch regional sehr unterschiedlich aus (vgl. auch die Erfahrungen von Langeheine & Lehmann, 1986a, Kap. 3.1.2). Auch der Erhebungszeitpunkt kann eine Rolle spielen; möglicherweise hat sich die Risikobewertung von Umweltbelastungen nach den Ereignissen der letzten Jahren (Reaktorunfall von Tschernobyl,

Smogwinter 1986/87, Chemieunfälle usw.) insgesamt erhöht. Aufschluß über regionale und zeitliche Variationen können nur überregional durchgeführte, längsschnittlich angelegte und methodisch einheitliche Untersuchungen geben.

Stellenwert der identifizierten Aspekte der Risikoverarbeitung

Bei einigen der in der qualitativen Studie entwickelten Verarbeitungskonzepte fällt sofort auf, daß diese für den Umgang mit dem Umweltrisiko nicht spezifisch sind, sondern daß es sich dabei vermutlich um generalisierte, biographisch "bewährte" Bewältigungsmuster handelt. Besonders prägnant ist dies bei den Aussagen einiger älterer Befragten, die das Umweltrisiko im Vergleich mit früheren gesundheitlichen Belastungen relativieren oder sich subjektiv mit der Äußerung entlasten: "es ist nicht so schlimm, wir sind ja Alle betroffen". Ein weiterer Aspekt bei dieser Personengruppe ist die stark resignative personale Kontrollüberzeugung ("ich kann nichts tun"). Die Kriegsgeneration mit ihren besonderen Erfahrungen deutet die neuen Umweltrisiken in einem anderen biographischen Bezugsrahmen als die jüngere Generation. Anzunehmen ist auch, daß hier andere Wertvorstellungen hinsichtlich des Umgangs mit verschiedensten Belastungen zum Tragen kommen. Beispielsweise gilt in der älteren Generation das Aussprechen oder Ausleben von Gefühlen in vielen Kontexten nicht als sozial akzeptabel, während es für viele Jüngere geradezu eine Norm ist, sich betroffen oder bedroht zu fühlen. Das erklärt beispielsweise, daß wir in den Interviews die Vermeidung von Affekten ("man darf sich nicht so sehr gehen lassen") häufiger bei älteren Befragten beobachten konnten. Auch bei dem Verarbeitungskonzept "positives Denken/Bewältigungsoptimismus" handelt es sich um eine relativ generalisierte Reaktionsform auf verschiedenste Belastungen. Die hier genannten allgemeinen Verarbeitungsformen lassen sich auch weitgehend den von Thomae identifizierten Reaktionsformen auf Belastungen zuordnen (Resignation/depressive Reaktion, evasive Reaktion=aus dem Felde gehen, Hoffnung; vgl. Thomae, 1988). Lebensgeschichtliche Hintergründe der Auseinandersetzung mit den Umweltrisiken haben wir in unserer querschnittlich angelegten Untersuchung zugunsten einer differenzierten Beschreibung risikospezifischer Vorstellungen und Verarbeitungsaspekte vernachlässigt. Eine biographische Perspektive wird in dem Forschungsprojekt von Legewie et al. (vgl. z.B. Faas & Legewie, 1988; Böhm, Faas & Legewie, 1989) berücksichtigt. Dort wird rekonstruiert, wie die Reaktorkatastrophe von Tschernobyl sich in Abhängigkeit von der Stellung im Lebenszyklus auf die Identität auswirkt.

Einige der von uns identifizierten Verarbeitungsaspekte sind vermutlich eher spezifisch für den Umgang mit (Umwelt-) *Gesundheitsrisiken*. Die "Vergegenwärtigung, daß noch keine körperlichen Beeinträchtigungen empfunden werden" und der "Glaube an die Widerstandskraft des Körpers" sind entlastende Deutungsmuster, die kennzeichnend für den Umgang mit körperlich (noch) nicht manifesten Gesundheitsgefährdungen sein dürften.

Im Rückblick auf die Entwicklung unserer Konzepte der Risikoverarbeitung von der Vorstudie bis zu den beiden Hauptstudien gibt es einige aufschlußreiche Veränderungen. In der Vorstudie entwickelten wir ein Verarbeitungskonzept "Gleichgültigkeit/Desinteresse". In der Interviewbefragung (Hauptstudie 1) konnten wir bei keinem Gesprächspartner eine solche Haltung der Gleichgültigkeit, des Desinteresses *ohne erkennbare Vermeidungstendenzen* identifizieren. Es stellt sich hier die Frage, ob es eine echte Gleichgültigkeit gegenüber der Umweltkrise und deren Folgen überhaupt geben kann oder ob es sich hier um ein "Oberflächenphänomen" handelt, hinter dem sich im Einzelfall doch auch "konflikthafte" Verarbeitungsmuster verbergen. Wir vermuten, daß die noch eher oberflächliche Explorationstiefe in den Interviews der Vorstudie für die Konzeption dieser Verarbeitungsform mitverantwortlich ist und echte Gleichgültigkeit, wenn überhaupt, nur bei einem kleinen Teil der Befragten vorliegt. Eine gewisse Bestätigung für diese Annahme der Abhängigkeit der Entdeckung einiger Verarbeitungsaspekte von der Explorationstiefe sehen wir darin, daß bei der Bildung von Verarbeitungstypen in der Fragebogenuntersuchung eine Subgruppe von "wenig Tangierten" auftaucht, deren "Profil" auf den Verarbeitungsaspekten insgesamt auch für eine Kennzeichnung als Gruppe von "Gleichgültigen" spricht. Im Hinblick auf den zweifelhaften Status des Konzepts der "Gleichgültigkeit" bevorzugen wir hier die weniger voraussetzungsreiche Typisierung als "wenig berührt".

In der Hauptstudie konnten wir gegenüber der Vorstudie die verschiedenen Prozesse der persönlichen Entlastung gegenüber den Umweltrisiken differenzierter herausarbeiten. Aussagen, die wir in der Vorstudie als "Verleugnungstendenzen/ Bagatellisierung" bzw. "Anstellen von Vergleichen" klassifizierten, haben wir in der Hauptstudie nach den zur "Risikodeutung" herangezogenen Inhalten genauer beschrieben und klassifiziert (Relativierung des Risikos im Vergleich mit empfindlicheren Menschen, Glaube an die Widerstandskraft des Körpers usw.). Auch hier zeigt sich, daß die Differenziertheit und Genauigkeit eines System zur Klassifikation von Antworten auf Belastungen bzw. Risiken mit der Explorationstiefe der eingesetzten Methoden wächst.

Dimensionalität der Risikoverarbeitung

In unserer Faktorenanalyse über die Aussagen zur Auseinandersetzung mit den Umweltrisiken konnten wir fünf Dimensionen ermitteln. Die Faktorbildung impliziert, daß die Items, die hoch auf einem Faktor laden, auch hoch miteinander korrelieren jedoch kaum mit Items, die auf anderen Faktoren hoch laden. Etwas überraschend ist hier für uns, daß die Dimensionen in der vorgefundenen Weise separate Faktoren bilden (vgl. Kap. 6.2.3, Tabelle 8). Dimension 3 und 4 bilden zwei unterschiedliche Aspekte der aktiven Auseinandersetzung mit dem Umweltrisiko ab, die weitgehend unabhängig voneinander sind. Emotionale Betroffenheit durch die Umweltgefährdung und Gespräche über das Thema haben anscheinend kaum etwas mit der Bereitschaft zu risikobezogenem Handeln und der gedanklichen Beschäftigung mit Schadstoffwirkungen zu tun. Im Kontext eines Streßbewältigungsansatzes würde man annehmen, daß emotionale Betroffenheit mit höherer Handlungsbereitschaft (Selbstschutz) einhergeht, zumindest bei einer Teilgruppe mit "problemzentrierten Bewältigungsstil" im Sinne von Lazarus (vgl. Kap. 3.2.2 und 3.2.5). Für eine Teilgruppe (Gruppe 2, vgl. Kap. 6.2.7 bzw. 6.2.9) gilt dies auch in unserer Untersuchung. In der faktorenanalytischen Auswertung über die gesamte Stichprobe wird dieser Zusammenhang offensichtlich jedoch nivelliert.

Ebenso würde man annehmen, daß die Kontrollüberzeugung einen Einfluß auf das Ausmaß aktiver Beschäftigung mit dem Risikothema hat. Dementsprechend würde man erwarten, daß die positive Kontrollüberzeugung und das Selbstschutzhandeln auf einem gemeinsamen Faktor laden. Die Einschätzung personaler Kontrolle über das eigene Risiko bildet jedoch in unserer Studie eine unabhängige Dimension, die mit den anderen Verarbeitungsaspekten nicht korreliert. Zudem steht diese Dimension in keiner bedeutsamen Beziehung mit den quantitativen Risikobeurteilungen und auch nicht mit den anderen Variablenbereichen. Die scheinbar marginale Bedeutung von personalen Kontrollüberzeugungen zeigte sich schon in der Interviewbefragung, wo alle Befragten relativ einförmige Aussagen machten ("da kann man nichts bzw. nicht viel machen"). Selbst die aktiv Handelnden verwendeten dieselben Äußerungen.

Auch Stallen & Tomas (1988) können die in ihrem theoretischen Modell postulierte zentrale Bedeutung verschiedener Aspekte personaler Kontrolle für die Verarbeitung technologischer Risiken nur teilweise bzw. schwach bestätigen (vgl. Kap. 3.3.3). Es erscheint gegenwärtig dennoch wenig plausibel, daß Kontrollüberzeugungen entgegen ihrer allgemeinen Bedeutung bei Verarbeitungs- und Bewältigungsvorgängen hier keine Rolle spielen sollten. Es ist vielmehr anzunehmen, daß sich hinter einer Äußerung "da kann man nicht viel machen" sich individuell sehr unterschiedliches verbirgt. Für eine Person mag eine solche Aussage vollständigen Kontrollverlust auf den Punkt bringen, für eine andere Person mag dies eine Globaleinschätzung sein, die nicht ausschließt, daß man den kleinen Handlungsspielraum, der darin noch enthalten ist, noch nutzt, beispielsweise in Form von Selbstschutzmaßnahmen, mit denen das individuelle Risiko etwas vermindert werden kann. Dies bedeutet, daß in weiteren Untersuchungen Aspekte des Kontrollbewußtseins differenzierter erfaßt werden sollten.

Erleben körperlicher Beeinträchtigungen durch Umweltbelastungen

Zum Vergleich mit unseren Ergebnissen bietet sich hier die repräsentative Telefonbefragung der Berliner Bevölkerung von Böhm (1988a) an, der ebenfalls nach gesundheitlichen Beeinträchtigungen durch Umweltbelastungen fragte. In seiner Untersuchung berichten ebenfalls etwa die Hälfte der Personen (48%) gesundheitliche Auswirkungen durch Umweltbelastungen. Dieser Anteil kann somit als relativ gesichert gelten. Jedoch fällt der Anteil von Befragten, die Atembeschwerden bei Smog berichten, in seiner Studie höher aus: etwa ein Viertel aller Befragten berichten von Heiserkeit, Husten, Asthma usw. In unserer Studie sind es ca. 15% aller Befragten. Wir führen den in unserer Studie geringeren Anteil auf den relativ smogfreien Winter 88/89 zurück, der unserer Befragung voranging.

Daß jüngere Befragte etwas häufiger gesundheitliche Beeinträchtigungen durch Umweltbelastungen berichten, ist zunächst etwas überraschend, da eigentlich anzunehmen ist, daß die älteren Befragten aufgrund des allgemeinen gesundheitlichen Zustandes häufiger Beeinträchtigungen erleben (z.B. im Bereich der Atemwegserkrankungen). Anzunehmen ist jedoch, daß die jüngeren Befragten über mehr Wissen über gesundheitliche Auswirkungen von Umweltbelastungen verfügen bzw. eine größere Bereitschaft, gesundheitliche Beeinträchtigungen Umweltfaktoren zuzuschreiben, während die älteren Befragten tendenziell eher auf konventionelle Erklärungsmuster zurückgreifen.

Aspekte der Bewertung von Medieninformationen

Wir kennen keine Untersuchungen, die wir zum Vergleich mit unseren Ergebnissen zur Informationsbewertung heranziehen könnten. Die Aussagen zur Bewertung von Medieninformationen konnten wir auf vier gut interpretierbare Dimensionen reduzieren. Etwas überraschend ist hier jedoch, daß die Bewertungen der Verzerrung der Berichterstattung (Verharmlosung, Dramatisierung der Informationen) zwei separate Faktoren bilden. Das heißt, daß beide Aspekte nicht entgegengesetzte Pole einer Dimension bilden, wie man dies zunächst annehmen könnte. Anscheinend benutzen die Befragten unterschiedliche Bezugspunkte für die Bewertung des Grades der "Dramatisierung" bzw. der "Verharmlosung" der Umweltkrise in den Medien. Die Ergebnisse in diesem Teil betrachten wir als vorläufige erste Annäherung an diesen Themenkomplex. Im Hinblick auf den großen Einfluß, den Medieninformationen auf das Umwelt- und Gesundheitsbewußtsein haben, sollten hier differenziertere Studien folgen. Differenziert werden sollte vor allem die Bewertung verschiedener Informationsquellen. Weiter sollte genauer erfaßt werden, welche Informationsbedürfnisse bei verschiedenen Gruppen von Rezipienten bestehen.

Zur Typisierung von Subgruppen mit ähnlichen Verarbeitungsmustern

Die beiden Teilstudien haben trotz grundlegender Unterschiede in der Anlage zu erstaunlich ähnlichen Typisierungen von Subgruppen geführt (vgl. Kap. 6.2.9). Allerdings stimmt das Ergebnis der Gruppenbildung über die qualitativen Interviewdaten nicht vollständig mit dem Ergebnis in der quantitativen Fragebogenerhebung überein. Wie bereits in Kap. 6.2.9 ausführlicher diskutiert haben vermutlich insbesondere die Unterschiede in der Stichprobenzusammensetzung und die unterschiedlichen Methoden zur Erfassung der Verarbeitungsaspekte zu diesen Diskrepanzen beigetragen. Drei Gruppen stimmen in der Typisierung in beiden Studien weitgehend überein: eine Gruppe, die sich durch die Umweltrisiken *persönlich nicht* bzw. kaum *gefährdet* fühlt; eine zweite Gruppe, die dieses Thema *resigniert vermeidet*; eine dritte Gruppe, die sich durch die Umweltrisiken *persönlich stark gefährdet* fühlt und sich gedanklich und handelnd damit auseinandersetzt.

Böhm et al. (1989) nehmen in ihrer Beschreibung der längerfristigen Verarbeitung des Reaktorunfalls von Tschernobyl auch eine Gruppeneinteilung vor, wenngleich hier jedoch der Verarbeitungs*verlauf* im Vordergrund der Betrachtung steht (vgl. Kap. 3.3.4). Böhm et al. unterscheiden zwischen wenig und stark Betroffenen; in der längerfristigen Verarbeitung läßt sich bei den stark Betroffenen noch eine Subgruppe unterscheiden, die in stärkerem Maße versucht, die Verunsicherung beiseite zu schieben. Die Autoren berichten auch, daß die individuellen Unterschiede innerhalb der beiden Gruppen im Laufe der Zeit größer werden. Diese Ergebnisse verweisen auf die Bedeutung des zeitlichen Verlaufs der

Verarbeitung von Umweltkatastrophen für die Entstehung bestimmter Verarbeitungsmuster.

Auch Stallen & Tomas (1988) nehmen in ihrer Studie eine Einteilung von Subgruppen im Hinblick auf die Bewältigung technologischer Gefährdungen vor (vgl. Kap. 3.3.3). Im Unterschied zu unserem empirisch-deskriptiven Vorgehen entwickeln Stallen & Tomas ihre Typologie logisch-deduktiv aus ihrem theoretischen Modell. Trotz des unterschiedlichen Vorgehens stimmt unsere Einteilung mit der von Stallen & Tomas weitgehend überein. Der Gruppe von Personen, die sich nicht bedroht, sondern sicher fühlt ("sicheres Bewältigungsverhalten" bei Stallen & Tomas) entspricht unsere Gruppe der "Nicht-Betroffenen", allerdings mit der Einschränkung, daß unsere Ergebnisse dafür sprechen, daß sich hinter dem scheinbaren "Nicht-Betroffen-Sein" häufig Abwehr- und Verleugnungstendenzen verbergen. Eine Gruppe, die die Bedrohung verleugnet, gedanklich vermeidet oder verdrängt ("defensives Bewältigungsverhalten" bei Stallen & Tomas) konnten wir gleichermaßen identifizieren und schließlich auch eine Gruppe von Personen, die sich bedroht fühlt und sich aufmerksam mit den Gefährdungen beschäftigt ("vigilantes Bewältigungsverhalten" bei Stallen & Tomas). Zu der Gruppe bei Tomas & Stallen, die um mögliche Gefährdungen weiß, diese aber akzeptiert ("akzeptierendes Bewältigungsverhalten"), weil überwiegend Vorteile der industriellen Produktion gesehen werden (Verdienstmöglichkeiten, Wohlstand), haben wir keine Entsprechung gefunden. Dies ist jedoch durch die unterschiedliche Konzeption der Studie von Stallen & Tomas bedingt, die den Umgang von Bewohnern eines Industriegebietes mit den dort vorfindbaren Risiken in den Blick nehmen und dabei den Gesichtspunkt einer Abwägung von Vor- und Nachteilen technologischer Gefährdungen berücksichtigen. Dies ist ein Gesichtspunkt, den wir in unserer Untersuchung nicht erfassen konnten, da wir Umweltrisiken generell, ohne Bindung an einen konkreteren industriellen Erzeugungskontext untersucht haben und damit Kosten-Nutzen-Abwägungen und entsprechende Akzeptanzbereitschaften nicht miterfassen konnten.

Ergebnisse der Regressionsanalysen

Die in unserem Untersuchungsansatz formulierten Leithypothesen von korrelativen Beziehungen zwischen Risikobewertungen und Aspekten der Risikoverarbeitung sowie Aspekten der Informationsbewertung, des Gesundheitsbewußtseins und gesellschaftsbezogener Bewertungen konnten wir in den multiplen Korrelationsanalysen überwiegend bestätigen und dabei bedeutsame Teilaspekte spezifizieren.

Unsere Hypothese, daß Personen, die sich stärker aktiv mit dem Umweltrisiko auseinandersetzen, dieses quantitativ höher einschätzen als Personen, die das Risikothema eher vermeiden, konnte in ihrem ersten Teil bestätigt werden. In bedeutsamer korrelativer Beziehung mit der quantitativen Risikobeurteilung stehen einerseits die emotionale Betroffenheit, verbunden mit der Tendenz, mit Freunden oder Bekannten häufiger über das Thema "Umwelt" zu sprechen und andererseits das Ausmaß risikobezogenen Handelns (Selbstschutzmaßnahmen) verbunden mit der Beschäftigung mit Vorstellungen über Schadstoffwirkungen. Persönlicher Risikooptimismus steht in schwacher negativer Beziehung mit den Risikobeurteilungen. Der Verarbeitungsaspekt "Vermeidung der Beschäftigung mit dem Thema" bildet überraschenderweise keinen Gegenpol zu Formen der aktiven Auseinandersetzung, sondern eine eigene, davon unabhängige Dimension. Die Tendenz der Vermeidung der Beschäftigung mit dem Thema steht lediglich mit der Einschätzung des persönlichen Risikos in schwacher negativer Beziehung.

In einem nächsten Schritt der multivariaten Analyse haben wir das Feld der berücksichtigten Variablen erweitert und die Dimensionen des Gesundheitsbewußtseins, der Bewertungen von Medieninformationen und der gesellschaftsbezogenen Bewertungen mit in die Analyse einbezogen, das Erleben körperlicher Beeinträchtigungen durch Umweltbelastungen, die Zukunftseinschätzung sowie verschiedene soziodemographische Variablen. Von diesen insgesamt 21 Kovariablen stehen nur wenige in bedeutsamer Beziehung mit den verschiedenen Aspekten der Risikobeurteilung und -verarbeitung. Als bedeutsame Korrelate der Risikobeurteilungen zeigen sich das Erleben körperlicher Beeinträchtigungen, die Einschätzung der zukünftigen Entwicklung der Umweltproblematik und Informationsüberdruß bzw. die Einschätzung, daß die Medienberichterstattung die Umweltrisiken dramatisiere. Für das individuelle risikobezogene Handeln erweisen sich eine generelle gesundheitsbewußte Lebensweise, die Beurteilung der gesundheitlichen Gefährdung durch Umweltschadstoffe, die Bewertung von Medieninformationen als nützliche Orientierungshilfe und der Ausbildungsstatus als bedeutsame Korrelate. Die Untersuchung der Beziehung zwischen generellem Gesundheitsbewußtsein und dem Ausmaß risikobezogenen Handelns gegenüber den Umweltrisiken ist keine Tautologie, wie dies zunächst den Anschein haben kann. Es geht hier um die Frage, welches relative Gewicht eine generelle gesundheitsorientierte Lebensweise im Vergleich mit den spezifischen Bewertungen der Umweltrisiken hat. Die Ergebnisse zeigen, daß eine generelle Tendenz, auf eine gesunde Lebensweise zu achten, ein größeres Gewicht für die Bereitschaft zu Selbstschutzmaßnahmen gegenüber Umweltrisiken hat als die Bewertung der gesundheitlichen Gefährdung durch Umweltschadstoffe.

Der Ausbildungsstatus hat überraschenderweise ein negatives Gewicht für die Bereitschaft zu Selbstschutzhandeln. Sofern man die Bereitschaft zu Selbstschutzmaßnahmen gegenüber dem Umweltrisiko als einen Aspekt von Umweltbewußtsein betrachtet, widerspricht dies bekannten Ergebnissen der Umweltbewußtseinsforschung, daß höherer Ausbildungsstatus mit höherem Umweltbewußtsein einhergeht, (vgl Kap. 3.1.3., Fietkau, 1984; Langeheine & Lehmann, 1986a; Urban, 1986). Eine genauere Betrachtung der Korrelationen der einzelnen Basisvariablen des "Selbstschutzfaktors" (Einschränkung von Aktivitäten bei Smog, schadstoffkontrollierte Ernährung usw.) mit dem Ausbildungsstatus brachte hier auch keine Interpretionshilfen. Alle vier Einzelkorrelationen sind zwar ebenfalls schwach, jedoch negativ. Wir haben für dieses unerwartete für unsere Stichprobe gültige Ergebnis keine plausible Erklärung. Allerdings zeigen auch die Ergebnisse der Untersuchung von Langeheine & Lehmann (1986a), die eine Berliner Stichprobe mit einer Stichprobe im Einzugsgebiet von Kiel hinsichtlich verschiedener Aspekte des Umweltbewußtseins vergleichen, daß der Ausbildungsstatus je nach der Stichprobe und der untersuchten Komponente des Umweltbewußtseins (z.B. ökologisches Wissen, Stärke der Affekte gegenüber der Umweltzerstörung, ökologisches Handeln im eigenen Haushalt) eine unterschiedliche Bedeutung hat: beispielsweise ist der Ausbildungsstatus in der Kieler Stichprobe ein bedeutsamer Prädiktor für ökologisches Handeln im eigenen Haushalt, nicht jedoch in der Berliner Stichprobe (vgl. Kap. 3.1.2, Abbildung 1). Ähnlich inkonsistent fallen bei Langeheine & Lehmann die Ergebnisse zu den soziodemographischen Faktoren Alter und Geschlecht aus. In unserer Untersuchung sind Alter und Geschlecht keine bedeutsamen Prädiktoren. Da die soziodemographischen Variablen in den meisten Studien zudem nur eine verschwindend geringe Erklärungskraft aufweisen (Varianzaufklärung), schließen wir, daß es wenig Sinn macht, sie als allgemeine Prädiktoren für Aspekte des Umweltbewußtseins zu verwenden.

7.2 Ausblick

Aus den inhaltlichen und methodischen Erfahrungen unserer Untersuchung ergeben sich eine Reihe von Überlegungen für weiterführende Studien.

1. Längsschnitt- bzw. Verlaufsanalyse zur Auseinandersetzung mit Umweltrisiken

Durch den querschnittlichen Ansatz unserer Studie konnten wir nur einen bei den befragten Personen jeweils erreichten Status bevorzugter Formen der Auseinandersetzung mit den Umweltrisiken erfassen. Wir haben damit das Ergebnis mehr oder weniger erfolgreicher Verarbeitungsversuche dokumentiert. Das hat zur Folge, daß hier ein relativ statisches Bild entsteht. Ergänzend müßten hier Verlaufsanalysen durchgeführt werden, die dokumentieren, in welcher Abfolge Risikobewertungen, Aktivitäten der Informationssuche und Bewältigungsversuche entwickelt werden. Als Untersuchungsgegenstand kommen dann weniger die "kleinen alltäglichen" Umweltbelastungen in Frage, sondern eher gravierendere Konfrontationen mit Umweltrisiken, wie sie etwa bei lokalen Umweltkatastrophen oder -veränderungen auftreten (z.b. Altlastensanierung in der Nachbarschaft, Bau einer Müllverbrennungsanlage).

2. Studie zum Informationsbedürfnis über Umweltrisiken

In der vorliegenden Studie konnten wegen der Vielzahl berücksichtigter Bereiche die Bewertungen von Medieninformationen, das Informationsverhalten und die Informationsbedürfnisse der Bevölkerung nur grob erfaßt werden. Da das Risikobewußtsein zu Umweltbelastungen überwiegend durch die Massenmedien erzeugt und beeinflußt wird, und die Medieninformationen überwiegend als unangemessen und wenig hilfreich bewertet werden, wäre es sinnvoll, hierzu differenziertere Studien durchzuführen. Wichtige Fragestellungen könnten hier u.a sein:

- Welche Informationsbedürfnisse liegen bei verschiedenen Gruppen von Rezipienten vor?

- Welche Merkmale der Information bzw. Kommunikation über Risiken führen (bei bestimmten Teilgruppen) zu Hilflosigkeit, Verunsicherung und Informationsüberdruß?

- Wie können Informationen über unsicheres Wissen, wie es im Bereich der gesundheitlichen Gefährdungen durch Umweltbelastungen gegeben ist, auf eine Weise vermittelt werden, die subjektiv als sinnhaft und orientierend erlebt wird?

3. Entwicklung und Evaluation von Konzepten der umweltbezogenen Bürgerberatung

Unsere Studie bietet ein elementares Orientierungswissen über gegenwärtig in der Bevölkerung auffindbare Bewertungs- und Verarbeitungsmuster gegenüber gesundheitlichen Gefährdungen durch Umweltbelastungen. Die Ergebnisse können interessant sein für Einzelpersonen, Professionelle, Initiativen und Institutionen, die mit Betroffenen zu tun haben, um Informationen über Umweltrisiken nachgefragt oder um Stellungnahmen gebeten werden.

Unsere Studie hat u.a. gezeigt, daß sich viele Befragte resigniert von der Umweltkrise und den damit verbundenen Gefährungspotentialen abwenden, gesellschaftliches Engagement, ökologisches Handeln und teilweise auch individuelle Selbstschutzmaßnahmen als unwirksam einschätzen. Nur ein geringer Teil der Bevölkerung stellt einen Zusammenhang zwischen der eigenen Lebensweise, dem eigenen Umweltverhalten und den möglichen Folgen für die heutigen und zukünftigen Lebensbedingungen her. Umweltbewußtes Verhalten resultiert anscheinend nur zu einem geringen Teil aus einer gründlichen Einsicht in ökologische Kreisläufe. Die wachsenden volkswirtschaftlichen Kosten, die durch umweltbedingte gesundheitliche Beeinträchtigungen verursacht werden (vgl. Wicke, 1986) sowie die immateriellen Einbußen an Lebensqualität erfordern Maßnahmen, die ökologisches Handlungsbewußtsein, Zuversicht und die Einsicht in die Veränderbarkeit der derzeitigen Entwicklung fördern. Sofern man das Ziel akzeptiert, daß es gilt, eine realitätsorientierte und aktive Auseinandersetzung mit der Umweltkrise zu fördern, muß eine gesundheitsorientierte Prävention sowohl die "äußere" wie auch die "innere Ökologie" berücksichtigen. Dies bedeutet insbesondere, daß individuelle Verarbeitungsmuster, die durch Resignation, Rückzug und Abkapselung geprägt sind, mit psychologischem Fingerspitzengefühl an eine Auseinandersetzung mit den Wirkungszusammenhängen "ökologischer Kreisläufe" und den kontroversen Wirklichkeitsauffassungen über Modernisierungsrisiken wieder anzuschließen sind. Ein wesentlicher Gesichtspunkt für eine ökologische Beratungs- und Bildungsarbeit ist beispielsweise, mit konfrontativer Aufklärung nicht Katastrophenängste und Abwehrtendenzen auszulösen oder zu verstärken, sondern stattdessen Erfahrungen zu ermöglichen, daß Risikobewußtsein und Lebensfreude zusammengehören können (vgl. Legewie, 1989b). Hier ist es u.E. sinnvoll, in bestehende Institutionen der Gesundheitsberatung und der Umweltberatung Kompetenzen und Konzepte einzubeziehen, die das Verunsicherungspotential der Diskussion um die "umweltbedingten Erkrankungen" und die individuell unterschiedlichen Formen der Verarbeitung von Unsicherheit auf eine konstruktive Weise berücksichtigen.

Hier sind u.a. folgende Fragen zu klären:

- Wie kann das unsichere umweltmedizinische bzw. -epidemiologische Wissen in Institutionen der Umweltverwaltung und Umweltberatung auf eine für Betroffene und Bürger informative und zu präventivem Handeln ermutigende Weise vermittelt werden?

- Welche besonderen Bedürfnisse haben Risikogruppen (z.B. Eltern von Kinder mit Atemwegserkrankungen, Allergiker)?

- Wie können von lokalen Umweltkatastrophen Betroffene unterstützt und beraten werden (z.B. bei Chemieunfällen, gesundheitsschädlichen industriellen Emissionen)?

Die genannten Ansätze sollten zunächst in kleinen Pilotprojekten der Einzel- und Gruppenberatung erprobt und evaluiert werden. Diese könnten beispielsweise an die in den letzten Jahren in über 120 bundesdeutschen Städten eingerichteten Umweltberatungsstellen angeschlossen werden.

ANMERKUNGEN

1 Van Eimeren et al. (1987) beschränken sich dem Gutachtenauftrag entsprechend auf Studien zu strahleninduzierten Malignomen (u.a. Leukämie, Brustkrebs, Lungenkrebs, Krebs der Verdauungsorgane). Der Zusammenhang zwischen radioaktiver Strahlung und genetischen Wirkungen ebenso wie die Wirkung nicht-ionisierender Strahlungsarten (z.b. elektrische und magnetische Felder, Mikrowellenstrahlung) wird ausgeklammert.

2 Die von Stallen & Tomas (1988) in ihren Tabellen angegebenen Gruppen-kontraste sind zwar zum Teil hochsignifikant, bei den vorliegenden Größen der Vergleichsgruppen (n>100) verlieren solche Signifikanzen jedoch an Aus-sagewert. Die Autoren versäumen es leider, Maße für Effektstärken (z.b. auf-geklärte Varianz, Eta-Koeffizienten) anzugeben. Aus den angegebenen Mittelwerten und dem Wertebereich (Range) läßt sich vermuten, daß die Effekte ziemlich schwach sind.

3 Die Gegenüberstellung von "umweltbedingten Erkrankungen" und "natürlichen" Erkrankungen ist freilich unscharf. Es gab schon immer "natürliche" umweltbedingte Erkrankungen (z.b. Kropferkrankungen durch Schilddrüsen-fehlfunktion in Gebieten mit geringem Jodgehalt in der Luft und der Nahrung). Im klassischen epidemiologischen Grundmodell von Koch wird neben dem Individuum als Ort des Krankheitsgeschehens ("Wirt") und einem schädigenden Faktor ("Agens") "Umwelt" als dritter wichtiger Bereich genannt. In diesem Sinne sind beinahe alle Erkrankungen umwelt(mit-)bedingt. Wir beziehen hier den Begriff der Umweltbedingtheit allein auf die vom Menschen erzeugten Schadstoffverteilungen in der Umwelt.

4 An dieser Stelle danke ich den Forschungspraktikantinnen Christine Dickenhorst, Maria Kolodziej, Mechthild Determann, Claudia Giulini, Gisela Rautenberg für die Mitarbeit bei der Durchführung und Auswertung der Interviews.

5 ATLAS ist ein von der Technischen Universität Berlin gefördertes interdisziplinäres Forschungsprojekt, das zum Ziel hat, Methoden für ein Archiv für Technik, Lebenswelt und Alltagssprache zu entwickeln (Projektsprecher: Prof. Dr. Dr. Legewie).

6 Das erste Fragebogenkonzept enthielt Fragen zur Bewertung verschiedener Umweltrisiken, Items zur Selbstbeschreibung der Verarbeitung/Bewältigung von Umweltrisiken und zur Einstellung zur Technik und wurde an einer Stichprobe

von n=134 Personen getestet. Das zweite Fragebogenkonzept enthielt Fragen zu Bewertung von verschiedenen Gesundheitsrisiken, zum Gesundheitsbewußtsein und zur Bewertung von Informationen über Umweltrisiken und wurde an einer Stichprobe von n=50 Personen getestet.

7   Unsere Vorgehensweise, induktiv von alltagssprachlichen Texten ausgehend einen Fragebogen zu entwickeln, hat ohnehin zur Folge, daß wir uns zumindest in diesem Stadium der Arbeit von klassischen Regeln der Fragebogenkonstruktion mehr oder weniger entfernen. Wir halten einige dieser Regeln auch für überholungsbedürftig. Beispielsweise sind wir aus Erfahrungen mit neueren Ansätzen der Kommunikationspsychologie, die sich im Modell des Neurolinguistischen Programmierens verdichtet haben (vgl. z.B. Bandler & Grinder, 1979, 1982; Stahl, 1988) der Meinung, daß ein Befragter eine komplexe Frage oder Aussage nicht notwendigerweise bewußt in ihrer (un-)logischen Oberflächenstruktur verstehen muß, um eine angemessene Antwort zu finden, sondern daß es genügen kann, daß er die Frage oder Aussage intuitiv (oder unbewußt) versteht.

8   Die aus den Interviewtranskripten exemplarisch übernommenen Zitate haben wir zur besseren Lesbarkeit sprachlich "geglättet". Von den bei der Transkription verwendeten Sonderzeichen verwenden wir hier nur folgende:
- "!" für Betonungen,
- "..." für vom Sprecher nicht vollendete Sätze,
- "(...)" für von uns vorgenommene Auslassungen,
- "(lacht)" für para- und nonverbale Äußerungen.

9   Die hier vorgenommene Unterscheidung zwischen gedanklicher Vermeidung und Vermeidung von Affekten ist im Einzelfall oft schwierig, da Selbstdarstellungen von Bewältigungsvorgängen meist lückenhaft und unvollständig sind. Aus detaillierten Einzelfallanalysen lassen sich rein theoretisch noch weitere Differenzierungen von Vermeidungsvorgängen ableiten, die dann jedoch kaum mehr systematisch über verschiedene Personen hinweg identifiziert werden können.

10 Die Cluster-Analysen wurden mit dem Programmpaket SPSS/PC V2.0 durchgeführt. Die Verarbeitungs/Bewältigungsreaktionen der befragten Personen wurden hierzu nominal-binär kodiert (Verarbeitungsaspekt "x"= vorhanden bzw. nicht vorhanden). Verwendet wurden die euklidischen Quadrate als Distanzmaße und die Methode von Ward zur Agglomeration der Cluster. Von den 16 verarbeitungsbezogenen Kategorien wurden die "Entlastung durch `Normalisierung' des Risikos" sowie die "Transformation von Affekten" wegen geringer Zellenbesetzung und der "Beitrag zum Umweltschutz" wegen

zweifelhafter Validität der Angaben unserer Gesprächspartner nicht in die Cluster-Analyse einbezogen.

11 Fünf Personen dieser Gruppe erwarten eine Verschärfung der Umweltproblematik in den nächsten fünf Jahren, zwei eine Fortsetzung des gegenwärtigen Zustands.

12 - Rangreihe: Luftverschmutzung: t=3.1, df=1,156, p=.002.
   - Rangreihe: Schadstoffe in Nahrungsmitteln: t=2.84, df=1,150, p=.005.
   - Rangreihe: Radioaktive Strahlung: t=2.23, df=1,140, p=.027.
   - Allg. Risikobewertung: Luftverschmutzung: t=3.14, df=1,158, p=.002.
   - Allg. Risikobewertung: Radioaktive Strahlung: t=3.37, df=1,147, p=.001.
   - Allg. Risikobewertung: Schadst. im Trinkwasser: t=2.37, df=1,158, p=.019.
   - Allg. Risikobewertung: Verkehrslärm: t=2.75, df=1,157, p=.007.
   - Persönl. Risikobewertung: Luftverschmutzung: t=3.69, df=1,154, p=.000.
   - Persönl. Risikobewertung: Schadst. i. Nahrungsmitteln: t=2.75, df=1,150, p=.007.
   - Persönl. Risikobewertung: Radioaktive Strahlung: t=2.65, df=1,149, p=.009.
   - Persönl. Risikobewertung: Schadst. im Trinkwasser: t=2.36, df=1,161, p=.020.
   - Furchtempfindungen: Luftverschmutzung: t=2.39, df=1,160, p=.018.
   - Furchtempfindungen: Schadstoffe in der Nahrung: t=2.53, df=1,151, p=.012.
   - Furchtempfindungen: Radioaktive Strahlung: t=3.48, df=1,143, p=.001.
   - Furchtempfindungen: Schadstoffe im Trinkwasser: t=3.11, df=1,156, p=.002.

13 Die Anteile der realen Risikoexposition und des persönlichen unrealistischen Optimismus beim Zustandekommen der persönlichen Risikobewertungen können wir bei der Konzeption unserer Befragung nicht auseinanderhalten. Erforderlich wäre hierzu eine genaue Erfassung des Lebensstils der Befragten und differenziertere Risikobewertungen, die den Rahmen dieser Untersuchung sprengen (z.B. wiewiele Zigaretten raucht jemand täglich?, welches Ausmaß wird für schädlich gehalten?).

14 Zur Erstellung der vereinfachten relativen Häufigkeiten haben wir die Personen zusammengefaßt, die bei den vorgegebenen Aussagen Antwortkategorie 4 und 5 angekreuzt haben: "stimmt ziemlich" und "stimmt völlig". Die Antwortverteilungen bei den einzelnen Antwortkategorien sind im Anhang B nachzulesen.

15 Aus dem Fragenteil C wurde Item Nr. 22 wegen stark schiefer Verteilung, Item Nr. 29 aus inhaltlichen Überlegungen nicht in die Faktorenanalyse einbezogen. Einige der einbezogenen Items weichen mehr oder weniger stark von der

Normalverteilungsannahme ab. Um zu überprüfen, ob diese Verteilungs-
charakteristiken die resultierende Faktorenstruktur verzerren, paßten wir von der
Normalverteilung stark abweichende Variablen mittels verschiedener
Transformationen so weit als möglich an die Normalverteilung an. Die aus dem
transformierten Datensatz resultierende Faktorenstruktur und die zugehörigen
Faktorladungen wichen nur unwesentlich von der Faktorenstruktur der nicht
transformierten Variablen ab. Die gleichen Erfahrungen machten wir bei den
Faktorenanalysen über die anderen Teile des Fragebogens. Da (komplexe)
Transformationen zu Interpretationsschwierigkeiten hinsichtlich der Skalen-
qualität der Variablen führen können, führten wir schießlich sämtliche
Berechnungen mit den nicht transformierten Urspungsverteilungen durch.

16 In die Cluster-Analyse wurden die Items des Teils C des Fragebogens einbezogen, mit Ausnahme des Items Nr. 29, das wir inhaltlich nicht zu den verarbeitungsbezogenen Items rechnen. Verwendet wurden die euklidischen Quadrate als
Distanzmaße und der Ward-Algorithmus zur Agglomeration der Cluster.

17 Wir verzichteten auf die Durchführung einer Diskriminanz-Analyse, deren
formale Voraussetzungen die Daten nicht erfüllen. Stattdessen führten wir als
"univariate Diskriminanzanalyse" eine einfaktorielle Varianzanalyse mit multipler
Klassifikation durch. In die graphische Darstellung nehmen wir nur Variablen
auf, die mindestens 10% der Varianz (Eta-Quadrat) der Unterschiede zwischen
den Gruppen aufklären. Alle diese Variablen diskriminieren hochsignifikant
($p<.000$) zwischen den Gruppen. Signifikante multiple Einzelvergleiche sind in
die Abbildung eingetragen (Scheffé, $p<.05$).

18 Die Ergebnisse zu den beiden anderen Items zur gedanklichen Vermeidung (Nr.
18, Nr. 21) sind sehr ähnlich und sind aus Platzgründen nicht mit in die
Darstellung aufgenommen.

19 Zur Bildung der Summenvariable vergleich Kap. 6.2.6.

20 Wegen mehr oder weniger ausgeprägter multikollinearer Beziehungen zwischen
den Prädiktorvariablen führten wir schrittweise Regressionen durch (SPSS/PC
Version 2.0). Redundanzen ließen sich am ehesten vermeiden und eine
übersichtliche Interpretierbarkeit am ehesten gewährleisten bei Zugrundelegung
strengerer Kriterien bei der Selektion und Entfernung der Prädiktorvariablen
(Probability-In=.01, Probability-Out=.02). Als Interpretationshilfe enthalten die
Abbildungen zusätzlich zu den Beta-Gewichten die einfachen bivariaten
Korrelationen. Zur Problematik der Interpretation von Regressionsmodellen vgl.
z.B. Bortz (1989), Harris (1985), SPSS Inc. (1986).

ANHANG

GESUNDHEITLICHE RISIKEN - INTERVIEWLEITFADEN

I. Einleitung

kurze Erläuterung zum Ablauf des Interviews:

im ersten Teil handelt es sich um ein freies Gespräch darüber, welche gesundheitlichen Gefahren (Belastungen/-Beeinträchtigungen) Sie für sich sehen, im zweiten Teil kommen noch einige Fragen in der Art eines Fragebogens.

II. Gesundheitliche Risiken

1. Einstiegsfrage: Was fällt Ihnen spontan ein, wenn Sie das Stichwort "gesundheitliche Risiken oder Gefahren" hören?
   (Nachfragen: was fällt Ihnen noch ein?)

2. Welche gesundheitlichen Risiken sehen Sie für sich?
   (Nachfragen: was gibt es noch?)

3. Tun Sie etwas, um sich gesund zu erhalten?
   (Nachfragen: was tun Sie noch?)

III. Gesundheitliche Risiken durch Umweltbelastungen

4. Viele Leute sagen, daß unsere Gesundheit durch Gifte in Luft, Wasser und Nahrung beeinträchtigt wird.

   a. Wie schätzen Sie das Problem ein?

   b. Fühlen Sie sich durch Umweltbelastungen gesundheitlich gefährdet? Durch welche?
      (Nachfragen: durch welche noch?)

   c. Wie kamen Sie dazu, sich mit den gesundheitlichen Folgen von Umweltbelastungen zu beschäftigen?

5. a. Wie stellen Sie sich die Auswirkungen von Umweltbelastungen auf die Gesundheit vor?
      (Nachfragen nach Beispielen, die Frage ist zunächst allgemein gemeint, muß nicht unbedingt auf die eigene Gesundheit bezogen werden)

   b. Welche Vorstellungen bzw. Bilder haben Sie, wie diese Umweltschadstoffe auf den menschlichen/Ihren Körper einwirken?

6. Was bedeutet für Sie diese Einschätzung, daß Umweltbelastungen Ihre Gesundheit gefährden oder beeinträchtigen (könnten)?

   Was ist dabei anders als bei gewöhnlichen Erkrankungen (z.B. Infektionserkrankungen)?

7. Es gibt Wissenschaftler, die meinen, daß die durchschnittliche Lebenserwartung in den Industrieländern infolge der
   Umweltbelastungen wieder sinken wird. Haben Sie sich mit
   solchen Gedanken schon einmal befaßt? Was halten Sie
   davon?

8.a. Welche Möglichkeiten sehen Sie für sich, gesundheitliche
     Risiken durch Umweltbelastungen zu vermeiden bzw. zu
     verhindern?

  b. Welche Möglichkeiten sehen Sie für sich, die negativen
     Auswirkungen in den Griff zu bekommen?

  c. Wie wirkt sich das in Ihrem Alltag aus?
     (Handlungsaspekt: was tut die Gesprächspartnerin, um
     gesundheitliche Gefahren zu vermeiden oder zu ver-
     mindern?)

9. Wie bewältigen Sie diese gesundheitlichen Risiken durch
   Umweltbelastungen?

   (wie geht der Gesprächspartner intrapsychisch mit diesen
   Gefährdungen um?, dabei zwei Aspekte explorieren:
   1. kognitiv: wie (intensiv) beschäftigt sich der
      Gesprächspartner damit?
   2. emotional: haben diese Gefährdungen auch eine emotio-
      nale Bedeutung und wie wird damit umgegangen?)

10. Was würden Sie Freunden oder Bekannten raten, die sich
    große Sorgen darum machen, daß Umweltbelastungen ihre
    Gesundheit beeinträchtigen könnten?

11. a. Wie informieren Sie sich über das Thema "Umwelt und
       Gesundheit"?

    b. Wie erleben Sie die Informationen in den Medien?

       Wie glaubwürdig sind für Sie wissenschaftliche
       Stellungnahmen in diesem Zusammenhang?

       Wie sieht es mit der Glaubwürdigkeit der Politiker
       aus?

IV. Feedback zum Interview

12. Wie fanden Sie das Interview?
    Hat es Ihnen Anstöße zum Weiterdenken gegeben? (Welche?)

Einschätzung der zukünftigen Entwicklung und verschiedener
Zunkunftsszenarien

Zukunft I:

Stellen Sie sich vor, in fünf Jahren ist die Vergiftung der
Umwelt sehr weit fortgeschritten. Bekannte von Ihnen leiden
an gesundheitlichen Beeinträchtigungen, die durch Umweltbelastungen hervorgerufen sind. In der Öffentlichkeit wird
viel über Umweltprobleme informiert und auf mögliche Gefahren
hingewiesen. Die Informationen sind jedoch sehr widersprüchlich, manche warnen vor den Gefahren, andere behaupten, das
Problem sei nicht sehr schwerwiegend.

Zukunft II:

Stellen Sie sich vor, in fünf Jahren ist die Vergiftung der
Umwelt ungefähr so wie heute. Empfindliche Menschen (z.B.
Kinder, alte Menschen) und Menschen, die in besonders
belasteten Umgebungen wohnen, erleiden zum Teil gesundheitliche Beeinträchtigungen. In den Medien sind die Umweltbelastungen gelegentlich ein Thema. Einige Ärzte und Wissenschaftler warnen vor den gesundheitlichen Folgen der Umweltzerstörung und neuer chemischer Stoffe in unserer Umwelt.

Zukunft III:

Stellen Sie sich vor, in fünf Jahren hat die Umweltverschmutzung durch Umweltschutzgesetze und entsprechende Umstellungen
(z.B. Entschwefelungsanlagen, stärkere Kontrollen) abgenom-
men. Die Probleme sind weitgehend gelöst und es gibt kaum
mehr Informationen über mögliche Gefahren. Ärzte und
Wissenschaftler behaupten überwiegend, das gesundheitliche
Risiko durch Umweltbelastungen sei minimal und vernachlässigbar.

Verteilen Sie insgesamt 100 Punkte auf alle drei beschriebenen Zukünfte in fünf Jahren. Je mehr Punkte Sie einer
Zukunft zuordnen, desto eher glauben Sie, daß Sie eintreffen
wird.

Zukunft I   ☐

Zukunft II   ☐

Zukunft III   ☐

Summe   100

230

FRAGEN ZU DEN ZUKÜNFTEN

I. Zukunft I vorlegen und vorlesen lassen: ...

Fragen:

1. Wie könnte sich diese Entwicklung auf Ihre persönliche Lebensführung auswirken? (z.B. auf die Ernährung, Verhalten in umweltbelasteten Gegenden, Wohnortwahl)

2. Wie würden Sie sich über Umweltprobleme informieren? (Informationsquellen, Verarbeitung der Information)

3. Wie könnte sich das auf Ihr eigenes Umweltverhalten auswirken? (z.B. Autofahren, Müllbeseitigung)

4. Welchen prozentualen Anteil Ihres Haushaltseinkommens würden Sie ausgeben, um gesundheitliche Gefährdungen zu vermeiden? (z.B. für eine schadstoffkontrollierte Ernährung, Wahl einer weniger belasteten Wohnlage)

0%   1%   5%   10%   20%

5. Angenommen, es wird geplant zur Verbesserung der Umweltsituation eine Art "Umweltsteuer" einzuführen. Welchen Anteil Ihres Haushaltseinkommens fänden Sie als "Umweltsteuer" akzeptabel?

0%   1%   5%   10%   20%

II. Zukunft II vorlegen und vorlesen lassen: ...

Fragen:

1. Wie könnte sich diese Entwicklung auf Ihre persönliche Lebensführung auswirken? (z.B. auf die Ernährung, Verhalten in umweltbelasteten Gegenden, Wohnortwahl)

2. Wie würden Sie sich über Umweltprobleme informieren? (Informationsquellen, Verarbeitung der Information)

3. Wie könnte sich das auf Ihr eigenes Umweltverhalten auswirken? (z.B. Autofahren, Müllbeseitigung)

4. Welchen prozentualen Anteil Ihres Haushaltseinkommens würden Sie ausgeben, um gesundheitliche Gefährdungen zu vermeiden? (z.B. für eine schadstoffkontrollierte Ernährung, Wahl einer weniger belasteten Wohnlage)

0%   1%   5%   10%   20%

5. Angenommen, es wird geplant zur Verbesserung der Umweltsituation eine Art "Umweltsteuer" einzuführen. Welchen Anteil Ihres Haushaltseinkommens fänden Sie als "Umweltsteuer" akzeptabel?

0%   1%   5%   10%   20%

III. Zukunft III vorlegen und vorlesen lassen: ...

Fragen:

1. Wie könnte sich diese Entwicklung auf Ihre persönliche
Lebensführung auswirken? (z.B. auf die Ernährung, Verhalten
in umweltbelasteten Gegenden, Wohnortwahl)

2. Wie würden Sie sich über Umweltprobleme informieren?
(Informationsquellen, Verarbeitung der Information)

3. Wie könnte sich das auf Ihr eigenes Umweltverhalten
auswirken? (z.B. Autofahren, Müllbeseitigung)

4. Welchen prozentualen Anteil Ihres Haushaltseinkommens
würden Sie ausgeben, um gesundheitliche Gefährdungen zu
vermeiden? (z.B. für eine schadstoffkontrollierte Ernährung,
Wahl einer weniger belasteten Wohnlage)

0%   1%   5%   10%   20%

5. Angenommen, es wird geplant zur Verbesserung der Umweltsituation eine Art "Umweltsteuer" einzuführen. Welchen
Anteil Ihres Haushaltseinkommens fänden Sie als "Umweltsteuer" akzeptabel?

0%   1%   5%   10%   20%

ANGABEN ZUR PERSON

(Die folgenden Fragen erinnern Sie vielleicht an die
Volkszählung oder ähnliche Umfragen. Hier geht es aber
nicht um eine Erfassung persönlicher Daten. Ihr Name und
Ihre Adresse sind uns nicht zugänglich und für die
Untersuchung auch nicht erforderlich. Die allgemeinen
Angaben zur Person brauchen wir, um entscheiden zu können,
welche Befragtengruppen miteinander vergleichbar sind)

1. Wie alt sind Sie?   __

2. Geschlecht:
   1 weiblich
   2 männlich

3. Schulabschluß:
   1 Hauptschule
   2 Mittlere Reife
   3 Abitur
   4 (Fach-) Hochschule

4. Berufliche Stellung:
   (falls im Ruhestand oder zur Zeit nicht erwerbstätig,
   bitte zuletzt ausgeübte Tätigkeit angeben)

    1 Arbeiter/in
    2 Facharbeiter/in, Angestellte/r in einfacher Stellung
    3 Angestellte/r, Beamter/in in mittlerer Stellung
    4 Angestellte/r, Beamter/in in höherer o. leitender
      Stellung
    5 Selbständige/r Geschäftsmann
    6 Freiberuflich tätig
    7 Hausfrau/Hausmann
    8 In Ausbildung
    9 Ohne Beruf
   10 Sonstiges:_____

6. a. Haben Sie Kinder?
   1 nein
   2 ja

   b. Alter der Kinder: 1. Kind:__ 2.Kind:__ 3.Kind:__

7. Wie wohnen Sie?
   1 Im bebauten Stadtgebiet
   2 Am Stadtrand im Grünen

8. a. Wieviele Jahre Ihres Lebens haben Sie in
      Ballungsgebieten oder Großstädten gelebt?
      ca. __ Jahre

   b. Haben Sie Ihre Kindheit und Jugend überwiegend in
      Ballungsgebieten oder in ländlichen Regionen
      verbracht?
      1 überwiegend in Ballungsgebiet(en)
      2 überwiegend in ländlichen Regionen

234

KATEGORIENSCHLÜSSEL (für die strukturierende Inhaltsanalyse)

NR. KATEGORIE

1. Spontan genannte gesundheitliche Risiken

2. Genannte Persönliche Risiken

3. GESUNDHEITLICHE RISIKEN DURCH UMWELTBELASTUNGEN (UB)

3.1 Wissen/Einschätzung

   3.1.1 Allgemeine Einschätzung(en)

   3.1.2 Genannte Umweltbelastungen

   3.1.3 Vorstellungen/Körperbilder über gesundheitliche
       Auswirkungen von Umweltbelastungen

   3.1.4 Unterschiede zwischen umweltbedingten
       und anderen Erkrankungen

   3.1.5 Zukunftsperspektive

      3.1.5.1 Zukünftige Entwicklung der Umweltproblematik

      3.1.5.2 Auswirkungen von UB auf die Lebenserwartung
          (Einschätzung, persönliche Bewertung)

3.2 Empfinden körperlicher Einflüsse durch UB

3.3 Affektive Betroffenheit durch die Gefährdung durch UB

3.4 Psychische Verarbeitung/Bewältigung

   3.4.1 (intra-) psychisch

   3.4.2 Einschätzung von Einflußmöglichkeiten

   3.4.3 Aktives risikobezogenes Handeln

      3.4.3.1 Selbstschutz

      3.4.3.2 Umweltschonendes Verhalten

   3.4.4 Idealisierte Bewältigungsversuche

3.5 Verantwortungszuschreibung(en)

3.6 Anlaß für die Beschäftigung mit Umweltproblemen

Interrater-Übereinstimmung bei der fallweisen Kodierung der
Verarbeitungsaspekte

Übereinstimmung mit ...

	2. Auswerterin		3. Auswerterin	
Verarbeitungsaspekt	phi	p	phi	p
Persönliches Gefährdungsbewußtsein	.76	.0002	.83	.0001
Entlastung durch "Normalisierung"	1.0	.0000	1.0	.0000
Resignatives Hinnehmen	.65	.002	.76	.0002
Vergegenwärtigung: Keine körperlichen Beeinträchtigungen	.78	.0001	.67	.002
Glaube an die Widerstandskraft des Körpers	1.0	.0000	.76	.0002
Relativierung des Risikos	.60	.004	.79	.0001
Positives Denken	.93	.0000	.60	.004
Bewußte gedankliche Vermeidung	.65	.005	.71	.0005
Aktive gedankliche Beschäftigung/ Informationssuche	.63	.003	.51	.02
Erleben/Ausdruck risikobezogener Affekte	.82	.000	.61	.003
Transformation risikobezogener Affekte	1.0	.0001	1.0	.0001
Vermeidung/Unterdrückung risikobezogener Affekte	.53	.02	.71	.001
Selbstschutz	.84	.0000	.65	.002
Ausgleichsaktivitäten	.32	.24	.35	.15
Umweltschonendes Verhalten	1.0	.0000	.54	.009

Technische Universität Berlin

Forschungsprojekt: Umwelt und Gesundheitsrisiko
Prof. Dr. H.J. Harloff, Dipl.-Psych. F. Ruff
Tel. 314-25285

FACHBEREICH 2
GESELLSCHAFTS-
U. PLANUNGS-
WISSEN-
SCHAFTEN
Institut für
Psychologie

```
*********************************
*                               *
*         FRAGEBOGEN            *
*                               *
*    UMWELT UND GESUNDHEITSRISIKO  *
*                               *
*********************************
```

1. MISSTRAUEN

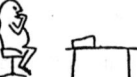

BEACHTEN SIE BITTE:

1. Es gibt in diesem Fragebogen keine richtigen oder falschen
   Antworten, weil jeder Mensch seine eigene Meinung zu den
   angesprochenen Themen hat.

2. Bitte beantworten Sie diesen Fragebogen sorgfältig und
   vollständig; dies wäre eine grosse Hilfe für unser
   Forschungsprojekt.

3. Ein Fragebogen muß vielen Menschen gerecht werden, deshalb
   kann es vorkommen, daß einige Fragen auf Sie nicht so gut
   passen. Kreuzen Sie aber trotzdem immer eine Antwort an, und
   zwar die, die für Sie noch am ehesten zutrifft!

4. Tragen Sie keinen Namen ein - Ihre Antworten bleiben anonym.

   Herzlichen Dank im Voraus für Ihre Mitarbeit!

```
*********************************************************
```

*In den Fragebogen haben wir einige deskriptive Statistiken
aus der Befragung von n=180 Personen aus Berlin (West)
kursiv eingetragen: im Teil A und B die arithmetischen
Mittel und die Standardabweichungen, in den Teilen C bis G
die Antworthäufigkeiten zu den einzelnen Fragen in Prozent.
Wir haben die Kennwerte auf zwei Stellen gerundet.*

```
*********************************************************
```

ALLGEMEINE ANLEITUNG

Wir interessieren uns in diesem Fragebogen dafür, wie Sie einige Aktivitäten
und Risiken einschätzen. Hierbei geht es besonders um gesundheitliche Gefahren,
die damit verbunden sein können.

Wir bitten Sie, sich für einige vielleicht etwas ungewöhnliche Fragen Zeit zu
nehmen.

Wir haben zu diesen Aktivitäten und Risiken eine Reihe von Fragen. Für Ihre
Antworten ist zumeist eine 5-Punkte-Skala vorgegeben, die hier an einem
Beispiel erklärt werden soll:

Beispielfrage:

Wie hoch schätzen Sie die Gefährdung beim Autofahren ein? Denken Sie bitte an
alle möglichen Gefährdungen und nachteiligen Folgen, die Ihrer Meinung nach
dabei auftreten können?

Gefährdung beim Autofahren

Antwortskala: extrem ⎯⎯⎯⎯→ extrem
                            gering   hoch
                              1 - 2 - 3 - 4 - 5

Halten Sie die Gefährdung für hoch, müssen Sie in den rechten Bereich der
Skala, von 4 bis 5 gehen, wobei 5 als Maximum bedeutet, daß Sie die Gefährdung
sehr hoch einschätzen.

Ist jedoch Ihrer Meinung nach die Gefährdung gering, müssen Sie eine Stufe im
linken Bereich, von 1 bis 2 wählen, wobei 1 bedeuten würde, daß Sie die
Gefährdung für sehr gering halten.

Sofern Sie eine mittlere Gefährdung annehmen, kommt die Stufe 3 in Betracht.

Wählen Sie also bitte die Ausprägung zwischen 1 und 5, die Ihrer Beurteilung am
besten entspricht und umkreisen Sie oben in der Skala die entsprechende Zahl,
z.B. so:

Gefährdung beim Autofahren   2.SPANNUNG

extrem ⎯⎯⎯⎯⎯→ extrem
gering   hoch
  1 -②- 3 - 4 - 5

Wir möchten Sie bitten, die folgenden Fragenbereiche nacheinander vorzunehmen,
also nicht vorzublättern. Überprüfen Sie bitte auf jeder Seite, daß Sie nichts
ausgelassen oder überschlagen haben und daß Sie in jeder Zahlenreihe eine Zahl
umkreist oder angekreuzt haben.

Wie schätzen Sie die folgenden Punkte hinsichtlich ihrer Gefährdung für die allgemeine Bevölkerung in Deutschland ein?

	extrem gering ⟶ extrem hoch	$\bar{x}$	s
1. Krebs	0-1-2-3-4-5-6-7-8-9	5.6	1.8
2. Arbeitslosigkeit	0-1-2-3-4-5-6-7-8-9	4.9	2.1
3. Herzinfarkt	0-1-2-3-4-5-6-7-8-9	5.2	1.8
4. Verkehrsunfall	0-1-2-3-4-5-6-7-8-9	4.4	2.0
5. Atomkrieg	0-1-2-3-4-5-6-7-8-9	3.2	2.8
6. AIDS	0-1-2-3-4-5-6-7-8-9	4.6	2.4
7. Überfall	0-1-2-3-4-5-6-7-8-9	4.0	2.2
8. Umweltverschmutzung	0-1-2-3-4-5-6-7-8-9	7.1	1.9

Wie schätzen Sie diese Punkte hinsichtlich ihrer Gefährdung für Sie persönlich ein?

3. ERSTAUNEN

	extrem gering ⟶ extrem hoch	$\bar{x}$	s
9. Krebs	0-1-2-3-4-5-6-7-8-9	4.4	2.4
10. Arbeitslosigkeit	0-1-2-3-4-5-6-7-8-9	1.8	2.4
11. Herzinfarkt	0-1-2-3-4-5-6-7-8-9	3.9	2.4
12. Verkehrsunfall	0-1-2-3-4-5-6-7-8-9	3.8	2.0
13. Atomkrieg	0-1-2-3-4-5-6-7-8-9	3.0	2.9
14. AIDS	0-1-2-3-4-5-6-7-8-9	1.8	2.3
15. Überfall	0-1-2-3-4-5-6-7-8-9	3.3	2.2
16. Umweltverschmutzung	0-1-2-3-4-5-6-7-8-9	6.1	2.5

B EINSCHÄTZUNG VERSCHIEDENER GESUNDHEITLICHER RISIKEN

Wir interessieren uns jetzt dafür, wie Sie einige Aktvitäten und Umweltfaktoren hinsichtlich der damit verbundenen Gesundheitsrisiken einschätzen.

Vergleichen Sie bitte die Risiken zunächst miteinander und bringen Sie sie dann in eine Rangfolge vom höchsten zum niedrigsten Risiko, indem Sie 10 Punkte vergeben.

Beginnen Sie zweckmässigerweise mit dem Risiko, das Sie am höchsten einschätzen (Punktzahl 10) und dem Risiko, das Sie am geringsten einschätzen (Punktzahl 1). Bewerten Sie dann die anderen Risiken. Wenn Sie Risiken als gleich einschätzen, können Sie auch gleiche Punktzahlen vergeben.

Punktzahl	Gefahr von dauerhaften Gesundheitsschäden durch...	$\bar{x}$	s
-----	dauerhaft stark rauchen	7.7	2.6
-----	regelmäßig Medikamente einnehmen	6.4	2.7
-----	sehr viel und sehr fett essen	7.0	2.5
-----	regelmäßig größere Mengen Alkohol konsumieren	7.8	2.4
-----	regelmäßig Nahrungsmittel mit künstlichen, aber angeblich unschädlichen Zusatzstoffen konsumieren (z.B. Konservierungsstoffe, Farbstoffe, Süßstoff)	4.6	2.5
-----	Luftverschmutzung	6.8	2.6
-----	Schadstoffe in Nahrungsmitteln	6.3	2.4
-----	Radioaktive Strahlung durch Kernkraftwerke, Atommüll und Kernwaffenversuche	7.2	5.9
-----	Schadstoffe im Trinkwasser	5.9	2.8
-----	Verkehrslärm	4.5	3.0

4. BEGEISTERUNG

Bitte in jeder Zahlenreihe eine Zahl umkreisen!

Jetzt bitten wir Sie, die Höhe der Gesundheitsgefährdung durch die genannten Aktivitäten und Umweltbelastungen einzuschätzen.

Wie schätzen Sie Ihre persönliche Gesundheitsgefährdung im Hinblick auf die genannten Aktivitäten und Umweltbelastungen ein? Bitte nehmen Sie als Ausgangspunkt, inwieweit Sie sich den verschiedenen Risiken aussetzen bzw. ausgesetzt sind.

	Gefahr von dauerhaften Gesundheitsschäden		Gefahr von dauerhaften Gesundheitsschäden für Sie persönlich	
	extrem gering 0-1-2-3-4-5-6-7-8-9 extrem hoch		extrem gering 0-1-2-3-4-5-6-7-8-9 extrem hoch	
	$\bar{x}$	s	$\bar{x}$	s
A. dauerhaft stark rauchen	7.1	2.2	3.2	3.4
B. regelmäßig Medikamente einnehmen	6.0	2.2	2.5	2.8
C. sehr viel und sehr fett essen	6.7	2.1	3.2	2.8
D. regelmäßig größere Mengen Alkohol konsumieren	7.2	2.1	2.6	3.0
E. regelmäßig Nahrungsmittel mit künstlichen, aber angeblich unschädlichen Zusatzstoffen konsumieren (z.B. Konservierungsstoffe, Farbstoffe, Süßstoff)	4.7	2.2	3.6	2.1
F. Luftverschmutzung	6.4	2.3	5.8	2.5
G. Schadstoffe in Nahrungsmitteln	6.1	2.1	5.3	2.4
H. Radioaktive Strahlung durch Kernkraftwerke, Atommüll und Kernwaffenversuche	6.6	2.8	5.5	3.1
I. Schadstoffe im Trinkwasser	5.7	2.6	5.2	2.7
J. Verkehrslärm	4.8	2.6	4.4	2.7

Manche Menschen haben starke Empfindungen der Gefahr oder Furcht, wenn sie sich die angesprochenen Risiken konkret vorstellen, Andere bleiben davon eher unberührt. Wie geht es Ihnen damit? Inwieweit haben Sie solche Furchtempfindungen?

Furchtempfindungen

extrem ────────────→ extrem
gering   hoch

		$\bar{x}$	s
A. dauerhaft stark rauchen	0-1-2-3-4-5-6-7-8-9	4.0	3.2
B. regelmäßig Medikamente einnehmen	0-1-2-3-4-5-6-7-8-9	3.7	2.9
C. sehr viel und sehr fett essen	0-1-2-3-4-5-6-7-8-9	4.1	3.0
D. regelmäßig größere Mengen Alkohol konsumieren	0-1-2-3-4-5-6-7-8-9	4.2	3.3
E. regelmäßig Nahrungsmittel mit künstlichen, aber angeblich unschädlichen Zusatzstoffen konsumieren (z.B. Konservierungsstoffe, Farbstoffe, Süßstoff)	0-1-2-3-4-5-6-7-8-9	3.8	2.4

		$\bar{x}$	s
F. Luftverschmutzung	0-1-2-3-4-5-6-7-8-9	5.8	2.6
G. Schadstoffe in Nahrungsmitteln	0-1-2-3-4-5-6-7-8-9	5.3	2.5
H. Radioaktive Strahlung durch Kernkraftwerke, Atommüll und Kernwaffenversuche	0-1-2-3-4-5-6-7-8-9	6.1	3.1
I. Schadstoffe im Trinkwasser	0-1-2-3-4-5-6-7-8-9	5.2	2.8
J. Verkehrslärm	0-1-2-3-4-5-6-7-8-9	4.3	2.9

Die Fragen auf den nächsten Seiten beschäftigen sich noch eingehender mit dem gesundheitlichen Risiko durch Umweltbelastungen.

Wir bitten Sie zunächst, einzuschätzen, wie Sie die zukünftige Entwicklung dieses Risikos einschätzen.

Glauben Sie, daß sich die Umweltprobleme in den nächsten 10 Jahren verstärken oder daß sie gelöst werden?

Umweltprobleme   keine   Umweltprobleme
werden gelöst   Änderung   verstärken sich

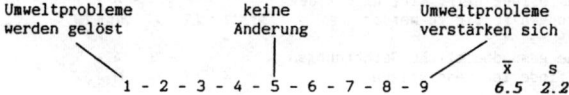

                                              $\bar{x}$ s
1 - 2 - 3 - 4 - 5 - 6 - 7 - 8 - 9   6.5   2.2

5. HINGERISSEN SEIN

Bitte in jeder Zahlenreihe eine Zahl umkreisen!

C UMWELTPROBLEME UND ALLTAG

Im folgenden finden Sie einige Aussagen zur Einschätzung und zum Umgang mit der gesundheitlichen Gefährdung durch Umweltbelastungen im Alltag. Bitte entscheiden Sie für jede Aussage, inwieweit sie für Sie stimmt und umkreisen Sie die passende Antwortzahl. Die rechts gezeigte Skala hat fünf Stufen von 1="stimmt gar nicht" bis 5="stimmt völlig".

stimmt gar nicht	stimmt wenig	stimmt mittelmäßig	stimmt ziemlich	stimmt völlig
1	2	3	4	5

1. Ich bin sicher, daß ich durch die Umweltverschmutzung keine Gesundheitsschäden erleiden werde
   1 - 2 - 3 - 4 - 5
   38 25 24   9   4

2. Ich versuche, mir einen Ausgleich zu den Umweltbelastungen zu schaffen (z.B. durch Sport, Entspannung, Aufenthalte in der Natur)
   1 - 2 - 3 - 4 - 5
   7 11 24 34 23

3. Bei Smog schränke ich meine Außenaktivitäten ein
   1 - 2 - 3 - 4 - 5
   5 13 21 31 29

4. Ich kaufe überwiegend schadstoffkontrollierte Lebensmittel (z.B. aus biologischem Anbau bzw. mit ausgewiesenen Schadstoffgehalten)
   1 - 2 - 3 - 4 - 5
   25 30 24 15   6

5. Ich lege mich nicht mehr so lange in die Sonne wegen des Ozonlochs und der damit verbunden Gefahren
   1 - 2 - 3 - 4 - 5
   17 20 17 14 32

6. Ich spüre keine körperlichen Reaktionen auf Umweltbelastungen, deshalb fühle ich mich gesundheitlich nicht gefährdet
   1 - 2 - 3 - 4 - 5
   23 24 29 18   6

7. Der Körper gewöhnt sich langsam an Umweltbelastungen und hat die Möglichkeit, seine Abwehrkräfte zu stärken
   1 - 2 - 3 - 4 - 5
   28 27 31 14   1

8. In Berlin ist die Umweltqualität besonders schlecht
   1 - 2 - 3 - 4 - 5
   6 13 32 23 26

9. Auf meine Gesundheit wirken sich Umweltbelastungen nicht aus, das betrifft nur empfindlichere Menschen
   1 - 2 - 3 - 4 - 5
   42 20 23 12   4

10. Meine positive Lebenseinstellung hilft mir, um mit dem Wissen über Umweltbelastungen fertig zu werden
    1 - 2 - 3 - 4 - 5
    11 15 34 30 12

11. Nachrichten über mögliche gesundheitliche Gefährdungen durch Umweltbelastungen finde ich beängstigend
    1 - 2 - 3 - 4 - 5
    4 12 22 31 32

12. Am besten, man lebt in den Tag hinein, erledigt die normalen Dinge und denkt einfach nicht über die Umweltproblematik nach
    1 - 2 - 3 - 4 - 5
    54 24   9   9   3

13. Ich werde manchmal wütend, wenn ich merke, wie die Luft verpestet wird
    1 - 2 - 3 - 4 - 5
    4   9 16 27 44

14. Mich bedrückt es, wenn ich mitkriege, wie die Umwelt zerstört wird
    1 - 2 - 3 - 4 - 5
    2   3   7 29 60

15. Ich fühle mich durch Umweltbelastungen nicht gefährdet, aber ich weiß, daß auch ich gesundheitlichen Schaden nehme
    1 - 2 - 3 - 4 - 5
    19 15 21 29 16

	stimmt gar nicht 1	stimmt wenig 2	stimmt mittelmäßig 3	stimmt ziemlich 4	stimmt völlig 5

16. Den gesundheitlichen Auswirkungen durch Umweltbelastungen bin ich ausgeliefert, da kann ich nichts machen, da kann ich überhaupt nichts machen

1 - 2 - 3 - 4 - 5
16 22 31 18 13

17. Mich beschäftigt die Zerstörung der Natur (Waldsterben, Robbensterben) mehr als die gesundheitlichen Auswirkungen der Umweltbelastungen auf den Menschen

1 - 2 - 3 - 4 - 5
18 27 29 15 11

18. Wenn es mir zuviel wird, schiebe ich die Gedanken an die gesundheitlichen Auswirkungen von Umweltbelastungen weg

1 - 2 - 3 - 4 - 5
24 22 30 14 9

19. Die Umweltprobleme sollte man nicht so eng sehen, denn früher gab es auch viele gesundheitliche Belastungen und die Leute haben es überlebt

1 - 2 - 3 - 4 - 5
41 26 21 10 3

20. Die Umweltverschmutzung ist für mich öfter ein Thema in Gesprächen mit Freunden und Bekannten

1 - 2 - 3 - 4 - 5
7 12 29 24 28

21. Ich denke möglichst selten an Umweltprobleme, das vermiest einem nur die Lebensfreude

1 - 2 - 3 - 4 - 5
31 33 20 10 6

22. Ich arbeite in einer Umweltinitiative mit

1 - 2 - 3 - 4 - 5
86 6 5 1 3

23. Die Umweltproblematik ist für mich im Alltag kein Thema, andere Dinge sind mir wichtiger

1 - 2 - 3 - 4 - 5
29 27 29 10 5

24. Umweltbelastungen finde ich nicht so schlimm, denn wir sind alle davon betroffen

1 - 2 - 3 - 4 - 5
55 20 12 10 3

25. Ich stelle mir manchmal vor wie die Umweltschadstoffe auf meinen Körper wirken

1 - 2 - 3 - 4 - 5
21 24 26 19 11

26. Wegen der Wasserverschmutzung bade ich nicht mehr in Berliner Gewässern

1 - 2 - 3 - 4 - 5
17 12 11 16 44

27. Ich beschäftige mich mit den Umweltproblemen nur dann, wenn ich damit konfrontiert werde

1 - 2 - 3 - 4 - 5
24 26 29 13 7

28. Ich kann schon einiges selbst tun, um mich vor der Gefährdung durch Umweltschadstoffe zu schützen

1 - 2 - 3 - 4 - 5
6 19 26 26 24

29. Fühlen Sie sich durch Umweltbelastungen in Ihrem körperlichen oder seelischen Wohlbefinden beeinträchtigt?

52 1 Nein
48 2 Ja (Wenn ja, bitte beschreiben Sie in Stichpunkten, welche Beeinträchtigungen Sie erleben)

Umweltbelastungen   Erlebte Auswirkungen

-----------------------------   --

-----------------------------   --

-----------------------------   --

-----------------------------   --

Bitte in jeder Zahlenreihe eine Zahl umkreisen!

D GESUNDHEIT UND ALLTAG

Im folgenden finden Sie einige Aussagen zur Gesundheit und Krankheit und den Umgang damit im Alltag. Bitte entscheiden Sie für jede Aussage, inwieweit sie <u>für Sie stimmt</u> und umkreisen Sie die passende Antwortzahl. Die rechts gezeigte Antwortskala hat fünf Stufen von 1 = "stimmt gar nicht" bis 5 = "stimmt völlig".

	stimmt gar nicht 1	stimmt wenig 2	stimmt mittelmäßig 3	stimmt ziemlich 4	stimmt völlig 5

1. Das meiste, was ich in meinem Leben tue, steht unter dem Motto "Gesundheit"
   1 - 2 - 3 - 4 - 5
   6 30 37 17 11

2. Ich habe eine stabile Gesundheit und brauche mir daher keine Gedanken zu machen
   1 - 2 - 3 - 4 - 5
   13 31 33 18 4

3. Nur wenn ich krank bin, überlege ich mir, was ich für meine Gesundheit tun kann
   1 - 2 - 3 - 4 - 5
   23 28 17 17 15

4. Ich habe oft das Gefühl, nicht richtig gesund zu sein
   1 - 2 - 3 - 4 - 5
   16 37 23 16 8

5. Meine Gesundheit hängt von Dingen ab, auf die ich selbst nur wenig Einfluß habe
   1 - 2 - 3 - 4 - 5
   11 22 30 23 14

6. Durch gesunde Ernährung, genug Bewegung und Entspannung kann ich selbst am meisten für meine Gesundheit tun
   1 - 2 - 3 - 4 - 5
   1 4 18 41 37

7. Wenn ich krank werde, so liegt das häufig daran, daß ich etwas Bestimmtes getan oder unterlassen habe
   1 - 2 - 3 - 4 - 5
   18 29 24 21 8

8. Die Behandlung von Krankheiten gehört in die Hand des Fachmanns
   1 - 2 - 3 - 4 - 5
   1 7 11 15 66

9. Wenn ich krank werde, versuche ich, möglichst schnell Kontakt mit meinem Arzt aufzunehmen
   1 - 2 - 3 - 4 - 5
   9 11 24 22 34

10. Gute Gesundheit ist weitgehend eine Sache des Glücks
    1 - 2 - 3 - 4 - 5
    32 31 17 12 9

11. Ich verzichte auf Genußmittel (Zigaretten, Alkohol) und exzessiven Lebenswandel, um meine Gesundheit zu erhalten
    1 - 2 - 3 - 4 - 5
    15 12 24 17 32

12. Ich ernähre mich abwechslungs- und vitaminreich und achte darauf, was ich einkaufe
    1 - 2 - 3 - 4 - 5
    3 8 33 28 27

13. Ich esse, worauf ich Lust habe, ohne ständig darüber nachzudenken, ob das vielleicht meiner Gesundheit schadet
    1 - 2 - 3 - 4 - 5
    14 26 31 21 8

14. Ich sollte eigentlich mehr auf meine Gesundheit achten
    1 - 2 - 3 - 4 - 5
    13 22 23 19 23

7. Aufstand

E EINSCHÄTZUNG VON INFORMATIONEN ÜBER UMWELTBELASTUNGEN

Im folgenden finden Sie einige Aussagen über
die Informationen über Umweltprobleme.
Bitte entscheiden Sie für jede Aussage,
inwieweit sie <u>für Sie stimmt</u> und umkreisen
Sie die passende Antwortzahl.

stimmt gar nicht 1	stimmt wenig 2	stimmt mittelmäßig 3	stimmt ziemlich 4	stimmt völlig 5

1. Ich informiere mich durch verschiedene Informationsquellen und mache mir selbst ein Bild

   1 - 2 - 3 - 4 - 5
   4 11 30 41 15

2. Die Informationen der Medien (Fernsehen, Rundfunk, Tagespresse) über die Auswirkungen der Umweltbelastungen auf
den Menschen sind so widersprüchlich, daß man nicht mehr
weiß, woran man ist

   1 - 2 - 3 - 4 - 5
   6 18 27 33 16

3. Medien haben das Interesse, Schlagzeilen zu schreiben und
berichten deshalb öfter aufgebauscht über Umweltthemen

   1 - 2 - 3 - 4 - 5
   6 16 27 30 21

4. Informationen in den Medien verharmlosen die Gefährdung
durch Umweltbelastungen

   1 - 2 - 3 - 4 - 5
   9 29 30 23 8

5. Informationen über Schadstoffwerte manipulieren in die
Richtung, daß sie von den eigentlichen Dingen ablenken

   1 - 2 - 3 - 4 - 5
   6 19 41 20 15

6. Informationen, die behaupten, Umweltbelastungen seien
eine Gefahr für unsere Gesundheit, sind übertrieben

   1 - 2 - 3 - 4 - 5
   48 29 14 6 3

7. Ich versuche, mich so viel wie möglich über Gesundheitsrisiken durch Umweltbelastungen zu informieren, weil es
mir ein Gefühl von Sicherheit gibt

   1 - 2 - 3 - 4 - 5
   13 26 33 19 9

8. Gegenüber der Fülle von Informationen fühle ich mich
hilflos

   1 - 2 - 3 - 4 - 5
   15 29 24 25 8

9. Je mehr Informationen ich zur Umweltbelastung bekomme,
desto unsicherer fühle ich mich

   1 - 2 - 3 - 4 - 5
   15 32 20 22 12

10. Die Informationen über Umweltprobleme in den Medien
helfen mir, mich im Alltag besser orientieren zu können

    1 - 2 - 3 - 4 - 5
    10 19 39 24 9

11. Die Berichterstattung der Medien zum Thema Umweltbelastungen finde ich ausreichend

    1 - 2 - 3 - 4 - 5
    16 20 33 26 6

12. Die Medien berichten so viel über Umweltbelastungen und
deren Auswirkungen, daß es einem schon auf die Nerven geht.

    1 - 2 - 3 - 4 - 5
    33 30 21 10 6

13. Die Informationen über Umweltbelastungen in den Medien
wären in meinem Sinne besser, wenn ...

    _____

    _____

14. Durch welche Informationsquellen informieren Sie sich?
    (Zutreffende Zahl/en umkreisen)

    83 1 Tagespresse   20 5 Umweltfachzeitschriften (z.B. Natur, Öko-Test,...)
    71 2 Radio   9 6 Wissenschaftliche Fachliteratur
    89 3 Fernsehen   60 7 Gespräche mit Mitmenschen
    39 4 Illustrierte   7 8 Andere Quellen: _____
       (z.B. Stern,...)

247

Bitte in jeder Zahlenreihe eine Zahl umkreisen!

F UMWELT, TECHNIK UND GESELLSCHAFT

Im folgenden finden Sie einige Aussagen zur Umwelt, zur modernen Technik und zur Gesellschaft. Bitte entscheiden Sie für jede dieser Aussagen, inwieweit <u>Sie ihr zustimmen</u> und umkreisen Sie die passende Antwortzahl.

	stimmt gar nicht 1	stimmt wenig 2	stimmt mittelmäßig 3	stimmt ziemlich 4	stimmt völlig 5
1. Die Umweltbelastungen sind die Kehrseite unseres Wohlstandes, deshalb muß sich jeder damit beschäftigen	1	3	8	27	62
2. Für die Umweltprobleme wird es in absehbarer Zeit keine durchgreifenden gesellschaftlichen Lösungen geben, man muß versuchen, individuell damit fertig zu werden	6	17	24	34	19
3. Die moderne Technik hat mehr positive als negative Auswirkungen	12	20	38	19	10
4. Ich glaube, Wissenschaft und Technik werden rechtzeitig Lösungen für die Umweltprobleme finden	14	30	33	18	6
5. Wir sind immer weniger an wichtigen Entscheidungen, die unser eigenes Leben betreffen, beteiligt	1	12	21	34	33
6. Die meisten machen sich nicht klar, wie weit unsere Umwelt bereits zerstört ist	0	4	10	38	48
7. Ich glaube, die Menschheit hat die Kontrolle über die Auswirkungen der Technik auf die Umwelt verloren	4	14	26	34	22
8. Die Umweltprobleme sind das notwendige Übel, das wir für unseren Wohlstand in Kauf nehmen müssen	24	27	15	23	12
9. Wenn die Menschheit überhaupt eine Überlebenschance haben will, muß die Umweltzerstörung sofort gestoppt werden	1	1	11	27	60
10. So wie die technische Entwicklung gegenwärtig voran schreitet, werden die Umweltprobleme noch grösser werden	1	8	20	31	41
11. Die Folgen der Umweltzerstörung beschäftigen am wenigsten die, die dafür verantwortlich sind	2	8	16	33	42
12. Die meisten wissen, wie es um unsere Umwelt bestellt ist und keiner tut etwas	4	9	28	33	25

8. Dienststrecke

G ANGABEN ZUR PERSON

(Die folgenden Fragen erinnern Sie vielleicht an die Volkszählung oder ähnliche Umfragen. Hier geht es aber nicht um eine Erfassung persönlicher Daten. Ihr Name und Ihre Adresse sind uns nicht zugänglich und für die Untersuchung auch nicht erforderlich. Die allgemeinen Angaben zur Person brauchen wir, um entscheiden zu können, welche Befragtengruppen miteinander vergleichbar sind)

1. Wie alt sind Sie? ___ (*Altersmedian 49 Jahre*)

2. Geschlecht:
53 1 weiblich
47 2 männlich

3. Schulabschluß:
37 1 Hauptschule
32 2 Mittlere Reife
15 3 Abitur
16 4 (Fach-) Hochschule

4. Berufliche Stellung:
(falls im Ruhestand oder zur Zeit nicht erwerbstätig, bitte zuletzt ausgeübte Tätigkeit angeben)

9 1 Arbeiter/in
16 2 Facharbeiter/in, Angestellte/r in einfacher Stellung
35 3 Angestellte/r, Beamter/in in mittlerer Stellung
15 4 Angestellte/r, Beamter/in in höherer o. leitender Stellung
7 5 Selbständige/r Geschäftsmann
7 6 Freiberuflich tätig
7 7 Hausfrau/Hausmann
5 8 In Ausbildung
0 9 Ohne Beruf
0 10 Sonstiges: ___

HERZLICHEN DANK FÜR IHRE UNTERSTÜTZUNG!

5. In welchem Bereich sind Sie tätig?
(falls im Ruhestand oder zur Zeit nicht erwerbstätig, zuletzt ausgeübte Tätigkeit angeben)

17 1 Herstellung, Industrie, Bauwesen
12 2 Handel-, Bank-, Versicherungswesen, Transport
6 3 Gesundheitswesen
9 4 Erziehung, Wissenschaft
30 5 Öffentliche Verwaltung und Dienstleistungen
10 6 Private Dienstleistungen
4 7 Kunst, Unterhaltung, Medien
6 8 Im Haushalt tätig
7 9 Sonstiges: ___

6. a. Haben Sie Kinder?
40 1 nein
60 2 ja

b. Alter der Kinder: 1. Kind: ___ 2.Kind: ___ 3.Kind: ___

7. Wie wohnen Sie?
63 1 Im bebauten Stadtgebiet
37 2 Am Stadtrand im Grünen

8. a. Wieviele Jahre Ihres Lebens haben Sie in Ballungsgebieten oder Großstädten gelebt?
ca. ___ Jahre

b. Haben Sie Ihre Kindheit und Jugend überwiegend in Ballungsgebieten oder in ländlichen Regionen verbracht?
67 1 überwiegend in Ballungsgebiet(en)
33 2 überwiegend in ländlichen Regionen

9. War es für Sie anstrengend, den Fragebogen auszufüllen?
14 1 ja
86 2 nein

JETZT BITTE NOCH DEN FRAGEBOGEN IN DEN RÜCKUMSCHLAG STECKEN UND BALD EINWERFEN!

9. Entspannung

FAKTORENANALYSE VON TEIL B DES FRAGEBOGENS: UMWELTRISIKOBEWERTUNGEN

KMO-Maß: 0.87
Bartletts Test auf Sphärizität: 2704, p=0.00000
Faktorenextraktion: Hauptkomponentenanalyse
Extraktionskriterium: Scree-Test
Rotation: Varimax

Varianzaufklärung
                      cum
1. Faktor   58.7   58.7
2. Faktor   10.4   69.2

VARIMAX-Rotierte Faktorenmatrix[1]

	Faktor 1	Faktor 2
Radioakt. Strahlung - Allg. Risikobewert.	.84	
Radioakt. Strahlung - Persönl. " "	.83	
Radioakt. Strahlung - Furchtempfind.	.79	
Schadst. i.d. Nahrung - Allg. Risikobewert.	.74	.33
Schadst. i. Trinkwasser - Persönl. " "	.72	.46
Schadst. i. Trinkwasser - Allg. Risikobewert.	.71	.40
Schadst. i.d. Nahrung - Persönl. Risikobewert.	.65	.40
Schadst. i. Trinkwasser - Furchtempfind.	.64	.56
Luftverschmutzung - Persönl. Risikobewert.	.64	.48
Luftverschmutzung - Allg. Risikobewert.	.62	.43
Schadst. i.d. Nahrung - Furchtempfind.	.61	.53
Verkehrslärm - Persönl. Risikobewert.		.89
Verkehrslärm - Furchtempfind.		.89
Verkehrslärm - Allg. Risikobewert.		.84
Luftverschmutzung - Furchtempfind.	.52	.58

---

[1] Zur Übersichtlichkeit der Darstellung sind hier und im folgenden nur Faktorladungen >.30 und diese auf zwei Stellen gerundet eingetragen.

FAKTORENANALYSE VON TEIL C DES FRAGEBOGENS: VERARBEITUNGSASPEKTE

KMO-Maß: 0.81
Bartletts Test auf Sphärizität: 1610, p=0.00000
Faktorenextraktion: Hauptkomponentenanalyse
Extraktionskriterium: Scree-Test
Rotation: Varimax

Varianzaufklärung

		cum
1. Faktor	22.2	22.2
2. Faktor	11.9	34.1
3. Faktor	7.6	41.7
4. Faktor	5.5	47.2
5. Faktor	5.0	52.2

VARIMAX-Rotierte Faktorenmatrix

	Faktor 1	Faktor 2	Faktor 3	Faktor 4	Faktor 5
Item 21	.69				
Item 27	.68				
Item 18	.67			.30	
Item 23	.65			-.31	
Item 12	.61				-.32
Item 19	.61	.45			
Item 24	.58	.33		-.34	
Item 17	.42				-.32
Item 09		.74			
Item 06		.73			
Item 07		.67			
Item 10		.62			
Item 15		.56			-.30
Item 01	.32	.56			
Item 02		.44	.31		
Item 05			.74		
Item 04			.65		
Item 25			.65		
Item 03			.60		.35
Item 26			.43		
Item 13				.77	
Item 14				.76	
Item 11				.55	
Item 20	-.41		.32	.52	
Item 08		-.32		.40	.33
Item 28					.71
Item 16	.50				-.58

Interpretation der Faktoren

1. Faktor: Vermeidung der Beschäftigung mit den Umweltrisiken
2. Faktor: Persönlicher Risikooptimismus/Verleugnungstendenz
3. Faktor: Selbstschutzmaßnahmen und Beschäftigung mit Vorstellungen über Schadstoffwirkungen
4. Faktor: Emotionale Besorgnis/Umweltkrise als Gesprächsthema
5. Faktor: Personale Kontrollüberzeugung

251

FAKTORENANALYSE VON TEIL D DES FRAGEBOGENS: GESUNDHEITSBEWUSSTSEIN

KMO-Maß: 0.65
Bartletts Test auf Sphärizität: 628, p=0.00000
Faktorenextraktion: Hauptkomponentenanalyse
Extraktionskriterium: Kaiser-Guttman-Kriterium (Eigenwert >1)
Rotation: Varimax

Varianzaufklärung
                    cum
1. Faktor   22.2   22.2
2. Faktor   14.6   36.7
3. Faktor   12.2   49.0
4. Faktor   9.0   58.0
5. Faktor   7.8   65.7

VARIMAX-Rotierte Faktorenmatrix

	Faktor 1	Faktor 2	Faktor 3	Faktor 4	Faktor 5
Item 12	.84				
Item 01	.74				
Item 11	.71				
Item 13	-.59			.35	
Item 02		.86			
Item 04		-.77			
Item 03		.55		.32	.31
Item 08			.90		
Item 09			.83		
Item 10				.82	
Item 05			.36	.68	
Item 07					.68
Item 14		-.42			.65
Item 06		.42			.43

Interpretation der Faktoren

1. Faktor: Gesundheitsbewußte Lebensweise
2. Faktor: Positive Selbsteinschätzung des Gesundheitszustandes
3. Faktor: Externale gesundheitsbezogene Kontrollüberzeugung
4. Faktor: Fatalistische gesundheitsbezogene Kontrollüberzeugung
5. Faktor: Internale gesundheitsbezogene Kontrollüberzeugung

FAKTORENANALYSE VON TEIL E DES FRAGEBOGENS: INFORMATIONSBEWERTUNGEN

KMO-Maß: 0.58
Bartletts Test auf Sphärizität: 567, p=0.00000
Faktorenextraktion: Hauptkomponentenanalyse
Extraktionskriterium: Kaiser-Guttman-Kriterium (Eigenwert >1)
Rotation: Varimax

Varianzaufklärung
                        cum
1. Faktor   23.7   32.7
2. Faktor   16.1   39.9
3. Faktor   13.7   53.6
4. Faktor   11.1   64.7

VARIMAX-Rotierte Faktorenmatrix

              Faktor 1   Faktor 2   Faktor 3   Faktor 4

Item12   .75
Item11   .72   -.35
Item06   .69
Item03   .67   .35

Item05   .84
Item04   .70
Item02   .41   .60

Item08   .91
Item09   .90

Item07   .82
Item10   .74
Item01   .71

Interpretation der Faktoren

1. Faktor: Informationsüberdruß und Einschätzung, daß Informationen
           über Umweltbelastungen dramatisiert werden
2. Faktor: Einschätzung der Verharmlosung von Umweltrisiken
3. Faktor: Hilflosigkeit gegenüber Informationsvielfalt
4. Faktor: Medieninformation als nützliche Orientierungshilfe

FAKTORENANALYSE VON TEIL F DES FRAGEBOGENS: UMWELTKRISE UND GESELLSCHAFT

KMO-Maß: 0.81
Bartletts Test auf Sphärizität: 507, p=0.00000
Faktorenextraktion: Hauptkomponentenanalyse
Extraktionskriterium: Kaiser-Guttman-Kriterium (Eigenwert >1)
Rotation: Varimax

Varianzaufklärung
```
              cum
1. Faktor   31.2   31.2
2. Faktor   13.4   44.6
3. Faktor    9.5   54.1
```

VARIMAX-Rotierte Faktorenmatrix

	Faktor 1	Faktor 2	Faktor 3
Item01	.73		
Item06	.71		
Item09	.68		
Item07	.56	.42	
Item05	.34		
Item12		.74	
Item11		.71	
Item02		.66	
Item10	.51	.51	
Item03			.79
Item08			.70
Item04			.67

Interpretation der Faktoren

1. Faktor: Gesellschaftliche Dringlichkeit der Umweltkrise
2. Faktor: Gesellschaftliche Resignation
3. Faktor: Positive Einstellung zum technischen Fortschritt

ERGEBNISSE ZU EINZELNEN METHODISCHEN FRAGEN

Überprüfung von Reihefolgeeffekten bei Vertauschen der Teile B und C im Fragebogen

Bei der Hälfte der von uns verschickten Fragebogen wurde Teil B und Teil C vertauscht. Das heißt, es gibt eine Gruppe 1 (n=84 Personen), die zuerst die Risikobewertungen vorgenommen hat und dann die Selbsteinschätzungen zum Umgang mit dem Umweltrisiko und eine Gruppe 2 (n=96 Personen), bei der diese Reihenfolge umgekehrt ist. Wir wollen damit prüfen, ob es zwischen den Fragenteilen Reihefolgeeffekte gibt. Zum Vergleich führten wir Mittelwertsvergleiche zwischen den beiden Gruppen für alle Variablen durch (T-Test für unabhängige Stichproben, separate Varianzschätzung,). Da bei der Vielzahl der durchgeführten Vergleiche die Wahrscheinlichkeit steigt, daß einige Vergleiche signifikant ausfallen, legten wir das strengere Signifikanzniveau von $p < 0.01$ zugrunde.

Vergleicht man die beiden Gruppen dem Augenschein nach, dann zeigt sich, daß bei Gruppe 2 sämtliche Risikobewertungen in Teil B bei höher ausfallen als bei Gruppe 1. Bei allen anderen Fragenbereichen gibt es keine systematischen Unterschiede.

Wie die T-Tests zeigen, sind die Unterschiede überwiegend jedoch sehr gering. Lediglich die in folgender Abbildung wiedergegebenen Bewertungen unterscheiden sich signifikant zwischen den beiden Gruppen.

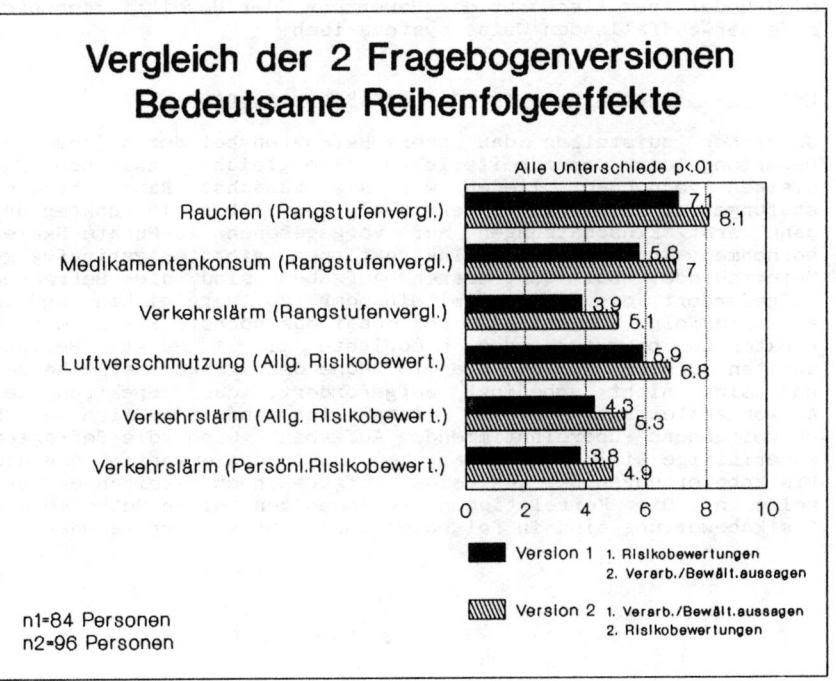

**Vergleich der 2 Fragebogenversionen
Bedeutsame Reihenfolgeeffekte**

Alle Unterschiede $p < .01$

Rauchen (Rangstufenvergl.)	7.1 / 8.1
Medikamentenkonsum (Rangstufenvergl.)	5.8 / 7
Verkehrslärm (Rangstufenvergl.)	3.9 / 5.1
Luftverschmutzung (Allg. Risikobewert.)	5.9 / 6.8
Verkehrslärm (Allg. Risikobewert.)	4.3 / 5.3
Verkehrslärm (Persönl.Risikobewert.)	3.8 / 4.9

0   2   4   6   8   10

■ Version 1   1. Risikobewertungen
                2. Verarb./Bewält.aussagen

▨ Version 2   1. Verarb./Bewält.aussagen
                2. Risikobewertungen

n1=84 Personen
n2=96 Personen

Im Sinne der "Verfügbarkeitsheuristik" haben wir erwartet, daß Gruppe 2 speziell bei den Umweltrisiken höhere Bewertungen vornimmt. Diese Gruppe beantwortete zuerst die verarbeitungs- und bewältigungsbezogenen Fragen und nahm dann die Risikobewertungen vor, mußte sich also gedanklich mit den Umweltrisiken stärker beschäftigen als Gruppe 1, die gleich zu Anfang die Risikobewertungen vornahm. Für Gruppe 2 müßten die Umweltrisiken bei der Vornahme der Risikobewertungen demnach stärker kognitiv verfügbar sein.

Unsere Ergebnisse bestätigen diese Hypothese nur zu einem geringen Teil. Nur 4 von 20 der über die Umweltrisiken vorgenommenen Bewertungen (Rangreihe, Allgemeine Bewertung, Persönliche Bewertung, Bewertung von Furchtempfindungen) unterscheiden sich signifikant in der erwarteten Richtung. Drei dieser Unterschiede beziehen sich auf den Verkehrslärm, also eine Umweltbelastung, die bei der Beantwortung verarbeitungs- und bewältigungsbezogener Aussagen gar nicht auftauchte. Zusätzlich beobachten wir zwei nicht erwartete Unterschiede bei den Risiken der Lebensführung.

Zusammenfassend können wir hier festhalten, daß wir in unserer Untersuchung nur wenige ausgeprägte Reihefolgeeffekte zwischen Risikobewertungen und Selbstaussagen zum Umgang mit den Umweltrisiken feststellen konnten. Es gibt jedoch einen Trend, daß die Risikobewertungen *generell* geringfügig höher ausfallen, wenn zuvor Aussagen zur Verarbeitung und Bewältigung beantwortet wurden. Dieser Trend fällt jedoch nur bei wenigen Risikoquellen signifikant aus. Die beobachteten Unterschiede sind weder spezifisch für die Bewertung der Umweltrisiken noch in einer auffallenden Weise systematisch.

Reliabilitätsschätzung für die Risikobewertungen

Um sicher zu stellen, daß unsere Befragten bei der allgemeinen Bewertung der Gesundheitsrisiken Vergleiche zwischen den Risiken vornehmen, ließen wir sie zunächst Rangreihenein-stufungen auf einer gedachten Skala von 1 bis 10 Punkten und dann erst Einschätzungen auf vorgegebenen 10-Punkte-Skalen vornehmen. In den beiden Instruktionen gibt es geringfügige Unterschiede. Bei der ersten Aufgaben sind die Befragten aufgefordert, die Risiken miteinander zu vergleichen und in eine Rangfolge zu bringen und dabei das höchste Risiko mit 10 Punkten zu bewerten, das niedrigste mit 1 Punkt. Bei der zweiten Aufgabe sollten sie die "Höhe des Risikos" einschätzen und sind nicht unbedingt aufgefordert, das Spektrum der Antwortskalen auszuschöpfen. Inhaltlich handelt es sich jedoch um weitgehend übereinstimmende Aufgaben. Wenn die Befragten zuverlässige Risikourteile abgeben, müßte man erwarten, daß die Risikobewertungen bei den beiden Aufgaben hoch miteinander kor-relieren. Die Korrelationen zwischen den beiden Methoden der Risikobewertung sind in folgender Übersicht wiedergegeben.

Übersicht: Korrelationen zwischen den Rangreiheneinstufungen
          und der Einschätzung der Höhe der Risiken

Rauchen	.59	Luftverschmutzung	.79
Medikamentenkonsum	.65	Schadstoffe i.d. Nahrung	.63
Viel und fett essen	.64	Radioaktive Strahlung	.84
Akoholkonsum	.67	Schadstoffe i. Trinkwasser	.82
Künstl. Zusatzstoffe	.71	Verkehrslärm	.78

Die Korrelationen sind mittelmäßig bis hoch, bei den
Umweltrisiken sind sie beinahe durchgängig höher als bei den
Risiken der Lebensführung. Wenn wir die Korrelationen als
Schätzungen für die Reliabilität der Risikobewertungen
interpretieren, dann sind sie als mäßig einzustufen. Beim
Rauchen ist die Reliabilität der Risikobewertung am
geringsten: es gibt nur ca. 35% gemeinsame Varianz zwischen
den beiden Bewertungen. Bei der Bewertung der radioaktiven
Strahlung gibt es immerhin ca. 70% gemeinsame Varianz.

Insgesamt kommen wir zu der Schlußfolgerung, daß diese
Methode der Erfassung von Risikobewertungen nur zu mittelmäßig stabilen und zuverlässigen Ergebnissen führt. Die
Fehlervarianz bei der Erfassung solcher quantitativer
Risikobewertungen ist erheblich. Im Kontext unserer
Erfahrungen mit den Pretests überrascht uns dies nicht
besonders. Einige unserer Befragten ließen wir während des
Beantwortens des Fragebogens "laut denken", sie sollten
sagen, wie sie zu ihrer Einschätzung kommen bzw. woran sie
dabei denken. Es zeigte sich hierbei, daß die Kriterien, die
die Personen zur Risikobewertung heranziehen, mehr oder
weniger stark fluktuieren. Manchen Personen fällt bei der
zweiten Bewertungsaufgabe einfach noch ein neuer Aspekt
ein, den sie beim Rangreihenvergleich noch nicht berücksichtigt hatten.

LITERATURVERZEICHNIS

AMELANG, M., TEPE, K., VAGT, G. & WENDT, W. (1976). Mitteilung über einige Schritte der Entwicklung einer Skala zum Umweltbewußtsein. Diagnostika, 23, S. 86-88.

ARBUTHNOT, J. (1977). The roles of attitudinal and personality variables in the prediction of environmental behavior and knowledge. Environment and Behavior, 9, S. 217-232.

BAIRD, B.N.R. (1986). Tolerance for Environmental Health Risks: The Influence of Knowledge, Benefits, Voluntariness, and Environmental Attitudes. Risk Analysis, 6,4, S. 425-435.

BANDLER, R. & GRINDER, J. (1979). Frogs into Princes - Neuro Linguistic Programming. Moab, Utah: Real People Press.

BANDLER, R. & GRINDER, J. (1982). Reframing - Neuro-Linguistic Programming and the Transformation of Meaning. Moab, Utah: Real People Press.

BARNABY, F. (1988). The Barnaby Report: Leukaemia and Radiation. AMBIO, 17, S. 352.

BAUM, A., FLEMING, R. & DAVIDSON, L.M. (1983). Natural Disaster and Technological Catastrophe. Environment and Behavior, 15,3, S. 333-354.

BAUM,A., FLEMING,R. & SINGER,J.E. (1983). Coping with victimization by technological disaster. Journal of Social Issues, 39,2, S. 117-138.

BAUM, A., GATCHEL, R.J. & SCHAEFFER, M.A. (1983). Emotional, behavioral and physiological effects of chronic stress at Three Mile Island. Journal of Consulting and Clinical Psychology, 51,4, S. 565-572.

BECK, U. (1986). Risikogesellschaft. Auf dem Weg in eine andere Moderne. Frankfurt: Suhrkamp.

BECK, U. (1987). Auf dem Weg in die industrielle "Risikogesellschaft". Blätter für deutsche und internationale Politik, 2, S. 139-146.

BERGER, F. & LUCKMANN, T. (1980). Die gesellschaftliche Konstruktion der Wirklichkeit. Frankfurt: Fischer.

BINSWANGER, H.C., GEISSBERGER, W. & GINSBURG, T. (1978) (Hrsg.), Wege aus der Wohlstandsfalle. Der NAWU-Report: Strategien gegen Arbeitslosigkeit und Umweltzerstörung. Frankfurt: Fischer.

BLÖCHLIGER, A., HERZKA, H.S. & LEUENBERGER, M. (1978). Psychosomatische Aspekte des Pseudokrupps.. Helvetica Paediatrica Acta 33 , S. 563-566.

BÖHM, A. (1988a). Der Unfall von Tschernobyl, Umweltbelastungen und Atomkriegsdrohung - Wie leben die Berliner damit? Verhaltenstherapie und psychosoziale Praxis , 2O,2, S. 157-169.

BÖHM, A. (1988b). Die telefonische Befragung - Einige Bemerkungen zur Methode und ein Beispiel. Forschungsbericht aus dem Institut für Psychologie . Berlin: Technische Universität, 88-2.

BÖHM, A., FAAS, A. & LEGEWIE, H. (1989) (Hrsg.), Angst allein genügt nicht. Weinheim und Basel: Beltz.

BÖHM, A., BOEHNKE, K., BOLDT, P.R., et al. (1989). Das "Tschernobyl-Gefühl" - Wie die psychischen Folgen der ökologischen Krise "vermessen" werden. Forschung Aktuell 1989. Berlin: Technische Universität, S. 13-16.

BÖHM, A. & FAAS, A. (1987). Leben unter atomarer Bedrohung: Zur Diskrepanz von individueller konkreter Zukunftsplanung und allgemeiner abstrakter Zukunftssicht. Vortrag, gehalten auf der Tagung "Leben unter atomarer Bedrohung" vom 1O.-13. Dez. 1987 . Berlin: unveröff. Manuskript.

BORCHERDING, K., ROHRMANN, B. & EPPEL, T. (1986). A psychological study on the cognitive structure of risk evaluations. In Brehmer, B., Jungermann, H., Lourens, P. & Sevón, G. (Hrsg.), New Directions in Research on Decision Making (S. 245-262). North-Holland: Elsevier Science Publishers.

BORGERS, D. (1985). Was ist Kanzerogenität? Argument-Sonderband AS 125: Umweltmedizin. Berlin. S. 28-64.

BORTZ, J. (1989). Statistik für Sozialwissenschaftler. Berlin, Heidelberg, New York: Springer.

BRAUKMANN, W. & FILIPP, S.H. (1984). Strategien und Techniken der Lebensbewältigung. In Baumann, U., Berbalk, H. & Seidenstücker, G. (Hrsg.), Klinische Psychologie. Trends in Forschung und Praxis, Bd.6 (S. 52-87). Bern: Huber.

BREZNITZ, S. (1983). The Seven Kinds of Denial. In Breznitz, S. (Hrsg.), The Denial Of Stress (S. 257-286). New York: International University Press.

BRÜDERL, L., HALSIG, N. & SCHRÖDER, A. (1988). Historischer Hintergrund, Theorien und Entwicklungstendenzen der Bewältigungsforschung. In Brüderl, L. (Hrsg.), Theorien und Methoden der Bewältigungsforschung (S. 25-45). Weinheim, München: Juventa Verlag.

CAMPBELL, J.M. (1983). Ambient stressors. Environment and Behavior, 15,3, S. 355-38O.

COLLINS, D.L., BAUM, A., & SINGER, J.E. (1983). Coping with chronic stress at Three Mile Island: Psychological and biochemical evidence. Health Psychology, 2, S. 149-166.

DAVIDSON, L.M., BAUM, A., & COLLINS, D.L. (1982). Stress and control-related problems at Three Mile Island. Journal of Applied Social Psychology, 12, S. 349-359.

DEGEN, R. (1988). Die Illusion "Mich trifft es nicht". Psychologie Heute, Oktober 1988, S. 48-55.

DIERKES, M. & FIETKAU, H.J. (1987). Umweltbewußtsein und Umweltverhalten. Gutachten für den Rat von Sachverständigen für Umweltfragen der Bundesregierung. Berlin: Wissenschaftszentrum Berlin für Sozialforschung.

EARLE, T.C. & LINDELL, M.K. (1984). Public perceptions of industrial risks: A free response approach. In Waller, R.A. & Covello, V.T. (Hrsg.), Low-probability / High-consequence risk analysis (S. 531-55O). New York: Plenum.

EHLERS, W. (1983). Die Abwehrmechanismen: Definitionen und Beispiele. Praxis der Psychotherapie und Psychosomatik, 28, S. 55-66.

EPSTEIN, S.S. (1987). Losing the War Against Cancer. Who's to Blame and What to do about it. The Ecologist, 17,2, S. 91-101.

EVANS, G.W., JACOBS, S.V. (1981). Air pollution and human behavior. Journal of Social Issues, 37, S. 95-125.

EVANS, G.W., JACOBS, S.V. & FRAGER, N.B. (1982). Behavioral responses to air pollution. In Baum, A. & Singer, J. (Eds.), Advances in environmental psychology. (S. 237-269). Hillsdale, N.J.: Lawrence Erlbaum.

EVERS, A. & NOWOTNY, H. (1987). Über den Umgang mit Unsicherheit. Die Entdeckung der Gestaltbarkeit von Gesellschaft. Frankfurt: Suhrkamp.

FAAS, A. & LEGEWIE, H. (1988). Leben oder Überleben - Veränderte Sinndimensionen in einer bedrohten Umwelt? Verhaltenstherapie und psychosoziale Praxis, 2O,2, S. 17O-175.

FALTERMAIER, T. (1988). Notwendigkeit einer sozialwissenschaftlichen Belastungskonzeption. In Brüderl, L. (Hrsg.), Theorien und Methoden der Bewältigungsforschung (S. 46-62). Weinheim, München: Juventa Verlag.

FAUS-KESSLER, T. (1987). Luftverschmutzung. In van Eimeren, W. et al. (Hrsg.), Umwelt und Gesundheit (S. 21-82). Berlin, Heidelberg, New York: Springer-Verlag.

FEGELER, U., MOYZES, R., WEDLER, E. & EBERHARD, K. (1985). Immissions- und Wettereinflüsse auf Erkrankungen der oberen und unteren Luftwege von Kindern in Berlin (West) 1979-1982. Berlin: Institut für Meteorologie der Freien Universität Berlin.

FEIN, G.G., SCHWARTZ, P.M., JACOBSON, S.W. & JACOBSON, J.L. (1983). Environmental Toxins and Behavioral Development - An New Role for Psychological Research. American Psychologist, 38, S. 1188-1197.

FIETKAU, H.J. (1984). Bedingungen ökologischen Handelns. Gesellschaftliche Aufgaben der Umweltpsychologie. Weinheim, Basel: Beltz.

FIETKAU, H.J., KESSEL, H. & TISCHLER, W. (1982). Umwelt im Spiegel der öffentlichen Meinung. Frankfurt/Main, New York: Campus.

FISCHHOFF, B., SLOVIC, P., LICHTENSTEIN, S., READ, S. & COMBS, B. (1978). How safe is safe enough? A psychometric study of attitudes towards technological risks and benefits. Policy Sciences, 9, S. 127-152.

FISHER, J.D., BELL, P.A. & BAUM, A. (1984). Environmental Psychology. New York: Holt, Rinehart and Winston.

FLEMING, R., BAUM, A., GISRIEL, M.M., & GATCHEL, R.J. (1982). Mediation of stress at Three Mile Island by social support. Journal of Human Stress, 8, S. 14-22.

FOLKMAN, S. & LAZARUS, R.S. (1980). An analysis of coping in a middle-aged community sample. Journal of Health and Social Behavior, 21, S. 219-239.

FREUD, A. (1964). Das Ich und die Abwehrmechanismen. München: Kindler.

GATCHEL, R.J. SCHAEFFER, M.A., & BAUM,A. (1985). A psychological field study of stress at Three Mile Island. Psychophysiology, 22,2, S. 175-181.

GESCHKA, H. & VON REIBNITZ, U. (1983). Die Szenario-Technik - ein Instrument der Zukunftsanalyse und der strategischen Planung. In Töpfer, A. & Afheldt, M. (Hrsg.), Praxis der Unternehmensplanung (S. 125-170). Frankfurt: Metzner-Verlag.

GILLWALD, K. (1983). Umweltqualität als sozialer Faktor. Zur Sozialpsychologie der natürlichen Umwelt. Frankfurt: Campus.

GLASER, B.G. (1978). Theoretical Sensitivity - Advances in the Methodology of Grounded Theory. Mill Valley: The Sociological Press.

GUSKI, R. (1987). Lärm - Wirkungen unerwünschter Geräusche. Bern, Stuttgart, Toronto: Hans Huber.

HAAN, N. (1977). Coping and Defending. Processes of Self-Environment Organization. New York, London: Academic Press.

HALSIG, N. (1988). Erfassungsmöglichkeiten von Bewältigungsversuchen. In Brüderl, L. (Hrsg.), Theorien und Methoden der Bewältigungsforschung (S. 162-191). Weinheim, München: Juventa Verlag.

HARLOFF, H.J. (Hrsg.) (1978): Konferenzdokumentation: Bedingungen des Lebens in der Zukunft und die Folgen für die Erziehung. Berlin: Technische Universität.

HARRIS, R.J. (1985). A Primer of Multivariate Statistics. Orlando, Florida: Academic Press.

HARTSOUGH, D.M. & SAVITSKY, J.C. (1984). Psychology and Environmental Policy at a Crossroads. American Psychologist, 39, S. 1113-1122.

INGLEHART, R. (1977). The Silent Revolution: Changing Values and Political Styles in Western Publics. Princeton: Princeton University Press.

JANIS, I.L. & MANN,L. (1977). Decision making. New York. The Free Press.

JÜTTEMANN, G. (Hrsg.) (1985). Qualitative Forschung in der Psychologie. Weinheim, Basel: Beltz.

JUNGERMANN, H. (im Druck). Risiko-Wahrnehmung. In Kruse, L., Graumann, C.F. & Lantermann, E.D. (Hrsg.), Umweltpsychologie - Ein Handbuch in Schlüsselbegriffen. München: Urban & Schwarzenberg.

JUNGERMANN, H. (1985). Psychological Aspects of Scenarios. In Covello, V.T., Mumpower, J.L., Stallen, P.J.M. & Uppuluri, V.R.R (Hrsg.), Environmental Impact Assessment, Technology Assessment, and Risk Analysis (S. 325-346). Berlin, Heidelberg, New York: Springer-Verlag.

JUNGERMANN, H. (1986). Die öffentliche Diskussion technologischer Mega-Themen: Eine Herausforderung für Experten und Bürger. In Jungermann, H., Pfaffenburger, W., Schäfer, G.F. & Wild, W. (Hrsg.), Die Analyse der Sozialverträglichkeit für Technologiepolitik (S. 92-101). München: High Technology Verlag.

JUNGERMANN, H. & SLOVIC, P. (1988) (preprint). Die Psychologie der Kognition und Evaluation von Risiko. Erscheint in: Bechmann, G. (Hrsg.) (1990), Risiko und Gesellschaft. Opladen: Westdeutscher Verlag.

KANNER, A.D., COYNE, J.C., SCHAEFER,C., & LAZARUS, R.S. (1981). Comparison of two modes of stress measurment: Daily hassles and uplifts versus major life events. Journal of Behavioral Medicine, 4, S. 1-39.

KASPERSON, R.E. (1986). Six Propositions on Public Participation and Their Relevance for Risk Communication. Risk Analysis, 6,3, S. 275-281.

KEENEY, R.L. & WINTERFELDT, D. (1986). Improving Risk Communication. Risk Analysis, 6,4, S. 417-424.

KELLEY, H. (1983). Epilogue: Perceived Causal Structures. In Jaspars, J., Fincham, F. & Hewstone, M. (Hrsg.), Attribution theory and research: conceptual, developmental and social dimensions (S. 343-369). London: Academic Press.

KESSEL, H. (1984). Umweltprobleme - Wahrgenommene Zukunftschancen. In Moser, H. & Preiser, S. (Hrsg.), Umweltprobleme und Arbeitslosigkeit. Eine Herausforderung an die politische Psychologie (S. 51-6O). Weinheim, Basel: Beltz.

KESSEL, H. & TISCHLER, W. (1982). International Environment Survey. Umweltbewußtsein im internationalen Vergleich.. Papers aus dem Internationalen Institut für Umwelt und Gesellschaft des Wiss.zentrums Berlin. Berlin: WZB.

KESSEL, H. & TISCHLER, W. (1984). Umweltbewußtsein - Ökologische Wertvorstellungen in westlichen Industrienationen. Berlin: edition sigma.

KLEY,J. & FIETKAU, H.J. (1979). Verhaltenswirksame Variablen des Umweltbewußtseins. Psychologie und Praxis, 1, S. 13-22.

KÖNIG, K. (1987). Radioaktive Strahlung. In van Eimeren, W. et al. (Hrsg.), Umwelt und Gesundheit (S. 199-25O). Berlin, Heidelberg, New York: Springer-Verlag.

LANGEHEINE, R. & LEHMANN, J. (1986a). Die Bedeutung der Erziehung für das Umweltbewußtsein. Kiel: Institut für Pädagogik der Naturwissenschaften.

LANGEHEINE, R. & LEHMANN, J. (1986b). Ein neuer Blick auf die soziale Basis des Umweltbewußtseins. Zeitschrift für Soziologie, Jg. 15, Heft 5, Oktober 1986, S. 378-384.

LAVE, L.B. & SESKIN, E.P. (1970). Air Pollution and Human Health. Science, 169, S. 723-733.

LAZARUS, R. (1983). The Costs and Benefits of Denial. In Breznitz, S. (Hrsg.), The Denial Of Stress (S. 1-33). New York: International University Press.

LAZARUS, R.S. & FOLKMAN, S. (1984). Stress, appraisal and coping. New York: Springer.

LAZARUS, R.S. & LAUNIER, R. (1981). Stressbezogene Transaktionen zwischen Person und Umwelt. In Nitsch, J. (Hrsg.), Stress - Theorien, Untersuchungen, Massnahmen (S. 391-440). Bern: Huber.

LEBOVITS, A.H. , BAUM, A. & SINGER, J.E. (Eds.) (1986). Advances in Environmental Psychology. Vol. 6: Exposure to hazardous substances: Psychological Parameters. Hillsdale, London: Lawrence Erlbaum.

LEGEWIE, H. (1987). Interpretation und Validierung biographischer Interviews. In Jüttemann, G. & Thomae, H. (Hrsg.), Biographie und Psychologie (S. 138-150). Berlin, Heidelberg, New York: Springer.

LEGEWIE, H. (1989a). Psychologie für eine lebenswerte Zukunft. In Böhm, A., Faas, A. & Legewie, H. (Hrsg.), Angst allein genügt nicht (S. 7-29). Weinheim und Basel: Beltz.

LEGEWIE, H. (1989b). Zwischen Resignation und Engagement. Zur Psychologie des Risikobewußtseins nach Tschernobyl. Vortrag auf der Tagung "In schwarzen Spiegeln Regenbögen - Verarbeitungsformen von Endzeitangst und Krisenbewußtsein", Evangelische Akademie Hofgeismar, unveröff. Manuskript.

LEGEWIE, H. & FAAS, A. (1988). Leben oder Überleben - Veränderte Sinndimensionen in einer bedrohten Umwelt. Verhaltenstherapie & psychosoziale Praxis, 20, S. 170-175.

LEGEWIE, H., WIEDEMANN, P. & VAN DIEPEN, M. (1988). Arbeitsmaterialien zur Durchführung und Auswertung offener Interviews. Inst. f. Psychologie, TU Berlin : unveröff. Manuskript.

LUHMANN, N. (1989) (preprint). Die Moral des Risikos und das Risiko der Moral. Erscheint in: Bechmann, G. (Hrsg.) (1990), Risiko und Gesellschaft. Opladen: Westdeutscher Verlag.

LUTZ, R. (Hrsg.) (1981). Sanfte Alternativen. Ein Öko-LOG-Buch. Weinheim: Beltz.

LYON, J.L., KLAUBER, M.R., GARDNER, J.W. & UDALL, K.S. (1979). Childhood Leukemias Associated with Fallout from Nuclear Testing. New England Journal of Medicine, 300, S. 397-402.

MALONEY, M.P. & WARD, M.P. (1973). Ecology: Let's hear from the people. American Psychologist, 8, S. 583-586.

MARBURGER, E.A. (1986). Zur ökonomischen Bewertung gesundheitlicher Schäden durch Luftverschmutzung. In Umweltbundesamt (Hrsg.), Kosten der Umweltverschmutzung (S. 51-62). Berlin: Erich Schmidt Verlag.

MARDBERG, B., CARLSTEDT, L., STALBERG-CARLSTEDT,B. & SHALIT,B. (1987). Sex Differences In Perception Of Threat From The Chernobyl Accident. Perceptual and Motor Skills, 65, S. 228.

MAYRING, P. (1983). Qualitative Inhaltsanalyse - Grundlagen und Techniken. Weinheim und Basel: Beltz.

MAYRING, P. (1988). Qualitative Auswertung im Rahmen des Belastungs-Bewältigungs-Paradigmas. In Brüderl, L. (Hrsg.), Theorien und Methoden in der Bewältigungsforschung (S. 200-207). Weinheim, München: Juventa Verlag.

MEADOWS, D.L., MEADOWS, D.H., ZAHN, E. & MILLING, P. (1974). Die Grenzen des Wachstums. Hamburg: Rowohlt.

MEINHOLD, H. & KOPPENHAGEN, K. (1986). Risiko = Risiko? Das Krebsrisiko durch den Reaktorunfall von Tschernobyl im Vergleich zu anderen krebserzeugenden Umweltfaktoren. TU Forschung Aktuell: Sonderheft Tschernobyl. Berlin: Technische Universität, S. 38-41.

MELICK, M.E., LOGUE, J.N., & FREDERICK, C.J. (1982). Stress and Disaster. In Goldberger, L., & Breznitz, S. (Hrsg.), Handbook of Stress (S. 613-630). New York: Free Press.

MERGENTHALER, E. (1986). Die Ulmer Textbank. Berlin, New York: Springer Verlag.

NEIDER, R. (1986). Die radiologischen Auswirkungen des Reaktorunglücks von Tschernobyl in der Bundesrepublik Deutschland. TU Forschung Aktuell: Sonderheft Tschernobyl. Berlin: Technische Universität, S. 45-49.

NENTWIG, C.G., WINDEMUTH, D., BÖHLEN, G. & HIERHOLZER, G. (1989). Gesundheitsbezogene Kontrollüberzeugung und organische Rekonvaleszenz nach Kniebandoperationen. Poster auf dem 36. Kongreß der Deutschen Gesellschaft für Psychologie in Berlin, Oktober 1988.

PETERS, H. P., ALBRECHT, G., HENNEN, L., & STEGELMANN, H. U. (1987). Die Reaktionen der Bevölkerung auf die Ereignisse in Tschernobyl. Kölner Zeitschrift für Soziologie und Sozialpsychologie, 39, S. 764-782.

PRYSTAV, G. (1981). Psychologische Copingforschung: Konzeptbildungen, Operationalisierungen und Meßinstrumente. Diagnostica , 27,3, S. 189-214.

RAT VON SACHVERSTÄNDIGEN FÜR UMWELTFRAGEN (1978). Umweltgutachten 1978. Bonn: Deutscher Bundestag, Drucksache 8/1938.

RENN, O. (1984). Risikowahrnehmung der Kernenergie. Frankfurt, New York: Campus.

ROHRMANN, B. (1978). Empirische Studien zur Entwicklung von Antwortskalen für die sozialwissenschaftliche Forschung. Zeitschrift für Sozialpsychologie, 9, S. 222-245.

ROHRMANN, B. (1984). Psychologische Forschung und umweltpolitische Entscheidungen: das Beispiel Lärm. Opladen: Westdeutscher Verlag.

ROHRMANN, B. (1988). Forschung zu Umweltstressoren als umweltpolitische Entscheidungshilfe. In Lösel, F. & Skowronek, H. (Hrsg.), Beiträge der Psychologie zu politischen Planungs- und Entscheidungsprozessen (S. 175-181). Weinheim: Beltz.

ROHRMANN, B. & BORCHERDING, K. (1985). Die Bewertung von Umweltstressoren unter Risiko-Aspekten. In Albert, D. (Hrsg.), Bericht über den 34. Kongress der Deutschen Gesellschaft für Psychologie in Wien 1984 (Bd. 2, S. 851-854). Göttingen, Toronto, Zürich: Verlag für Psychologie.

RUFF, F.M. (1986). Psychische Folgen von Reaktorunfällen - Langzeitstress nach der Reaktorkatastrophe in Three Mile Island (Harrisburg). Verhaltenstherapie & Psychosoziale Praxis, 18, 4, S. 498-508.

RUFF, F.M. (1988). Umweltbedingte Erkrankungen? - Luftschadstoffbelastung und Atemwegserkrankungen bei Kleinkindern: Problemsicht und Reaktionen betroffener Eltern. Forschungsbericht aus dem Institut für Psychologie . Berlin: Technische Universität.

RUFF, F.M. (1989). Erkrankt durch Umweltbelastungen? Kinder mit Atemwegserkrankungen. In Böhm, A., Faas, A. & Legewie, H. (Hrsg.), Angst allein genügt nicht (S. 57-77). Weinheim und Basel: Beltz.

SCHERB, H. & WEIGELT, E. (1987). Fremdstoffe in Lebensmitteln. In van Eimeren, W. et. al. (Hrsg.), Umwelt und Gesundheit (S. 83-138). Berlin, Heidelberg, New York: Springer-Verlag.

SCHICK, A. (1979). Schallwirkung aus psychologischer Sicht. Stuttgart: Klett-Cotta.

SCHÜTZ, H. (1989). Relevanz - Ambiguität - Kontrolle - Explikation zentraler Konzepte für die Rezeption von Risikoinformation. 5. Teilbericht zum Forschungsprojekt "Der Widerstreit zwischen Informationsbedürfnis und Risiko Unveröff. Manuskript, Institut für Psychologie der TU Berlin.

SCHÜTZE, F. (1983). Biographische Forschung und narratives Interview. Neue Praxis, 3, S. 283-293.

SEMMER, N. (1988). Streß. In Asanger, R. & Wenninger, G. (Hrsg.), Handwörterbuch der Psychologie. Weinheim: Beltz. S. 744-752.

SLOVIC, P. (1986). Informing and Educating the Public About Risk. Risk Analysis, 6, 4, S. 403-415.

SLOVIC, P., FISCHHOFF, B. & LICHTENSTEIN, S. (1986). The Psychometric Study of Risk Perception. In Covello, V.T., Menkes, J. & Mumpower, J. (Hrsg.), Risk Evaluation and Mangement (S. 3-24). New York, London: Plenum Press.

SPSS INC. & NORUSIS, M.J. (1986). SPSS/PC+ for the IBM PC/XT/AT. Chicago: Marketing Department SPSS Inc.

STAHL, T. (1988). Triffst du 'nen Frosch unterwegs ... - NLP für die Praxis. Paderborn: Junfermann.

STALLEN, P.J.M. & TOMAS, A. (1983). Psychological risk: The Assessment of Threat and Control. In Ricci, P., Sagan, P. & Whipple, C. (Hrsg.), Technological Risk Assessment (S. 195-239). Den Haag: Sijthoff.

STALLEN, P.J.M. & TOMAS, A. (1985). Who's afraid of technological risk? An attempt to model reasonable emotions.. In Covello, V.T., Mumpower, J.L., Stallen, P.J.M. & Uppuluri, V.R.R (Hrsg.), Environmental impact assessment, technology assessment, and risk analysis (S. 313-323). Berlin: Springer.

STALLEN, P.J.M. & TOMAS, A. (1988). Public Concern About Industrial Hazards. Risk Analysis, 8,2, S. 237-245.

STARR, C. (1969). Social Benefit Versus Technological Risk. Science, 165, S. 1232-1238.

STATISTISCHES LANDESAMT BERLIN (1988). Melderechtlich registrierte Einwohner in Berlin (West) 30. Juni 1988. Statistische Berichte.

STATISTISCHES LANDESAMT BERLIN (1989). Volks, Berufs-, Gebäude, Wohnungs- und Arbeitsstättenzählung in Berlin (West) am 25. Mai 1987. Sonderheft Nr. 403.

STERNGLASS, E.J. & BELL, S. (1986). Die Kinder des atomaren Fallout. Psychologie Heute, S. 36-43.

STRAUSS, A.L. (1987). Qualitative Analysis For Social Scientists. New York u.a.: Cambridge University Press.

THOMAE, H. (1988). Das Individuum und seine Welt. Göttingen, Toronto, Zürich: Verlag für Psychologie.

TIETZE, K.W. & CORTINOVIS-PAULI, E. (1985). SIDS und Pseudo-Krupp: Umweltbedingte Erkrankungen? bga Schriften 5/1985. Berlin: Bundesgesundheitsamt, S. 68-71.

TRÄNKLE, U. (1983). Fragebogenkonstruktion. In Feger, H. & Bredenkamp, J. (Hrsg.), Enzyklopädie der Psychologie - Datenerhebung (Bd. I,2, S. 222-301). Göttingen: Verlag für Psychologie.

TRAUTMANN-SPONSEL, R.D. (1988). Definition und Abgrenzung des Begriffs "Bewältigung". In Brüderl, L. (Hrsg.), Theorien und Methoden der Bewältigungsforschung (S. 14-24). Weinheim, München: Juventa Verlag.

TRITSCHLER, J. (1987). Trinkwasserinhaltsstoffe. In van Eimeren, W. et. al. (Hrsg.), Umwelt und Gesundheit (S. 139-164). Berlin, Heidelberg, New York: Springer-Verlag.

TVERSKY, A. & KAHNEMAN, D. (1973). Availability: A heuristic for judging frequency and probability. Cognitive Psychology, 4, S. 207-232.

URBAN, D. (1986). Was ist Umweltbewußtsein? Exploration eines mehrdimensionalen Einstellungskonstruktes. Zeitschrift für Soziologie, Jg. 15, Heft 5, Oktober 1986, S. 363-377.

VON WINTERFELDT, D. & EDWARDS, W. (1984). Patterns of conflict about risky technologies. Risk Analysis, 4, S. 55-68.

VAN EIMEREN, W., FAUS-KESSLER, T. KÖNIG, K. et al. (1987). Umwelt und Gesundheit. Statistisch-methodische Aspekte von epidemiologischen Studien über die Wirkung von Umweltfaktoren auf die menschliche Gesundheit. Berlin: Springer.

VAN LIERE, K.D. & DUNLAP, R.E. (1980). The social bases of environmental concern: A review of hypotheses, explanations and empirical evidence. Public Opinion Quarterly, 44, S. 651-676.

VLEK, C. & STALLEN, P.J. (1980). Rational and personal aspects of risk. Acta psychologica, 45, S. 273-300.

WALLSTON, K.A., STRUDLER WALLSTON, B., SMITH,S. & DOBBINS, C.J. (1987). Perceived Control and Health. Current Psychological Research & Reviews, 6(1), S. 5-25.

WEINSTEIN, N.D. (1984). Why It Won't Happen to Me: Perceptions of Risk Factors and Susceptibility. Health Psychology, 3(5), S. 431-457.

WELZL, G. & REDISKE, G. (1987). Lärm. In van Eimeren, W. et al. (Hrsg.), Umwelt und Gesundheit (S. 165-198). Berlin, Heidelberg, New York: Springer-Verlag.

WICKE, L. (1986). Die ökologischen Milliarden - das kostet die zerstörte Umwelt - so können wir sie retten. München: Kösel.

WIEDEMANN, P.M. (1985). Deutungsmusteranalyse. In Jüttemann, G. (Hrsg.), Qualitative Forschung in der Psychologie (S. 212-226). Weinheim und Basel: Beltz.

WIEDEMANN, P.M. (1986). Erzählte Wirklichkeit. Zur Theorie und Auswertung narrativer Interviews. Weinheim, München: Psychologie Verlags Union.

WIEDEMANN, P.M. (1987a). Entscheidungskriterien für die Auswahl qualitativer Interviewstrategien. Vortrag auf der 9. Jahrestagung der Deutschen Gesellschaft für Sprachwissenschaft in Augsburg. Institut für Psychologie, TU Berlin: unveröff. Manuskript.

WIEDEMANN, P.M. (1987b). Theoretisches Kodieren - die Auswertung von offenen Interviews. Institut für Psychologie, TU Berlin: unveröff. Manuskript.

WIEDEMANN, P.M. & VELTEN, D. (1988). Wahrnehmung des Risiko von Aids: Berliner Jugendliche zwischen Angst und Verleugnung. Vortrag auf dem Kongreß für Klinische Psychologie und Psychotherapie Berlin, Februar 1988: unveröff. Manuskript.

WIEGAND, H. (1986). Wirkungen von Luftverunreinigungen auf den Menschen. In Umweltbundesamt (Hrsg.), Kosten der Umweltverrschmutzung (S. 35-49). Berlin: Erich Schmidt Verlag.

WITZEL, A. (1982). Verfahren der qualitativen Sozialforschung. Frankfurt: Campus.

WITZEL, A. (1985). Das problemzentrierte Interview. In Jüttemann, G. (Hrsg.), Qualitative Forschung in der Psychologie (S. 227-255). Weinheim, Basel: Beltz.

DUV DeutscherUniversitätsVerlag
GABLER·VIEWEG·WESTDEUTSCHER VERLAG

Detlef Barth

Das Synergetische Therapiemodell
Ein neues Konzept psychosozialer Gruppenarbeit

1990. 259 Seiten, Broschur DM 46,-
ISBN 3-8244-4044-X

In dieser Arbeit werden wachstumsbedeutsame Strukturen und Prozesse von Selbsterfahrungsgruppen (SE-Gruppen), die ebenfalls in Psychotherapiegruppen angetroffen werden können, multiperspektiv betrachtet, analysiert und die daraus resultierenden Erkenntnisse und Folgerungen in den Dienst eines ganzheitlichen Ansatzes psychosozialer Arbeit gestellt. Das Ergebnis ist das "Synergetische Therapiemodell", wobei Therapie im ursprünglichen Sinne als "Begleitung" und nicht als "Behandlung" verstanden wird.
Ausgehend von der Erkenntnis, daß die Entfaltung des Individiums in SE-Gruppen signifikant abhängig ist von der Qualität ihrer wachstumsrelevanten Faktoren, die wiederum Einfluß haben auf die Prozesse und Strukturen in Gruppen, werden die persönlichen, zwischenmenschlichen und gruppeninternen wachstumsfördernden und -hemmenden Bedingungen des Helfens aus verschiedenen Perspektiven ausführlich diskutiert.
Im ersten Hauptteil wird zunächst die geschichtliche Entwicklung der Selbsterfahrungsbewegung aufgezeigt. Anschließend werden Gründe für das rasche Aufkommen, sowie Gefahren von SE-Gruppen deutlich gemacht. Ferner erfolgt ein Vergleich von Therapie- und Selbsterfahrungsgruppen. Um der allgemeinen Verwirrung bezüglich der Begriffe "Selbst", "Wachstum" bzw. "Wachstumshemmung" konstruktiv zu begegnen, werden sie aus psychoanalytischer, behavioristischer, humanistischer, systemischer und transpersonaler Sicht beleuchtet und kritisch gewürdigt.
Im zweiten Hauptteil geht es konkret um die wachstumsrelevanten Faktoren: Helfer, Klient, Methode, Gruppe im Rahmen einer bestimmten Gesellschaftsordnung. Zunächst werden die gesellschaftlichen Bedingungen des Helfens als auch die "neuen" Helfer und ihre "neuen" Klienten analysiert. Ferner wird die Person, Funktion und Rolle des Helfers aus psychoanalytischer, behavioristischer, humanistischer, transpersonaler und systemischer Sicht dargestellt und anschließend die tatsächliche psychische Situation von Helfern aufgezeigt.
Abschließend wird der Versuch unternommen, die aus der Analyse gewonnenen Erkenntnisse in das Synergetische Gruppenkonzept münden zu lassen, das, ausgehend von den Leitbegriffen "Emanzipation", "Produktivität" und "Handlungskompetenz", auch als ein berufliches Selbstkonzept verstanden werden kann. Mit dem Synergetischen Modell wird ein weiterer Versuch unternommen, die häufig anzutreffenden Lücken in der ganzheitlich orientierten Theoriebildung annähernd zu schließen.

DUV DeutscherUniversitätsVerlag

GABLER · VIEWEG · WESTDEUTSCHER VERLAG

Stefan Strohschneider

Wissenserwerb und Handlungsregulation

1990. 334 Seiten, 38 Abb., 47 Tab., Broschur DM 58,–
ISBN 3-8244-4047-4

Das Anliegen des Buches besteht darin, die Verschränkung von Wissen, Wissenserwerb und Handeln beim Umgang mit unbekannten, dynamischen Problemen zu analysieren. In einem umfassenden theoretischen Überblick werden zunächst verschiedene Modelle von Wissensspeicherung und Wissenserwerb dargestellt, wobei die Spannweite vom modernen Konnektionismus bis hin zu semantischen Netzwerken und Produktionssystemen reicht. In einem nächsten Schritt wird versucht, die Grundprinzipien des Wissenserwerbs in Theorien der Handlungsregulation einzubinden. Ein besonderer Schwerpunkt wird dabei auf Modelle menschlichen Handelns in Unbestimmtheit und Komplexität gelegt.

Da sich vorliegende Untersuchungen sehr stark auf statisches, oft wenig "lebensnahes" und handlungsbedeutsames Material stützen, wird im empirischen Teil des Buches Wissenserwerb im Kontext aktiven Tuns untersucht. Dazu werden zwei unterschiedlich strukturierte, dynamische Computersimulationen eingesetzt, die nicht den konsequenzlosen Erwerb von Wissen, sondern die Anwendung dieses Wissens zur Erreichung bestimmter Handlungsziele verlangen. Die Ergebnisse dieser Untersuchungen werden statistisch ausgewertet, aber auch anhand von Einzelfallbetrachtungen transparent gemacht. Dabei können unterschiedliche Strategien des Wissenserwerbs identifiziert werden, und es kann gezeigt werden, in wie hohem Maße die konkrete Ausgestaltung zielgerichteten Handels vom Wissensstand abhängig ist – und andersherum, wie der Erfolg des Handelns den Wissenserwerb beeinflußt.

Damit wird ein erheblich vertieftes Verständnis des Ablaufes, der Funktion und der grundlegenden Determinanten von Wissenserwerb im Rahmen umfassender Handlungsvollzüge möglich. Diese Erkenntnisse werden in Form einer Reihe von Thesen zusammengefaßt und unter kognitionspsychologischer wie auch handlungstheoretischer Perspektive diskutiert.

saying, but it was clear that the words were disjointed and muffled.

"It sounds like someone talking in his sleep," I said.

"Yes," said Yaakov, "but there's no one in there but Ahmed."

Suddenly, I was fully awake. In my sleepy state I had not fully grasped the significance of what I was hearing.

"Can someone who cannot talk while awake talk in their sleep?" I wondered.

"That is exactly what I want to know, Avraham."

"I was going to say that it doesn't even sound like Ahmed, but then I remembered that I've never heard Ahmed speak."

Although it was dark in the room, I could see Yaakov smiling at my words. "Actually, to me it sounds exactly the way Ahmed would sound if Ahmed was able to speak," he said.

"Seriously, Yaakov, what does this mean?"

I could hear in his voice that he, too, had grown serious. "I don't know."

"He's been fooling us the whole time?"

"I just don't know."

"Why would he do this?"

"Avraham, you have to admit that it would be a pretty good plan."

"So that we wouldn't suspect him?"

"Right. I mean, if you were supposed to keep an eye on someone and report back what you saw, and the person you were keeping an eye on was convinced that you could barely communicate, don't you think it would keep him off guard?"

"You think he's also one of Abu Rash's men?"

"As I've said, Avraham, I don't know. Even if he isn't actually one of them, they may have contacted him at one point and paid him to keep an eye on our movements."

"I suppose this could explain how they always seem to have at least a general knowledge of where we are."

"Yes, I suppose it could."

"Maybe we're just getting carried away with this, Yaakov?"

"Again, Avraham, I don't know."

I laughed. "You don't seem to know anything tonight."

"Tomorrow morning we'll ask Rebbe Yitzchak what he thinks."

"And now I'm supposed to go back to sleep?"

This time Yaakov laughed.

Believe it or not, we both did fall back asleep. We'd been doing a lot of traveling, and even the possibility that the fellow in the next room was an enemy somehow did not keep us awake.

The next morning, as soon as we could talk to Rebbe Yitzchak alone, we told him what we'd heard the night before.

"Are you sure it was coming from the room he was in?"

"Yes," said Yaakov. "There's no question about it."

I nodded in agreement.

"He was talking in his sleep?"

"Yes, Rebbe," I said.

"What should we do?" Yaakov asked.

"Keep your eyes on him for now."

"That's it? We shouldn't confront him?"

"No," Rebbe Yitzchak answered. "Just watch him, and let

us see what happens. Don't let on that you heard anything."

"Rebbe, is it possible that he can talk in his sleep and not when he is awake?" I asked.

"We will see."

It wasn't easy acting around Ahmed as if nothing had happened, but I think that we did a pretty good job of it.

The next day, shortly before noon, we left Hanau by boat and traveled to Frankfurt on the Main River. Frankfurt was the first city in Germany in which we stayed for longer than a night or a Shabbos. We were warmly welcomed in the home of the noted philanthropist Reb Todros Scheyer during our stay there.

On the first morning we spent in Frankfurt, Yaakov found me in the back of the Scheyer home, exploring the grounds. He looked out of breath.

"Avraham, I've been looking everywhere for you."

"What is it?"

"He left the house."

"Who?"

"Who do you think? Ahmed."

"Really? When?"

"About three minutes ago."

"So we should follow him?"

"Rebbe Yitzchak said to keep our eyes on him, didn't he?"

"Let's go."

We found Ahmed walking toward the downtown area of the city. Keeping our distance, we followed behind him. Every so often he would stop and look at a building and then, after a moment, move on.

It seemed that that he was looking for something. We had been walking behind him in this way for about five minutes

when he stopped in front of a building, peered at it and then went in. When we came to the entrance of the building, we could see that it was a telegraph office.

"I'm sure that Rebbe Yitzchak will be here sometime during our stay," I said.

"Yes. But right now our friend Ahmed is in there, and I think we'd better find out why."

"All right, then, let's go."

We entered the building. There were several people inside, but we saw Ahmed right away since he was standing less than three feet from us. He didn't see us, however.

He was the next in line, and we were behind him. Had he turned, he would have seen us immediately, but he didn't turn around. When he reached the telegraph window, he told the clerk where he wanted to telegraph. Though neither of us heard what he said, there was no question that he was talking. We moved a little closer as the clerk asked him if wanted to write down his message. We heard him tell the clerk that he was not very familiar with the language and he would rather tell the clerk his message.

"You can do that, but remember that we are not responsible for any mistakes."

"All right," Ahmed agreed.

It was so strange to hear Ahmed conversing like anyone else!

The clerk now had a pen in hand. "What is your message, sir?"

"They may be going to Holland next."

The clerk repeated what he had written: "They may be going to Holland next."

"Yes, that's right."

"Signed?"

"Ahmed, that's A-H-M-E-D."

The clerk repeated, "A-H-M-E-D."

"Yes."

The clerk asked for the fee as we slowly backed away from Ahmed. Although we'd had suspicions, we were still shocked to see clearly that Ahmed was a spy for the enemy. We wanted to get away from him and discuss our next move before he saw us.

We turned and headed for the door of the building. Just as we left, I felt a hand on my shoulder. Turning, I saw Ahmed standing there with a hard expression on his face. "So the game is up, my friends," he said.

I looked around and saw that there was no one on the street in front of the telegraph office. I had a strong feeling that it was not very safe for us to stay there with Ahmed much longer.

"You two really are sneaky," he said with unconcealed anger.

Apparently, Yaakov felt the same way I did, because he grabbed me and started to run. I was not far behind. We ran down the street with Ahmed right behind us, saying, "You won't be able to outrun me!"

He might have been right, except that at that moment, we saw Rebbe Yitzchak coming toward us.

"What is your rush, fellows?"

We stopped and looked back to see that Ahmed, too, had made a short stop and was looking at Rebbe Yitzchak with a confused expression.

"Could I ask someone to please explain why you were all running? On my way to the telegraph office, I saw Avraham and Yaakov running, and Ahmed running after them. Who can explain this to me?"

"He just gave the telegraph clerk a message to send saying that we may be going to Holland next," Yaakov explained breathlessly.

"Who was the message sent to, Yaakov?"

"I don't know."

"Ahmed, is this true?" Rebbe Yitzchak asked.

Ahmed began to motion vigorously that it was definitely not true.

"I think it is true," Rebbe Yitzchak said.

Ahmed again motioned that it was not.

"It is!" Rebbe Yitzchak said with surprising power.

"Why do you believe them?" Ahmed said defensively.

"Do you speak, then?" Rebbe Yitzchak asked calmly.

Ahmed's face grew pale.

"Who sent you, Ahmed?"

Ahmed was silent.

"Was it Abu Rash?"

Ahmed started to run, and Yaakov and I gave chase. We didn't hear Rebbe Yitzchak call out to us to stop. What we would have done if we had caught him, I don't know, but just as he crossed the street a carriage came between us. When it had passed, he was gone; we'd lost him.

When we returned to Rebbe Yitzchak at the telegraph office, he said, "You did good work, fellows. With the help of Hashem, you have uncovered an enemy who lived right in our midst. May Hashem protect us further."

(

Later that day, I spoke with Rebbe Yitzchak in the library that Reb Todros Scheyer had dedicated for his use during his stay. Rebbe Yitzchak sat at a large table, a pile of *sefarim* in front of him. I sat across the table from him. He looked at me and smiled.

"Tell me, Avraham, how is this journey treating you?"

"Rebbe, I have had more excitement in the last few months than in all my years until now."

"You are not telling me if all this excitement agrees with you."

"Well, all of these adventures are interesting, that's for sure, but to be honest, I'm scared."

"What are you scared of, Avraham?"

"I'm afraid of Abu Rash and his men, who seem to be all over. I'm afraid for my father. I'm afraid for my mother and sisters back home in Eretz Yisrael. As I told Rebbe, I'm a bit of a coward."

"Avraham, we have discussed this already. You may be afraid — that is quite understandable — but you are no coward."

Not knowing what to say, I said nothing.

"Does Yaakov think that you are a coward?"

"I don't know. I mean, I never really asked him."

"What do you think he would say if asked to give his honest opinion?"

"I suppose he would say I wasn't a coward."

"What about Vitorio? Do you think he considers you to be a coward?"

"I don't think so."

Rebbe Yitzchak smiled. "So why do you torment yourself with these feelings?"

"But Rebbe, they don't know how afraid I am inside sometimes."

"As I've said, being afraid and being a coward are not the same thing. Speaking of Yaakov, it seems to me that you and Yaakov have become friends. Am I right, Avraham?"

"Yes, Rebbe."

"I'm very happy to see that."

"Will we be able to get to his father's *kever*?"

"I hope that we will. Somehow, though," Rebbe Yitzchak said suddenly, "I don't think that what we have been discussing is the reason you came to talk to me, is it?"

"No."

"So let me hear what concerns you."

"Are we going to Holland after Germany?"

"It's very possible. I am not yet certain, though."

"Does Rebbe think it's a good idea for us to go to Holland, now that Ahmed has told Abu Rash's men to expect us there?"

"I understand your concerns, Avraham, but there are clearly members of Abu Rash's gang here in Germany. They can follow us wherever we go. I hope that Ahmed's communication with his colleagues will not make too much of a difference to us."

"Can I ask one more thing?"

"Ask, please."

"How can it be that Ahmed was living with us for so long and we suspected nothing? I mean, at least Yaakov and I

suspected nothing. Perhaps Rebbe had his suspicions."

Rebbe Yitzchak laughed. "Avraham, if I had my suspicions, do you think I would have taken him along with us?"

"Well, perhaps later in the trip, Rebbe began to suspect —"

"Avraham, what do you think I am, an angel?"

As before, I did not know what to say, so I said nothing.

"What Hashem wants to reveal, He reveals, and what He wants to conceal, He conceals. We see nothing, until Hashem allows us to see."

I suddenly began to wonder if I might be taking up too much of Rebbe Yitzchak's time. I stood up and thanked him for his time, but he gestured for me to sit.

"You have to always remember, Avraham, that while fear and sadness are natural and understandable, they come from the fact that we see only the physical world. We think this is the true world. It is not. It is merely the shell of the truth.

"What we see with our eyes is to the truth as the shell of an egg is to the egg. There is much, much more beneath the surface. And the core of it all is Hashem. There is nothing that exists independent of Hashem, nothing. When this lesson is internalized, Avraham, the problems of this world begin to seem less pressing."

I sat trying to digest this.

"We've talked about this concept before, Avraham, but it needs much thought to be properly understood."

"Yes, Rebbe."

"I'm quite sure you have thought about it. Can I **ask you** to continue thinking about it?"

"Yes, of course, Rebbe."

There was still something else that weighed heavily on

me: my fear of not living up to my father's expectations. But I had already discussed this with Rebbe Yitzchak and was ashamed to do so again. I said nothing.

"All right, then, Avraham. If I can ask your forgiveness, I really must return to the *sefarim*. I don't like to keep them waiting too long."

I thanked Rebbe Yitzchak again for the time he'd given me and left to find Yaakov. I found him looking at a *sefer* that Rebbe Yitzchak had suggested he study. I asked if I could join him, and we learned together for about an hour.

☾

"We have to do some exploring in Frankfurt," I told Yaakov the next morning.

"Well, we saw a bit of the city yesterday."

"You mean when we were following Ahmed?"

"Yes."

"I wasn't paying much attention then."

"*Nu*, so tell me what you know about Frankfurt, Avraham."

I smiled. "It has three harbors and is one of the busiest ports in Germany."

"Is that all?" Yaakov teased.

"Its location has made it important from the earliest times."

"What's so special about its location?"

"The shallow crossing here in the Main River makes it the easiest north-south crossing in Germany. The Franks, an early German people, crossed the river here long ago, and the city's name actually means 'ford (or crossing) of the Franks.'"

"And what about the Jews here?"

"The Haskalah has taken its toll, but there are still those who are fighting for the truth here, especially Rav Shimshon Raphael Hirsch, who became the Rav here several years ago."

"All right, then, Avraham, with that introduction we can get going," Yaakov said with a grin.

We set off on a walking tour of the city. I was constantly expecting to see someone from Abu Rash's gang. What we actually did see was even more shocking.

As we crossed over a wide pedestrian mall filled with people, I heard Yaakov say, "I don't believe this!"

"What is it?"

"This is really getting strange."

"What is it, Yaakov? Tell me."

He pointed to our right. I turned tensely, expecting to see one of our Abu Rash friends. Instead I saw Musa.

"What's he doing here?" I asked in surprise.

"I'm afraid even to wonder."

"You think maybe it's just a bizarre coincidence that he's in Frankfurt now?"

"Avraham, somehow, I just don't think so."

"Is he part of Abu Rash's gang, too?"

"Maybe he's here for revenge."

"You mean he followed us here to take revenge on Rebbe Yitzchak for letting him go?"

"Maybe."

"Wouldn't he have done something like that right away, in Alexandria? Why would he wait until he had to travel all the way here?"

"Maybe you're right, but maybe he didn't have the

opportunity to do anything while in Alexandria."

We saw Musa boarding a carriage.

"We're going to lose him," I said.

"Unless we get a hold of that carriage over there and follow him."

"Does this ever end?"

Yaakov smiled as he hailed the carriage. When we got on, the driver asked us where we wanted to go.

"Wherever that carriage over there goes," Yaakov said in what sounded like part German, part Italian and part Hebrew. Apparently, the driver understood, because when he turned to give Yaakov a look, it was not a look of confusion. Rather, it was a look that said that he found his request somewhat strange, but he would do it since he was a carriage driver, and a job is a job.

We didn't have to wait long to find out Musa's destination. His carriage stopped after just a few blocks. When we looked to see where he was going, we were surprised to see him enter what seemed to be a *beis kenesses*.

CHAPTER NINETEEN

Musa had apparently asked his driver to wait for him, because the carriage didn't move. We got out of our carriage and also asked our driver to wait.

We entered the *beis hakenesses*, hoping that we would not be spotted by Musa, and found ourselves standing outside a large sanctuary. Inside, we could hear Musa speaking with someone else.

"Herr Rabbiner, I was wondering if I could ask you something."

Apparently, he was talking to a rav, perhaps the rav of the *beis hakenesses*.

"Yes, certainly."

"I am looking for a group of people who have traveled here from the holy land."

"From the holy land?"

"Yes, a distinguished rabbi and two young men. They have with them an Arab man as well. The Arab man cannot speak."

I looked at Yaakov and whispered, "Does he mean us?"

"Sounds like it," he whispered back.

Apparently, I thought, he didn't know that Ahmed had left us. Did that mean he was not working for Abu Rash?

"I do not know the specific rabbi you speak of. Perhaps they just arrived and I have not yet heard of their arrival. But I will tell you that the home of Herr Todros Scheyer is a place where a newly arrived prestigious rabbi would likely stay. He lives at 14 Rullstrass."

"I thank you for your time, Rabbi."

Realizing that Musa was about to leave the *beis hakenesses* and pass right by us, we ducked behind several boxes in the corner. After a minute or so, we too left the building.

"He now knows exactly where to go," I said.

"We must take the carriage back to the Scheyer home and warn Rebbe Yitzchak."

We ran to the carriage and got in.

"Listen, driver," Yaakov said, "you know that other carriage that just left?"

"You want me to follow it again?"

"No," Yaakov said, "I want you to get ahead of it. I want you to get to 14 Rullstrass before that other carriage does."

This time, the driver didn't even give Yaakov a look. He just shook his head and started driving.

What a frightening ride that was! The driver seemed to

have taken Yaakov's words as a challenge, and within two minutes he had passed Musa's carriage. But he didn't stop at that. If horses could fly, that's what he would have done. I closed my eyes as the crowded streets of Frankfurt flew past us at dizzying speed. The next thing I knew, we were running into the Scheyer home.

We found Reb Todros Scheyer and Rebbe Yitzchak talking in the front room. Yaakov and I quickly described what we had seen and heard.

When we'd finished, Rebbe Yitzchak turned to our host. "With your permission, I would like for all of us to climb to the top of the stairs, where we can see the entrance parlor to your home without being seen from downstairs. When Musa comes, one of your servants can answer the door. If asked whether we are here, he can say that we are not available. Is this acceptable to you, Reb Todros?"

"Yes, certainly, but I fear for the Rav's safety."

"Your servants seem to be men who can take care of themselves."

"Very well, Rebbe Yitzchak."

Reb Todros spoke to his servant and we all went upstairs, where we waited anxiously to see if and when Musa would come.

Within minutes, the doorbell rang. From our perch atop the stairs, we could see the servant opening the door. A man was standing in the doorway. It was Musa.

"Yes?"

"Is there a rabbi staying here by the name of Rebbe Yitzchak, as well as two young men?"

"Yes, there is."

"Is the rabbi in?"

"He is not available."

"Could I ask you to give him something from me?"

"Yes."

"You will not forget?"

"No."

He took an envelope and gave it to the servant.

"Will there be anything else?"

"No. But you will be sure to give it to him?"

"Yes."

"I have traveled a great distance for this."

"I will give it to the rabbi, have no fear."

Musa thanked the man and left.

We came downstairs and the servant handed the envelope to Rebbe Yitzchak. Rebbe Yitzchak opened it. Inside we could see money and a letter. He put the money and the envelope down on the table and opened the letter. It looked like a pretty short letter, but it seemed as if Rebbe Yitzchak was reading it several times. When he finally finished, he said to himself, "Amazing." He then turned to us and said, "I want you all to read this. It's quite unusual."

Rebbe Yitzchak handed the letter to Reb Todros Scheyer, who also seemed to read the letter several times. When he finished, he turned to Rebbe Yitzchak and said, "This is the first time I've seen anything like this."

Yaakov got the letter next. When he finished, he said, "Avraham, you have to read this letter."

I was glad it was finally my turn; I was extremely curious by now. The letter was written in Hebrew with several Arabic words. It read:

Honored Rabbi,

Here is the money I stole from you. When I had finally gathered it, I knew I must return it. I did not want to keep the money of a holy man, for no good can come of that. I knew you were traveling to Livorno, so I also traveled there. There in the Lazaretto I met a young man named Vitorio Rosini, whom you apparently gave an idea of where you were headed. Convinced of my sincerity, he told me where I might look for you. I hope you forgive my theft. I do not want the wrath of a holy man to be upon me.

Musa

I returned the letter to Rebbe Yitzchak, who put the money and the letter in his pocket.

"He was always a decent sort of fellow, but this is quite remarkable," he said.

"So it seems Musa is not one of Abu Rash's men after all," I said. "He just wanted to return the money he'd stolen."

"Yes," said Rebbe Yitzchak, "things are not always what they seem."

"I find it especially noteworthy that this is a man who did commit theft, yet afterwards seems to have truly regretted his actions," Reb Todros Scheyer commented. "Even if he was partly motivated out of a sort of fear of being punished for having taken the money, it is still an extremely unusual thing that he did."

"Yes," Rebbe Yitzchak agreed. "We see from the story of the *navi* Yonah and the city of Nineveh that there is *teshuvah* among the nations."

Rebbe Yitzchak then excused himself to bring the money up to his room.

I'd always thought I was a good judge of character — but I wasn't as good as I thought I was. I mean, I'd always been suspicious of Musa, yet in the end he turned out to be a pretty good fellow. On the other hand, I had no real suspicions about Ahmed, and he turned out to be a pretty bad fellow. So I'm not always right when I size people up. As Rebbe Yitzchak said, *What Hashem wants to reveal, He reveals, and what He wants to conceal, He conceals. We see nothing, until Hashem allows us to see.*

CHAPTER TWENTY

We left Frankfurt two days later. We traveled by carriage, stopping only to rest or spend the night. At one of our stops, I found myself sitting on a large boulder in a field of grass as green as any I had ever seen. I'm not sure where Yaakov was, and I was just sitting and drinking in the scenery without thinking about anything in particular. I must have been "not thinking" pretty hard because when I heard Rebbe Yitzchak's voice right there beside me, I was startled. How long had he been sitting on the boulder near me?

I was embarrassed to admit it, but apparently I'd been concentrating so hard on whatever it was I was doing that I hadn't really heard what Rebbe Yitzchak said. I debated with myself for a moment whether I should admit that I hadn't heard or just pretend that I had. I hope I would have been mature enough to ask Rebbe Yitzchak to repeat himself, but I never had a chance to do that. Rebbe Yitzchak, apparently sizing up the situation correctly, said, "I said, Avraham, that sometimes it is good to just empty one's mind of clutter before going on to the next thought. It prepares you to accept the new thought."

"Does Rebbe think that is what I was doing?"

"That's how it appeared to me," he smiled. "Why, were you actually thinking of something specific, Avraham?"

"Not at all, Rebbe, but it seems strange to be thinking of nothing and yet concentrating so hard at doing it that you can barely hear someone talking to you."

"It's not so strange, Avraham. Emptiness is not nothing. One can unclutter the mind to better enable it to absorb what will follow, but that process of uncluttering the mind cannot be considered simply doing nothing. It is the process of uncluttering." Rebbe Yitzchak smiled. "You look confused, Avraham."

"Well, I mean, I think maybe I can understand what Rebbe is saying about clearing the mind, but I don't think that is what I was consciously doing."

"Did I say you were doing it consciously, Avraham?"

I said nothing and he continued. "It is true that this is something you can train yourself to do routinely, but the mind yearns to be given this cleansing, and sometimes under the right conditions it will take matters into its own hands."

"So would Rebbe advise everyone to train themselves to do this?"

Rebbe Yitzchak was silent for a moment and then said,

"As with many things, one has to be careful. When the mind is empty, there is always the danger of filling it with undesirable things."

"Rebbe, is this also part of the wisdom that can be found in *sefarim* and passed down from one *talmid chacham* to another?"

"Does not the *mishnah* say, 'For everything is in it'?"

"In other words, everything is in the Torah?"

"Yes."

"Rebbe, could I ask the meaning of another *mishnah* in Avos?"

"You can certainly ask. We'll see if I can find an answer."

"Yaakov and I were discussing something that he realized is really mentioned in a *mishnah* in Pirkei Avos. The *mishnah* says, 'If I am not for myself, then who will be? And if am for myself, then what am I?' How can both be true? Is my success the most important thing or is another's success the most important thing? Isn't there a contradiction here?"

"Your question is a good one, Avraham."

"Is there an answer?"

Rebbe Yitzchak looked at me for a moment and then asked, "Avraham, is there a contradiction between your needs and someone else's needs?"

"Well, not always," I said. "If, let's say, we're business partners and his business does well, so does mine. But sometimes his need is not my need."

"No, Avraham. The *mishnah* is telling us that *whatever* is good for one Jew is automatically good for another Jew, whether we realize it or not, because Avraham, we are all connected."

I thought for a moment and then suddenly grasped what Rebbe Yitzchak was saying. This might sound a little strange, but when I try to understand a deep concept and I finally understand it, I feel such a rush of satisfaction that tears actually come to my eyes. That's what happened now.

"What Rebbe is saying is that our job is to make our 'me' bigger, until we can feel that 'he' is also 'me,' so that what is good for him is good for me. When we realize that, there is no longer any choice between 'he' and 'me.'"

Rebbe Yitzchak smiled deeply. "Wonderfully put, Avraham."

"I'll tell Yaakov about this later. I really appreciate it. This was really puzzling to us."

Rebbe Yitzchak seemed to take a breath and then said, "Any more questions?"

I smiled. "Not right now."

"Then I have a question of my own."

"What is it, Rebbe?"

"The truth is that I'd rather not make you dwell on this again, but you know that we were given information that seems to imply that Abu Rash was not just looking to get your father and you out of the country, but that he has some specific grievance against you that pushes him to pursue you."

"Is Rebbe referring to what Rebbe Yekusiel said?"

"Yes."

"But then again, who knows what Rebbe Yekusiel's story is? I mean, what was he doing with those priests?"

"Rebbe Yekusiel seemed to be a scholar and although we do not understand what you saw, there may well be a good explanation for it. In truth, though, when we see how relentlessly they seem to be pursuing us, it would seem independently of Rebbe Yekusiel's report that there is some other motive involved."

"That's true."

"Now, I have said that this changes nothing, for motives aside, he can do nothing that Hashem does not allow. This, however, does not mean that we are not obligated to try to do our best to understand the situation in order to plan as best as we can to outsmart them."

I nodded in agreement.

"I have tried my best to figure out what could be motivating Abu Rash, but I have come up with nothing. That is why I wanted to ask you if you can think of any reason at all for someone like Abu Rash to have a personal vendetta against your father, and why you would be such a high priority, as Rebbe Yekusiel reported?"

I had thought about this quite a bit and was therefore able to immediately say, "I really have no idea. I wish I did, Rebbe."

"Well, if you think of anything at all, will you let me know, Avraham?"

"Of course I will, Rebbe."

I could see both Yaakov and our driver coming toward us from different parts of the field we were sitting in.

"I think it's about time we continued our journey," Rebbe Yitzchak said as he stood up. Looking down at the boulder he had just been sitting on, he said, "Avraham, is it my imagination, or are the rocks in Europe harder than the ones in Eretz Yisrael?"

I laughed.

Rebbe Yitzchak moved toward the carriage but then stopped. Turning to me he said, "Avraham, I hope you'll for give my having interrupted your mind clearing exercise."

I laughed again. As usual, Rebbe Yitzchak had succeeded in lightening the moment.

☾

That conversation with Rebbe Yitzchak prepared me for what happened next. I really believe that the few minutes I spent talking to him gave me the strength to endure the unpleasant experience that occurred in the city of Boppard where we stopped for the night. But I am getting ahead of myself.

We pulled into the town just as darkness was falling. A young man walked over and waved to us.

"I see you people have been traveling. Can I find you a place to stay?"

Rebbe Yitzchak got out of the carriage and looked at the man. Finally, he said, "People certainly are very helpful here in Boppard."

"Well, not all people, Rabbi, but I am one of yours."

"Oh?"

"Sure, I may not grow a beard or cover my head as you do, but I am a Jew."

"Don't misunderstand me," Rebbe Yitzchak said. "We appreciate your offer to find us a place to stay. It's just that it seemed too good to be true; after all, we just arrived this minute."

"Anything to help one of my own, Rabbi."

"Are you a *shomer Torah u'mitzvos*?"

"Well, you seem to be from distant lands, so perhaps you haven't heard that in these parts of Europe, many Jews now believe that one can be a good Jew without necessarily observing every ancient law."

I saw Rebbe Yitzchak stiffen at these words, but he said nothing.

The man must have noticed Rebbe Yitzchak's reaction. "Does that mean that you will not allow me to fulfill the mitzvah of *hachnasas orchim* with you and your friends, Rabbi?"

"I didn't say that."

"So can I show you to a place where you can stay the night?"

Rebbe Yitzchak seemed to hesitate and then said, "That would be very nice of you."

"It's my pleasure."

"Could I ask your name?"

"Siegfried."

"Siegfried?" Rebbe Yitzchak repeated.

The man laughed. "Well, my Jewish name is Shmuel."

"You have the name of a prophet."

"Yes, Rabbi, I do."

"One can be a true prophet or a false one. Which are you, Shmuel?"

The man seemed taken aback for a moment and then said, "I certainly wouldn't want to do anything false if I could help it."

No one said anything for a while, and it grew darker. Finally, Rebbe Yitzchak said, "If you show us to a place for the night, it would be greatly appreciated."

"With pleasure," said Siegfried as he motioned our driver to follow him. Rebbe Yitzchak got back in the carriage and we followed Siegfried, who went by foot. In less than a minute, we stopped in front of a large house.

The owners of the house rented rooms, which turned out to be quite comfortable. We were all given our own rooms. Since we were tired, we davened Maariv, had something to eat and retired for the night.

I didn't even bother to change into my nightclothes. I was so tired that I fell asleep almost immediately.

Did you ever have a dream and then wake up to find that real life was somehow intruding into your dream? I dreamed of rolling down a hill. I dreamed of flying. I dreamed of not having as much air to breathe as I wanted.

Suddenly, I woke to a frightening reality. I was wrapped up in my blanket and was being half carried, half dragged somewhere. I tried to struggle and scream, but from inside the thick blanket it was not easy. Although it was far from airy inside the blanket, I was thankful that at least for now I was able to breathe.

My mind raced to try to comprehend what was happening. Clearly, somebody was taking me somewhere! I tried my best to hear what was happening. A door was being slowly opened, and then I was lifted … and dropped onto a floor. The blanket padded the fall, but did nothing to calm my heart, which was racing in fear and confusion.

I was trying to find the blanket's opening when suddenly I felt a rush of air come at me and I saw the utter blackness turn into a dim light. A gas lantern was lit, and then I saw Siegfried's face. He took my hands and pulled leather cuffs over them. My hands were now bound to each other. I started to speak but he fastened some sort of gag over my mouth. It seemed to be tied around the back of my head. I could breathe through it a little, but I was very thankful for the fact that my nose was not covered. Roughly, he pulled the blanket out from under me and threw it over me.

I heard him say, "You're probably wondering how one of your own could do this to you. It's a good question, my boy, but work is scarce, and a fellow can't just turn away an easy offer of cash."

It felt like I was lying on wooden slats. When we started moving a moment later, I realized I was on the floor of a wagon. I wondered what Siegfried could have in mind and where he might be taking me. Panic threatened to overwhelm me, but I tried hard to think about some of the things Rebbe Yitzchak had taught me. With help from Above, I was able to keep myself somewhat calm. That is not to say I did not desperately want to get out of that wagon, but I did not lose my head.

I could feel the wagon start to move and I wondered again where I was headed. Then I heard a horse screeching, and the wagon rocked and then came to a sudden stop.

My heart leaped with hope when I heard Rebbe Yitzchak's voice outside.

"Where is he?"

Rebbe Yitzchak voice sounded strained.

"Get out of the way, Rabbi. You could get hurt standing there in the middle of the road like that."

"I asked you where he is."

"What are you talking about?"

"Where is the young man who came with me?"

"You'll excuse me, Rabbi, but how would I know?"

"Why are you in your wagon in the middle of the night, Siegfried?"

"And Rabbi, why are *you* standing —"

"Because the boy is missing."

"I'm sorry to hear that you are having problems with him, but I must be going."

"Why are you here now, Siegfried? I feel that you know something about his disappearance. I just went to check on him and he is gone."

"Rabbi, why do you keep calling me by that name? Shouldn't you call me Shmuel?"

I allowed myself to hope that this craziness would end right now. Rebbe Yitzchak had discovered that I was missing and he seemed to suspect that Siegfried had something to do with it. Did Rebbe Yitzchak realize that I lay there in the wagon just yards from where he now stood?

"I thought that something was not right with you from the moment I saw you, Siegfried, but I trusted you."

Even in my anxious state, I could hear the anguish in Rebbe Yitzchak's voice.

"Why do you call me Siegfried and not Shmuel?"

"Siegfried, do you know about the *erev rav* — the mixed multitudes that accompanied us out of Egypt?"

"Yes, I know what that is, but why don't you call me by my Jewish name?"

"Because you are from the *erev rav*! You are not one of us!"

Rebbe Yitzchak's words were uttered with such force that I could feel the horse rearing slightly.

"I am no *erev rav!*" Siegfried screamed.

"You are!"

I don't remember ever having heard Rabbi Yitzchak talk like that. He was using a tone that could make even hardened criminals flinch. My father had once explained to me that when a member of Klal Yisrael falls, he can fall even lower than the other nations. Apparently, this was the case with Siegfried, because he did not back down.

"Rabbi, you are wrong! I am a Jew like you!"

"Then tell me where the boy is!"

"Get out of the way!"

The wagon started forward. I prayed that it would not hit Rebbe Yitzchak. It seemed that it didn't, because as the wagon sped ahead I heard Rebbe Yitzchak saying in a voice choked with emotion, "You are nothing but a member of the *erev rav*, Siegfried!"

Had Rebbe Yitzchak realized that I was right there in the wagon? He had told me that we see nothing, until Hashem allows us to see. Had my presence been hidden from Rebbe Yitzchak, or had he known I was there? I wondered about this, as well as what would become of me, as we sped through the darkness.

CHAPTER TWENTY-ONE

Having been so close to Rebbe Yitzchak — so close to rescue — was very depressing, but I tried hard to keep up my spirits. Suddenly, a memory of Rebbe Yitzchak saying, "Hashem is One; there is no other!" came to me with great force, and it gave me comfort.

I was surprised when the wagon came to a stop in several minutes. I figured that we couldn't be very far out of Boppard. I heard Siegfried's voice and then another voice that sounded vaguely familiar. It had an Arabic accent, and I realized that it belonged to Abu Rash's man whom I had first met near the mosque in Alexandria. We had exchanged several words then, and I was sure that was who I now heard speaking with Siegfried. Siegfried was apparently delivering me into the hands of our worst enemy;

with a shudder, I asked Hashem to have mercy on me.

A blindfold was put over my eyes and my feet were bound. I was picked up by two people, presumably Siegfried and the Arab. In seconds, we were inside a building, descending a staircase.

When we came to the bottom of the stairs, they sat me on the floor. A metal chain attached to the wall behind me was fastened around my waist. My hand restraint was removed and one hand was tied to the chain that now held me to the wall. Then I heard the two of them going back up the stairs and locking the door, and then silence. I was now alone in a cellar somewhere.

I told myself that despair would only make things worse. I had to keep up my spirits; there was simply no other option. I'm not sure how long I sat there in that dank cellar, but it was surely hours.

At one point, I dozed off and dreamed of my parents' wedding. It was strange, since of course I hadn't been there. I saw Rebbe Suleiman and Rebbe Yitzchak among the guests. I saw Rebbe Yekusiel as well, but he looked as we had seen him recently, not young as he should have looked. Come to think of it, my parents also looked as they did now, as did Rebbe Yitzchak. I had never actually seen Rebbe Sulemain, so I didn't know how he was supposed to look. But of course, that's how dreams are.

I awoke with a start, and with a sinking feeling remembered where I was. I thought about my friend Moshe back in Eretz Yisrael. How I would love to be back there right now! Thinking about Moshe reminded me that I had the knife he had given me in my back pocket. I felt for it with my free hand and finally was able to get it. There was nothing I could do about the chain around my waist, but as I felt the hand restraint that held me to the chain, I realized I could easily slit it. I did so and then managed to get the knife back in my pocket. If I kept that hand in a certain position, it looked as if it were still attached to the chain. I would hold it that way if anyone ever came down here to check on me. I hadn't accomplished much, but at least I was a little more comfortable.

I wondered what was in store for me, but then realized that it might be better to think of other things. For some reason, a conversation I'd had with my sisters years ago came back to me.

"Will you remember us even when you're old?" Tziporah had asked.

"Yes, will you remember us when you're a famous *chacham*?" Sarah had added.

"How old and how famous?" I had teased.

"Really," they'd both insisted. "Tell us. Will you?"

"Of course," I had said. "Why? Do you think well-known rabbanim don't remember that they have sisters?"

We had all laughed. That had been before Abu Rash came into our lives.

I started at the sound of the door upstairs opening. I could hear someone walking slowly down the stairs. My blindfold was removed. A gas lantern stood off to one side casting a dim light on bare cellar walls, and not two feet way from me stood the Arab from the mosque, holding a box.

I have never experienced such intense fear.

"So we meet again, Ibrahim," he said, smiling. Rather, his mouth smiled; his eyes did not.

He reached for the box and lifted up a plate of chicken and rice. "Here, for you to eat, Ibrahim."

He put the food near my face. I nodded my head to indicate that I did not want it, although in fact I could have used some nourishment.

"Go ahead, it's very good. It's from the inn next door. Very good."

"I can't," was all I could manage to say.

He laughed so loud it startled me.

"I knew you would not eat it. It is not from a swine; we do not eat that either. But I knew you would not eat it."

He laughed again.

"It's all right, Ibrahim. You will watch me eat."

He balanced the plate on the box and began devouring the food with his hands.

"It is very good, Ibrahim," he said, his mouth full of food.

When there was no more food on the plate, he returned it to the box.

"Starving is not a pleasant thing, Ibrahim."

I said nothing.

He reached into the box and brought out two apples.

"If it was up to me, I might do things a little differently, Ibrahim," he said, putting the apples in my lap. "But the boss wants you treated well and brought to him in good condition. So I will try to find things you can eat."

"Abu Rash?"

"Yes, Abu Rash is my boss. As long as you don't try to get away, you will be all right here, Ibrahim. I'll even allow the hand you somehow managed to get free to remain that way."

He laughed again.

"I don't like eating alone, so I may come and join you again sometime. Meanwhile, don't get yourself into any trouble; the boss wouldn't like that."

He took the box and started for the stairs. "By the way, Ibrahim," he said, turning to me, "you don't know where your father is, do you?"

"No. I wish I did."

"I believe you."

He went up the stairs and locked the door.

My head was spinning. Why would Abu Rash want me in good condition? It seemed that Rebbe Yekusiel's report was correct; Abu Rash *did* specifically want me. But now it seemed that he didn't just want to be rid of me; he wanted me brought to him in good health. Why? This was getting stranger and stranger.

Perhaps he wanted to do me harm himself, but somehow, from my captor's expression, it seemed that it was more than that. The Arab fellow had seemed concerned about my safety. Clearly Abu Rash had some interest in me. But why?

I took one of the apples and wiped it on my shirt. After making a *berachah* with as much concentration as I could muster, I bit into it. The nourishment made me feel better. I finished it and started the other one. I knew that I should probably save it, but I felt that I needed it then.

As I chewed, the tension slowly drained out of me. My situation was far from good, but the terror of those first few minutes with the "mosque man" was receding.

I put down whatever remained of the apple and drifted into a deep sleep.

(

I awoke to the sound of the door upstairs opening. I tensed, wondering if the "mosque man" would be as friendly this time. When he came down the stairs, I saw that it was someone else. In the dim light, it took me a moment to realize who it was.

"Siegfried?"

Siegfried came over and took hold of the chain around my waist. In seconds I was free.

"Come quick! We have to be out of here before that crazy Arabian fellow returns!"

I stood up and massaged my legs. They ached from sitting on the floor for so long.

"You needn't try to escape from me," Siegfried said. "As you see, I am not restraining you. There is no reason for you to run; I'm bringing you back to your rabbi."

I followed him up the stairs, not knowing what to think but allowing myself to have some hope that he was telling me the truth.

"I'm no *erev rav*. The rabbi said I was, but he was mistaken."

As we climbed the stairs, he said, "Let's hope we can get out before he comes back."

We left the building. It seemed to be midmorning, and I breathed in the fresh air. My eyes took a little while to adjust to the brightness of daylight. We climbed onto a wagon — probably the one Siegfried had used to bring me here.

"Listen, this time you don't have to lie on the floor, but I'd advise you to keep out of sight."

I sat on a low bench behind the driver's seat while Siegfried settled into his seat. Then we started moving.

"I'm no *erev rav*. Tell that to your rabbi. He said I was, but he was wrong. Just plain wrong."

"Maybe he meant that you were acting like the *erev rav*," I said, and then thought that possibly that was not the wisest thing to say.

Siegfried merely repeated, "I'm no *erev rav*."

As we rode along with fields of grass on either side, I was deep in thought. When I'd heard Rebbe Yitzchak demand that Siegfried tell him where I was, it had been clear that Rebbe Yitzchak was speaking with great anguish. I'd figured that Rebbe Yitzchak was disappointed with himself for not having followed his instincts and trusting Siegfried. I also assumed that he was anguished over losing one of his charges; I knew that he felt a great responsibility toward Yaakov and myself.

But I now began to realize that by showing his emotions, Rebbe Yitzchak had also been trying to reach the spark within Siegfried. When my father told me that when a member of Klal Yisrael falls, he can fall even lower than other nations, he had added, "But deep, deep down, the *neshamah* always continues to burn." I think that Rebbe Yitzchak had been trying to reach that spark in Siegfried's *neshamah*. It looked as if he had succeeded.

"You know why I did it, don't you?"

He'd mentioned during the kidnapping that he'd been promised money, but I said nothing.

"I did it for money. But I didn't just do it to make a few extra coins. I would have never done that. You have to understand, I'm in debt, very much in debt. They want to take away my home if I don't pay up my debts soon. Somehow that Arabian fellow found out about my situation and offered to pay off my debts. The test was difficult and I failed it. But at least I'm going to make up for it now."

"What will happen to your home?"

"It's not just my home now. When that Arab fellow finds out what I've done, he'll be seething."

"So what will you do?"

"Right after I drop you off, I'm going to pick up my wife and child, and we're going to go away for a while until this blows over. The fellow already gave me some money, so maybe I can invest it and get back on my feet when I return."

"I really appreciate this ...."

"Listen, I could have gotten you killed. I owe it to you."

I didn't know what to say.

"You should know, and you should tell the rabbi, that my father used to spend an entire day with the holy books; they were his life. He would have wanted me to do the same, but it's a different world now."

"There are still people who love the holy books."

"I know, but it's too late for me."

I wanted to protest, but somehow I didn't think it would have much of an effect.

"Well, here we are."

He stopped the wagon in front of an unfamiliar building.

"After what happened, the rabbi switched lodgings to this place in the Jewish section of town where he thought it might be safer."

I got off the wagon and said, "I hope things work out for you."

"Thanks."

"And like I said, I don't know how to thank you —"

"And I already told you that you have to forgive me, not thank me."

I looked at the building I was about to enter and wondered if perhaps this was not some cruel trick. Just then I saw the door of the building open and Rebbe Yitzchak came out. I breathed a deep sigh of relief and whispered, "There is One; no other."

Rebbe Yitzchak saw both Siegfried and me, and a great smile spread across his tired face. He hugged me and then looked up at Siegfried, who sat at the driver's seat trying to avoid Rebbe Yitzchak's gaze.

"*Teshuvah* reaches until the very throne of glory!" Rebbe Yitzchak roared in joy. "May all your paths be smooth ones ... Shmuel."

Siegfried/Shmuel turned to us and started to say something as tears began to roll down his face, but Rebbe Yitzchak silenced him with a wave.

"Shmuel, go in peace. I hold nothing against you, and I'm sure that neither does Avraham. Your act of *teshuvah* will lead you to other good things, and your *mazel* will flow."

Shmuel nodded, his eyes red from tears, and waved. Both Rebbe Yitzchak and I waved back. Then he urged the horse on and the wagon moved forward. Soon it was far down the road. We watched it until we could see it no longer. I sincerely hoped that things would be well for him.

Rebbe Yitzchak turned to me. "Avraham, you gave me some scare."

Chapter Twenty-one

I smiled. "Rebbe, I was a bit scared myself."

"Where is Yaakov?" I asked as we walked inside.

"He is resting; your abduction upset him greatly. He will be very happy to see you."

"Well, I'm happy to be back as well."

"Tell me, Avraham, why did he take you?"

"He delivered me to Abu Rash's man, the one I've been bumping into since we were in Alexandria."

Rebbe Yitzchak looked at me closely.

"Are you all right, Avraham?"

"Yes, *baruch Hashem*, tired but otherwise fine."

"No harm befell you?"

"No. That is the strange thing, Rebbe. Abu Rash's man made clear to me that his boss wants me brought to him in good health."

"Why?"

"I don't know, Rebbe. This seems to confirm Rebbe Yekusiel's report."

"Yes, but why you, specifically? And why does he want you in good health? That means that he does not want to get rid of you. So what does he want?"

"It's very strange. Unless he has such hatred for my father, that he personally wants to harm his son."

"I don't know. There's something missing here. And why does he have this hatred for your father? There is clearly something more going on here than getting rid of a local rabbinic family."

After a moment of silence, Rebbe Yitzchak smiled. "Well, if Hashem wants, then we will eventually find the answers to our questions. Meanwhile, we must wake Yaakov. We've spent more than enough time in this town. I think that it would be advisable to move on immediately."

Although I was a bit tired, I agreed whole-heartedly. We went inside and found Yaakov. He told me how worried he'd been about me and that aside from alerting the local police constable about my disappearance, Rebbe Yitzchak had done virtually nothing from the moment of my disappearance other than recite Tehillim.

"I've never seen anything like it," Yaakov commented. "He sat in a corner saying Tehillim for hours on end without a break."

I felt honored that Rebbe Yitzchak would do that on my account, but a little sad that I'd caused him such aggravation.

When I mentioned this to Yaakov, he rolled his eyes. "I suppose you arranged to be kidnapped?"

It felt good to be back in the "free world" and to joke with a friend. I offered a silent prayer of thanks.

CHAPTER
TWENTY-TWO

We traveled quickly through Germany and into Holland, and in two weeks we were in Amsterdam. It seemed we would stay there for a while. We had received by messenger an invitation from Reb Dovid Mildola to make his home ours for the duration of our stay in Amsterdam.

As we approached the city, Yaakov, who was sitting near me in the carriage, said, "Avraham, tell me something interesting about Amsterdam."

I thought for a few moments. "It's the largest city in Holland, or as it's sometimes called, the Netherlands. It lies where the Amstel River meets the Ij, an arm of a large lake called Ijsselmeer. The name 'Amsterdam' means dam of the Amstel because of a dam built here hundreds of years ago."

Yaakov laughed. "Avraham, you are amazing. You know all of this by heart, yet you are concerned that you are not a good enough student."

"Yaakov, these are just trivial facts. It doesn't mean that I am able to learn the way I need to in order to truly grow in Torah."

"I know, but I think you can do that, too."

I smiled. "Listen, Yaakov, Rebbe Yitzchak already told me that."

"But deep down, you're not convinced."

"No, I guess I'm not," I said, my smile disappearing.

"What would it take to convince you, Avraham?"

"I don't know, Yaakov. I really don't know."

We both fell silent.

Shortly after we entered the city, we saw something unsettling. A man who was clearly an observant Jew was being led away from his home in shackles by two jailors. His wife stood in the doorway of their home, crying. At her side stood a little boy who was tugging at her sleeves, trying to ask her something. Rebbe Yitzchak immediately asked our driver to stop, and he got out of the carriage. Yaakov and I both followed.

Rebbe Yitzchak reached the jailors just as they were about to bring the man onto a police wagon. He began to speak to them in a mixture of languages including what seemed to be a bit of Dutch, which he must have picked up during his previous visits.

"Why is this man being arrested?"

"He has been accused of assaulting a fellow resident of Amsterdam."

He turned to the man and in Hebrew asked, "Is this true?"

"No. I have never assaulted another person. Never. Please believe me, Rebbe."

"So who has made this accusation?"

"I have no idea."

Rebbe Yitzchak turned back to the jailers. "Are anonymous accusations automatically accepted as fact in this land?"

"He will have his day in court, Rabbi. Don't worry."

"When will that be?"

"Listen, Rabbi, I don't mean to be disrespectful, but I've already told you more than I had to. Now we must bring him to the prison to await his trial."

"Can I ask to which prison he is being taken?"

"The Van Roter compound."

"I see ... and I thank you. You've been very helpful."

The jailor nodded to acknowledge the compliment and then proceeded to lead the man into the wagon.

"What is your name?" Rebbe Yitzchak asked the man in Hebrew.

"Mordechai de Vega. That is, Mordechai ben Sarah. Pray for me that I not be sentenced to a prison term."

"I will. Be well."

The man waved sadly to his wife and child, and then the wagon pulled away.

Rabbi Yitzchak went over to the woman, who was trying to comfort the child. He asked her in Hebrew if she knew why they had arrested her husband.

"For assaulting someone! It's ridiculous," she said, wringing her hands. "Mordechai has never hurt anyone.

He would never hurt anyone! I don't understand why this is happening."

"What does your husband do for a living?"

"He's in banking," she answered. "What will happen if they sentence him to prison? If it's the word of his accuser against his, I fear that his word, the word of a Jew, will not carry as much weight as the accuser's word."

"Let us pray that he is not convicted. I will try to see what can be done."

The little boy walked up to Rebbe Yitzchak. "Will my father come back to us?" he asked, trying to hold back tears.

"Yes. Yes, I think he will. And what is your name?"

"Tzvi."

"Tzvi, can you say Tehillim?"

"A little. If my mother helps me."

"Good. Say Tehillim, and with Hashem's help everything will be fine."

"Can we say Tehillim?" the boy asked his mother.

"Of course, Tzvi. Of course we can."

"Be strong. I hope this will end well," Rebbe Yitzchak said to the woman.

He waved good-bye to Tzvi, and then turned to Yaakov and me. "Let us go. Perhaps our host can be of assistance in this matter."

Unfortunately, when we arrived and Rebbe Yitzchak told Rabbi Mildola what we had seen, his response was not very encouraging.

"His wife is correct. I'm afraid that it is possible that some disgruntled person is accusing him, and even with no real proof, he will be believed over the word of this Jew. It depends on who the accuser is and some other factors, but what she is afraid of is certainly possible."

Rebbe Yitzchak gave Yaakov and me some money. "Take a ride over to the Van Roter compound where Mordechai is being held, and see what you can find out."

"What are we looking for, Rebbe?" Yaakov asked.

"Who knows exactly what we are looking for? We have to do our *hishtadlus*. Right now little Tzvi is saying Tehillim; his Tehillim will make a great impact in the heavens."

We took a carriage to the Van Roter compound. It consisted of a bleak-looking stone building surrounded by a piece of land on which stood little low sheds. The stone building was surrounded by a forbidding-looking gate, but the sheds were pretty much in the open. We could see several young men about our age sitting around and talking near the shed.

I strained to hear something of the conversations going on. It seemed to me that several of the fellows talked with accents that did not sound as if they were from Holland.

"You know, Yaakov, this reminds me very much of the setup in the Lorenca Inn in Livorno."

"In what way?"

"Well, you were locked up in the cottage so you didn't see them, but the attendants at the inn were mostly young fellows, some of whom were foreigners. The jailors like the ones we saw taking Mordechai before are probably older Dutch men who work in the stone building, which I assume is the prison itself. But it looks to me like the ones who take care of things in the outer part of the compound are, like those attendants in Livorno, also young fellows, some of whom are foreigners."

"All right, but so what?"

"Well, at the inn, I think the fact that they were young and from different places helped Vitorio and I to look for you without being noticed. At the inn, we had to get a hold of uniforms. Here, it doesn't seem these fellows even wear uniforms."

"The jailors did."

"Yes, but these fellows don't."

"So what exactly are you getting at, Avraham?"

"Just that things seem to be a little looser in the outer compound. Do you think we could just walk over and try to get into a conversation with some of them? Maybe we could find out some useful information."

"Maybe."

"So what do you think?"

"Well, as Rebbe Yitzchak said, we have to do our *hishtadlus*."

The nearest fellow to us was sitting alone on a long low bench in front of one of the sheds, eating a piece of bread. We walked over to him.

"Mind if we sit down?" Yaakov asked in a mixture of languages.

The young man looked up and asked, "Where are you from?"

"The holy land," Yaakov answered.

"Really?"

"Yes," I said.

"I never met anyone from there before."

"So do you?"

The fellow looked at Yaakov, confused. "Do I what?"

"Mind if we sit down?"

"No, go ahead."

We sat on the bench.

"What's your name?" I asked.

"Peter, and yours?"

"I'm Avraham. This is Yaakov."

"This bread is all I have, and I'm on duty here till the evening, so I can't really offer you any of it."

"That's fine," Yaakov said. "Do they keep you very busy here?"

"It depends. Sometimes it's so busy around here that it makes your head spin, and sometimes, like now, there's absolutely nothing to do. On days like this, it's like one long lunch break. The real jailors are in that big building over there. We're just here to keep things running properly around the compound."

"So, do you ever get to go into the prison?" Yaakov asked.

"I've been in there a few times."

"Do you know what's happening in there?" I asked.

"We have a pretty good idea of the comings and goings inside, yes."

"Why did they jail that Jewish man who was just brought in here?" Yaakov asked.

Peter gave a little laugh. "I think he's officially accused of assault."

"Why do you laugh?" I asked.

"Because it's a farce."

"A farce?"

He looked at me. "Yes, a real joke."

"What do you mean?" Yaakov inquired.

"He's being framed. It's common knowledge here in the compound."

"You mean his accuser is not telling the truth?" I asked, trying to contain my excitement.

"Yes."

"What does the accuser have against him?" Yaakov asked.

"The accuser doesn't have anything against him."

"So why is he going to testify falsely against him?" I asked.

"He was paid."

"By who?" Yaakov wanted to know.

"By the man who is trying to frame the Jew."

"And who is that?"

Peter looked at Yaakov for a moment, as if deciding whether he should answer him. Finally he said, "John Mattesent."

"What does this Mattesent have against the man?" asked Yaakov.

"I have no idea. Why are you so interested in this case?"

"We saw him being taken in, so we got curious."

Peter finished the last piece of his bread. "You fellows want to work here?"

"How's the pay?" Yaakov asked.

"It's better than nothing."

Yaakov was probably thinking the same thing I was: How should we end this conversation now that we had fallen into such valuable information? Our problem was solved when a stern-looking man in a uniform came out of the prison. When Peter saw the man, he stood up.

"I'll have to say farewell to you fellows. That's the supervisor. Although we have nothing to do, we're still supposed to act as if we're doing something."

Peter smiled and waved as he walked off.

We hurried to get a carriage. We could barely wait to tell Rebbe Yitzchak what we had learned.

When we returned to the Mildola residence, we found Rebbe Yitzchak just returning from the local telegraph office. Perhaps it was my imagination, but I thought he seemed a bit sad. The moment he saw us, however, he seemed his usual self.

"You two look as if you've discovered gold," he commented.

After we filled in Rebbe Yitzchak on our conversation with Peter, he said, "Let us see if our host is in his study."

Reb Dovid Mildola was, in fact, in his study.

"Reb Dovid," said Rebbe Yitzchak, "I would like to ask you a question about the courts here in this country."

"Certainly."

"What would happen if the accuser chooses not to press charges in the type of case our friend Mordechai de Vega is involved in? Would the government continue to press the case any way, or would the case simply collapse?"

"Well, Rebbe Yitzchak, in a case such as this where there is, as far as we can tell, no evidence other than the complaint of the accuser, if the accuser withdrew his complaint or did not continue with his complaint, I believe the case would collapse."

"I see."

"Do you think the accuser will do that?"

"At this point, there is no reason to assume so."

"Then may I wonder why you ask?"

"Well, if I may answer your question with another question, Reb Dovid, might I ask if the name John Mattesent means anything to you?"

A surprised look came over Reb Dovid's face. "Yes," he said. "He is a local businessman."

"We have been told that he is Mordechai's accuser, or at least the one who hired the accuser."

"Really? How did you come by this information?"

"Avraham and Yaakov heard it from a young fellow who works at the Van Roter compound."

"Very interesting."

"Reb Dovid, why would this Mattesent want to frame Mordechai de Vega?"

"You mentioned that Mordechai de Vega is in banking. Perhaps he refused to give Mattesent a loan he wanted."

"Revenge?"

"Yes. But Rebbe Yitzchak, I must tell you that trying to stop Mattesent with the unsubstantiated accusation of a prison aide will be no simple matter, especially since the moment this prison aide is asked about it, he will no doubt deny ever having spoken to Avraham and Yaakov."

"That is true."

"There is something, though, that I am going to tell you, which I believe you might be interested in."

"Yes, Reb Dovid?"

"I have had dealings with this Mattesent."

"Oh? What kind of dealings?"

"He borrowed money from me and never repaid it. He

refuses to do so. I was actually thinking of taking *him* to court, but was not sure it was worth it."

"I see."

"I don't know if this information helps you, but it does give you some insight into his character."

"One never knows how useful a piece of information can be. Do you know where John Mattesent lives?"

"Yes, I have it in my files."

"Avraham and Yaakov, please take the address from Reb Dovid when he finds it and then meet me in front of the house. We are going to pay Mr. Mattesent a visit."

"Please be careful, Rebbe Yitzchak. He is not a very friendly character."

"I will try, Reb Dovid."

Minutes later we stood outside the Mildola house with Rebbe Yitzchak, waiting for a carriage. One pulled up shortly and I gave the driver the address Reb Dovid had given us.

The carriage stopped in front of a tall brick house. Rebbe Yitzchak knocked on the door, and it opened after several minutes.

"May I speak with Mr. Mattesent?"

"I am Mr. Mattesent. Who are you?"

"I am a man who is wondering why you are falsely accusing Mordechai de Vega."

There was a moment of shock in the man's eyes, but in an instant it was gone.

"What are you saying?"

"You know what I'm saying."

"I have accused no one of anything."

"You have hired false witnesses."

"Who are you?"

"Mr. Mattesent, the penalty for hiring a false witness is quite severe, isn't it?"

"Where do you get this information? What is your proof?"

"I know many things about you, John Mattesent."

"Like what?"

"Many things."

"Tell me one."

"You owe money to Rabbi David Mildola. You refuse to pay that money. The penalty for that is also severe."

Though Mr. Mattesent put on a good show, there was no question that he was getting nervous. The look of shock came back, although it disappeared again.

"Come inside and we'll talk."

I was a bit nervous about going inside with him, but I followed Rebbe Yitzchak. So did Yaakov.

Inside, John Mattesent got right down to business. "What is it that you want?"

"I want Mordechai de Vega, an innocent man, to be set free and go home to his family."

"Nothing else?"

"Nothing."

"No money?"

"None. I wouldn't take your money."

"If I go along with this, you'll leave me alone?"

"Certainly. You will never hear from me again."

"I don't know how you know so much, but I will do as you say. I hope you keep your part of the bargain."

"I will, Mr. Mattesent. But rest assured, if *you* do not keep *your* part of the deal, you will hear from me. I promise. I will not rest until you are punished."

Having given Rebbe Yitzchak what he wanted, Mr. Mattesent was apparently in no mood to talk. He pointed to the door, and when we left he slammed it behind us.

"I will be watching this case very carefully, Mr. Mattesent," Rebbe Yitzchak said through the closed door.

Rebbe Yitzchak then turned to us. "Come, let us return to the Mildola home. With Hashem's help, we have done all we can do here."

☾

Mordechai de Vega's day in court was scheduled for two days after our visit to John Mattesent. Yaakov and I wondered if Mattesent would in fact do as he had promised.

During those two days, Rebbe Yitzchak visited the telegraph office several times. Each time, I was sure I noticed a pained look in his eyes. I wondered what was causing it; it seemed to be unrelated to Mordechai de Vega's case. Finally, I could not hold myself back, and I asked him about it.

"Avraham, sometimes things seem difficult."

"But is there something I can do to help, Rebbe?"

"Be *mispallel* that all be well, Avraham. It would be proper for you to do so. However, in addition to that, we need kindness. The world is built on kindness."

I did not understand Rebbe Yitzchak's veiled answer, but he had told me to be *mispallel*, and I was. I was *mispallel* for Mordechai de Vega as well.

When the day of the trial arrived, Rebbe Yitzchak sent

Yaakov and me to observe the proceedings. He was afraid that we might not follow all the legal jargon spoken in Dutch, so he had asked Reb Dovid to come along as well. Reb Dovid had happily agreed.

In the courtroom, we saw Mordechai sitting behind a large wooden frame, his hands shackled to the wood. The judge sat above him on a little stage. He seemed impatient. After several minutes, he conferred with a court officer. Then he cleared his throat and announced, "Being as the accuser has failed to show himself and lodge his complaint against Mr. Mordechai de Vega, the case against Mr. de Vega is hereby thrown out. Mr. de Vega, you are free to go."

Mordechai said nothing, but tried to move one of his shackled hands.

The judge laughed. "Well, I suppose you aren't yet actually free to go." He gestured to the court officer, who went over and unlocked the shackles. "Now, Mr. de Vega, you are truly free to go."

Mordechai thanked the judge, and stood up and smiled at us. I couldn't believe it! I had not been sitting in the court for five minutes and it was already all over. Mordechai was a free man.

Mordechai came with us in the carriage. Our first stop was his home. His wife was overjoyed and could hardly believe that Mordechai was free. She thanked us and asked that we convey her gratitude to Rebbe Yitzchak for all his efforts. Little Tzvi could not stop smiling.

"I just can't believe that you're home," Mordechai's wife said repeatedly.

"Why can't you believe it, Mommy?" Tzvi asked. "The Rav

said that if we said Tehillim, Abba would come home."

Mordechai came along with us to the Mildola home to thank Rebbe Yitzchak for his role in the matter.

"I don't know how to thank the Rav."

"For trying to help in the mitzvah of *pidyon shvuyim*, you thank me? It is the greatest merit to do so. I should actually be thanking *you*. Besides, these fellows," Rebbe Yitzchak added, gesturing to Yaakov and me, "did much of the work."

"Rebbe, I am indebted to Avraham and Yaakov as well, and to Reb Dovid."

"You should live and be healthy," Rebbe Yitzchak said. Then he added, "And stay away from John Mattesent."

Mordechai laughed. "I will try, but I hope he will stay away from me."

"I believe he will. Take care of Tzvi. He is a smart boy."

"*Baruch Hashem*. Rebbe Yitzchak, I can't really repay you for what you did for me, but there is one thing I may be able to do for you. Is Turkey on your route for this mission?"

"It may well be."

"There is a very influential official in Istanbul by the name of Anwar Musad, who owes me a favor. One never knows when his influence can come to use. Mention my name to him, and I believe he will do whatever he can to help you."

"Mordechai, I thank you for that. I will certainly remember that name."

After Mordechai left, Yaakov and I sat in the parlor of Reb Dovid's home.

"You know," said Yaakov, "that John Mattesent seemed like one tough fellow."

"Yes, until he met Rebbe Yitzchak, that is."

Yaakov laughed. "I'm glad Rebbe Yitzchak is on our side."

I'd had the same thought in Livorno when we were on our way to the Lorenca Inn to rescue Yaakov.

As we were speaking, though, Rebbe Yitzchak had come up right behind us without us realizing it.

"I am glad that we are all on *His* side," Rebbe Yitzchak said, pointing up, "and that *He* is on our side as well."

CHAPTER TWENTY-THREE

The day after Mordechai de Vega was released, we visited an orphanage. The director of a local Jewish boys' orphanage had heard that Rebbe Yitzchak was visiting Amsterdam and had requested that Reb Dovid Mildola ask him if he might want to tour the orphanage. When Reb Dovid relayed the request, Rebbe Yitzchak exclaimed, "Tour it? I don't want to tour it; I want to go and speak with the boys there!"

When we arrived, the director began introducing Rebbe Yitzchak to several boys who came forward to meet him. He greeted each warmly and exchanged a few words with them. Then he noticed a boy of about ten or so standing sullenly in the corner.

"What is his name?" Rebbe Yitzchak asked the director.

"His name is Yosef, but that's all I know. He walked into the orphanage several months ago and has barely spoken to anyone since."

"You say he has barely spoken to anyone. Has anyone spoken to *him*?"

"We have tried, Rebbe, but he just doesn't respond."

Rebbe Yitzchak excused himself and walked over to the boy.

The director looked at me and said, "I understand that the Rav feels he has to try, but as I said, the boy speaks to no one."

Well, he spoke to Rebbe Yitzchak. I could hear Rebbe Yitzchak say something to the boy and the boy answering him. Then Rebbe Yitzchak said something else to him, and again he answered. Pretty soon they were carrying on a lively conversation.

"The man is a miracle worker!" the director exclaimed. I smiled at Yaakov, thinking that while that might be true, this was a different kind of miracle than the ones we'd experienced.

I moved a little closer to where Rebbe Yitzchak and Yosef were talking to see if I could overhear what they were saying. Maybe it was wrong to do that, but I didn't think about that at the moment.

"So how old are you, Yosef?" I overheard Rebbe Yitzchak saying.

"I'm eleven."

"Eleven years old! You're a big boy already. Have you learned Torah, Yosef?"

"Yes."

"Do you still learn Torah every day?"

"Yes, I do," the boy said with a hint of pride in his voice.

"What have you been learning recently?"

"I've been concentrating on Mishnah lately."

"Which *mishnayos* are you learning?"

"Seder Mo'ed."

Rebbe Yitzchak smiled. "Yosef, that's a big *seder*. Which *masechta* are you learning?"

"I'll be finishing Chagigah very soon."

"Not an easy *masechta*. But tell me, Yosef, why are you starting with the last *masechta*?"

"I didn't start with Chagigah."

"Chagigah is not the only *masechta*? Which other ones have you learned?"

The boy hesitated for a moment, and then said, "All of them, Rebbe."

Rebbe Yitzchak's eyes opened wide. "You don't mean that you're about to make a *siyum* on all of Seder Mo'ed?"

"Yes."

Rebbe Yitzchak gave the boy a hug, and I could see tears in his eyes.

"Tell me, Yosef, when did you learn all this?"

"I learned much of it before … I came here. The rest I finished here."

"When do you think you'll be finished?"

"Maybe in a day or two."

"That's wonderful. Are the people here preparing for the occasion?"

"No."

"Why not?"

"Because I never told anyone I was making a *siyum*."

"Yosef, this will not do. I can assure you that, with the help of Hashem, you shall have a *siyum* with a grand *seudah* to accompany it."

Although he seemed to open up when speaking with Rebbe Yitzchak, he hadn't smiled. That changed when Rebbe Yitzchak assured him that his *siyum* would not go by unnoticed. A wide smile spread across his face.

"Come, let us tell the director about this, and I'll introduce you to my friends Avraham and Yaakov."

I tried to pretend that I'd been studying a picture on the wall when Rebbe Yitzchak suddenly turned and found me only inches away. "Ah, Avraham, you're always there when I need you," he said with a smile that told me he was aware of my eavesdropping. "Meet Yosef. He will be making a *siyum* on the entire *seder Mo'ed* this Thursday."

"*Shalom aleichem,*" I said to Yosef as I shook his hand. "That's quite an accomplishment."

"*Aleichem shalom,*" he replied shyly.

"He is going to make a public *siyum* followed by a *seudah,*" Rebbe Yitzchak continued.

"I hope I'm invited," I said.

"Of course you are," Rebbe Yitzchak replied.

After Rebbe Yitzchak introduced Yosef to Yaakov, they chatted and I followed Rebbe Yitzchak over to where the director stood looking dumbfounded.

"How did the Rav do it?" the director wanted to know.

"Do what?" Rebbe Yitzchak looked bewildered.

"He's talking. He's even smiling. How did you do that?"

"A heart feels a heart."

"Amazing."

"Yosef will make a *siyum* on *seder Mo'ed* on Thursday."

"He never told us."

"No one ever asked."

The director said nothing.

"Let all the boys know that there will be cakes served at the *siyum*."

"Cakes?"

"Yes. And where can we have the *seudah*?"

"*Seudah*?"

"Yes. Where would be the appropriate place for a festive meal with all the boys attending?"

"The dining hall of the orphanage."

"All right, but we will have to clean it to make it look ready for the occasion."

"Clean it?"

"Yes."

"Rebbe, this will cost money. Unfortunately, the orphanage —"

"Don't worry," Rebbe Yitzchak said calmly. "Make the arrangements, and I will see to it that all the costs are covered. It will motivate the other boys to excel in their studies. I think it's important for both Yosef and for the others. Don't you agree?"

The man shook his head vigorously. "Yes, Rebbe, certainly."

"Can I count on you to get things in order?"

"Yes, the Rav has my word."

"Good. Hashem should reward you."

Rebbe Yitzchak went to find Yosef and I looked back at

the director, who was talking to himself.

"I can't believe it! The boy was actually smiling ..." he mumbled in amazement.

It took me a while to find Rebbe Yitzchak, but I finally found him in a little *beis medrash* in the basement of the orphanage. He was sitting at a table with Yosef. When I entered, Rebbe Yitzchak looked up at me. "Avraham, our new friend has just finished *seder Mo'ed*." He looked at Yosef and smiled. "Of course, we've left the last line for him to finish at the *siyum*."

Yosef smiled.

"Good, so you're all ready, Yosef," I said.

"Well, almost," Rebbe Yitzchak said. "We still have something to do. Why don't you and Yaakov meet me in front of the building in about an hour, and then we will go to our next stop."

Although I wasn't really sure which "next stop" Rebbe Yitzchak meant, I agreed and went to find Yaakov. As I left, I saw Rebbe Yitzchak pulling a *Chumash* off the shelf.

When we met Rebbe Yitzchak, he already had a carriage waiting. As the carriage driver started for the address Rebbe Yitzchak had given him, I asked Rebbe Yitzchak where we were headed.

"To the home of a very wealthy Jew named Simon Boimer," he answered simply.

"Rebbe does not usually take us along when speaking with contributors."

"This is different. It's for Yosef's *siyum*. I want to be able to point to you fellows and say that we all just met Yosef. I want to make the situation real to him."

☾

Simon Boimer greeted Rebbe Yitzchak warmly. "You're back in Amsterdam a little earlier than I expected."

"Yes, as usual your memory is excellent."

"And you've brought along students this time."

"Yes, allow me to introduce Avraham Siman and Yaakov Agir, two of Eretz Yisrael's young budding scholars."

We each shook his hand.

"We've just come from the local Jewish orphanage," Rebbe Yitzchak said. "We met a wonderful boy there named Yosef."

Simon Boimer listened politely.

"And that is why I am here," Rebbe Yitzchak continued.

"I don't understand. Aren't you here for the communities in Eretz Yisrael, as always?"

"No, Reb Shimon, as you say it is much too soon to pester you with another request for the same cause. Today I am here to ask if, in your great generosity, you would care to have the merit of sponsoring a festive *siyum mishnayos* for this boy, who seems to be alone in the world. He has mastered the entire Seder Mo'ed. It will be wonderful for him and will, I think, encourage the other boys to apply themselves to their studies as well."

Simon Boimer turned to Yaakov. "This boy seems to have impressed the rabbi, no?"

"He is a very fine boy."

"It would be a shame for this occasion to pass without any celebration," I volunteered.

Simon Boimer laughed. "Rebbe Yitzchak, these two are natural fundraisers."

"Well, the cause is a good one, and they are simply being sincere."

"You say all you want now is a festive *siyum*?"

"Yes."

"Very well," said Simon Boimer, "it will be a grand one."

"That's exactly what I was hoping," Rebbe Yitzchak said with a smile.

CHAPTER
TWENTY-FOUR

I doubt that even in its best days, the orphanage's simple dining hall had ever looked as elegant as it did that Thursday morning. Simon Boimer had ordered wall curtains and flowers to decorate the room. The boys were all dressed in their Shabbos clothes and there was a festive atmosphere throughout the orphanage.

"Your rav has simply transformed these boys' lives, if only for a few hours," the director said to me. "None of them will ever forget this."

"Certainly not Yosef," I said.

The celebration was a real success. Yosef read the *hadran* beautifully and delivered a nice speech, which no one realized he had just learned from Rebbe Yitzchak the day before. During the *seudah*, the only one whose smile was bigger than

Yosef's was Rebbe Yitzchak. At one point, Rebbe Yitzchak came over to me and exclaimed, "Who knows if this is not the real reason we came through Amsterdam, so that Yosef should have a proper *siyum* celebration!"

After the meal, the cake that Rebbe Yitzchak had asked for was served. Simon Boimer must have taken over an entire bakery for that morning! I had never seen such a collection of pastries in my life. The boys could not decide which cake to sample first.

I was having a similar problem myself as I stood looking at a platter filled with assorted pastries, when I noticed Rebbe Yitzchak standing near me.

"Avraham," he said, "how can *gashmiyus* — material things — actually be *ruchniyus* — spiritual things?"

My mind was more focused on the cherry-filled tarts on the platter than on deep questions, and I didn't know what to say.

Rebbe Yitzchak answered his own question. "When I eat a piece of cake, it is *gashmiyus*, but when I give cake to someone else — that is *ruchniyus*."

"But Rebbe, isn't it *gashmiyus* for the fellow I am giving the cake to?"

"That is not your concern. It is *ruchniyus* for you to give something to someone that he enjoys."

"So his *gashmiyus* is my *ruchniyus*?"

"Exactly."

"But Rebbe, now I feel guilty taking a cookie since for me the cookie is *gashmiyus*."

"I have the perfect solution for your problem, Avraham," Rebbe Yitzchak said with a twinkle in his eye. He picked up a cherry tart and handed it to me. "I am giving it to you; that makes it *ruchniyus.*"

We both laughed and he moved on to talk with someone else. The tart he gave me was one of two I had been considering earlier. I guess Rebbe Yitzchak solved that problem as well.

At the *seudah,* Rebbe Yitzchak had given Yosef a *sefer* as a present, and Simon Boimer had sent a watch. I had been wondering all night what I could possibly give Yosef as a way of wishing him *mazel tov* on his *siyum.* Finally, I came up with the perfect gift. Later, I called Yosef over and gave him the painting of the *Mikdash* my mother had given me before we left Eretz Yisrael.

"Here, Yosef, this is a present to congratulate you on a job well done," I said, handing him my painting. "Keep up the good work."

Yosef smiled. "Thank you. What is it?" He looked at it closely and his eyes widened. "It's the Beis Hamikdash! It looks so real. Where did you get it?"

"My mother gave it to me."

"But where did she get it?"

"She painted it."

"She painted it herself?"

"Yes, Yosef, she makes paintings. I think this is her most beautiful one."

His happy expression turned into a frown. "But I can't take it from you. Your mother gave it to you and you must keep it."

"No, Yosef, when my mother gave it to me she told me that I should do with it as I see fit, and this seems to me to be exactly what she meant."

Yosef looked at the painting. "I will treasure this. Thank you."

Later that night, when we were back in Reb Dovid's home, Rebbe Yitzchak came over to me.

"Avraham, Yosef told me about the present you gave him. It was a very fine thing to do, and I'm sure you felt good about doing it. Still, I'm sure that it was also difficult for you to part with the painting since it reminds you of your mother whom I'm sure you miss very much."

I didn't respond, but I'm sure the look on my face told Rebbe Yitzchak that he was right.

"I think, Avraham, that the time is right for me to give you something I have been holding for you," he said, handing me a folded piece of paper.

I took the paper, unfolded it and saw my mother's neat Hebrew handwriting:

My dearest Avraham,

Your father is away and now you, too, are leaving. I do not know when I will see either of you again, but I do know that I will see both of you. We will be together again in Eretz Yisrael. I am giving this note to Rebbe Yitzchak to give to you whenever he sees fit. I fear that when you read this, you might feel sad or homesick; that is certainly not my intention. On the contrary, I want you to consider this as if I have come to visit you wherever you are. Through my note I am there with you.

Be strong, my Avraham.

With love, your mother

"When did my mother give this to Rebbe?" I asked hoarsely.

"Right before we left Eretz Yisrael."

"Rebbe kept it until now?"

"Yes. I was waiting for the right time to give it to you. I thought this might the right time. Was I correct, Avraham?"

"Yes, Rebbe."

"But it still makes you a little sad."

"Yes, it does."

"Go to sleep. In the morning, you will read the letter again and it will give you strength."

I took Rebbe Yitzchak's advice and went to sleep. I dreamed of my mother and my father. My mother waved to me in my dream, and my father smiled.

☾

We spent a quiet Shabbos in Amsterdam, during which Yosef walked over with a friend from the orphanage to visit.

On Sunday morning, Rebbe Yitzchak received an invitation from a wealthy Jewish businessman in the city by the name of Reich to a reception in his honor. The invitation included Yaakov and myself, as well as Yosef.

"Yosef?" I asked Rebbe Yitzchak.

"Yes, apparently he heard about Yosef's *siyum* and wants to meet him as well."

I went by carriage to the orphanage to bring Yosef to Reb Dovid's house so we could all leave together to the reception. When I told Yosef about it, he asked me what the businessman's name was.

"I think it's Reich. Why?"

"I'm not going."

I was shocked. I'd been sure that Yosef would be thrilled to attend another fancy party, and he was refusing to go.

"Why not?"

"I'm not going there."

"Rebbe Yitzchak sent me to get you."

"I can't go."

"Could you explain to me why, Yosef?"

"I just can't go."

"What am I supposed to tell Rebbe Yitzchak?"

"Tell him I won't come."

"Listen, Yosef, come with me and tell him yourself."

Reluctantly, he agreed and we went into the waiting carriage.

In the Mildola home, Rebbe Yitzchak and Yaakov were ready to leave to the reception. The moment Rebbe Yitzchak saw Yosef's face he knew something was wrong.

"What is the problem, Yosef?" he asked gently.

"I am not going to the reception, Rebbe."

"Why do you say that, Yosef?"

"Because I cannot go."

"But you must go, Yosef. You were invited. This Mr. Reich gives money to certain important institutions here in Amsterdam. Do you think it's wise to possibly insult him?"

"I just can't go," Yosef insisted, tears beginning to gather in his eyes.

"Tell me why, Yosef," Rebbe Yitzchak said softly.

"He's my uncle."

"This Mr. Reich is your uncle?"

"Yes, Rebbe."

"And why don't you want to go?"

"He doesn't even know I'm alive. If I go, I'm afraid he'll recognize me."

"What would be so bad about that?"

"Rebbe, he would make me live with his family."

"Would that be worse than the orphanage, Yosef?"

"Yes, it would."

"Why is that?"

"He is not a truly observant person. I'm afraid that if I'm brought up in his home, I will not be allowed to study enough Torah. I'm also afraid that the food there will not be properly kosher. I cannot live there."

Rebbe Yitzchak thought for a moment and said, "Yosef is right. We will go without him, and I will figure something out."

We left for the reception, leaving Yosef behind in the Mildola home. Rebbe Yitzchak was able to explain Yosef's absence without Mr. Reich getting offended. As soon as we could excuse ourselves, we did. When we returned, Yosef was still there.

"Yosef," Rebbe Yitzchak said, smiling, "I didn't force you to come to your uncle's party. You should be happy, yet you still seem troubled."

"I wanted to know," Yosef said with a serious expression on his face, "when Rebbe and the others are leaving Amsterdam."

"The truth is, Yosef, we are leaving very soon. Is that why you are sad?"

"Could I come along?"

"Come along?"

"Yes, Rebbe, I have nothing here. I mean, the

orphanage gives me what I need, but I really have nothing here in Amsterdam. The closest I've felt to having family in a long time is Rebbe and Avraham and Yaakov. When Rebbe and the others leave, it will feel like I'm losing the only family I have."

"You want to come along with us on our journey?"

"Yes, I really do."

Rebbe Yitzchak closed his eyes, deep in thought. We all watched him anxiously, waiting to hear what he had to say.

"I don't see why not," Rebbe Yitzchak finally pronounced.

Yosef smiled.

And that's how our group got a little bigger before leaving Amsterdam.

CHAPTER TWENTY-FIVE

On the day we left Amsterdam, as we traveled through the Dutch countryside, I looked around the carriage and noticed that Rebbe Yitzchak was deep in thought and Yaakov was fast asleep. Only Yosef and I sat doing nothing.

"So, Yosef," I said, turning to our new friend, "do you think you'll miss Holland?"

"I don't think so."

"I mean all these colorful flowers and all."

"It's true that there are a lot of beautiful flowers growing in the ground here. But there are also a lot of bad memories buried here in the ground somewhere."

Talk about a conversation stopper. I didn't know what to say, but Yosef continued.

"The truth is there are good memories here and hard ones ... it's a mixture."

"I don't want to pry, but did you ever tell anyone what happened to you?"

"No, never."

"It might be good to do so sometime, don't you think?"

It might have sounded like I was trying to get information from him, but nothing could be further from the truth. I knew that if Yosef decided to tell me his story, it wouldn't be a pleasant one, and I actually dreaded hearing it. He seemed too young to have suffered.

"Maybe. But who would want to hear about it?"

"Listen, Yosef, whenever you're ready to tell me about it, I'll be ready to listen."

"There's really not so much to tell, Avraham."

It was silent in the carriage for several moments and then Yosef said, "We lived in a small house in a suburb of Amsterdam. My father was a simple shoemaker and my mother a kind housewife, and they both wanted nothing more in life than to see me grow up to be a *talmid chacham*. I was their only child, and that was their only dream."

He spoke so calmly. Life had matured him beyond his years.

"My father used to talk about his plans for me to always study Torah, and he would discuss with my mother how to make this happen. They would certainly have been at my *siyum* if it wasn't for ... what happened."

I got a weak feeling in my stomach and wanted to ask him to stop telling me his story, but of course, I didn't.

"That's why I really appreciate what Rebbe Yitzchak did

for me. If not for him, no one would ever have known that I was ready to make the *siyum*."

"Why didn't you tell them at the orphanage?"

"I don't know. I just couldn't bring myself to talk about it until I met Rebbe Yitzchak."

Again there was silence until Yosef said, "One night, I was sleeping in my room at our house and I woke up. It seemed to be the middle of the night, and I soon fell back to sleep. I had a dream in which I saw my parents. My mother smiled at me and my father said something he often said to me: 'You have to be strong, Yosef. No one else can be strong for you.' I woke up with tears in my eyes. I couldn't understand why.

"I knew then that something was very wrong. I listened carefully and heard two men talking loudly. Then I heard ..."

I held my breath as Yosef hesitated.

"I heard my parents saying Shema together. Then I covered my ears and could hear nothing."

I knew I should say something to comfort Yosef, but I didn't know what, so I said nothing. After a few moments of silence, Yosef continued talking in a whisper.

"You know, Avraham, I stayed in my room for two days, not moving. I was afraid those men would find me.

"When I finally left my room, I thought I would see something terrible, but although things seemed out of order, the house was empty. Maybe they took my parents away so there shouldn't be any evidence. I didn't know what happened or why. I just knew that I was now alone."

"What did you do, Yosef?"

"The first thing I did was find some food so I wouldn't also ... I mean, I knew that my parents would want me to continue as best I could. They'd want me to keep on going. So I ate something for the first time in two days. Then I cried myself to sleep. Again I dreamed of my father saying, 'You have to be strong, Yosef. No one else can be strong for you.' I woke up and wished it had all been a bad dream, but it wasn't.

"I sat down and tried to figure out what I should do and where I should go. I could think of no close relatives I could go to, and I figured that if I went to someone in the local community, I'd have to start trying to explain what had happened, and I really had no idea what had happened. I was also afraid of being sent to live in a home that was not up to my parents' level of Jewish observance.

"I had heard that there was a pretty reliable orphanage in Amsterdam, and I figured that I would probably end up there eventually anyway. So I decided to pack whatever food and clothes I could find and try to make my way to Amsterdam. Somehow I could find no money in my home; maybe the killers took it. I had quite a time getting to Amsterdam. Once I actually jumped on the back of a carriage and traveled that way for a few miles."

I smiled. "Yaakov and I did that a while back. It's fun, no?"

Yosef smiled, too. It was good to see him smiling again.

"It probably was, Avraham, but I don't think I noticed at the time."

"You must have been in a state of shock."

"I guess so."

"So you finally made it to Amsterdam?"

"Yes, I did, but I found that Amsterdam was a pretty big

city and finding the Jewish orphanage there was a whole other adventure. At one point, I was almost arrested by a policeman for loitering. I asked him what that was and he said, 'Just standing around and doing nothing.' So I said, 'Officer, just standing around and doing nothing is illegal?' And he said, 'Listen, don't talk back. Get lost or I'll put you in jail for the night. Now be off with you!' I wanted to tell him that I *was* lost, but I didn't think it was such a good idea."

We both laughed. I was really happy that he could laugh about it now; I'm sure at the time it didn't seem very funny.

"But finally, *baruch Hashem*, I did find the orphanage, and I stayed there until you came with Rebbe Yitzchak. And that's about all there is to tell, Avraham."

"Yosef, I don't know what to say. I'm so sorry this happened to you."

"Since I met Rebbe Yitzchak and Yaakov and you, things have been better."

"Good, I'm glad to hear that."

When I saw that he didn't seem to want to say more about the matter, I said, "Yosef, I think Yaakov has a pretty good idea." I pointed at Yaakov, who was sleeping soundly. "Maybe we should join him."

He laughed and said, "I think I will. I'm really tired."

He must have really been tired, because within a minute, he too had joined Yaakov. Maybe recounting his story had exhausted him. I offered a silent *tefillah* that life bring Yosef no more pain. I happened to glance in Rebbe Yitzchak's direction and saw him looking at me. How long had he been listening?

"Did Rebbe hear Yosef's story?"

"I did," he said sadly.

"I have not noticed Yosef saying Kaddish. Perhaps I should tell him to do so."

Rebbe Yitzchak thought for a moment and then said, "I wouldn't rush him into it before he's ready."

I didn't question Rebbe Yitzchak further. Instead I asked, "Why would anyone have wanted to harm his parents?"

"I don't know," he said, pointing upwards. "Only He knows; no other."

CHAPTER TWENTY-SIX

We traveled through Holland and into France, only stopping occasionally to rest. Finally, we came to the city of Calais. We arrived as evening was approaching, and Rebbe Yitzchak felt that it was too late to start finding a reliable Jewish home to stay at. Our driver brought us to a large stone house. He explained that the owners rented out rooms and went to see if they had any vacant ones for us. They did. We rented two rooms, a large outer room in front of the house where Yaakov, Yosef and I would sleep, and a smaller inner room toward the back of the house where Rebbe Yitzchak would stay.

"What did your uncle have to say about Calais, Avraham?" Yaakov asked me as we settled into our room.

"Only that it's the closest city in mainland Europe to

England, and that it's located on the English Channel coast at the strait of Dover."

"You should write a book, Avraham," Yaakov said, laughing.

I went out with Yosef to see if we could buy some food, as our traveling supply had nearly run out. We tried to stay on the paved lanes. It had probably rained a lot recently, since there was thick mud everywhere. We found what seemed to be a food store, but when we tried to enter, a man came to the door and pointed at Yosef. It seemed that neighborhood children had recently been stealing from the store. He let me in, but Yosef had to wait outside. I guess he thought that I was older than I was; I'm tall for my age. I told Yosef that I would be back soon and went inside.

After I found what we needed, I went back outside to Yosef. As we walked back to the stone house, Yosef didn't seem himself. When I asked him about it, he said, "I think I did something I shouldn't have."

"What was that?"

"When you were in the store, a man came over to me and asked if we had just come to Calais. I said that we had. Then he asked where I was staying, and I told him we were at the stone house. I realized right away that it wasn't a smart thing to do."

"This was a Frenchman?"

"No, he sounded like he came from the Arab lands."

With a strange feeling in my stomach, I asked Yosef if he could describe the man. From his description, it was clear to me that he was talking about my "mosque man."

"You know who it is, don't you?"

"Yes, Yosef, I think I do."

"I knew I shouldn't have said anything to him. I don't know why I did. I should never have come along; I'll ruin everything!"

"Nonsense, Yosef. We'll tell Rebbe Yitzchak what happened and see what he says."

When Yosef told him of his meeting with our old friend from the Abu Rash gang, Rebbe Yitzchak said, "It's too late to change our lodgings tonight. It would be more dangerous to start moving around now than to stay here."

"I'm really sorry I did this, Rebbe," Yosef said. "I have brought danger to all of us."

"Not at all, Yosef," Rebbe Yitzchak said. "He clearly followed us here. He probably spotted Avraham going into the store. All he had to do was follow him here. That is exactly what he would have done if you hadn't spoken to him."

"Does Rebbe think they will try to do something tonight?" Yaakov asked.

"I think we will be fine," Rebbe Yitzchak answered. "The same One Who is in control in Italy and Germany is in control here in France."

I was nervous when we went to sleep, but I didn't say anything so as not to make Yosef feel bad. He still blamed himself for the situation. We had done a lot of traveling that day and despite my fears, I fell asleep. At one point, I awoke to hear Yosef moving around the room.

Poor boy, I thought to myself. *He still feels responsible and probably can't sleep.*

Later that night, I woke again. This time I froze. Some moonlight shone in through the windows, and by the faint light I could see someone trying to climb through one of the windows. I made a sound to try to alert Yaakov and Yosef. Out of the corner of my eye, I thought I saw Yosef pulling something.

I got up to light a lamp, and I saw the "mosque man" half-way in the window. His entire head was covered with mud.

"I got him!" Yosef cried triumphantly.

The Arab pulled himself out of the window, grunting in fury, and disappeared. I rushed to the window and saw him running away. I suppose he wanted to clean himself off as soon as possible!

I looked at the window he had just left and saw a bowl hanging upside down. It was attached to a string that was tied to a corner of Yosef's bed.

Yosef was standing near his bed with a satisfied smile on his face.

"When did you set up this contraption?" I asked in amazement.

"During the night."

"But how did you know that he would come through that window, Yosef?"

He pointed to the ceiling. I looked to see another pot attached to a string above the other window.

"You covered both windows?" Yaakov asked in disbelief.

"Yes," Yosef said, smiling.

We were both quite proud of the new member of our group.

There were repercussions, however. The next morning we were awakened by loud knocking at the door. Yaakov opened the door and found two policemen standing there, looking grim. One of them took a quick look around the room, saw Yosef and nodded to the other policeman. Before we knew what was happening, they had put hand restraints on Yosef and were taking him out of the house.

"This young fellow is under arrest," said one of the policemen without even looking back. "He is a child with no known status, and a complaint has been lodged against him."

"What type of complaint?" I managed to ask. Things had happened so quickly, I could barely catch my breath.

"Personal damage."

"Personal damage?" Yaakov repeated.

"Yes, he apparently inflicted damage upon a person."

They were already out of the house. Yosef looked imploringly at me, and my heart ached. From behind me, I heard Rebbe Yitzchak's voice.

"Officers," he said in that tone that cannot be ignored.

The policemen turned.

"Is this the way France treats its foreign visitors?"

"There is a complaint against him."

"You drag a child off like this based on a mere complaint of someone I suspect to be no more of a Frenchman than we are?"

"We were told the child has no status. Thus, the complaint stands."

"No status?"

"Are you the father?"

"That means he has no status?"

"He is a foreign child without formal guardian, and he has been accused of doing serious damage."

"Serious damage?" I asked in disbelief. "It's nothing a good bath won't cure."

The policemen turned to bring Yosef to their wagon.

"Where is he being taken?" asked Rebbe Yitzchak.

"He will have a hearing in an hour in the hearing room of the main Calais courthouse."

Rebbe Yitzchak put his hand on Yosef's shoulder. "We will be there and all will be well, Yosef," he said.

A moment later, the police wagon was rumbling off. I could not get the picture of Yosef's forlorn face out of my mind. There was no time to think, though. We had to rush to be at the main courthouse in time for the hearing.

We were told to sit on a bench reserved for the accused's family. Soon the judge came in and sat down. He had a large bushy mustache. After he was seated, Yosef, still in hand restraints, was brought in and shown to his place.

"Let the accuser come forth!" a court officer called out.

In walked my old friend from the mosque. He headed straight for the witness stand and sat down. I'd seen this man so many times that he was getting on my nerves. When would we be rid of him?

"What is your name?" the judge asked.

"Sarif Muktar."

Well, at least we now knew his name, if he had in fact given his true name.

"State your accusation."

Sarif pointed at Yosef. "That despicable child inflicted grievous harm upon my person."

"What harm was that?" the judge asked.

"He used a heavy metal bowl against my head."

"You suffered damages?"

"Terrible damages."

"When did this incident occur?"

"Yesterday."

"Are you are still suffering? You seem fine to me."

Sarif hesitated, "I am recovering, thanks to Allah," he finally said.

The judge sighed. "The boy has no legal status, so your complaint carries more weight than it might otherwise carry. Is there anyone who will speak in the boy's defense?"

"I will, your honor," Rebbe Yitzchak spoke up.

The judge told Sarif to leave the stand, and Rebbe Yitzchak took his place.

"Your honor," Rebbe Yitzchak began, "I would, for the sake of truth, explain that when the accuser says the boy used a heavy metal bowl against his head, what he means is that a bowl filled with mud was emptied on his head. There was no contact between the bowl and the head. The only contact was between the mud and the head."

The judge looked sharply at Sarif. He shrugged, looking a little uncomfortable.

"While muddying the accuser's head might have been an unfortunate childish prank, it is a far cry from the damage the accuser was trying to convince the court the boy did. In addition, I would like to describe the position the accuser was in when the mud hit his head. He was, for some strange reason, halfway in to the window of the room in which the boy was sleeping. Why his head was sticking into the window in the middle of night, I am not sure, but this is what happened."

The judge looked again at Sarif, who pretended to be looking elsewhere.

"There is more to say about this accuser," Rebbe Yitzchak

said, "but I do not want to take up too much of the court's valuable time. I will simply appeal for mercy for the boy. I know that this is a country of justice. Would it be just for a boy who has no father or mother, a boy who I can testify would not hurt any *innocent* person, to be punished? We have here a boy who is utterly alone in the world. Hasn't life brought the boy enough punishment? Is it for us to pile more pain upon the pain he has already suffered?"

I looked around the courtroom to see everyone paying close attention to Rebbe Yitzchak, who continued on in this way for another few minutes. I can tell you that the only dry eyes in the room belonged to Sarif, who sat there grim faced. The judge pretended to straighten his mustache, but I believe he was actually trying to wipe away a tear. The court officer seemed so sad that he reminded me of a little puppy I had once seen whose favorite bone had just been taken away.

When Rebbe Yitzchak finished speaking, the judge cleared his throat and in a hoarse voice said, "The case is hereby thrown out for lack of evidence." He glared at Sarif and stood up to leave the courtroom. He looked at Rebbe Yitzchak.

"Rabbi," he said, looking at Rebbe Yitzchak, "if I ever need a lawyer, I'll hire you." With that, he left the room.

Sarif stood up abruptly, gave us a sneer and stormed out of the court.

"He didn't look too happy," Yaakov said, smiling.

As we were about to leave the courthouse, Yosef said, "Wait, we can't go yet."

"What, you like it so much here you want to stay longer?" Rebbe Yitzchak asked with a smile.

"No, but they took my picture from me."

"Your picture?"

"Yes, Rebbe, the one Avraham gave me, the one his mother made. They have to give it back."

"Let us ask that guard over there," Rebbe Yitzchak said, walking over to a guard who stood at the entrance to the courthouse. "Officer, a small painting was confiscated from this boy when he was arrested. He is now free to go and we would like it to be returned to him."

"There's a cabinet where confiscated items are kept. The item would normally have been returned upon the accused's release if it was in there, but I'll have a look to make sure."

He brought us into a room and opened a large wooden cabinet. It was empty.

"I'm sorry. It's not here."

"It's been stolen by someone at the court, then," Rebbe Yitzchak said.

The guard merely shrugged.

As we left the courthouse, Yosef said, "So I guess I've lost the painting. I'm really sorry, Avraham."

"Don't worry about it."

"It should be a *kaparah*, Yosef," Rebbe Yitzchak said.

We got a carriage to take us back to our lodgings. On our way back, Yosef, who had seemed a bit sad because of the painting, suddenly brightened. "When Rebbe said that I was utterly alone in the world, I thought to myself that although Rebbe had to say that in court, it wasn't really true. I'm not alone; I have Rebbe and Avraham and Yaakov."

"You are very right, Yosef," Rebbe Yitzchak said.

If I hadn't been embarrassed, I might have gotten a bit

teary-eyed, but I wasn't as open with my feelings as Yosef.

When we came back to the stone house, a man in uniform was standing in front of it.

"Not again," Yaakov moaned.

As we got closer, I recognized the man as the court officer who had reminded me of a sad puppy. We got out of the carriage and the man held out a package. He handed it to Yosef, who opened it; it was my mother's painting.

"I forced the one who stole it to give it back," said the court officer, "out of respect for the Rabbi."

"Thank you," Yosef said.

"May you be blessed, Sir," said Rebbe Yitzchak.

The man waved and walked away.

"Rebbe, is it a *kaparah* now that I got it back?" Yosef asked, smiling.

Rebbe Yitzchak laughed. "Well, for a while you thought you had lost it. That should be a *kaparah.*"

That night, I kept waking up. Several times, I dreamed of my father. The next morning after *tefillah*, I went to take a nap. I noticed Rebbe Yitzchak going out; I had a feeling he was headed for the telegraph office. I woke up a while later and found Yosef waiting impatiently for me.

"I almost woke you, Avraham," he said excitedly.

"Why? What's the big news?"

"We're going to Turkey!"

CHAPTER TWENTY-SEVEN

lthough it had always been part of our plan to go to Turkey to find the *kever* of Yaakov's father, I was apprehensive about the trip. While it was clear that Abu Rash had sent men to follow us in Europe, this was not his organization's home territory. Turkey, however, was one of their main bases of operations. We were headed straight into the belly of the beast, and I didn't have a good feeling about that. I decided to speak with Rebbe Yitzchak about it.

Rebbe Yitzchak planned to leave Calais almost immediately on our way to the south of France to get to the French port city of Marseille, from where we would board a ship to the Turkish port city of Izmir. If I was going to raise my reservations over going to Turkey, this was the time to do it.

I found Rebbe Yitzchak in his room packing his bags.

"Come in, Avraham. Tell me what's on your mind."

I hesitated.

"Go ahead, Avraham. You should have realized by now that I rarely bite."

I smiled and began. "Well, I was wondering about this plan of traveling to Turkey."

"Yes, Avraham?"

"I hear that outside of Eretz Yisrael, Turkey is where the Abu Rash gang is strongest."

"Yes, I think that is probably true."

"They've been chasing us across Europe, but what will happen in Turkey when we are in their stronghold? I mean, we're walking right into their lair. Is that a good idea?"

"I hear what you are saying, Avraham."

"I mean, it's very possible that they're not going all out to get us now because they have found out that we're headed straight for their stronghold. Why should they bother to get us here when we plan to come to them?"

"You may well be right in what you're saying, Avraham. In fact, I think you probably are right."

"Then why does Rebbe think we should go? I know that we want to find the *kever* of Yaakov's father, but perhaps that could wait until things have calmed down a little. Why must we go now? I hope that Rebbe doesn't see my questions as chutzpah. It's just that, as usual, I'm scared."

"Avraham, you are simply thinking correctly. Your arguments are logical. But you have to realize that eventually, we will have to face them wherever we are. You know that better than I do, having been in their clutches for a time in Germany. And the thing is, Avraham, when you want to light a lamp that is standing in a dark room, you have to go into the darkness in order to bring the light. Sometimes there is no other way. Sometimes you have to enter the very darkest place to bring light there."

"Is Rebbe saying that there's no reason to be afraid?"

"Avraham, you're too smart for me to tell you that. When you enter the darkness, there is always danger. But then again, we are probably in danger right now. The point is, though, as I've said, there are times when you have to go right to the heart of the problem. Sometimes there is no alternative. But, Avraham, remember, there is one real base of operations. It is not in the north and it is not in Turkey." He pointed up. "It is there. No where else."

Although we'd just had a rather heavy conversation, I noticed that Rebbe Yitzchak actually looked happier than he'd been for a while. From time to time, ever since we'd been in Holland, I'd noticed a kind of sad look in Rebbe Yitzchak's eyes. It wasn't that he was in a bad mood; that simply wasn't Rebbe Yitzchak's way. Still, he had this expression that told me something wasn't quite right. As we left for Marseille, though, I was pleased to see him looking quite happy.

"Rebbe, did something recently change for the better?"

"Yes, Avraham, it did. Apparently your *tefillos* and the kindness of others turned the tide."

I knew better than to pursue something Rebbe Yitzchak wanted to be vague about, but I was happy to see the apparent relief on his face. Then Rebbe Yitzchak said something that answered a question that had bothered Yaakov and me a while back.

"You know, Avraham, I also got word today from Livorno

that a *sefer* I composed while we were in the Lazaretto in Livorno has been set in type and will soon be ready for printing."

"*Mazal tov*, Rebbe!" I said.

"The *sefer* probably would not have been written without you, Avraham. It was really written on your account."

So that explained what Yaakov had told me so many months before!

"What does Rebbe mean?"

"Well, you always have such good questions about *emunah* and other related topics. They made me think about how the world is changing. Many of our young brothers have questions. Not all of them have the courage that you have to ask those questions, and as a result they become confused. I decided, therefore, to compose a *sefer* to answer many of these questions. I am going to call it *She'eilos Avraham* — 'Avraham's Questions' — because it was inspired by you, Avraham."

I was overwhelmed by what I had just heard. I didn't know what to say.

"Just keep asking, Avraham!" Rebbe Yitzchak said with a broad smile.

"I'll try, Rebbe."

That night, I saw the man who had darkness for a face again. I knew before I went to sleep that I'd have one of those dreams. It's not unusual for me to have a feeling that I am going to dream. I guess when something bothers me, I dream about it. After all, that's what most dreams are — the mind trying to work out its fears.

The man was standing off in the distance. He watched

Rebbe Yitzchak give me a copy of his new *sefer* and then disappear. The man laughed.

"You are coming to visit me. How nice of you. Like a fly about to get caught in a spider's web, you come to visit. Welcome to the darkness. This is your home, after all; you are the prince of the dark, are you not?"

I was determined not to wake Yaakov this time, and through sheer force of will I woke myself up. I soon fell back to sleep and slept undisturbed until the morning.

Rebbe Yitzchak was apparently anxious to reach Turkey, for we moved through the French countryside at a very swift pace, barely stopping for air. When we got to Marseille we found that a ship was scheduled to leave for Izmir in several days. I was happy for the opportunity to rest between our hurried travels by carriage and our coming journey by sea.

In Marseille, something else that had been bothering us was clarified. One evening, as Rebbe Yitzchak, Yaakov, Yosef and I were going to the local *beis kenesses* for Minchah, we met Rebbe Yekusiel. He was dressed as an Ashkenazi Jew from Yerushalayim; there were no priestly garments this time. He was walking with a young boy of about ten wearing a *kippah*. Rebbe Yitzchak and Rebbe Yekusiel greeted each other warmly. When Rebbe Yekusiel saw that Rebbe Yitzchak wanted to speak with him, he said, "Go ahead into the shul, Itzikel. I'll be right in." The boy nodded and entered the *beis kenesses*.

"Rebbe Yekusiel, let me ask you to clear up something —"

Rebbe Yekusiel smiled. "I know, I know, you needn't tell me what you were about to say. These fellows saw me in Venice dressed as a Greek Orthodox priest."

He turned to Yaakov and me. "I saw that you had spotted me," he said, "but under the circumstances, I could not explain myself."

"What were the circumstances, Rebbe Yekusiel?" Rebbe Yitzchak asked.

"Perhaps you have heard about the boy from Yerushalayim who was kidnapped by priests?"

"Yes, we have," Rebbe Yitzchak replied.

"Well, you just saw that boy; he is the one who went into the shul. When I met you in Alexandria, I was starting out on a mission to rescue him at the behest of the rabbanim of Yerushalayim. How this rescue was accomplished is a story for another day, but suffice it to say, my pretending to be one of those priests that day in Venice was an important part of the plan. *Baruch Hashem*, I have found Itzikel, and his stay with his kidnappers has convinced him that they are not his friends. I hope to bring him back to Eretz Yisrael as soon as I get the all clear from Yerushalayim."

Rebbe Yitzchak smiled at us. "Did I not tell you that we all have a mission?"

"And what of your mission, Rebbe Yitzchak?" Rebbe Yekusiel asked.

"Our mission continues."

"May your mission, too, be crowned with success."

"Amen!" Rebbe Yitzchak said.

After *tefillah*, Rebbe Yitzchak and Rebbe Yekusiel bade each other farewell. Rebbe Yitzchak then turned to Itzikel.

"Itzikel," he said, "I live not too far from where you live. Can I ask you to visit me when we are both back in Eretz Yisrael?"

"Yes, Rebbe, I will come."

☾

There was one other noteworthy event that happened during our stay in Marseille. On the day before we left to Izmir, I took a short walk and then returned to the place where we were staying. I went into the rooms that Yaakov, Yosef and I shared. Yaakov was nowhere to be seen, but Yosef was sitting on a chair, his back to me. I couldn't quite see what he was doing but I could tell that something had happened. He was sitting very still and looking at something.

"Yosef?"

No answer.

"Yosef, is everything all right?"

I came around to face him. He was holding a small tattered *siddur* and his eyes were red from crying.

"What is it, Yosef?"

"I found this on the street a few blocks from here," he explained, holding up the *siddur*.

"A *siddur* was on the floor," I said, trying to understand. "Is that why you're upset?"

He smiled slightly.

"I wish I would cry whenever I see *kedushah* being disgraced. But I'm not on that level."

"What is it, then?"

He opened the front cover of the *siddur* and pointed to a name written there in Hebrew: *Sarah bas Moshe.*

"It's my mother's *siddur*."

"Are you sure?"

"Yes. I recognized it right away, and the name and handwriting are hers."

"How did it get to Marseille?"

"I wish I knew. I guess the murderers took it and passed through Marseille."

"I suppose seeing it brings back painful memories. But it's also good to have something from her, no?"

"Avraham, you're right. It's very sad, but I'm also happy."

I wanted so much to protect him from more suffering, but there wasn't much I could do.

"Are you all packed, Yosef? Tomorrow we go on the ship. Have you ever been on a ship before?"

"No, I haven't. I hope it will be a nice trip."

"I think it *will* be, Yosef," I said, and I prayed that I was right.

CHAPTER
TWENTY-EIGHT

The sea journey from Marseille to Izmir was much less eventful than our sea journey from Alexandria to Livorno had been. There were no terrible storms, no troublesome captains — nothing really, other than what seemed like endless days of sailing through the Mediterranean Sea.

At one point on our journey through the Mediterranean, I had a strange feeling that something important was going to happen soon. I couldn't get it out of my head and finally asked Rebbe Yitzchak about it. He told me that sometimes, even if we don't actually know something will happen, our *neshamah* can feel it. The truth is, I wanted him to tell me something a little more specific than that, but I didn't press him. I prayed that if something important did happen, it would be something good.

From the moment we arrived in Izmir, Yaakov seemed tense. Yosef noticed and asked me about it. I explained that we were here to find Yaakov's father's gravesite, so it was understandable that he would be feeling a little out of sorts. Yosef looked at me with understanding in his eyes that was way beyond his years. The tragedies he had experienced had matured him.

We rented lodgings near the port. Rebbe Yitzchak wanted to start searching for Yaakov's father's *kever* right away rather than spend time finding a home where we could stay. After we had brought in our things, we went with Rebbe Yitzchak to find the Jewish section of the city.

After being directed to a part of the city not too far from where we were staying, we decided that it seemed near enough to walk. When we had walked for about half an hour, we saw an elderly woman sitting on a chair in front of a house.

"Would you know where the Jewish section is?" Rebbe Yitzchak asked.

"Jewish?"

"Yes."

"And me?"

"You?"

"I am not Jewish?"

"Are you?"

"Of course I am."

"So we are in the Jewish section?"

"Of course, Rebbe."

"We are looking for the grave of a man who came here from Eretz Yisrael."

"From Eretz Yisrael?"

"Yes."

"When did he come here?"

"About a year ago. He was brought here by Arab criminals."

The old woman's eyes opened wide as she realized whom Rebbe Yitzchak was talking about. "The Rav is talking about the *Kadosh*."

"The *Kadosh*?"

"Yes. The man the Rav is speaking about was working for these evil men. He saw an unfortunate Jew accidentally damage a wagon belonging to those men. They beat him, and he would have surely died at their hands. The *Kadosh* begged them to stop beating the Jew. They ignored him. He jumped on one of the Arabs to stop him from beating the Jewish man. They took out their knives and slew him instantly. Would the Rav not call such a person a *Kadosh* — a martyr who dies trying to save a fellow Jew?"

"I would indeed call him a *Kadosh*."

I looked at Yaakov, whose eyes were fixed on the old woman.

"It happened right there in that square," she said, pointing to an open area.

"And what happened next?"

"Those cursed ones simply left him there in the square."

"But what happened to the man who was being beaten?"

"In the moment it took for them to kill the *Kadosh*, they were distracted, and he escaped."

"So why do you say he died trying to save a Jew? He did not die merely trying to save a Jew; he died actually saving a Jew."

The woman smiled. "The Rav is correct."

Rebbe Yitzchak turned to Yaakov. "Did you hear what this woman said?"

"Yes," Yaakov whispered hoarsely.

"Never forget what you have just heard, Yaakov. Let your children and grandchildren know about it."

"Yes, Rebbe."

"Who is this boy?" the woman wanted to know.

"He is the son of the *Kadosh*."

The woman turned to Yaakov. "The Rav is right. Don't ever forget that in this part of Izmir, your father is known as the *Kadosh*."

Yaakov nodded.

"What happened to his father's body?" Rebbe Yitzchak asked.

"The local community immediately got together and buried him. He was given great honor as he was laid to rest."

"Where is the *kever*?" Yaakov asked anxiously.

"It's in the clearing right past the square. Go straight and you will be there in less than five minutes."

"Can we go?" Yaakov asked Rebbe Yitzchak.

"Of course we will go. That's why we are here."

"Go," said the woman. "Go visit your father."

Rebbe Yitzchak thanked the woman and we started toward the gravesite.

As we walked, Rebbe Yitzchak fell behind, seemingly lost in thought, and Yosef went ahead. Yaakov and I found ourselves walking side by side in silence. I didn't know if this was the right time to talk to him, but I felt that I should say what was on my mind.

"Yaakov?"

"Yes?"

"Do you remember you once told me that although your father was no hero, he still deserved to have his grave visited by a relative?"

"Yes, I do."

"It seems you were wrong, Yaakov."

He looked at me.

"You were wrong. Your father *was* a hero."

He smiled.

We were there a few minutes later. The *kever* was a mound of earth in a little field with a small sign that read: *Here lies the Kadosh.*

"We will have something put up with his name on it," Rebbe Yitzchak said.

"Can it still say that he was a *Kadosh*?" Yaakov asked.

"Of course, Yaakov."

We said Tehillim and other *tefillos* there for about twenty minutes. Tears worked their way out of Yaakov's eyes, but he did not cry.

"It's all right to cry, Yaakov," Rebbe Yitzchak said

And then he did. It hurt to see him cry, and tears began to flow from my eyes as well. Yosef also began to cry; I realized that he cried not only for Yaakov, but for himself as well. In a voice choked with emotion, Rebbe Yitzchak asked, "Do you think it is a small thing to shed tears over a good Jew?"

When we turned to go, a Jewish man of about sixty stood in front of us.

"I was told that one of you is the son of the one they call the *Kadosh* around here."

I pointed to Yaakov. The man came over and kissed Yaakov on the head.

"May you be forever blessed, young man. Your father did not hesitate for a moment. When he saw that a Jew was being harmed, he thought of nothing else but saving him. I can attest to that."

"You saw the incident?" Rebbe Yitzchak asked.

"No, Rebbe," said the man, "I am the person his father saved."

CHAPTER TWENTY-NINE

Rebbe Yitzchak wanted to move on to the Turkish city of Istanbul right away, but he felt that it would be better for Yaakov to spend some more time in Izmir near his father's *kever*. It was finally decided that Yosef would stay with Yaakov in Izmir and I would accompany Rebbe Yitzchak to Istanbul.

As we traveled to Istanbul, the capital of the Ottoman Empire, I continued to have a feeling that important things were about to occur. I mentioned it to Rebbe Yitzchak and he smiled.

"The *neshamah* sometimes feels things?" I said.

Rebbe Yitzchak smiled. "I see you were listening, Avraham."

Again I found myself hoping that the important things

I felt certain were to occur would not be unpleasant things. Although we had been in Turkey for several days now, there had been no sign of Abu Rash's henchmen. On the one hand that was good; on the other, it made me very nervous. Were they simply waiting for an opportune time to strike?

In Istanbul, we were invited to stay at the home of a community leader by the name of Moshe Halevi. Almost as soon as we were settled there, Rebbe Yitzchak asked our host if he knew of a local official named Anwar Musad. It took me a moment to remember where I'd heard that name before. Then it hit me. That was the name of the very influential official in Istanbul whom Mordechai de Vega had mentioned to Rebbe Yitzchak when we were in Amsterdam. Musad owed a favor to Mordechai, who had suggested that Rebbe Yitzchak find Musad if the need arose. Apparently, Rebbe Yitzchak now felt that it would be a good idea to meet this man.

"Anwar Musad?" Moshe Halevi repeated. "What does the rav know of Anwar Musad?"

"I know that he is very influential in this city."

"That is true."

"I would like to meet him."

"But I don't know if he will see the rav. He is a very powerful and busy man. It would not be usual for him to meet with a rav."

"I will try."

Moshe Halevi gave us the location of the governmental building where Anwar Musad spent most of his time. I expected to accompany Rebbe Yitzchak there and was surprised to learn that he planned to go alone.

"Spend a little time visiting the study halls of the city, Avraham. There are some great *talmidei chachamim* studying in them. I will meet you here later in the afternoon."

"But maybe Rebbe will need some help?"

Rebbe Yitzchak smiled and pointed upwards. "He helps; there is no other."

I followed Rebbe Yitzchak's advice and found several *batei medrash* in which a number of holy Jews were quietly studying. I spent a few hours in these *batei medrash*. They were a very interesting and enjoyable few hours, but in the back of my mind, I couldn't help wondering how Rebbe Yitzchak would be received by Anwar Musad.

When I returned to the Halevi home, I found Rebbe Yitzchak waiting for me.

"Did Musad remember Mordechai de Vega, Rebbe?"

"Yes, he did, Avraham."

"And was he helpful?"

"He was."

There was a moment of silence.

Finally, Rebbe Yitzchak said, "Avraham, I want you to eat something and rest for a short while. After that, please come back to me; I have an important mission for you."

I did as Rebbe Yitzchak had asked and before long was standing in front of the table Moshe Halevi had designated for Rebbe Yitzchak's use. Rebbe Yitzchak sat at the table saying Tehillim. When he noticed me, he finished what he was saying, closed the *sefer* and looked at me.

He handed me a piece of paper on which was written an address. "Remember, Avraham, there is only one power in this world. May He protect you always."

I realized that Rebbe Yitzchak had just given me a *berachah* and I quickly said "amen."

"Go to that address, Avraham."

"What should I do there, Rebbe?"

"You will see."

I knew better than to ask any more questions, although I very much wanted to.

"Here is money for the carriage," Rebbe Yitzchak said, handing me some coins. "The place you are going to is on the other side of the city."

"I should go now?"

"Yes, Avraham."

Rebbe Yitzchak took my hand in his. "May your path be peaceful, Avraham."

I said "amen" once again and left the room.

As I got into the carriage, I wondered about this strange mission. How was I to complete the mission if I didn't know what it was?

The carriage driver stopped in front of a one-story building.

"This is where you wanted to go?" he asked.

"If it's the right address, then this is it," I said, sounding more sure of myself than I really was.

"This is the right address."

"Do you know what type of building it is?"

"I have no idea. Are you getting off now?"

"Yes," I said, and paid for the ride.

I walked over to the wooden door and knocked. There was no answer. I knocked harder, and felt the door moving. It seemed to be open. I pushed slightly and it opened wider. I looked in and saw that while it wasn't bright inside, there was some light.

Slowly I went in. I found myself in a large room with a tall closet at the far end. The room seemed empty, but then I saw movement. A man came out from behind the closet. I gasped.

"Abba?"

It was my father!

"Avraham, it's been a while since I've seen you," my father said emotionally.

He walked toward me slowly, and then I ran to him and hugged him. My father took my hand and shook it firmly.

"*Shalom aleichem*, Avraham."

"*Aleichem shalom*, Abba."

"You must have grown a head taller since I've seen you last, Avraham," my father remarked.

He looked a little older than when I'd seen him last, but I didn't say that.

"Abba, what are you doing here?"

My father smiled. "It's a long story."

"Tell me, Abba. Where have you been? And what does Rebbe Yitzchak have to do with this? He told me to come here."

My father smiled. "I'll give you the short version, Avraham."

"It's better than nothing," I said, still not believing I was actually talking to my father.

"When we learned that Abu Rash was after me," my father said, "I left Eretz Yisrael. After a while, I realized that Abu Rash's men were still after me. I kept moving, trying to stay a step or two ahead of them. Rebbe Yitzchak had a basic idea of the route I planned to take, and as you started your journey he tried to get in touch with me. Finally, he located me and asked me to be in touch with him so that we could eventually meet up."

"That's why he was always at the telegraph office."

"Yes, that's how we stayed in touch. Rebbe Yitzchak didn't want us to meet immediately, since he felt it would be safer for you and me to stay apart. But he wanted to be aware of where I was so that he could reach me whenever he felt it was time for us to get together."

"Rebbe Yitzchak didn't let me in on this because he felt it would be safer for me not to know where you were."

"Exactly."

"But at some point something happened. I could see it in Rebbe Yitzchak's face."

"Yes, something did happen, Avraham."

"What, Abba?"

"In Italy, they got me."

"What?"

"Abu Rash's men captured me."

I felt my heart jump at these words. "What happened?"

"They held me in a building owned by the gang some- where in Italy for a few days. I wondered why they didn't do me in right away; perhaps they were waiting for orders from Abu Rash. But I knew that time was running out. With much planning and help from Above, I escaped from the building in the middle of a cold, windy night."

"Where did you go, Abba?"

"I had no money; they had taken everything. I had to

find shelter, though. I took a room in an inn that was still open, and I figured that I would find someone in the local Jewish community to cover the costs. But it didn't work out that way. In the little village I was in, I could find no one to help me. When the innkeeper demanded to be paid, I tried to explain that I was a foreigner, but they were not interested. The police were called and I was taken to debtor's prison outside of Livorno."

"There is a Jewish community there. Couldn't you get to anyone in Livorno?"

"I was in the prison, and no one knew I was there. I had no way of getting in touch with anyone."

"So that's why Rebbe Yitzchak looked concerned. He had lost contact with you."

"That's right."

"What happened after that?"

"A young fellow decided to visit the prison to see if by any chance there was anyone in there who needed help."

"Really?"

"Yes, and he told the local Jewish community about me."

"But how did you get in touch with Rebbe Yitzchak again? Rebbe Yitzchak kept moving, I suppose, to try to keep ahead of the people who were following us. I can't imagine that Rebbe Yitzchak had given you such a detailed itinerary of our planned travels by telegraph before you dropped out of contact with him."

"No, he hadn't. He felt it was safer to let each other know of our location one step at a time."

"So how did you get back in touch with him?"

"The young fellow who found me in the debtor's prison

had a pretty good idea of Rebbe Yitzchak's route."

"What?"

"I didn't tell you that the young fellow is someone you know."

"Who?"

"Vitorio Rosini."

"Vitorio?"

"Yes."

"Vitorio told me that he had seen you in the Lazaretto before we came to Livorno, so he must have recognized you."

"Yes, he did, Avraham."

Something dawned on me then.

"When I noticed that something was on Rebbe Yitzchak's mind, I asked him about it, and he told me that we need kindness, and that the world is built on kindness. Later when I noticed that he seemed more at ease, he told me that kindness had turned the tide. I realize now that he was talking about Vitorio. Vitorio had visited the debtor's prison as an act of *chessed*, and through that you were saved."

My father smiled. "That sounds like Rebbe Yitzchak."

"So Vitorio was able to locate Rebbe Yitzchak in France."

"Yes. Between Vitorio and Rebbe Yitzchak, who telegraphed leaders of the Livorno Jewish community, my debts were paid and I was soon released. Rebbe Yitzchak telegraphed for me to head to Istanbul where we would meet. Earlier today, I got a message from Rebbe Yitzchak to come to this building."

"Why didn't Rebbe Yitzchak tell me I would find you here, Abba?"

"He didn't tell me you were coming either, Avraham. I

suppose he felt that until we actually met, it would be safer for neither of us to know about the other's whereabouts."

From behind me, I heard a door opening. A familiar voice said, "How convenient. Both of you are together in one place." I turned to see Sarif Muktar, the "mosque man," standing in the doorway and smiling. He was holding a gun, which was pointing in our direction.

CHAPTER THIRTY

Sarif Muktar stepped into the room, the mocking smile never leaving his face. It wasn't the smile that bothered me, though. It was the gun. He continued to point it in our direction as he moved closer to us.

"Your rabbi made a mistake," he said. "He should never have trusted that Anwar Musad. He let Musad know that you two would be meeting here, and do you know what Musad did? He went and told me about it!"

Muktar laughed. "Musad is a very powerful man in this city, and he can locate anyone anywhere. He found me and informed me of your rabbi's plans. Did that Rabbi Yitzchak really think that Musad would help a Jewish rabbi?"

He waved the gun at me. "You have led me on a wild chase, you miserable Jew, but that chase is now over. The boss doesn't want you harmed, but ..." He left his sentence ominously unfinished. Then he turned the gun toward my father. "And you have been in our sights for a while now. We had you once and lost you. Now, thanks to your rabbi, we have both of you." He laughed again, in a way that made me shiver.

"Tell me, Rabbi Siman, are you prepared to meet your Maker?" he asked my father. Inwardly, I shivered. I thought of Rebbe Yitzchak's parting words. *There is only one power in this world. May He protect you always.*

"I am prepared for whatever my Maker decides," my father answered bravely.

Muktar laughed. "You think He will let you live?"

"It's possible."

"But how? I have a gun. You think I will let you escape again?"

"I can't tell the future."

"This is not the future. This is now!"

My father said nothing.

"And you," he said, looking at me, "you escaped from me in Alexandria and in Germany, but you won't escape from me here."

Like my father, I too said nothing.

"Are you speechless?"

"I say what I have to say," I replied.

He laughed. I shivered with fear.

"Tell me," Muktar said, turning to my father, "how could your rabbi even think that Anwar Musad would keep his word? Why would he think so?"

My father did not answer, but someone else did.

"He just seemed to be telling the truth."

I turned sharply toward the man who had just uttered those words. Rebbe Yitzchak was standing in the doorway. "The man just seemed to be telling the truth, Muktar," he said. "That is why I trusted him."

"You!" Muktar screamed.

Rebbe Yitzchak smiled calmly. "You are not happy to see me, Sarif?" With that, he stepped into the room.

Muktar waved the gun at him. "How do you plan to save these students of yours? Do you plan to use magic?" He laughed.

"Why would I need to do that?" Rebbe Yitzchak asked as he looked at the doorway of the room. A heavily armed Turkish policeman entered.

I heard Muktar gasp.

Another policeman entered the room, and then a third, all of them with grim, determined faces. Then a police commander entered, his face even grimmer than the others.

"Drop that gun now!" the commander demanded.

Muktar dropped the gun, his face white.

"You were planning on killing these people, weren't you?"

"Officer, I would not hurt anyone."

"That's not the way it looks to me ...."

Muktar ran toward Rebbe Yitzchak. The policemen moved to stop him, but before they could, he dropped at Rebbe Yitzchak's feet and began to cry. "Please, Rabbi, have mercy on me!"

"Sarif," Rebbe Yitzchak said, "this is not my country. I am not in charge of the law here. The authorities will have to decide your fate."

The commander walked over to Sarif and pulled him up by the neck. "Let's go to the police station. You have a lot of explaining to do."

The policemen surrounded Muktar and pushed him out of the building, leaving Rebbe Yitzchak, my father and I standing there.

"It's good to see you again in person, Reb Daniel," Rebbe Yitzchak said to my father with a broad smile.

"I believe I am happier to see the Rav than the Rav is to see me."

Rebbe Yitzchak laughed. "Let us not make a contest out of who is happier." He looked at me. "So, Avraham, you have finally found your father."

"I'm not sure it was me who found him."

"All right, let me say then that you finally have your father back."

We all laughed, happy to be together again.

"Rebbe, did Anwar Musad really tell Muktar that we would be here?"

"Yes, he did, Avraham."

"So he was not to be trusted?"

"Not so, Avraham, he did nothing wrong."

"So why did he tell Muktar?"

"Because I asked him to."

"Why?"

"I took a chance, but with help from the One Above it worked out. You see, I figured that simply reuniting you and your father would not help us much since Abu Rash's men were still looking for you. Until now, the Ottoman authorities have turned a blind eye to the crimes of the gang since they were generally committed in Eretz Yisrael and did not directly threaten them. I decided that if I could use our contact with Anwar Musad to have the authorities witness one of Abu Rash's men committing a crime on Turkish territory, it might bring the gang under some scrutiny by the Ottoman authorities."

"So Rebbe set up a crime scene for the Turkish police to witness — Muktar threatening to kill us."

"Yes, Avraham. I asked Anwar Musad for a place where I could set up the meeting and he gave me this building. As I say, it was a chance, but there wasn't much choice; they are following us and would eventually have pounced. So after asking Anwar Musad to tell Muktar about the meeting between you and your father, I asked him to have the police witness the meeting."

"Sometimes," I said, "you have to enter the darkness to bring light."

Rebbe Yitzchak laughed. "Avraham, you really are a good listener."

"Well," said my father, "it seems like that fellow Muktar will be out of the way, but as the Rav says, it is possible that the arrest will also bring about greater scrutiny of the entire gang."

"Let us hope so," said Rebbe Yitzchak. "Meanwhile, we will return to the Halevi home so you can rest up a little, Reb Daniel." He turned to me and added, "The gangsters have really been giving your father quite a chase."

"Yes, my father told me a little."

We left the building and entered the carriage Rebbe Yitzchak told to wait for us. When we arrived at the home of

Moshe Halevi, my father was shown to a room. I went with him and suggested that he rest.

"Soon, Avraham. First, tell me what is bothering you."

"Abba, why do you think something is bothering me? I have been dreaming about finding you, and now I have. Why would something be bothering me?"

My father said nothing. I smiled; I have never been too good at fooling him.

"I don't know if this is the time ..."

"Avraham, tell me what it is already."

I took a deep breath and began. "Abba, there is something that I have been afraid of for a long time. And since you left, I have thought about it even more ... it gives me no peace."

"What is it, Avraham?"

"I am far from the greatest *masmid* in the yeshivah," I said, my eyes starting to tear and my voice getting a bit shaky. "I am afraid that I will never become the *talmid chacham* you expect me to be."

"You are a good student, Avraham," my father said.

"I don't want to disappoint you, Abba," I said. "I really don't know if I can be what you want me to be."

I expected him to give a long response to my words. Instead, he simply said, "Avraham, if you do your best, I will never be disappointed in you."

He embraced me, and then he added, "But I think there is something you should read. It is something no one other than myself has ever read before."

"Even Ima?"

"Yes, Avraham, even Ima."

I thought I could see tears in my father's eyes as he

removed a small piece of folded paper from an inner pocket. "I have carried this with me for many years as well as throughout this long exile from Eretz Yisrael."

He handed it to me. I opened the yellowed paper and saw several lines of beautiful Hebrew script.

"Who wrote this, Abba?"

"My holy *rebbe*, Rebbe Suleiman."

My eyes opened wide. My father had been a student of the great *mekubal* Rebbe Suleiman; in my hands I now held the writing of this holy Jew.

"He wrote it to me when I was just about your age, Avraham. Go ahead, read it."

I slowly read the letter:

To my dear student Daniel, may the holy one protect you,

As to your concerns that you are not studying with the proper diligence and as a result, you fear that you will never attain an appropriate level of understanding of the holy Torah, I tell you, you are mistaken. While it is true that your level of diligence is not yet on the level of your esteemed father, may he be well, nevertheless, you have a strong will to succeed in Torah. It is this very will that causes you to be concerned.

I guarantee you, dear Daniel, that if you persist in your studies, you will see success. I beg of you, do not let the yetzer hara fool you. Continue on the path you are now traveling, and you will arrive at your destination.

With love, your teacher Suleiman

I read the letter again. I looked up at my father, speechless for a few minutes.

"Is it true, Abba?" I finally said. "You, too, had these fears?"

He smiled. "I felt then exactly as you feel today."

"You weren't always such a *masmid*?"

Again he smiled. "I was, Avraham, very much like you are today. I loved learning, but I was also a curious, adventurous boy ... like you. I was so concerned that I would never amount to anything, that I came to my *rebbe* one day and told him that I was afraid I was wasting his time. He said to me, 'Daniel, I will not answer you now. Instead, I will give you a letter tomorrow. That will be my answer. I ask that you always keep this letter.'"

"This is the letter he gave you?"

"Yes, it is, Avraham."

I glanced at the letter and felt a weight lifting from my heart.

"Believe me, Avraham, you are very much like me," my father said. "I am convinced that as it was with me, so will it be with you."

"Abba, I have you back, and I think that now Rebbe Suleiman has taken away my other fear as well."

"Hashem's *yeshuah* comes in the blink of an eye," said my father, "but speaking of eyes, mine are suddenly very tired."

He smiled as he said this, but he really did look weary. I left him to rest, feeling happier than I had in a long time.

☾

Over the next few days, we waited to see how things would turn out between the Turkish authorities and the Abu

Rash gang. Would Muktar's arrest make the Ottomans look at the gang a little more closely?

After Rebbe Yitzchak paid a visit to Anwar Musad, he came back with news that filled us with joy. Rebbe Yitzchak's plan had worked even better than expected. Muktar, in order to get himself an easier sentence, had told the authorities all about the illegal activities of Abu Rash's gang in Eretz Yisrael and elsewhere, including right there in Turkey.

A decision had been made at the highest levels of the Ottoman Empire that Abu Rash's gang was to be put down. Turkish soldiers had already made several raids in the north of Eretz Yisrael, where the gang was strongest, and over two hundred gangsters had been arrested. Surprise raids had also been conducted near Yerushalayim, where nearly thirty gangsters had been arrested. All the arrested men were on their way to Turkey for trial in Turkish naval boats. Abu Rash himself was still at large but was a hunted man with a large price on his head.

When Rebbe Yitzchak related this news to us, I asked, "Does that mean we can now return to Eretz Yisrael?"

Rebbe Yitzchak smiled and said, "Avraham, that's exactly what it means."

I turned to my father. "We will see Ima and Tziporah and Sarah."

"Yes, Avraham."

"It's been so long," I said.

"Yes," my father agreed, "yes, it has."

CHAPTER

THIRTY-ONE

Rebbe Yitzchak managed to get a message to Yaakov and Yosef to come meet us in Istanbul. We would wait until they came and then travel by ship to Alexandria, from where we would travel to Eretz Yisrael.

The day they arrived in Istanbul was like a Yom Tov for me. I hadn't realized until then how much I'd missed them. Both of them had become like brothers to me. I introduced both of them to my father, who seemed to immediately like them.

Later that same day, Rebbe Yitzchak had a meeting with Anwar Musad to ask his opinion if it would be safe for us to return to Eretz Yisrael. Musad told him that many more gangsters had been arrested in Eretz Yisrael, and that police were now searching for Abu Rash's men who were operating in Turkey. While Abu Rash himself had not yet been caught, he was in hiding and not likely to cause any more trouble. It was, Musad felt, completely safe for us to return.

As we packed our things to be ready for the ship that left for Alexandria in three days, I noticed Yosef standing near me. I looked up and saw that he had a troubled expression on his face.

"What is it, Yosef?"

He hesitated and then said, "You and your father and Rebbe Yitzchak are returning to your village outside of Yerushalayim. Yaakov will also return to Eretz Yisrael."

"Yes?"

"What about me?"

"What do you mean, Yosef?"

"Should I return to the orphanage in Amsterdam?"

I hadn't even thought about Yosef returning to the orphanage. "You left the orphanage and came with us, didn't you?"

"Rebbe Yitzchak said I could come along for the journey, but did he mean that I should return with you to Eretz Yisrael? Where would I live there?"

"And where would you live here, or in Europe, for that matter?"

"I could go back to the orphanage. It's not so bad there."

"Let's go ask Rebbe Yitzchak what to do," I suggested.

We found Rebbe Yitzchak talking to my father. When Yosef presented his question, Rebbe Yitzchak said, "There is no question that Eretz Yisrael is the place for you. You are coming with us."

"Where will I live?"

Chapter Thirty-one

"Don't worry about that. We will find a place for you, Yosef."

"I don't want to be a burden."

My father spoke up. "You will not be a burden, Yosef. With your permission and with the permission of my wife, which I am quite sure she will grant, I ask you to become part of our family. You will live as one of our own and we will treat you as our own."

Yosef seemed unable to speak for a while, and then he said, "Will there be room for me? I don't want to make it crowded for everyone."

"Yosef, like Avraham, you will be away much of the time at yeshivos and my girls will, with the help of Hashem, soon be married, so it will not be crowded at all. We would be honored to have you as part of our family."

I looked at Yosef and noticed a tear forming in the corner of each eye. I'm pretty sure they weren't tears of sadness.

My father looked at Rebbe Yitzchak and asked, "Do I have the Rav's *berachah* for this undertaking?"

"You surely do," Rebbe Yitzchak said with a pleased expression.

Later that day, Yaakov told me that my father had come over to him and said, "Yaakov, although you have your mother, may she be well, nevertheless, I want you to know that I now consider you a part of our family. I hope that you will consider our home yours whenever you need it."

I was overjoyed. Aside from Zerachia, I'd never had brothers.

The next morning we left by carriage to the local port to board the ship for Alexandria. On the way, our carriage was stopped by police officers. We got out to see what was happening and were told that a group of Abu Rash gangsters was being transported from the Izmir area to Istanbul. The prisoners would be coming this way shortly and the police wanted clear passage for the convoy.

I sensed Yaakov stiffening beside me, and I thought I knew why. His father had been killed by gangsters in the area of Izmir, and these might be the very people who had murdered his father. Within minutes, six mounted policemen rode by, followed by two wagonloads of prisoners, their hands bound. Behind the wagons rode another six mounted policemen.

Following the convoy at a little distance was a carriage. As it passed, it stopped. A man stuck his head out of the carriage window. I was surprised to see that it was the man we had met near Yaakov's father's grave, the man who had been saved by Yaakov's father. He waved to us.

"Why are you here?" I asked him.

"I am coming to testify against the men who killed that young man's father." He pointed at Yaakov. Then, turning to Yaakov, he said, "Young man, not everyone merits to see justice in this world. You, I hope, will."

Then the carriage rode past us and we could no longer hear him.

(

It seemed to me that the ship to Alexandria was traveling forever, so anxious was I to be home. Yaakov and I spent much of our time pointing out items of interest to Yosef since we were already "experienced" seafarers.

When I mentioned to Rebbe Yitzchak that we were anxious to get off the ship already, he said with a twinkle in his eyes, "If you fellows are bored, I think we have some *sefarim* on the ship."

We took Rebbe Yitzchak's advice and the three of us spent hours in study. Rebbe Yitzchak and my father also spent hours together in study. Sometimes they would come over to where we studied to see how we were progressing. I was happy to see that Yosef had a real feel for *Gemara*. Hopefully he would fulfill his parents' desires and grow in his studies.

Finally, we arrived in Alexandria. It was almost evening, so we stayed the night at the home of Reb Chaim Provencal, who was overjoyed to see us. The next morning, though, immediately after *tefillah* and a quick breakfast, we set out for Eretz Yisrael.

My heart sang.

CHAPTER THIRTY-TWO

When we were finally in Aza along the Mediterranean coast, only hours from home, we saw a group of Turkish soldiers riding toward us on horseback.

"Halt," said the leader of the group.

"What is the problem?" Rebbe Yitzchak asked from atop his camel.

"There is no problem, Rabbi," the soldier said, looking extremely pleased with himself. "On the contrary, we are celebrating."

"Celebrating?"

"Yes, we have finally captured a very wanted criminal. That is why I ask you to stop. My men will be transporting him this way, and I want all traffic off the road."

As he finished speaking, we could see a military column

coming our way. Several soldiers marched at the front of the column. As they came closer, we saw that there was a wagon following them, after which came several mounted soldiers followed by a large hospital carriage. When the wagon passed us, we could see three men sitting on it with their hands bound. One of these men was Abu Rash. I had only seen him once, but I would recognize him anywhere.

He looked at us and called to Rebbe Yitzchak, "Rabbi, I am bound and you are free. Is that justice?"

The column stopped. The door of the carriage opened and a high-ranking officer stepped out.

"You know this criminal, Rabbi?"

"He has caused us much trouble."

The officer laughed. "Yes, he seems to be very good at causing trouble." He pointed at the hospital carriage. "In there are a couple of your own faith who are being taken to Jerusalem for hospitalization. There, a court officer will take their testimony in writing. They were forced into slavery by this fiend in order to collect money he felt they owed him, money that he had lent them under totally unethical terms. He worked them literally until they grew sick."

From his wagon, Abu Rash spoke. "I would like to speak with the Rabbi and his group."

The officer looked at Rebbe Yitzchak. "Do you want to hear what he has to say?"

"Let him speak."

Abu Rash gave a cruel smile, which turned into a sneer. I remembered him doing just that on the first evening of our journey when we'd met him in the desert. "The couple in the carriage is known to you," he said. "You think I only send my *men* to work in Europe? Until not long ago, I myself traveled to Europe to enforce our operations there. When I entered their home near Amsterdam with my assistant, we had our knives drawn. They both thought they were goners and together they said your Shema prayer." He smiled again at the memory.

"But they might have been better off dead; I really got my money's worth out of them. They were always praying, those two. In Marseille, the woman lost her prayer book and she was beside herself. I told her that she was there to work, not to pray." He smiled maliciously yet again.

Yosef and I looked at each other. In shock, we realized that his parents were in that hospital carriage. I suddenly remembered Rebbe Yitzchak urging me not to press Yosef to say Kaddish.

"Abba? Ima?" Yosef said in a very small voice.

Rebbe Yitzchak looked at Yosef and then said, "Officer, we have reason to believe that the couple are this boy's parents. Can we confirm this?"

"Go ahead, Rabbi."

Rebbe Yitzchak and Yosef walked slowly over to the carriage. I automatically followed, wanting to be there to give Yosef support.

Climbing up into the carriage we found a haggard looking man and woman lying on beds.

"Yosef?" the woman whispered.

"Yes, Ima, it's me."

"Yosef?" the man repeated.

"It is me, Abba. I thought I'd lost you both."

"*Baruch Hashem*, we are still here, Yosef," said the man. "We constantly wondered what had become of you."

The woman began to cry, and so did I. "Are you all right, Yosef?" she asked tremulously.

"I am fine, Ima."

"You were strong, Yosef," his father said hoarsely.

"Yes, Abba," Yosef said, and he too began to cry.

"We are not well, Yosef. Where will you live?"

My father had entered the wagon. "He will live with us," he said. Turning to Yosef, he added, "You are a very lucky boy. You now have two families."

Through his tears, Yosef smiled.

"I am happy that he will live in the home of a *talmid chacham*," Yosef's father said.

"I will be living near Yerushalayim, so I will visit you at the hospital often," Yosef told his parents.

"And when we are better, we will live together as a family again," his mother said.

The doctor who stood over them said, "I'm afraid that this is as much strain as they should have for now."

"Deep in my heart," said Yosef's mother, "I knew I would see you again, Yosef."

They bade each other farewell. We were about to leave, when Yosef took something out of his pocket and gave it to his mother.

"My *siddur*! How did you find it, Yosef?"

"Hashem sent it to me, Ima."

As we left the carriage, Yosef said to me, "Avraham, every single day since my parents disappeared, I hoped that I would wake up and find that it was all a bad dream and that they were really alive. *Baruch Hashem*, today I woke up."

I gave him an encouraging tap on the shoulder. I was

certain that if I said anything, I'd start tearing up again.

When we came back to the prison wagon, Abu Rash still had more to say.

"Is it all right if he says something else, Rabbi?" the officer asked Rebbe Yitzchak.

"Yes, officer, let him speak."

"I noticed you when we grabbed your parents," Abu Rash said to Yosef. "I could have killed you, but I figured you would suffer more being left alone." Again the evil smile.

I couldn't hold myself back. "Have you no shame? How can a human being be so evil?" Although it turned out to be for the best that Abu Rash had in fact spared Yosef, his choice of words simply infuriated me.

"*I* am evil?"

He looked at my father.

"You are the evil one!"

"What is it that you have against me?" asked my father.

"You took my son!"

"Your son?"

"I have no biological sons. But I found a boy whom I was raising to be my son. You stole him from me!"

"What?"

"Yes. You called him Zerachia; I called him Muhammed. When he knew me, I was Sadam Machluf, but now I am called Abu Rash. The names are of little importance.

"When I finally found out where he'd gone, I realized that you had turned him against me. I knew he would probably never return to me. My dream was to take *your* son," he said, looking at me, "and raise him as my own. Ibrahim, you could have been the prince, the heir to my empire."

Suddenly, the words of my dream came back to me: *He is the king of the dark side, and you are the prince.*

Abu Rash had been the faceless man of my dreams.

As all this sank in, the officer said, "I really must be moving along. We need to get him to Istanbul, and that couple needs to get to the hospital."

"Yes, officer," Rebbe Yitzchak said. "We truly appreciate your time."

The officer nodded and went back into the carriage.

Abu Rash might have said something else, but a soldier who stood on the wagon gave him a shove. "No more talking, Abu Rash."

Several more soldiers rode behind the wagon, and then the convoy had passed.

"Eventually," said Rebbe Yitzchak, "things become clear."

We were all silent, thinking about what we had just heard.

Finally, I said, "Abba, would you have taken in Zerachia had you known that the one raising him was a dangerous criminal?"

My father looked at me, surprised. "I certainly hope so. After all, he needed a place, didn't he?"

I knew he meant it.

When the convoy was out of view, I looked ahead in the direction of Yerushalayim and felt my heart quicken. I had been away for so long.

We traveled on until we came to our town. The first person we saw was my friend Moshe. He stood looking up at our camels.

"Am I seeing things?"

Rebbe Yitzchak laughed. "No, you are not."

I got off my camel and went over to Moshe. We shook hands happily.

"We'll talk later," I told him, "but let me return this to you." I took the knife he had given me from my pocket and handed it to him.

"You don't have to return —"

"Take it, Moshe. It came in handy."

As I gave Moshe his knife, I realized something. It was all right to be scared. But being scared *of* being scared — *that* was a waste of time and effort. There was nothing wrong with being afraid sometimes.

I got back on my camel and we rode closer to my house. Yosef and I rode a little ahead of the others. Then I saw my home. Sarah was standing outside. When she saw me she ran inside. In a moment, both Tziporah and my mother were there to greet us. I got off my camel, as did Yosef.

"Ima," I said.

"Avraham, you have grown," she said emotionally. "And who is this?" she asked, looking at Yosef.

"This is Yosef, my brother."

She looked at him. "If you are Avraham's brother, then this is your home."

Yosef took something out of his robe and showed it to my mother.

"I wish you could know how many hard days this has helped me get through," he said.

He was holding the picture of the Beis Hamikdash I had given him.

Rebbe Yitzchak, my father and Yaakov came up to the house. I looked up at the blue sky of Eretz Yisrael, and my heart felt like it would burst with joy at being home.

I turned to Rebbe Yitzchak and pointed up. "There is only One," I said. "There is no other."

Rebbe Yitzchak smiled. "Avraham, I could not have said it better myself."

GLOSSARY

Aleichem shalom — lit., "upon you let there be peace"; traditional response to "shalom aleichem"

Amos — cubits, a measure of length

Ashrei – Psalm 145

Avodah — Divine service

Avos — "Chapters of the Fathers," a Mishnaic tractate that focuses on character development

Baal bitachon — one who trusts in the Almighty

Baal tzedakah — one who gives generously to charity

Bachur — an unmarried boy

Baruch Hashem — thank the Almighty

Beis Hamikdash — the Holy Temple in Jerusalem

Beis kenesses, batei kenesses — synagogue(s)

Beis medrash, batei medrash — place of Torah study

Berachah — blessing

Birkas Hamazon — Grace after Meals

Bitachon — trust in the Almighty

Cannoli (Ital.) — Italian filled pastries

Chacham, chachamim — wise man (men)

Chachmah — wisdom

Chessed — kindness

Chizuk — encouragement

Chumash — the Five Books of Moses

Daf — page of the Talmud

Eishes chayil — lit., "woman of valor"; characterization of the Jewish wife

Eliyahu Hanavi — Elijah the Prophet

Emunah — faith in the Almighty

Eretz Yisrael — the Land of Israel

Erev rav — the mixed multitude of people that accompanied the Jewish people in their Exodus from Egypt

Gashmiyus — materialism

Gemara (Aram.) — Talmud

Hachnasas orchim — welcoming guests

Hadran (Aram.) — prayer recited upon completing the study of a major Torah work

Halachah — Torah law

Hashem — the Almighty

Haskalah — a movement among European Jewry in the 18th and 19th centuries that adopted non-Jewish values and attempted to integrate the Jewish people into European society

Hatzlachah – success

Hishtadlus — effort

Kaddish — prayer that glorifies the Almighty's name, recited by mourners as a merit for their departed relative

Kadosh — a holy person

Kaparah — atonement

Kedushah — holiness

Keffiyeh (Arab.) — Arab headdress

Kever — grave

Kibud av — honoring one's father, a Torah commandment

Kippah — skullcap

Klal Yisrael — the Jewish people

Maariv — the evening prayer

Masechta (Aram.) — tractate of the Mishnah or Talmud

Masmid — a diligient, studious person

Mazel — fortune

Mazel tov — good fortune

Mekubal — Kabbalist

Mikdash — the Holy Temple in Jerusalem

Minchah — the afternoon prayer

Mishlo'ach manos — gifts of food to one's friend or neighbor, a commandment on the holiday of Purim

Mishnah, mishnayos — the Oral Torah as recorded and codified by Rabbi Yehudah Hanasi

Mispallel — pray

Mitzvos — Torah commandments

Navi — prophet

Neshamah, neshamos —soul(s)

Perek — chapter

Perushim — followers of the Vilna Gaon who followed his directive and moved to the Land of Israel at the beginning of the 1800s

Pidyon shvuyim — rescuing captives

Pikuach nefesh — danger to a person's life

Pirkei Avos — "Chapters of the Fathers," a Mishnaic tractate that focuses on character development

Rabbanim — rabbis

Rabbiner (Germ.) — rabbi

Rav — rabbi

Reb — an honorific, like "Sir" or "Mister"

Rebbe — Torah teacher and leader

Rosh yeshivah — head of a Torah academy

Ruchniyus — spirituality

Seder — one of the six Orders of the Mishnah

Sefer, sefarim — Torah book(s)

Seudah — festive meal

Shabbos — the Sabbath

Shaliach, shluchim — messenger(s)

Shalom aleichem — lit., "peace upon you"; traditional Jewish greeting

Shema — fundamental Jewish prayer that proclaims belief in the unity of the Almighty and acceptance of His commandments

Shomer Torah u'mitzvos, shomrei Torah u'mitzvos — individual(s) who follow(s) the Torah and the Almighty's commandments

Shul (Yidd.) — synagogue

Siddur — prayer book

Sifrei Torah — Torah scrolls

Siman — identifying sign

Siyum — completion of the study of a major Torah work

Talmid chacham, talmidei chachamim — Torah scholar(s)

Tefillah, tefillos — prayer(s)

Tefillin — phylacteries, small black boxes containing scrolls with certain Torah portions, worn by adult Jewish males during prayer

Tehillim — Psalms

Teshuvah — repentance

Tzaddik — righteous person

Tzedakah — charity

Tzeischem leshalom — go in peace

Urim v'Tumim — scroll contained in the breastplate of the High Priest during the time of the First Temple, which was used to convey Divine guidance on questions of significance to the Jewish people

Yerushalayim — Jerusalem

Yeshivah, yeshivos — Torah school(s)

Yeshuah — salvation

Yetzer hara — evil inclination

Yiras Shamayim — fear of Heaven

Yom tov — festival

Zichrono livrachah — of blessed memory